中国当代集合住宅30年

万物云空间科技服务股份有限公司
湖南大学建筑与规划学院集合住宅研究团队　编著

中国建筑工业出版社

图书在版编目（CIP）数据

中国当代集合住宅30年 / 万物云空间科技服务股份有限公司，湖南大学建筑与规划学院集合住宅研究团队编著. —北京：中国建筑工业出版社，2022.10（2023.9重印）
ISBN 978-7-112-27953-1

Ⅰ.①中… Ⅱ.①万… ②湖… Ⅲ.①住宅—建筑设计—作品集—中国—现代 Ⅳ.①TU241

中国版本图书馆CIP数据核字（2022）第174351号

责任编辑：陈夕涛　徐昌强　李　东
责任校对：张　颖

中国当代集合住宅30年
万物云空间科技服务股份有限公司
湖南大学建筑与规划学院集合住宅研究团队　编著

*

中国建筑工业出版社出版、发行（北京海淀三里河路9号）
各地新华书店、建筑书店经销
华之逸品书装设计制版
北京中科印刷有限公司印刷

*

开本：889毫米×1194毫米　1/16　印张：17¼　字数：386千字
2022年12月第一版　2023年9月第二次印刷
定价：**88.00**元
ISBN 978-7-112-27953-1
（40038）

前言

1988年以来的30余年，中国城市住宅建设以人类历史上非常鲜见的高速城镇化为背景，这是一个极为特殊的城市住宅大发展时代。城市的发展，推动了住宅产业的发展；同时，住宅的快速建造，也撑起了城市的发展，推动了城市经济的繁荣。

这种大发展，始于1988年全国城镇土地使用费（税）的普遍收取、土地使用权的有偿转让的试行，以及定期出让土地使用权的改革。这次改革，是城市住房供给商品化的开端。到1998年，福利分房制度取消，这是我国住房商品化改革的持续深化。中国城市福利分房与商品房的交接期的结束，标志着城镇住房建设进入一个新的历史时期。

1998年前后，我国城市化率达到30%，城市化进程进入快速发展期，城市人口急剧增长带来的住房压力催生了城市住宅的蓬勃发展。1998-2008年，随着城市人口的增加，城市空间规模也逐步扩张，城市住房品质逐渐提高，住区规划结构与内部配置也逐渐完善；住房密度及容积率日渐增长，城市住宅建设主体由多层向高层转变；住房的建设与发展逐渐从城市中心向城市边缘拓展；住宅产品开始分化，政府鼓励小面积段的户型建设，引导住宅建设应对不同需求的城市客群。

2008年至今，伴随城市发展速度的变化，集合住宅的建设呈现为两个特征迥异的阶段。2014年以后，随着中国城市化率逐渐接近60%，城市发展的增速逐渐放缓，城市住宅的类型也变得日渐多元，以应对日益复杂的市场环境。2015年的棚改政策让内城住宅的建设重新兴起；同时为了克服城市发展增速放缓带来的交通、配套不足，文旅、康养、教育等主题性远郊住区开始出现。

当下，后疫情时代，居住空间成为都市人更为依赖的物质巢穴，也成为都市人的情感归宿。在现代材料科学、设备更替、技术创新的加持下，如何基于互联网技术，创造更具人本意识的居住产品，是住宅设计师、开发者面临的新命题。

30余年，数度沉浮变换之间，住宅建设日渐理性务实。本书试图在地产热浪退潮之际重新审视这一历史进程，回顾住区空间发展、住宅户型变化、立面风格流转的演变，也对那些流变中的趣事、激流中的探索、住区与城市发展的协同做一些小小的记注，以期替那些为中国城市发展奉献了青春的一代设计者、开发者、建设者留下一份记忆。

全书分为六章，共30小节，由姜敏、李旭、李理主笔；在经费筹措、研究体例、内容编撰、调研访谈等方面得到万物云空间科技服务股份有限公司的鼎力支持，并得到朱保全、陈阳等万物云、万科地产及万科集团相关朋友的指导与协助；同时有岳文灿、吕桦、周全等建筑师的共同参与。

湖南大学建筑与规划学院集合住宅研究团队的其他成员也分担了部分写作工作，具体的内容分工如下：

全书的第1、2、3章由姜敏主笔，叶天、卢健松共同参与完成了这三章的写作工作。除此之外，这三章还包含罗荩（1.3.1撰稿）、邓广与张可心（1.3.2撰稿）、胡彭年（2.3参与）、高媛（3.1.1-3.1.3参与）、沈瑶与晋然然（3.1.4撰稿）、张馨月（3.2参与）、吴蔓（3.3参与）等人的工作。

全书的第4、5章由李旭主笔，姜敏与叶松（4.1撰稿）、岳文灿（4.2-4.3参与）、左黛钧及关亚博（第五章参与）共同完成。

第6章由李理主笔。

集合住宅建设，是涉及千家万户福祉的大事，但因其房地产的属性时常受人诟病；又因设计中的制约因素较多常不为设计人所喜。本团队长期关注住宅建设中的社会与科学规律，关注住宅发展与住区建设推动城市发展的过程。本书2019年开始写作，成书过程中因新冠肺炎疫情影响，数据获取、调研走访均有不便；且限于能力及篇幅，本书难以尽述集合住宅30年发展的重要经验；又因我国地域幅员广阔，南北差异显著，进程发展亦有不同，本书的规律总结及历程梳理，也未必能尽数兼顾。此外，或有其他疏漏之处尚不自知，也期待读者们的指出与共同探讨，待后续改进。

姜　敏

2022年10月于岳麓山

目录

163 5 当代集合住宅的风格演变

235 6 住区的未来

1

1988年以来中国城市住宅发展概述

1.1 时代背景

1.1.1 快速城市化

近 300 年来，科学技术的发展推动了各国的工业化与城市化。18 世纪中后叶，在经过数个世纪的圈地运动后，英国成为世界首个城市化国家（图 1-1）。牧场吞噬农田，大量农民失去土地而被迫涌入城市。彼时的城市，大机器生产的兴起带来了城市工业化的开端，被推入城市的自由群体成为充足的劳动力补给，填补了工业化需求。19 世纪的西欧，在劳动密集型产业的虹吸作用下，大多数国家完成了从农业社会向工业社会的转变。20 世纪中叶，城市化开始较晚的中国和南美地区随着国内农业生产技术的进步，大量农村剩余劳动力向城市迁移。由于开始时间和国家状况的不同，早期和晚期城市化国家的城市化进程并不相同。Kingsley Davis 提出的经典城市化曲线理论（图 1-2）描述了发达国家平滑的城市化过程，其人口转移、工业化水平提高均与经济结构变化相适应。而 1945 年之后发展中国家的快速城市化进程与该

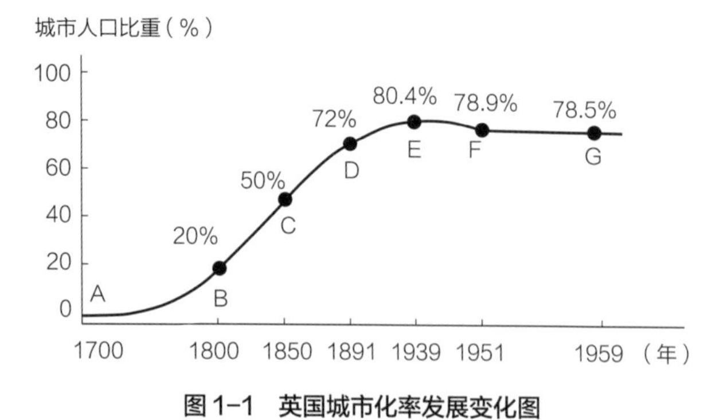

图 1-1 英国城市化率发展变化图

英国从 18 世纪后叶开始城市化运动，于 1939 年达到城市化巅峰后略下降保持持平

资料来源：作者摹画自 http://zujuan.xkw.com/17q4247853.html.

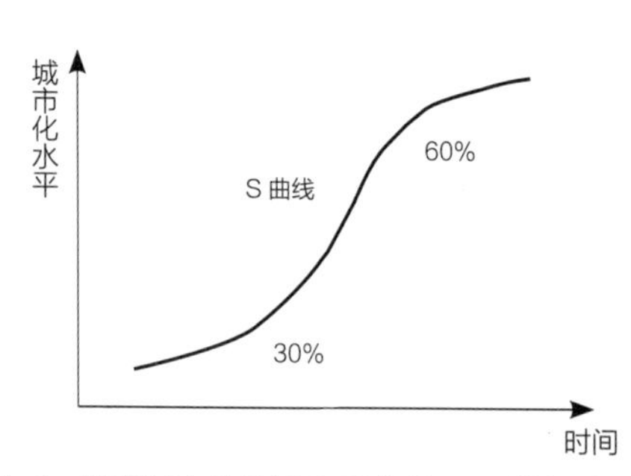

图 1-2 经典城市化发展 S 型曲线——“纳瑟姆”曲线

“纳瑟姆”曲线表现了城市化的三阶段特征，城市化率在 30%~60% 阶段为加速阶段

资料来源：吴志强 . 城市规划原理 第 4 版 [M]. 北京：中国建筑工业出版社，2010.

理论相异，表现为人口自然增长率过高所带来的工业化滞后于城市化（又称“城市通货膨胀”或“假城市化”）、就业机会增长与人口转型不相适应等诸多问题。但可以统一的是，城市在集聚效应的促进下，社会经济得到快速发展（图 1-3）。除此之外，

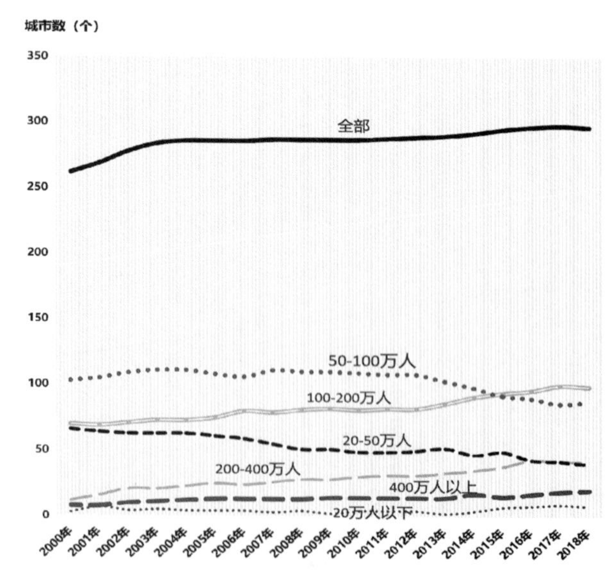

图 1-3 2010-2018 年我国各种人口规模的地级城市数量发展变化图

由图可以看出，2000-2018 年 100 万以下人口的城市数逐渐减少，100 万以上人口的城市数逐渐增加

资料来源：本研究整理，数据来源，国家统计局官方网站 https://data.stats.gov.cn/，作者根据国家统计局相关数据制图 .

城市化也催生了一系列的社会效应：城市数量逐渐变多（图 1-4）、农业用地不断转化为城镇用地、城市产业结构中第二、三产业比重增大（图 1-5）等等；可以说，城市化是在社会产业结构转变驱动下，土地、人口、就业和城市聚居地等多种城市要素协同转变的过程。

人口的快速聚集自然导致城市急剧的住房短缺。西方和南美国家在城市化初期，由于政府缺乏对城市住房的干预管理，导致大量贫民窟的出现。譬如，工业革命后，英国在政府的自由放任和建房者的投机逐利影响下，给城市埋下了许多祸根。19 世纪末，伦敦城内上万人聚居的贫民窟达 20 多个。与此类似，柏林出租营、荷兰运河“船舱”等都是催生社会矛盾、影响秩序稳定的城市空间。此后，西方国家政府就城市住房问题采取了一定的措施，试图改善城市居住环境。“先污染后治理”的经验教训让我国政府在城市化初期就十分重视城市住宅的分配供给；同时，为适应当时的社会经济条件，我们还通过户籍制度控制进城人口，这也使得我国在城市化进程中没有出现城市贫民窟现象。改革开放后，在市场经济的作用下，从 1988 年的土地商品化，再到 20 世纪末住房市场的全面铺开，我国城市住宅繁荣发展、不断更替，迈入了一个个新历程。

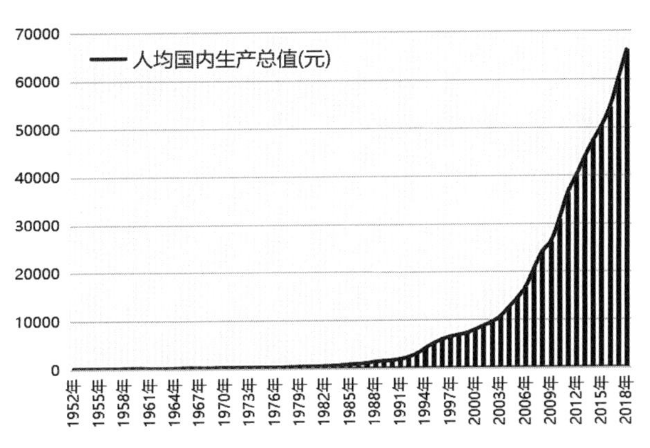

图 1-4 1952-2018 年我国人均 GDP 增长曲线

由图可以看出，改革开放后到 20 世纪末我国人均 GDP 较之前有明显增长，从 21 世纪开始达到剧增状态

资料来源：本研究整理，数据来源，国家统计局官方网站 https：//data.stats.gov.cn/，作者根据国家统计局相关数据制图．

随着全球性的时代剧变，城市成为社会经济发展的核心，如何营造好城市居住环境成为近百年社会发展绕不开的议题。在此期间，集合住宅建筑形式的兴起与迭代、各种城市规划理论的催生和演化，丰富了人们对于城市人居环境的认知。快速城市化所带来的社会效应增添了城市住宅问题的复杂性。

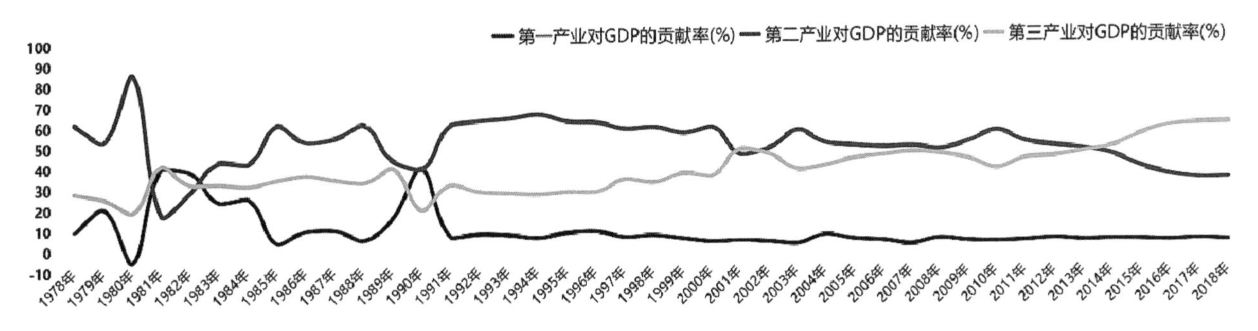

图 1-5 1978-2018 年我国一、二、三产业对 GDP 的贡献率

我国第一产业对 GDP 的贡献率从 1991 年开始就走向低缓持平状态，第三产业从 2014 年开始正式超过第二产业成为对我国 GDP 贡献率最高的产业，截至 2018 年已超过 50%

资料来源：本研究整理，数据来源，国家统计局官方网站 https：//data.stats.gov.cn/，作者根据国家统计局相关数据制图．

1.1.2 全球城市住宅供给

对于城市住宅的供给，各国政府都采取了一定的策略加以应对。总体来说，供给策略主要聚焦于对住房数量、质量的完善以及对住房价格的调控。

首先，在住房数量方面，对于谁来开发、开发类型和开发多少的问题，西方国家给出了一定对策。除了私人开发商开发的商品房以外，西方国家还积极推动社会福利房和租赁房建设，并为了削减住宅整体开发成本，鼓励自有住房发展。至此，在商品房、福利房、租赁房和自有房四大住房类型的支撑下，政府通过相关政策引导，保证各类城市住房的供应数量。韩国于 1988 年实施的《住宅 200 万户建设规划》中，通过对社会阶层的划分，确定了相应的城市住宅供给类型及建设户数，并在日后的实施中取得了良好的效果。

其次，在住房质量方面，通过整治城市低端住宅、制定住宅建设标准，保证住房品质。在欧洲快速城市化早期，投机造成的低劣住宅和肮脏街道成为日后政府在城市卫生整治工作中的重点对象。1875-1900 年，英国陆续出台四部《工人住房法》，引导居民搬迁贫民窟并为其提供租赁住宅。1901 年，荷兰第一部《住房法》开始宣布整治贫民窟，清除低劣住宅。同时，各国出台住宅规范，以保证私人开发商的新建住宅达到一定质量标准。1850 年，法国为了保证新建住宅卫生要求，出台法令以提高地方政府监管权力，并于 1958-2007 年通过 EPAD 新城土地开发机构，对德方斯新区 750hm^2 范围进行动态开发运作。日本在 20 世纪 40-60 年代实行标准化设计，并对公共住宅的设计标准进行多阶段优化。

最后，在住房可负担性方面，通过控制租金、实行补贴、税收贷款政策进行多方调控。第二次世界大战后，由于政府补贴预算的限制，荷兰政府通过“高租金少补贴”的方式抑制租金上涨；同时，在关注中低收入群体方面，政府为其提供低租金住房。为了鼓励住房消费，荷兰住房贷款利息可从所得税纳税基数中扣除，且没有最高限额。法国政府通过 HLM 低租金住宅组织营建的住宅和贷款补贴的方式，完成了全国六成住宅建设量。HLM 建造的住宅一半用于出租，同时法国有近一半居民靠租房生活，其境内 1000 个 HLM 组织可以保证 1300 万人有房可住。

综上，以上各国通过对城市住房数量、质量的完善以及住房可负担性的保障，全面应对时代变革中城市大规模住房建设活动。

1.1.3 三十年来我国城市住宅建设

我国是世界人口第一大国，亦是农业大国，至 19 世纪后期城市化率仅有 6%。新中国成立以来，计划经济体制和严格的户籍管理制度造成了鲜明牢固的城乡二元结构。从图 1-6 可以看出，1978 年我国城市化率为 18%，城市化增长率平均为 0.8%，成为我国城市化发展进程的第一个拐点，由此迈入城镇化稳步发展阶段。改革开放后，随着我国经济体制的转型和城市产业结构的调整，城市人口的急剧增长带来了巨大的城市住房压力。

1996 年，我国城市化率首次超过 30%，城市化增长率平均为 1.3%，成为我国城市化发展进程的第二个拐点，进入城市化快速发展时期（表 1-1）。为解决急剧增加的城市人口带来的巨大住房压力，1998 年我国住房制度实行了全面取消福利分房并

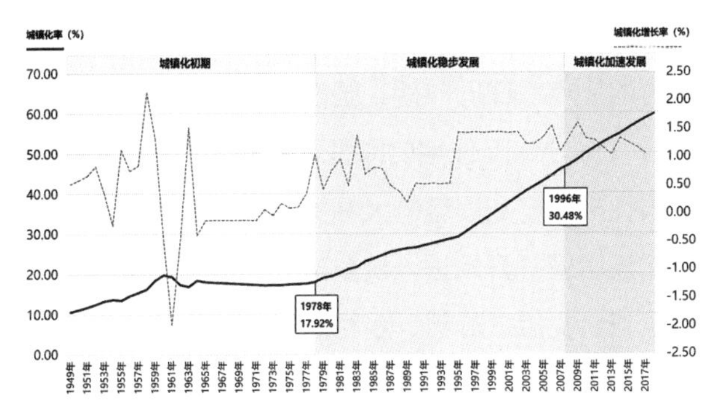

图 1-6　1949-2018 年中国城市化进程阶段划分

中国城市化进程于 1978 年达到 18% 后，进入城镇化稳步发展阶段，并于 1996 年达到 30%，此后进入城镇化加速发展阶段

资料来源：本研究整理，数据来源，国家统计局官方网站 https://data.stats.gov.cn/，根据国家统计局相关数据制图．

新中国成立以来我国城市化阶段划分　表 1-1

时间	1949-1977 年	1978-1996 年	1996-2018 年
所处阶段	城镇化初期	城镇化稳步发展期	城镇化加速发展
城镇化率	10.64%~17.92%	17.92%~30.48%	30.48%~59.58%

资料来源：本研究观点．

转向住房商品化改革。商品房满足了城市居民的居住刚需，也为城市发展提供了资金。商品住宅的大量与快速建造迅速改变了城市面貌，同时也成就了独一无二的“中国速度”。

胡焕庸线（旧称“瑷珲—腾冲一线”）描述了我国人口东部密集、西部稀疏的分布特征。东西部自然条件和资源差异，直接导致了我国城市化的区域差异，进而带来东部沿海地区城市及城市住宅发展速度较中西部地区迅速的现象。除此之外，东部地区人多地少，中西部地区人少地多，造成了我国东部房价高、中西部房价较低的局面。

新中国成立以来，我国住房供给主要分为两阶段：早期福利分房阶段和 20 世纪 80 年代中后期逐步放开的住房市场化阶段。

新中国成立后，我国实行控制大城市发展政策，利用严格的户籍制度控制进城人口，该政策在一定程度上缓解了计划经济下城市福利分房的压力。深圳市罗湖区东湖丽苑是我国第一个商品房小区，深圳市政府出让土地使用权，由港商投资建设并在香港销售，最后的收益深圳市占 85%，港商占 15%，此种建设模式的创新为深圳特区建设提供了资金来源支持。1997 年，东南亚金融危机加速了我国住房改革；次年，商品房全面取代福利分房，使得“住宅产业成为新的消费热点和经济增长点”。在市场化作用下，我国住房供给快速提升，人们的居住水平得到稳步改善。改革开放至今，我国人均住房建筑面积从改革开放时的 6.7m^2 增长到 2019 年的 39.8m^2 。“住房总量增长了 19 倍，其中约 97%的城镇住房为 1978 年以来建造，约 87%为 1990 年以来建造，约 60%的城镇住房为 2000 年以来建造。”

市场在快速建设住房的同时，政府对于住房质量也进行了严格把控。从新中国成立后至今，国家一直不间断地进行老旧小区改造工作。20 世纪 50-70 年代，我国实行计划经济，社会生产力尚不发达，为了在保证住房质量的情况下尽量节约成本，出台了一些早期住宅文件。1973 年国家建委在《对修订职工住宅、宿舍建筑标准的几项意见》中，规定每户居住面积为 18~21m^2，比 1966 年规定的 18m^2 有所增加。住宅层数多为低层，大城市提倡多建四五层楼房，层高不超过 2.8m，由南至北建筑最高造价标准分别为每平方米 50 元和 60 元。改革开放后，我国住房建设在市场的带动下快速发展。为了确保市场经济下住房设计及建造的质量，我国从 20 世纪末陆续出台并修订了《住宅设计规范》和《住宅建筑规范》，对住宅外部和室内环境、建筑、设备、防火和节能等方面做出规范要求。

对于住房可负担性方面，为了节约社会资金，避免别墅等豪宅建设，保证中小户型住宅的持续供应，我国在 20 世纪 90 年代、21 世纪前 10 年出台了一系列政策，如 1995 年《国务院关于严格控制高档房地产开发项目的通知（摘要）》中明确强调当年"别墅性质的高档住宅及度假村，单位面积建筑设计造价高于当地一般民用住宅、办公楼一倍以上的公寓、写字楼项目不予立项"。2005年"国八条"给予地产一定的优惠政策，以保证中低价位、中小套型住房的有效供应，并且鼓励经济适用房建设和廉租住房保障。2006 年"国六条"推出"7090 政策"和"两限两竞"，保证中小套型有效供应，并控制城市住房价格提升。除此之外，各城市开始编制住房建设规划，为住房供应做整体预测和把控。

近 30 年的城市住房建设，从 1988 年的土地改革开始，是市场化影响城市住房的开端。1988-1998 这十年是城市福利分房与商品房的交接时期，经济体制改革与住房属性变化的诸多社会矛盾凸显在这个时期。1996 年以后，我国进入了城市化快速发展阶段，我国的城市住区结构发生重要转变，城市向郊区扩散，郊区住宅开始发展。城市住宅在随之而来的住房改革后步入蓬勃发展时期，面对社会族群的催生分异，应对不同客群需求的住宅产品纷纷呈现，诞生了新型居住模式。城市花园、四季花城等万科经典项目是我国城郊住区设计探索的重要成果。北京 SOHO 城的成功标志着大城市面向年轻人的商业办公居住类型的住宅成为当时的热点。在同时期，国家注重中小户型的住宅供应，充分保障住宅的刚性需求。2012 年，随着城市住宅数量和质量的大幅提升，住宅的商业化开发和建设模式开始进入城乡建设的其他版块，如城市更新、文旅、养老、乡村旅游等，将住宅与多元业态相结合，是当时开发的一大特点。此外，在后疫情时代背景下，引入万物互联的现代技术，更加重视以人为本的居住体验，是当下住宅改革的一次深刻反思。从 2019 年开始，浙江省关于未来社区的建设开始逐级深入，并计划于 2022 年开始全面推广。未来社区以"永远把人民对美好生活的向往作为奋斗目标"为核心思想，以未来邻里、教育、健康、创业、建筑、交通、能源、物业和治理九大创新场景打造新型城市功能单元，落实数字化、人本化和生态化价值导向的社区。

总体来说，我国近 30 年城市住宅发展走过了三个阶段，即住房供给转型背景下的初步探索阶段、完善住房数量和质量的蓬勃发展阶段（表 1-2），以及当下对美好生活追求的多元发展阶段。城市住宅经过 30 年的发展，从起步、刚需、成熟到创造美好生活，达到今天的高度，其间在政策、设计、建造和管理等方面都采取了一定的应对措施。

近 30 年我国城市住房发展阶段划分　表 1-2

时间	1988-1998 年	1998-2012 年	2012 年至今
所处阶段	过渡阶段	蓬勃发展阶段	多元发展阶段
对应城市化阶段	城镇化稳步发展期	城镇化加速发展期	
特征	供给转型与初步探索	完善住房数量及质量	对美好生活的向往

资料来源：本研究观点．

1.2 政策

1.2.1 住房政策发展概述

纵观我国近 30 年住房政策发展，可以分为三大阶段：转型期、刚需期和生态期（表 1–3）。

近 30 年我国住房政策发展三大阶段　表 1-3

序号	时期	时间	内容
1	转型期	1986–1994 年	住房制度试点改革 / 加强商品房建设管理 / 城镇住房制度改革 / 建立政策性和商业性住房信贷体系
2	刚需期	1995–2012 年	节省社会资金，严格控制造价高的别墅、公寓、写字楼项目；鼓励中低价位、中小套型住房有效供应；鼓励普通商品房消费 / 从土地、信贷、监管、住区功能设计等方面完善房地产业政策要求
3	生态期	2013 年至今年	制定新建绿色建筑和装配式建筑标准要求 / 加强海绵型建筑与小区建设 / 加快住房租赁市场 / 建立租购并举住房制度

资料来源：本研究整理 .

从 1986 年开始，国务院有关住房政策开始关注住房改革。《国务院办公厅转发关于烟台、唐山、蚌埠、常州、江门五城市住房制度改革试点工作会议纪要的通知》中提到：烟台市“提租发券”是住房制度改革的第一步；另外，五个城市的试点基本同步进行，以提供多方面经验。1989 年 5 月，《国务院批转国家计委关于加强商品房屋建设管理请示的通知》提出“编制全国商品房屋建设计划作为指令性计划指标，保证商品房有计划地销售，加强商品房开发建设资金管理”等。1991 年 6 月，《国务院关于继续积极稳妥地进行城镇住房制度改革的通知》强调了出售公有住房、实行新房新制度；通过多种形式、多种渠道筹集住房资金；加强房地产市场管理等方面内容。1992 年 11 月，《国务院关于发展房地产业若干问题的通知》强调了进一步深化土地使用制度改革；积极推行土地使用权出让集中管理的办法；合理确定地价，提高土地利用效益；完善房地产开发的投资管理，正确引导外商对房地产的投资；建立和培育完善的房地产市场体系几方面内容，房地产业和土地使用制度向趋于成熟完善的目标发展。1994 年 7 月，《国务院关于深化城镇住房制度改革的决定》从住房性质、住房分配方式、住房保障、住房信贷和住房价格几方面提出了城镇住房制度改革的一些愿景——住房商品化、社会化；把住房实物福利分配的方式改变为以按劳分配为主的货币工资分配方式；建立以中低收入家庭为对象、具有社会保障性质的经济适用住房供应体系和以高收入家庭为对象的商品房供应体系；房地产开发公司每年的建房总量中，经济适用住房要占 20% 以上；建立住房公积金制度；发展住房金融和住房保险，建立政策性和商业性并存的住房信贷体系；一套 56m^2 建筑面积标准新房的负担价，1994 年应为所在市（县）双职工年平均工资的 3 倍，经济发展水平较高的市（县）应高于 3 倍，具体倍数由省、自治区、直辖市人民政府确定。此阶段是我国住房政策发展的转型期，主要关注点是从福利分房向商品房过渡。该阶段的住房政策以引导性为主，牵头全国各地住房建设工作的开展，推动我国大规模住房建设的起步。

从 1995 年开始，国家住房产业体系进入正式轨道，迈向稳步发展历程。国家在这一时期主要关注住房经济性问题，在保证全国住宅供应的数量和质量的前提下，尽可能形成市场供需平衡，达到人人“有房可住”的目标。1995年，《国务院关于严格控制高档房地产开发项目的通知（摘要）》中指出“房地产建设规模仍然偏大，房地产投资结构不合理”，并提出“1995年不再批准立项和开工，以后也要严格控制审批的项目：别墅性质的高档住宅及度假村，单位面积建筑设计造价高于当地一般民用住宅、办公楼一倍以上的公寓、写字楼项目；沿海地区大中城市土地出让收入的50%，其他地区土地出让收入的30%，都必须纳入地方财政”。2005年5月，《国务院办公厅转发建设部等部门关于做好稳定住房价格工作意见的通知》（即“国八条”）指出：一定的优惠政策保证中低价位、中小套型住房的有效供应；加大经适房建设；建设廉租住房保障对象档案。2006年5月，《国务院办公厅转发建设部等部门关于调整住房供应结构 稳定住房价格意见的通知》（即“国六条”）提出：“7090政策”；“两限两竞”；各城市编制住房建设规划，各地安排一定规模廉租住房开工建设。2010年1月，《国务院办公厅关于促进房地产市场平稳健康发展的通知》指出：加快中低价位、中小套型普通商品住房建设；编制2010-2012年住房建设规划。2010年4月，《国务院关于坚决遏制部分城市房价过快上涨的通知》指出：保障性住房、棚户区改造和中小套型普通商品住房用地不低于70%；完成2010年建设保障性住房300万套、各类棚户区改造住房280万套。在这一阶段，对住房金融信贷、土地供应机制、住房市场监管、住区功能设计等方面进行了政策完善。2003年8月，《国务院关于促进房地产市场持续健康发展的通知》提出：贯彻落实《物业管理条例》，切实改善住房消费环境；加大住房公积金归集和贷款发放力度；注重住宅小区的生态环境建设和住宅内部功能设计。2010年1月，《国务院办公厅关于促进房地产市场平稳健康发展的通知》提出：严格二套住房购房贷款管理。2010年4月，《国务院关于坚决遏制部分城市房价过快上涨的通知》提出：首套90m^{2}以上首付不低于30%，二房首付不低于50%，贷款利率不低于基准利率1.1倍。2011年1月，《国务院办公厅关于进一步做好房地产市场调控工作有关问题的通知》提出：住房限购政策；严格住房用地供应管理（70%）；二房首付不低于60%；5年转手交易税收政策；加大保障性安居工程建设力度。

从2012年开始，我国部分住房政策开始关注可持续和标准化发展，对新建绿色建筑和装配式建筑的标准配比作出规定要求，从而促进环境友好型社会的发展。2013年1月，《国务院办公厅关于转发发展改革委、住房城乡建设部绿色建筑行动方案的通知》提出：“到2015年末，20%的城镇新建建筑达到绿色建筑标准要求，新增可再生能源建筑应用面积25亿平方米，示范地区建筑可再生能源消费量占建筑能耗总量的比例达到10%以上。”2016年1月，《国务院关于深入推进新型城镇化建设的若干意见》提出：“加强海绵型建筑与小区建设。”2016年9月，《国务院办公厅关于大力发展装配式建筑的指导意见》提出：“以京津冀、长三角、珠三角三大城市群为重点推进地区，常住人口超过300万的其他城市为积极推进地区，用10年左右的时间，使装配式建筑占新建建筑面积的比例达到30%。”此外，国家在此期间积极鼓励租赁住宅发展和城市更新改造。2016年1月，《国务院关于深入推进新型城镇化建设的若干意见》指出：加强棚户区改造；购房与租房并举；加快发展专业化住房租赁市场；鼓励引导农民在中小城市就近购房；住房保障采取实物与租赁补贴相结合并逐步转向租赁补贴为主。

1.2.2 住房政策三大目标

从新中国成立到改革开放之前，我国人均住宅建筑面积并没有得到提高，反而有所降低。在当时社会经济发展条件下，为节约资金解决住房短缺问题，建筑规划专业的学者纷纷探讨以“经济、实用和美观”为标准的住区规划和住宅设计方式。此外，国家也积极出台了对住宅建筑面积、造价等进行相关规定的政策。1973 年，国家建委发布《对修订职工住宅、宿舍建筑标准的几项意见》，要求住宅建设在保证质量的前提下节约投资。从改革开放至今，我国住房政策总体来说有三个方面的目标——有房可住、调控房价和可持续发展（表 1-4）。

住房政策三大目标　　表 1-4

政策目标	政策引导
有房可住	住房供应结构：1995 年控制高档住房；2005 年开始至今，保证中低价位、中小户型有效供应
	保障型住房
调控房价	全免转手交易营业税的所需时间变长
	首付比例变大
可持续发展	2013.1.1　绿建，至 2015 年末 20% 建筑达绿建标准
	2016.2.2　海绵型建筑和小区
	2016.9.27　装配式，至 2026 年新建建筑 30% 为装配式
	2017.7.8　智慧城市，社区服务系统与居民智能家庭协同

资料来源：本研究观点，作者根据中国政府网中住房政策文件资料整理研究制表，http://www.gov.cn/zhengce/.

1.2.2.1 有房可住

住房一直以来是我国社会一个重大的民生问题。国家通过宏观调控住房供应结构以及实施保障性住房的开发工作来满足广大老百姓“住有所居”的需求。

从 1995 年严格控制高档住房的开发到 2005 年开始至今保证中低价位、中小户型的有效供应，可见我国一直都在解决住房短缺的问题。20 世纪 90 年代中期，我国房地产建设规模偏大且高档住宅、写字楼的建设量超过实际需求，占压了大量资金。1995 年 5 月 26 日国务院发布了《国务院关于严格控制高档房地产开发项目的通知（摘要）》，规定“别墅、度假村 1995 年不再立项；高级写字楼和住宅造价高于民用住宅 1 倍以上 1995 年不予立项”、“总投资 2 亿元以上，建筑面积 10 万 m^2 以上，由国家计委审批；总投资 3000 万 -2 亿元，建筑面积 2 万 -10 万 m^2，由省计委审批，报国家计委备案”，从而严格控制高档房地产开发项目，节约资金解决更紧迫的社会住房短缺问题。

2005 年 5 月 9 日，国务院发布《国务院办公厅转发建设部等部门关于做好稳定住房价格工作意见的通知》（“国八条”），规定“容积率 1.0 以上，建筑面积 $120m^2$ 以下，成交价格低于 1.2 倍的，可享信贷税收优惠”。次年 5 月 24 日，《国务院办公厅转发建设部等部门关于调整住房供应结构　稳定住房价格意见的通知》（“国六条”）出台了“9070 政策”，即 $90m^2$ 以下住房占开发建设总面积 70% 以上。对中小户型的定义从“国八条”的 $120m^2$ 到“国六条”的 $90m^2$，且实施力度从优惠奖励到明文要求，可见国家对于中小户型的开发要求越来越严格。2008 年世界金融危机，我国国内需要大力发展经济，为鼓励普通住房消费，加上部分地区民众呼吁取消“9070 政策”的要求，2008 年 12 月 20 日国务院发布《国务院办公厅关于促进房地产市场健康发展的若干意见》，宣布“9070 政策”暂时取消。经济危机过后，2010 年 1 月 7 日发布的《国务院办公厅关于促进房地产市场平稳健康发展的通知》规定，全国住房用地中保障性住房、棚改和中小套型住房用地面积总和需大于 70%，从而继续加快中低价位中小户型住房的建设。

通过调整可以全免转手交易营业税的所需时间和首付比例两种方式，来抑制房价过高或根据实际情况需求鼓励住房消费。伴随着 2005-2006 年的“中低价位、中小户型”住房供给方向，全免转手交易营业税的所需时间由“国八条”规定的 2 年到“国六条”规定的 5 年，再到 2008 年 12 月因金融危机为鼓励住房消费又回调至 2 年，经济恢复后于 2011 年 1 月调为 5 年。首付比例从 2010 年 1 月的二房 40%、1 房 90m^2 以上 30% 到 2010 年 4 月的二房 50%，再到 2011 年 1 月的二房 60%，二房的首付比例逐渐增高，这也是国家抑制房价过高和炒房行为的具体举措。

1.2.2.2 宏观调控经济并平衡房价

在当今消费时代下，房地产行业经常被作为一种经济调控手段来促进国家经济的健康可持续发展，这就导致每个时期的房地产政策内容会随着市场经济状态的变化而发生改变。在宏观经济层面，政府主要通过货币和财政政策，并从房地产供需两端来刺激或遏制房地产市场。比如从需求端来看，货币供应量的改变能够有效地促进或抑制房地产投资，存贷款利率的调整会直接影响到信贷规模，下调存准率会引起房价上涨，提高税收可以抑制房地产的投机需求等等。从供给端来看，通过融资政策的收紧来控制房地产的融资渠道和规模，从而降低资产泡沫和金融风险（表 1-5）。

我国住房建设随经济社会政策转型的五阶段 **表 1-5**

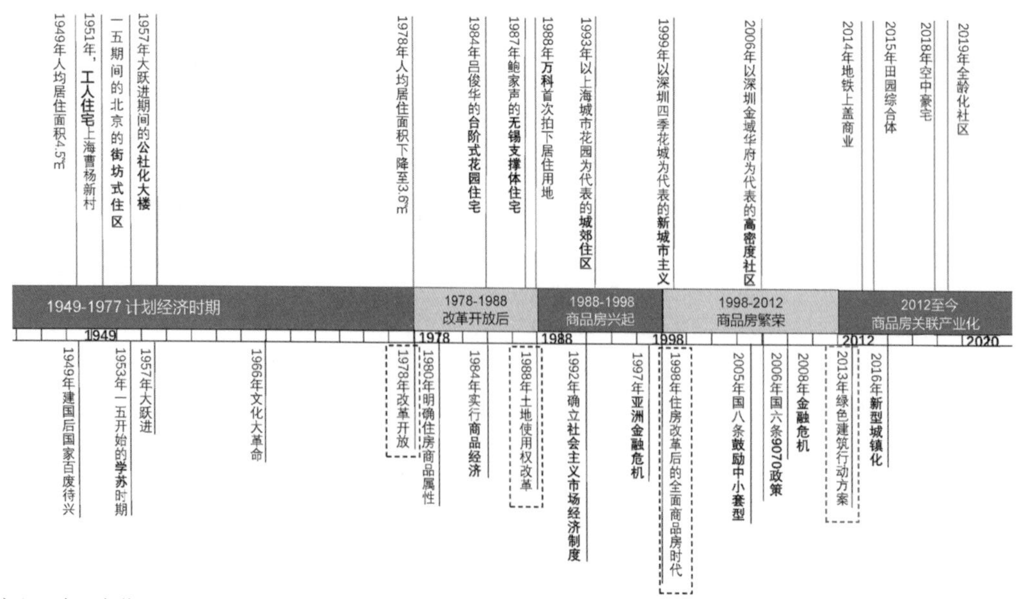

资料来源：本研究整理 .

1.2.2.3 住房可持续发展

2013 年 1 月 1 日，国务院出台《国务院办公厅关于转发发展改革委、住房城乡建设部绿色建筑行动方案的通知》，提倡发展绿色建筑，并规划“到 2015 年末，20% 的城镇新建建筑达到绿色建筑标准要求，新增可再生能源建筑应用面积 25 亿平方米，示范地区建筑可再生能源消费量占建筑能耗总量的比例达到 10%以上”。2016 年 2 月 2 日，《国务院关于深入推进新型城镇化建设的若干意见》提出加强海绵型建筑与小区建设。2016 年 9 月 27 日，《国务院办公厅关于大力发展装配式建筑的指导意见》提倡发展装配式建筑，并规划“以京津冀、长三角、珠三角三大城市群为重点推进地区，常住人口超过 300 万的其他城市为积极推进地区，用 10 年左右的时间，使装配式建筑占新建建筑面积的比例达到 30%”。2017 年 7 月 8 日，《国务院关于印发新一代人工智能发展规划的通知》提倡智慧城市的创建，并鼓励“研发构建社区公共服务信息系统，促进社区服务系统与居民智能家庭系统协同”。

1.3 建造：可持续与标准化

1.3.1 经济与生态：可持续

城市的快速发展带来了能源紧缺、环境污染等一系列问题。在城市各类型民用建筑中，住宅建筑的建设量最大，消耗的能耗也最多，且与城市居民日常生活的各个方面息息相关。绿色住区和绿色住宅的节能对于改善城市的日常生活环境、降低城市总能耗，对于城市建设的可持续发展，具有重大的意义。

1976 年，《温哥华人类住区宣言》在联合国世界人居大会上发表，提出“通过可持续发展的方式提供基础设施、住房与服务”，把人类住区发展上升至关乎人们生存、健康与发展的重要地位，引发了人们对可持续社区发展的研究关注。1992 年，联合国环境与发展大会在《21 世纪议程》中进一步指出，“促进人类住区发展的可持续性”，象征着可持续发展的理念已取得世界共识。1996 年随着《伊斯坦布尔宣言》和“人居议程”在第二届联合国人类住区大会上发表，可持续发展的住区建设成为全球性热点议题。1999 年 Rudlin 提出了基于 4C 模式（环境保护、居民选择、社区和成本）的可持续住区建设，并提出了可持续的城市邻里理念，强调开发城市内部紧凑住区，以及构建各阶层融合、平等的城市邻里社区。

此外，日本也自 20 世纪 80 年代后期开始就环境共生住宅问题展开了多方面的探讨，并创立了环境共生住宅推进协会（1997 年）。环境共生住宅从维护地球生态的角度出发，对能源、资源和废弃物利用等方面因素进行充分考量，以居住者为核心，以与大自然周边环境充分协调、密切融合，以及人们可以健康、舒适地生活为发展目标，提倡住区建设与环境的和谐共生，强调“保护地球环境”“协调周边环境”以及“健康、舒适的居住环境”三者之间的平衡发展（图 1-7）。

1.3.1.1 背景和意义

1. 绿色住区

中国工程建设标准化协会发布的《绿色住区标准》（CECS377-2014）中对绿色住区的定义为：以居住功能为主的、将可持续发展作为主要目标的居住区，体现了以绿色人居理念推动城市建设发展

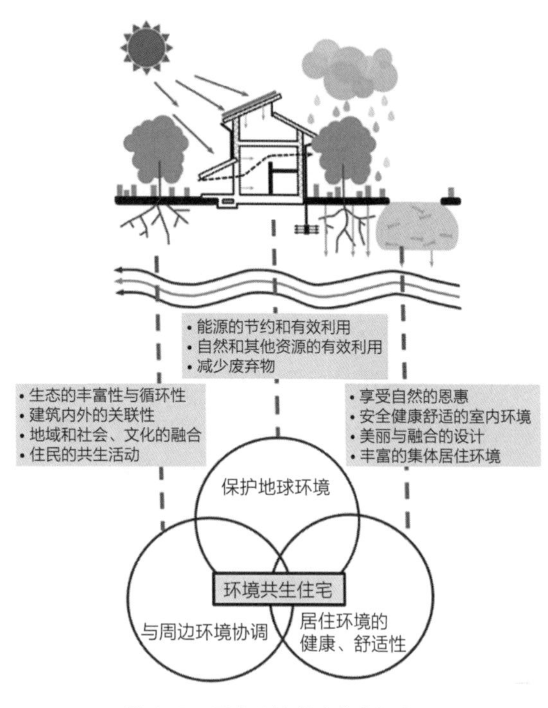

图 1-7 日本环境共生住宅概念图

资料来源：本研究整理 .

的准则。我国当代绿色住区建设的主要任务是既能适应当代人的生活需要，又不会对后世人的需求产生负面影响和损害，努力建造可以不断满足新的社会变化及人类需求的可持续发展住区。

绿色住区的概念包含“绿色”和“住区”两个方面，是以绿色建筑为基础，从住区内微观具体的绿色建筑模式逐步发展成为宏观的可持续城市规划住区，并最终在中观层面形成绿色居住环境，即“可持续发展下的人类聚集地”。绿色住区将“可持续发展”与“居住街区”两者概念相结合，以居住区节能减排为目标，通过设计及评估方法的研究，实现人类城市化发展与环境的和谐共生。

我国《绿色住区标准》主要倡导四个方面内容：最大化利用绿色资源与能源、融合住区与城市、人文传承及社区和谐、整合与优化绿色技术。在此基础之上，《绿色住区标准》指标内容可优化为七个方面：场地与生态质量、能源与环境质量、城市区域质量、绿色交通质量、宜居规划质量、建筑可持续质量、管理与生活质量。通过对比国际上相关绿色住区标准体系进一步研究，新版绿色住区标准充分体现了生态优先和舒适健康的原则，从宏观到微观，从地球环境、周边环境、居住环境三个层面提出绿色住区新标准，并分别强调了环境效益、社会效益、经济效益（图 1-8）。

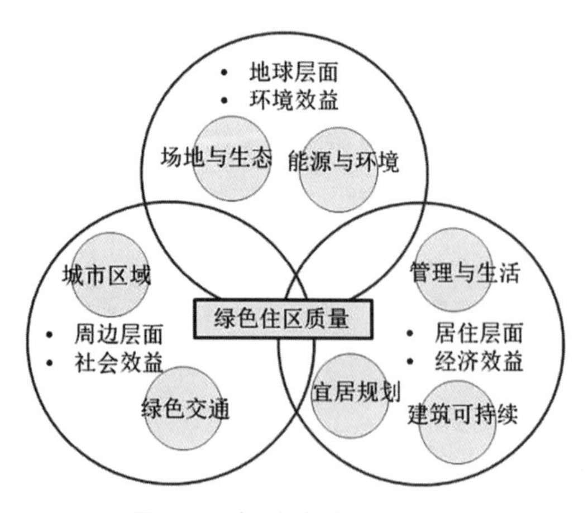

图 1-8 我国绿色住区基本内涵

资料来源：本研究整理 .

我国绿色住区建设源起于 20 世纪 90 年代的小康住宅发展。1993 年，建设部在《中国城市小康住宅通用体系设计原则》中提出了小康住宅设计与建设的基本原则，包括以人为核心、个性化风格、成品成套配置、智能化设备、现代化管理、可持续发展等。为逐步改善我国整体居住质量偏低的住宅状况，又在总结各大城市示范小区发展经验的基础上，提出了国家康居试点和绿色生态小区示范工程。

2001 年建设部编制了《中国生态住宅技术评估手册》，从规划设计、能源与环境、室内环境质量、小区水环境、材料与资源五个方面评估住宅小区，同时出台了更为全面和系统的《绿色生态住宅小区建设要点与技术导则》。2009 年广东省地产协会颁布了地方标准——《广东绿色住区标准》，规定了包括建筑工程、生活能源、环境建设、文化艺术、住宅产业等十个要点的评分原则。2014 年 10 月我国颁布并实施了《绿色住区标准》，2019 年 2 月，新版《绿色住区标准》在全国正式施行。新标准以贯彻新发展理念为引领，不仅将建设重点从追求物质空间环境建设延伸至营造绿色美好生活方式，还对能源与资源利用等方面提出了更高标准，促进城镇人居环境高质量建设发展，成为新时代绿色住区人居环境建设的重要标尺（表 1-6）。

2. 绿色住宅

2006 年，建设部副部长仇保兴在第二届国际绿色建筑及节能大会上阐述了绿色建筑的定义，强调为人类提供安全、健康和舒适的居住、工作及活动空间，并在建筑的全生命周期中提高资源利用效率，同时最低限度地影响环境。绿色建筑也称为“生态建筑”“可持续建筑”。我国在《绿色建筑评价标准》中对绿色建筑的明确定义为：“在建筑的全寿命周期内，最大限度地节约资源（节能、节地、节水、节材），保护环境和减少污染 ，为人们提供健康、适用和高效的使用空间，与自然和谐共生的建筑。”

从绿色建筑节能的发展来看，我国于 1996 年和 1998 年先后发布《中华人民共和国人类住区发展报告》和《中华人民共和国节约能源法》，不仅对改善和提升住宅环境品质提出了更高要求，更是将建筑节能作为国家经济发展的长期战略方针。2003 年颁布《夏热冬暖地区的建筑节能设计标准》，开始在全国各地强制性要求实施建筑节能；2004 年北京、天津地区推行建筑节能率 65%；2005 年颁布并实施《公共建筑节能设计标准》。2006 年科技部在《国家中长期科学和技术发展纲要》中指明，城镇化和城市发展应“以节能和节水为先导，发展资源节约型城市，发展城市生态人居环境和绿色建筑”。

在绿色建筑评估体系方面，我国绿色建筑评价标准建立在充分研究世界各国绿色建筑评估体系的基础上。结合我国国情，早在 2001 年由专家制定了《中国生态住宅技术评估手册》。其后在北京举办 2008 年绿色、科技和人文奥运的推动下，我国于 2003 年出台了《绿色奥运建筑评估体系》（简称 GOBAS），力图通过从招标设计到施工运行的

绿色住区相关政策及发展 **表 1-6**

颁布时间	法规 / 政策	相关内容
1993 年	《中国城市小康住宅通用体系设计原则》	提出了住宅建设与设计的原则，在各大城市展开相关示范小区试点
2001 年	《绿色生态住宅技术评估手册》《绿色生态住宅小区建设要点与技术导则》	从材料与资源、室内环境质量、小区水环境、能源与环境、规划设计等五个方面评估居住区，开始全面系统地指导生态小区建设
2009 年	《广东省绿色住区标准》	提出了绿色住区十个方面的地方评定原则
2014 年	《绿色住区标准》	绿色住区评定开始在全国范围内实施
2019 年	新版《绿色住区标准》	贯彻新发展理念，促进城镇人居环境高质量建设发展，成为新时代绿色住区人居环境建设的重要标尺

全过程监管机制，实现绿色化的奥运建筑。2005年科技部和建设部联合发布了《绿色建筑技术导则》，2006年全国开始实施《绿色建筑评价标准》，2007年随着《绿色建筑评价技术细则》及《绿色建筑标识管理办法》相继出台，我国绿色建筑评估体系得到进一步完善。2015年1月，新版《绿色建筑评价标准》GB 50378-2014正式实施（图1-9）。

根据《绿色建筑评价标准》，我国绿色住区和住宅的主要技术措施包括：节地、节能、节水、节材和运营管理等五个方面。随着绿色技术的不断发展和绿色理念的不断深入，可持续技术措施的运用贯穿于绿色住区的全过程周期中。绿色技术措施不仅体现在住区设计的前期策划和设计构思阶段，还包括在设计过程中运用各类绿色设计软件模拟和调整方案，以及在住区建设使用过程中的绿色运营和管理。

1.3.1.2 万科的探索实践

1. 万科绿色住区实践历程

绿色住区是实现绿色建筑技术的载体。为了克服一线企业项目研发中出现的技术难题，以适应市场和引领顾客的要求，进而达到对绿色住区性能的改善，万科通过整合科技资源进行实践与探索。自20世纪80年代末期以来，伴随着技术的不断提升和发展，万科绿色住区的认知、实践经历了四个重要时期，各时期的主要代表作品及项目特点参见表1-7。

（1）绿色萌芽时期（1988-1998年）：在管理层的推动下，万科的设计师们开启了绿色实践的早期萌芽阶段，包括在深圳万景及荔景花园项目中打造立体绿化和绿色平台。

（2）绿色探索时期（1999-2002年）：万科总部于1999年成立了建筑研究中心，开启了绿色技术的研发和应用，尤其是一线公司尝试对绿色技术展开试点实践。如在万科四季花城项目中，低密度布局、雨水收集再利用和临街防噪音措施开始得到应用。

（3）系统实践时期（2003-2009年）：万科不仅开始系统性研发绿色技术的方案措施，更将绿色发展上升至公司的战略性高度。2003年万科启

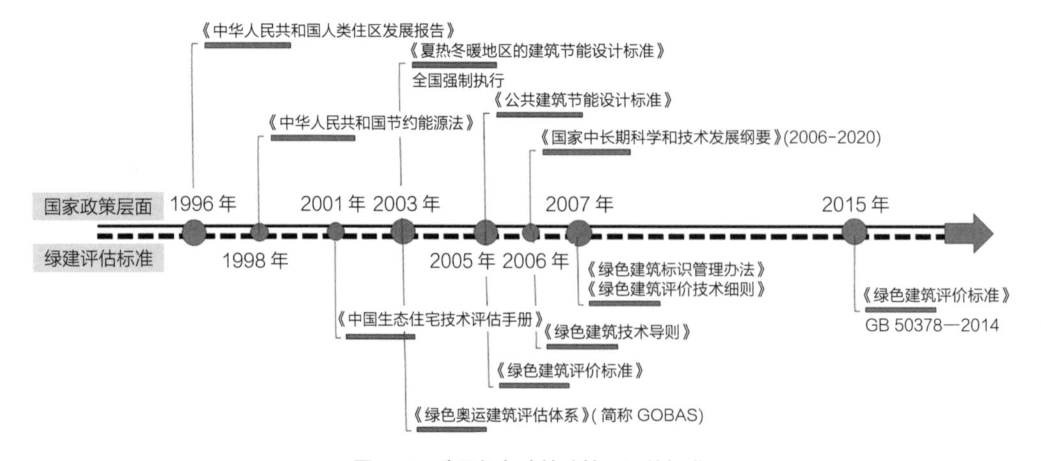

图1-9　我国绿色建筑政策及评价标准

资料来源：本研究整理.

万科在各阶段的重要代表作品及项目特点　　表 1-7

阶段	时间	关键项目	绿色技术措施	节能标准	实景照片
绿色萌芽 1988-1998 年	1988 年	深圳天景花园	高绿化率，阳光楼梯间，多层架空层，立体车库	早期样本	
	1994 年	深圳荔景花园	绿化平台，立体绿化		
绿色探索 1999-2002 年	1999 年	万科总部	雨水收集，立体绿化，太阳能照明，渗透性铺地		
	2001 年	南京金色家园	百叶遮阳系统	技术研发节点	
	2002 年	深圳东海岸	人工湿地，中水系统，太阳能热水，坡地建筑		
系统实践 2003-2009 年	2003 年	天津东丽湖	生态水环境，生态系统解决方案	系统研发	
	2004 年	上海朗润园	雨水收集，中水利用	绿色二星，50% 节能	
	2005 年	深圳万科城四期	围护结构节能，中水利用，可再生能源 5%	绿色三星，65% 节能	
	2007 年	深圳万科中心	自然采光通风，智能遮阳，光伏发电	实验项目，75% 节能，首个 Leed 铂金项目	
	2008 年	天津生态城	100% 绿色建筑	Leed 铂金公建	
绿色愿景实现 2010-2020 年	2011 年	天津万科锦庐园	盐碱地改造，100% 太阳能光热系统，垃圾收集输送	绿色三星	
	2016 年	成都五龙山公园	非传统水源利用 39%，可再循环材料 10.88%，节水器具 100%	绿色三星，60% 节能	
	2018 年	广州中新知识城	海绵城市，景观模拟分析，结构体系优化设计	100% 绿色标识	
	2020 年	上海徐汇万科中心三期	POD 立体公园，采用 BIM 技术进行施工管理	绿色三星，Leed 铂金项目	

资料来源：项目组整理 .

动标准化建设项目，2006 年在东莞正式启动产业化项目，重点针对绿色技术的体系化应用，如水资源利用系统、可再生材料系统和绿色交通系统等开展研发和实验。2008 年，万科不但正式将绿色写入公司愿景，同时明确了企业的绿色定位目标，即温室气体减排的行业领先者、绿色住宅标准的制定推广者、绿色节能技术的广泛应用者、绿色社区生活的身体力行者。

（4）绿色愿景实现时期（2010-2020 年）：在这一阶段万科逐渐完成了三步走的战略部署目标，即在 2010-2012 年成为业内领先的“绿三色先锋”，2012-2014 年随着不断打造绿色品牌，形成中国本土公司的“绿色标杆”，在 2015-2020 年形成世界级的绿色企业。

万科主流住宅从 2010 年起全部实现了精装修，其优势在于通过装修标准化设计保证建成品质，并选取优质绿色材料和部品完成现场施工。到 2014 年时，万科主流产品 80% 实现了工业化建造，同时 50% 达到绿色三星级节能标准。在 2014-2020 年的绿色推广计划中，全部采用了工业化建造方式，且全部项目实现了建筑节能水平，使用可再生能源发电总量达 1.5 亿度，相比 2005 年供应商能耗减少了 30%。

2. 万科绿色住宅技术措施与实践

（1）室内自然采光与通风

作为绿色居住建筑，首先应注重自然采光和自然通风。自然采光与通风系统可以降低建筑使用中所消耗的能源，从而改善居住生态环境，对于节约型城市建设有着十分重大的意义。同时，自然采光和通风对人的心理健康也起着重要的调节作用。

绿色住宅建筑的采光依据以下 3 个方面来设计：1）优化建筑位置及朝向；2）利用窗地比和采光均匀度来控制采光标准；3）控制开窗的大小和眩光的产生。作为绿色建筑的采光，很多住区都采用了采光节能的新技术，如光导照明系统、太阳日光反射装置等等，既节能又满足光环境舒适度要求。此外，新建住区的地下室采光多采用采光天井、半地下式等被动式采光节能方式。其中可用于采光分析的软件有：Ecotect、Radiance、天正日照等。

绿色住宅的通风换气应注意以下几方面：1）组织好室内外气流，尽量形成穿堂风，避免厨卫空气进入居室；2）为满足新风量要求，在空调及采暖房间设置通风换气扇；3）夏冬季尽量考虑间歇机械通风方式；4）合理采用混合式通风，以减少能耗和提高空气质量。目前设计人员主要使用 Fluent 等 CFD（计算流体动力学）软件对建筑室内外气流进行分析。

广州万科中新知识城项目在建筑方案设计的基础上，对场地中的光环境和风环境影响因子采用模拟软件进行模拟分析和综合评价，依据夏季阴影和夏季通风、冬季日照和冬季挡风，以及区域交通条件等因素将场地划分为不同等级，选择最合适的区域作为小孩、老人的活动区域，并按照适宜性等级对其他健身、活动广场和邻里文化交流中心等进行选址，让园林能够融入业主的生活空间，真正成为“城市的客厅”（图 1-10）。

（2）建筑遮阳

我国传统住宅的遮阳形式包括水平式、垂直式和综合挡板式等外遮阳方式，还包括织物窗帘等内遮阳形式。随着绿色住宅节能技术的发展，目前采用的新型遮阳形式有玻璃自遮阳、内置百叶格栅式遮阳、绿化遮阳和活动式外遮阳等多种方式。万科南京金色家园综合采用了传统的水平式遮阳和百叶式遮阳系统等多种方式，成为万科绿色建筑单项技术研发的关键节点（图 1-11）。

（3）外墙保温节能

住宅建筑中，墙体是重要的支撑结构和围护

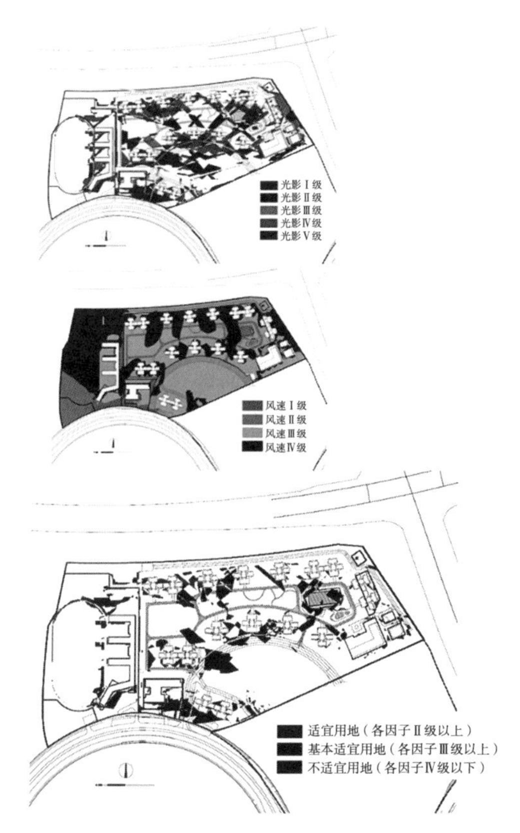

图 1-10　场地光和风环境定位分析图

资料来源：马翔，苏志刚．广州万科某项目绿色技术实践 [J]. 广东土木与建筑，2018，25（8）：20-22，61.

图 1-11　南京金色家园遮阳

资料来源：苏志刚．绿色地产在中国的发展——以万科绿色建筑实践为例 [J]. 城市建筑，2008，（4）：33-34.

结构。一般外墙面积占整个建筑围护结构总面积的 66% 左右，通过外墙的热损失占围护结构总能耗的 32%~34%。减少外墙传热的方法有两种：一是严格控制体型系数，减少传热面积；二是提高外墙体的保温隔热性能。根据保温材料在墙体中的位置和特征，绿色住宅外墙的保温节能构造主要有内保温、外保温、墙体自保温、保温装饰一体化等几种形式。南京锋尚国际公寓较早采用复合外保温方式，内层为 10mm 厚聚苯板或玻璃棉保温层；中间设 50mm 厚的流动空气层，可将保温材料的湿气和水分尽快蒸发，保证材料的干燥；外层为开放式干挂石材幕墙，以龙骨与主体连接，保护材料不受外界影响，且美观、易清洁（图 1-12）。

（4）雨水收集利用

传统住区对城市雨水的认识多停留在“有害”的阶段，因而其管理理念多以“快速导排”为主。在可持续住区和住宅建设中，如何合理利用住区雨水资源，减少雨水对环境的污染，尽可能地控制和减少建筑工程对自然环境的使用和破坏，降低城市排水防涝压力等新型的雨水管理理念，成为当代绿色住区研究的热点。雨水收集与利用技术就是新型的雨水管理理念的具体体现，它主要关注雨水污染的控制 、雨水的收集与利用 、雨水的调蓄与排放三个方面的问题，具体的技术措施包括：下凹式绿

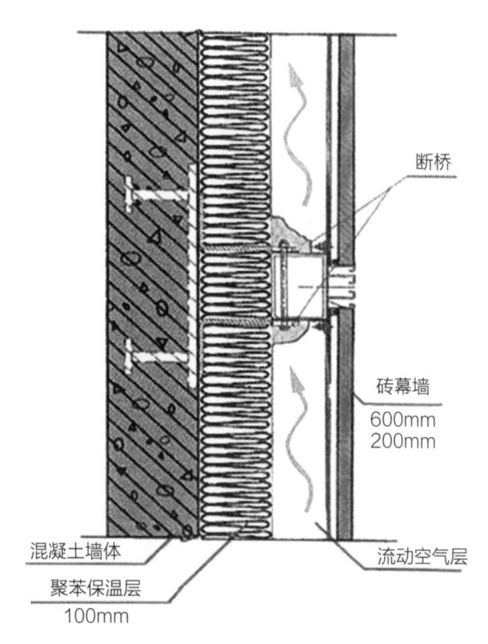

图 1-12　南京锋尚公寓复合外保温

资料来源：南京锋尚地产项目管理团队.

地、渗透式铺地、中水回收和处理等。

海绵城市是指在城市规划建设管理过程中，通过采取一定措施，提高水体、绿化、道路和建筑对雨水的吸纳、蓄排和缓渗作用，以实现雨水径流量的有效调控。海绵城市重视雨水在源头得到自然积存、渗蓄和净化、再利用，从而达到减少总外排量和雨水峰值的目的。广州中新知识城考虑生态规划因素，早在国家实施海绵政策和规范之前，一期充分采取了降低地表径流和滞留雨水吸纳的多种措施，二期进一步深化海绵专项设计，达到一般雨量情况下雨水可 100% 在宗地内消纳（表 1-8）。

（5）立体绿化措施

立体绿化是利用立体空间进行绿化的一种方式，包括屋顶绿化和垂直绿化等形式。立体绿化具有增加城市绿化率、降低城市排水负荷、改善光污染和噪声污染、建筑遮阳和节能保温等作用，其

中新知识城雨水处理措施　　表 1-8

雨水处理方式	效果	实景照片
34% 的高绿地率 50% 的绿化屋面	根据国家和地方颁布的海绵相关规范计算，在降雨量日值为 15.1mm 情况下，100% 雨水可在宗地内消纳，即达到 55% 雨水径流总控制率	
30% 的室外人行道、透水混凝土和植草砖停车位		
30% 的下凹绿地 雨水花园 生态水景		

资料来源：项目组整理.

面积和指标成为绿色居住建筑评估的重要方面。由于科技的提高和建筑材料的创新，立体绿化的植被品种和栽植形式也产生了多样化，尤其在一线城市中，施工技术和建设形式都表现得更为先进。

广州万科峯境采取与建筑一体化的立体绿化方式，结合屋顶绿化、空中花园等多种形式，并将攀缘植物生长所需的攀援构件、种植槽、排水装置、滴灌装置与建筑有机融合在一起，整体绿化率达到了 89%（表 1-9）。

（6）垃圾回收处理

在全社会范围内推广垃圾分类已成为中国循环经济发展过程中的重要环节。垃圾分类处理主要分为三个部分，其一是回收系统，包括废物的回收、运送和储存；其二是再生系统，即在对垃圾进行拆分和分类之后，把可利用部分转化为生产资源进行再次利用；其三是无害化处理系统，包括对不可再利用部分实施再分解、焚烧及掩埋处理。

3. 万科绿色建筑技术研发三个关键节点

（1）单项技术的研发和应用。万科在 2001-2004 年间，致力于单项技术的开发及应用，并在建筑技术研发方面逐步具备独立自主的能力。南

万科峯境立体绿化　　表 1-9

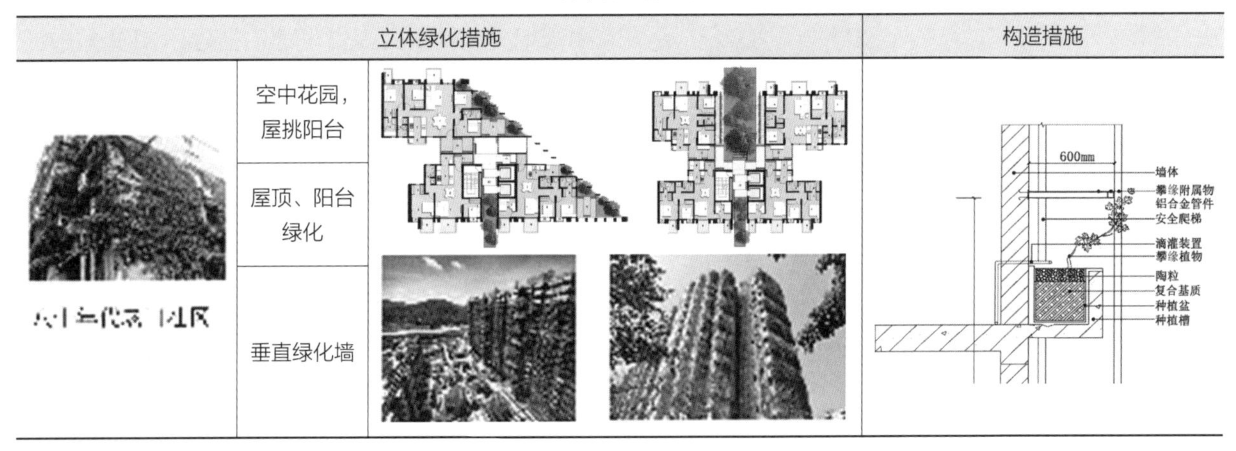

立体绿化措施			构造措施
	空中花园，屋挑阳台		
	屋顶、阳台绿化		
	垂直绿化墙		

资料来源：项目组整理．

京金色家园二期遮阳设计成为单体技术发展的关键点。

（2）整体技术观的确立。万科于 2004 年明确了自身整体的技术观，强调通过生态技术应用，从过去的"高消耗、高排放、高投入、低效益"（三高一低）转变为"低消耗、低排放、低投入、高效益"（三低一高），采用多种技术提高住宅的舒适性。万科整体技术观的确立，科学、有效地指导了绿色住区的实践。

（3）体系化技术方案、节能节水管理办法的制定。结合调研及实践，2005 年万科针对各个气候区域编写了 6 套技术方案，并制定了 1 套铝合金节能窗型选用指南。此外，在天津东丽湖项目中对住区生态水环境进行了系统性研究与应用，提出了包括水质保障、中水利用及雨水再利用的 4 项技术方案和 3 项管理办法。

1.3.2 标准化快速建造：装配式

1.3.2.1 背景和意义

中国自 20 世纪 50 年代开始探索住宅工业化，于 20 世纪末提出推动住宅产业化发展，起步较晚，经历了从新中国成立初期到 20 世纪 70 年代末的技术初创期、从 20 世纪 80 年代到 20 世纪末的技术积累期和 20 世纪末至今的快速发展期共三个时期（图 1-13），走过了一条将国际先进理念与中国实践相结合的曲折道路，逐渐摸索出适合中国国情的产业化体系。

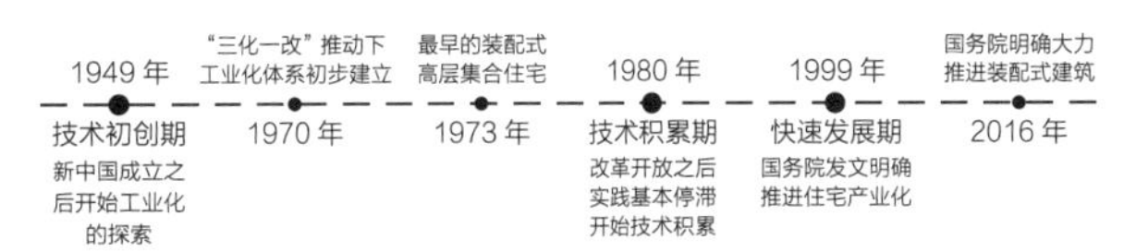

图 1-13　中国装配式集合住宅发展脉络

资料来源：作者自绘．

（1）技术初创期

新中国成立之初，为了满足大量建造住宅的需要，我国开始了建筑工业化的探索。20 世纪 70 年代，发展形成了大板住宅体系、大模板住宅体系、框架轻板住宅体系等结构体系，工业化住宅体系初步成形。1973 年，北京前三门高层住宅群（图 1-14）最早将装配式技术运用于高层建筑，均采用大模板剪力墙内浇外挂的结构体系，适用

图 1-14 北京前三门大街高层住宅

资料来源：刘东卫，蒋洪彪，于磊．中国住宅工业化发展及其技术演进 [J]. 建筑学报，2012(04)：10-18.

于大规模快速的推广，开始了集合住宅工业化的探索。

（2）技术积累期

20 世纪 80 年代后，由于住宅工业化技术体系不够完善，出现结构强度不足、建筑性能较差、成本偏高等问题；随着改革开放的到来，大量廉价劳动力涌入城市，加上滑升模板技术和商品混凝土的出现，现浇结构逐渐成为住宅建筑的主流方式，装配式住宅实践陷入停滞。在这一时期，我国主要进行了装配式住宅的理论研究和技术积累。

1980 年，N. J. 哈布瑞肯的 SAR 支撑体住宅理论（图 1-15）引入国内，将住宅划分为支撑体

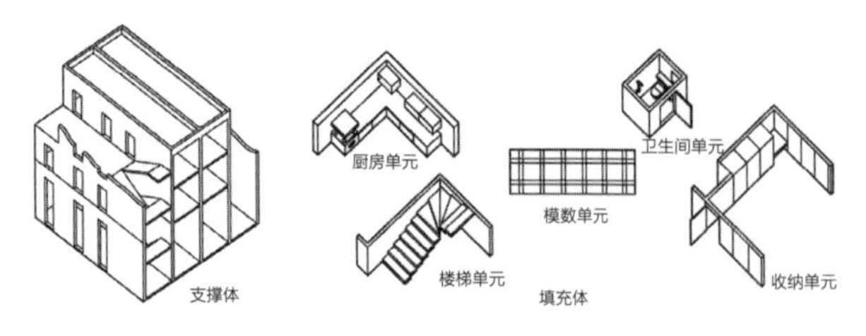

图 1-15 支撑体住宅理论

资料来源：刘东卫，刘若凡，顾芳．国际开放建筑的工业化建造理论与装配式住宅建设发展模式研究 [J]. 建筑技艺，2016(10)：60-67.

（Support）和可分单元（Detachable Unit），为中国相关试验研究提供了理论指导。1985-2000 年，建设部两大样板工程及从 1988 开始的历经 4 期的“中日 JICA 住宅项目”为中国住宅建筑质量提升及技术进步积累了大量经验。

（3）快速发展期

20 世纪末，随着人口红利的逐渐消失及建筑行业对环保重视程度的不断提高，引发了对于建筑产业的重新思考，装配式的理念再次进入公众视野。集合住宅工业化有利于提高住宅质量、延长住宅寿命、丰富套内空间，且在节能节材、保护环境、减少人工等方面具有一定优势，将建筑工业化技术运用于集合住宅的优势逐渐突显。

在对房地产行业深化理解的背景下，1999 年国务院印发了《关于推进住宅产业现代化　提高住宅质量的若干意见》，确定了推动房地产行业开发现代性的指导、任务、建设要点和政策措施规定，集合住宅的发展进入以住宅产业化为导向的新阶段。

为有力推动装配式建筑发展，国家密集出台了相关政策（表 1-10），逐渐形成了国家到地方较完善的政策框架，明确了发展装配式建筑的目标，为集合住宅工业化的推广提供了有力的制度保障，也推动了标准规范体系和技术体系的建立和不断完善。

为改善住宅质量低、寿命短、灵活性差等问题，我国在研究学习 SAR 支撑体理论和 SI（Skeleton and Infill）住宅体系（图 1-16）的基础上，探索出了符合中国国情与建筑技术条件的 CSI 住宅体系，“S”即支撑体，指住宅的梁、板、柱、屋盖等主体结构，“I”即填充体，指内部非

装配式集合住宅相关政策 表 1-10

颁布时间	法规 / 政策	相关内容
1996 年 4 月	《住宅产业现代化试点工作大纲》 《住宅产业现代化试点技术发展要点》	明确提出“推行住宅产业现代化，即用现代科学技术加速改造传统的住宅产业”
1999 年 8 月	《关于推进住宅产业现代化　提高住宅质量的若干意见》	明确了推进住宅产业现代化的指导思想、主要目标、工作重点和实施要求
2006 年 6 月	《国家住宅产业化基地实行办法》	认定了一批国家住宅产业化基地和国家住宅产业化示范城市
2013 年 1 月	《绿色建筑行动方案》	将推进建筑工业化作为一项重点任务
2015 年 8 月	《工业化建筑评价标准》	决定 2016 年全国全面推广装配式建筑
2016 年 9 月	《关于大力发展装配式建筑的指导意见》	明确了装配式建筑发展目标
2017 年 3 月	《“十三五”装配式建筑行动方案》	进一步明确阶段性工作目标，落实重点任务，强化保障措施

资料来源：本研究整理 .

承重的建筑部品，包括隔墙、门窗、设备管线等。CSI 住宅体系将支撑体和填充体分离，填充体设计灵活度高，便于维修更换，与支撑体形成动态的平衡，提高了住宅的整体使用寿命。

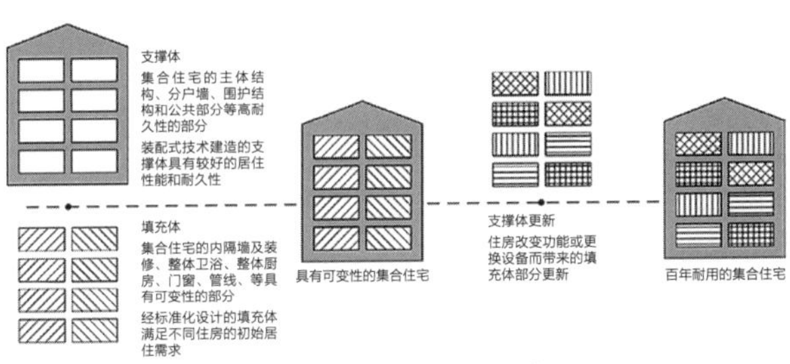

图 1-16　SI 住宅体系示意图

资料来源：作者自绘 .

2012 年，中日住宅行业签署《中日住宅示范项目建设合作意向书》，中国百年住宅 CLS（China Longlife-Housing System）成为住宅行业关注的焦点。百年住宅以建设产业化、建筑长久化、品质优良化、绿色低碳化为主要特征，通过产业化的设计和建造方式，提高住宅主体耐久性及部品性能，以实现住宅的长期动态发展，并保证从建造到使用维护全过程的绿色环保。

为了使集合住宅达到百年的耐久，应当以 CSI 工业化体系为基本原则，将住宅的支撑体与填充体分离，在统一协调设计的基础上，分别进行生产建造（图 1-17）。

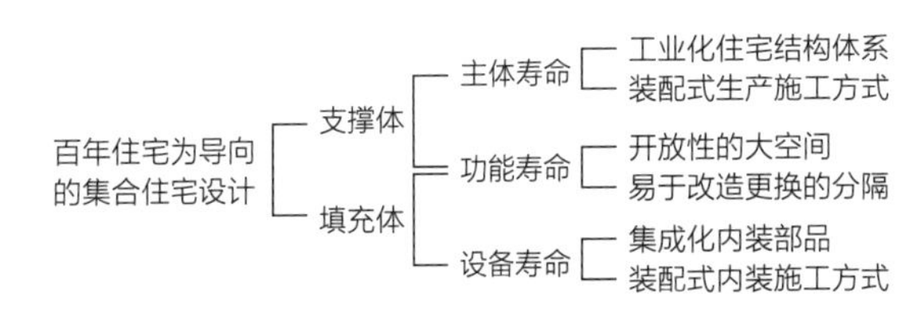

图 1-17　百年住宅设计原则

资料来源：本研究整理 .

对于支撑体，应该探索先进的工业化住宅结构体系，包括装配式混凝土结构，装配式钢结构和装配式木结构。支撑体的设计应满足功能改造的需要，可适当设置开放的大空间，使得填充体的布置更具灵活性，配合易于改造更换的内部分隔，实现住宅功能的长期适应性。

对于填充体，需要发展工业化集成住宅部品与装配式内装施工方式，安装难度低，便于维修和更换，同时具有更佳的性能，优化室内环境品质。对于支撑体与填充体的连接，应该加快标准化连接节点的研究，适于填充部品的灵活安装，并减少其对支撑性结构性能的影响。

在建筑产业整体由大量建造转向提质的背景下，集合住宅的建设也迎来了机遇和挑战，如何高效高质地建设住宅，如何赋予住宅更优质的居住体验，是亟待解决的问题。对于工业化住宅体系和住宅产业化的研究将成为未来行业的主题。

1.3.2.2 万科的探索实践

在国家政策引导和对未来住宅发展模式的研判下，万科形象地提出了“像造汽车一样造房子”的理念，开始进行工业化住宅的研究，重点进行中高层集合住宅主体的工业化技术研究。

自 2002 年开始，万科在总结学习国外住宅工业化经验技术的基础上，通过工业化技术的探索完善和对实践活动的总结反思，逐渐摸索出一条适合中国国情和技术条件的住宅产业化推广道路（图 1-18）。

（1）试验研究阶段：2002-2007 年

2004 年，万科开始从事住宅产业化和工业化建造技术的研究。经过对国际上先进住宅工业化技术体系的了解和研究，选择了最适合中国的预制混凝土（Precast Concrete，PC）结构作为工业化住宅的主要研究方向。

2005 年底，1 号试验楼建造完成。在该试验楼中，万科进行了全预制结构住宅的探索，但由于构件拆分方式所带来的施工难度以及抗震设计的缺失，在当时不适合大范围的推广。2006 年，万科制定了工业化住宅中长期发展计划，并在东莞松山湖建设了住宅产业化研究基地，继续进行试验楼的建设。2007 年，万科完成了 2 号、3 号试验楼的建设，2 号试验楼开始探索 SI 住宅体系，3 号试验楼进行了对万科“VSI”体系的尝试。

2008 年，万科以“青年之家”为主题，完成了 4 号试验楼的建设（图 1-19），该试验楼总结了前期试验楼中存在的问题，主体采用预制框架结构体

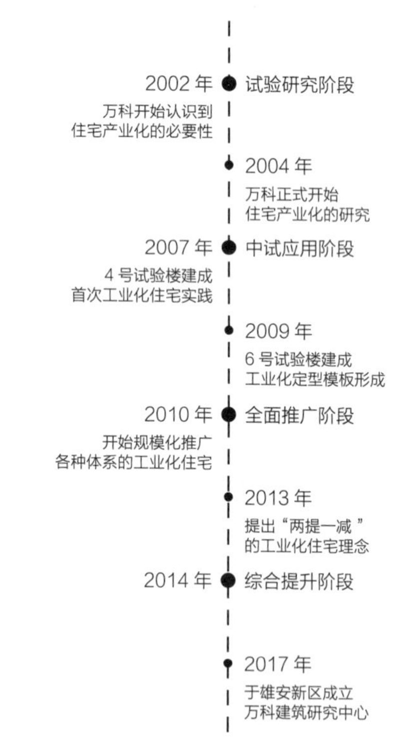

图 1-18　万科住宅工业化发展脉络

资料来源：本研究整理 .

图 1-19　万科住宅工业化试验楼

资料来源：万科集团 .

系，装配率超过65%，建筑构件种类更加统一，便于工业化施工和生产；内装围绕模块化、集成化进行设计，试验了同层排水、管线分离、室内通风等技术，完善了“VSI”体系的设计，4号试验楼的建成表明VSI技术体系已经具备了充分的推广条件。

（2）中试应用阶段：2007-2010年

随着试验楼的成功建造，万科尝试将工业化住宅研究成果应用于项目实践中：万科新里程20号、21号楼（图1-20）作为万科首个工业化住宅实践项目，采用框架剪力墙内浇外挂体系，梁、柱、剪力墙均为现浇，外墙板、楼梯、阳台等为预制构件；室内装修采取统一设计、统一施工的精装修方式，对解决外墙、门窗渗漏等质量通病和外墙贴面砖带来的安全隐患进行了探索。

图1-20　万科上海新里程

资料来源：万科集团.

深圳第五寓是深圳最早的装配式集合住宅，首次实现了建筑设计、内装设计、部品设计流程控制一体化；北京万科假日风景B3、B4楼为装配式剪力墙结构；深圳龙悦居（图1-21）采用内浇外挂体系，局部使用了大钢模施工。

在实践应用的同时，万科开始研究如何降低预制化率以获得更大程度的推广，在2008年和2009年分别完成了预制率40%、20%的5号、6号试验楼（图1-22），这两栋楼成为当时万科集团工业化项目主体技术体系的标准定型模板。

图1-21　万科早期工业化试点楼

资料来源：深圳市华阳国际建筑产业化有限公司.

图1-22　万科住宅工业化试验楼

资料来源：万科集团.

（3）全面推广阶段：2010-2014年

在进行装配式集合住宅技术研发的同时，万科提出了“提高质量、提高效率、减少对人工的依赖”的“两提一减”发展理念，将装配式内隔墙、免抹灰技术、定性模板、整体提升外爬架、穿插提效、市政先行等技术与预制技术相结合，实现了住宅项目的普遍提质提效。

在“VSI”体系的框架下，万科多种工业化住宅体系开始全面推广：深圳龙华保障房采用内浇外挂体系，探索了在保障性住房中推行工业化住宅；沈阳春河里（图1-23）采用现浇核心筒—装配式框架体系，完善了万科装配式剪力墙体系；千林山居33号、34号楼中创新了金属模板+全混凝土外墙体系，并在万科第五园七期（璞悦山）项目中应用，该体系是万科推广工业化住宅的重要方式；

图 1-23　沈阳春河里

资料来源：https：//show.precast.com.cn/index.php?homepage=shenyang & file=project & itemid=373.

南京上坊保障房（图 1-24）采用全装配框架体系，装配率突破 80%；北京金域堤香 7 号 -9 号楼是国内首次装配式剪力墙连同使用隔震技术的建筑。

图 1-24　南京上坊保障房

资料来源：https：//wenku.baidu.com/view/56301ba705087632311212f5.html.

（4）综合提升阶段：2014 年至今

在国家推进资源全面节约和循环利用，实施国家节水行动，降低能耗、物耗，实现生产系统和生活系统循环链接指示的引导下，结合自身企业文化特点，万科在"两提一减"的基础上增加"减少环境污染"，迭代升级为"两提两减"的核心理念。继续探索能实现"两提两减"的建造工艺、工法及管理方法，不盲目追求高预制率，开始推广使用金属模具（包括大钢模和铝模），建造全混凝土外墙，因而免除了外墙砌筑和抹灰工艺，避免了传统的现场湿作业。此外，万科开始将工业化技术体系从主体扩展至内装，在 SI 体系的原则下进行主体和内装的一体化设计和工业化施工，万科的工业化住宅推广进入了综合提质的全新阶段。

佛山城市花园项目（图 1-25）是万科对"两提两减"理念的践行，项目总建筑面积 134227m^2，其中装配式建筑面积约 98614.04m^2，采用适度预制、便于推广的铝模板 + 全混凝土外墙体系，部分采用铝模板现浇，部分外墙、叠合楼板、楼梯、内墙、公区挂墙板、整体卫浴、集成厨房等为预

图 1-25　佛山万科城市花园

资料来源：https：//v.qq.com/txp/iframe/player.html?origin=https%3a%2f%2fmp.weixin.qq.com&vid=k0847jollss&autoplay=false&full=true&show1080p=false&isDebuglframe=false.

制，装配率达 54%。

项目引入 BIM 技术进行全过程信息化模拟和管理，前期对场地道路、堆料区和塔吊进行模拟布置，选择最优方案提高构件运输效率，进行构件拆分和连接节点分析，并建立构件部品模型库，以指导构件部品生产；项目采用标准化设计，7 栋住宅塔楼，只有 1 种标准楼型、3 种标准户型（图 1-26）和 1 种标准核心筒，标准户型中客厅、卧室、卫生间、厨房均采用统一的模块，便于构件设计生产和安装；设计中建筑、结构、机电、装修一体化建模，并对施工全过程、施工现场和施工难点进行模拟，保证协同作业秩序，通过全过程信息模型建立，结合万科匠心管理平台，实现了智能化、信息化管理。

图 1-26　佛山万科城市花园标准户型

资料来源：万科集团 .

1.4 治理

1.4.1 城市治理

“治理”一词作为从西方舶来的新兴概念，最初于 1989 年由世界银行发表的《南撒哈拉非洲：从危机走向可持续性增长》报告中提出。2013 年 11 月，我国十八届三中全会首次将“推进国家治理体系和治理能力现代化”确定为全面深化改革的一大目标，预示着在城市群、城市到社区各层面的发展中，政府不再是一家独大的控制者，而变为在多元主体的权责分配、利益诉求中起到指导和协调作用的服务者。

新中国成立以来，我国政府一直很重视城市管理相关工作。相对于城市建设的巨大投资，科学化的城市管理可以通过较小投资为城市带来若干倍的收益。城市管理因其主客体对象分明而产生刚性权力掌控下较强的权威性，城市治理相对来说不存在明确的主客体，体现更多的是互动性与协调性，通过协调政府、市场和社会的横向主体关系，以及地方和中央的纵向层级关系，在经济发展和生态保护的城市对立关系中进行决策和博弈。对比城市管理以人治为核心，治理则是以法治为重心，从而让多元主体得到更好的分权制衡。

城市作为由经济生产、社会生活和生态环境共同构成的复杂巨系统，不论是治理对象还是治理过程均体现出一定的综合性，政府、企业、公民和非营利组织（NPO或NGO）等各个治理主体之间进行着密切合作，多元化的城市治理主体利益之间呈现出对立统一的辩证关系。

不同城市因经济、社会及地方政府的差异形成适于自身的特定城市治理模式。1999年，瑞士政治学家Jon Pierre通过总结西方国家城市治理经验，根据政府在城市社会经济中担任角色的不同，将城市治理模式归纳为四类：强调政府专业性与高效率的管理型治理模式、协调统合各利益集团的社团治理模式、由政商合作的经济增长优先型治理模式和依赖政府财政解决地方经济衰退的福利型城市治理模式。面对我国应该如何进行城市治理的议题，学术界目前形成了三种具有代表性的理论：一是倡导由政府主导、各主体合作的元治理理论，二是主张利用市场秩序、协调多元主体利益需求的多中心治理理论，三是鼓励居民直接参与城市社区公共事物治理的参与式治理理论。

面对城市问题的复杂性，城市治理结构依据治理范围被划分成多个等级和层面。在国家社会层面，快速城市化带来农村转移人口市民化、人均收入水平提高等多种现象，该层面的治理涉及城市群治理维度；在城市层面，治理侧重于优化城市住房及基础设施供给能力、提高城市交通疏散效率等；在基层治理层面，重在提高党建引领“多元”的泛在善治能力，以制度完善和保障齐全为目标的法治能力，以及智能化的数字治理能力等。不同层面所要求的城市治理能力大致可归为三种：维持能力、应急能力和修复能力，多种治理能力复合实践应用，共同完成城市精细化及网络化治理，实现城市的可持续发展。

2019年10月底，中共十九届四中全会通过了《中共中央关于坚持和完善中国特色社会主义制度　推进国家治理体系和治理能力现代化若干重大问题的决定》，强调“推进国家治理体系和治理能力现代化的领导”，并规划至2035年基本实现“国家治理体系和治理能力现代化”的目标。其中，城市治理作为国家治理体系的重要内容，其现代化要求我们在以人为本的前提下，利用互联网、大数据和人工智能等数据平台，精准高效地解决城市问题。

1.4.2 社区治理

“社区有时候能做到政府和市场不能做到的事情，因为社区成员拥有关于其他成员行为、能力和需求的重要信息。”

1.4.2.1 社区治理及其模式探讨

1881年，H. S. Maine在《东西方村落社区》中首次提出了“社区”的概念。随后，德国社会学家Ferdinand Tönnies于1880-1887年创作的《共同体与社会》一书中，从社会学角度理解社区，认为在当时的传统社会下，成员在共同生活和劳作中，形成了“相互信任、彼此依靠且近乎无条件的团结一致”的特点，因此，社区多为血缘、情感和共同意识所构建的共同体。然而，现代社会的到来冲击并瓦解了这种原先的传统共同体，城市社区居民不论在利益诉求、情感联系和价值认同上都存在多元性的特点，现代共同体中的个性被独立出来，社区成员之间呈现出在具有一定认同感的基础上拥有多样化需求且频繁互动的特点。因此，若要处理好一定地域内个体间的有机联系并保证其自我满足和发展，就需要采用以社区共治为目标，政府、社区和居民等多元主体协同治理的模式。

我国的城市社区可以分为街坊式社区、单位式社区、商品房社区、混合式社区和城乡过渡型社区五种类型，其中商品房社区是我国目前数量最多、规模最大的社区类型。商品房的社区治理往往涉及三个主体——在政府指导下工作的居委会、由小区业主组成的业委会及其委托管理小区公共设施和服务的物业管理公司，三者在处理社区公共事物的过程中，持续互动并且协调共赢，最终形成了以人为中心、以需求为导向的社区治理模式。

社区治理作为一种活动或过程，由基层党组织领导，通过完善的社区治理体系和现代化治理能力，对社区公共服务供给和各项社区建设进行着法治化、制度化和科学化管理，在社区治安、卫生、文化、服务、组织和环境等方面进行重点建设，同时努力完成低碳智能、宜居和谐的社区目标，并时刻关注弱势群体，维护社区公平。

1.4.2.2 我国社区治理经历的五大时期

从计划经济进入市场经济以来，我国城市社区治理大致经历了五个时期，分别是计划经济时期的“单位制”、改革开放后的“街区制”和“社区制”、20 世纪 90 年代有关城市社区治理模式的实践与探讨、新纪元后城市社区建设的合法性与制度性支持、中国特色社会主义新时代以后城市社区治理重心的管理性与服务性转移。总体来说，该过程呈现出从一元向多元主体、单位向社区、纵向向网络发展的多重特征。

在计划经济时期实行的“单位制”，为快速发展社会经济，“单位”通过某种就业制度，将某些社会成员凝聚在一起，形成一种生活生产共同体。单位内成员之间的关系，正如费孝通先生所提出的“差序格局”，带有强烈的乡土社会特征。除此之外，单位还将国家和个人联系在一起，形成国家—地方政府—单位—个体的四级治理结构，通过单位大院的联结，地方政府可以有效完成城市资源人口的集中分配以及对单位成员的再组织和再调控工作。1954 年 12 月全国人大四次会议通过了《城市街道办事处组织条例》和《城市居民委员会组织条例》，确立了街居制，提出 10 万人口以上的市辖区或不设区的市，应设置街道办事处，作为城市最基层的政府机关，并根据居住地区成立相应的居委会。

改革开放后，单位制逐渐瓦解，由“垄断”转向“扩散”的资源分配格局让过去人们对“单位”的强制性“人身依附”转向可选择性的“利益依赖”，从前的单位制在这一时期逐步被享有一定自主决策权的“街区制”和“社区制”所取代。随着国家行政和经济管理权力的下放，城市社区自主能动性逐渐觉醒，人们从过去居于一定单位区域内各类组织整合成的独立社会实体中抽离出来，投入新型的社区居民和社会组织等社会主体中并拥有了一定的社会权力。1989 年出台的《城市居民委员会组织法》在法律上认可了城市社区居委会合法性地位，在此阶段，国家通过居委会这一社会中间层实现了对基层社会的治理，并将其设定为对上化解、对下驱动运作的“桥梁”角色。受到上一阶段单位制的制度影响，自上而下的由政府主导的社区治理模式成为当时的典型，解决社区公共事物是此阶段的治理重心。

20 世纪 90 年代城市社区服务范畴逐渐扩大，

城市社区管理实践日益丰富。1991 年，民政部强调政府、社会和市场力量、社区居民都是社区建设的主体力量，我国城市社区治理依据不同的社区建设主体，呈现出三种模式：上海模式是典型的政府主导型社区治理模式，学习新加坡，将两级政府、三级管理（市区级政府、街道与社区居委会）和四级网络（由居委会群众自治构成的网络）城市管理体系改革与社区建设相结合，构成行政主导力量下的街居联动，表现出明显的行政权力的强化与社会权力的弱化；沈阳市是以社区自治为主导的建设模式，其理论来源于西方政治学的公民社会理论，强调政府与社会的分权并突出了社区自治组织等社会组织的主体地位；武汉市江汉区是典型的"政府组织与社区组织合作"的治理模式，倡导"政府资源与社区资源整合、行政机制与自治机制互动、政府功能与社区概念互补。"

新纪元后我国城市社区得到了各种长足发展的资源以及合法性和制度性的支持；国务院出台的《民政部关于在全国推进城市社区建设的意见》中，倡导开始全面推进全国社区建设的工作；2002 年的中共十六大会议上，中央对城市社区的建设提出要求"建立管理有序、文明祥和的新型社区"；2006 年的十六届六中全会提出了"全面开展城市社区建设，把社区建设成为管理有序、服务完善、文明祥和的社会生活共同体"。

在中国特色社会主义新时代以后，我国政府积极推动社会治理重心下移，并赋予了各种社区治理主体对公共权力的运作权和公共事务管理的参与权。21 世纪以来，我国将社区治理的重心转移到管理与服务上。2007 年《"十一五"社区服务体系发展规划纲要》中倡导细化社区公共服务发展要求，推动了我国社区公共服务由政府单一供给转向多元参与的政社互动转变；2011 年民政部开始启动全国社区管理与服务创新试验区工作，并在社区自治和社区服务等领域展开了精细化的实践创新。这一时期城市的基层社会治理资源配置格局发生了重大变化，哈尔滨市的"扁平化社区公共服务"注重公共服务载体、机制和层级三个方面的搭建和完善；天津市和平区定制化社区公共服务，依据实际发展和社区居民的实际需求量身定制了适合本社区实际发展的品牌化社区公共服务模式；大连市西岗区开展的"全时化社区公共服务"最大限度地方便了市民日常生活；厦门市的"精细化社区公共服务"面向城市中普遍存在的老城区、新城区以及村改居住区这三种社区，针对不同类别社区实施分级精细管理方法。由此可见，参与主体、观念和工具的多样性让社区内外形成一种横向合作的内在关联整合机制。

2017 年 6 月，国务院发布《中共中央国务院关于加强和完善城乡社区治理的意见》，是国家首次提出的针对城乡社区治理的纲领性文件，其提倡"政府治理、社会调节与居民自治"相结合的城乡社区治理模式，加强"社区公共服务供给、社区文化引领、居民参与、依法办事、社区矛盾预防化解、社区信息化应用"等多种治理能力，从而"改善社区人居环境、改善社区综合服务设施、优化社区资源配置、推进社区减负增效并改进社区物业服务管理"，关于经济社会组织基础的进一步完善，要健全政府部门领导机制和运行管理机制，进一步扩大城乡社区管理资金筹措途径、提高政府投入管理能力，完善社区工作者队伍，进一步健全政务管理规范制度和政策激励宣传机制。在党建引领方面，按照《党章》规定，社区组织关系在本辖区的党员超过 100 人时，都要建立社区党委。

1.4.2.3 社区治理技术方式的新时代要求

社区治理通过责任规划师，由专业人员切实接触社区，从而既承接国家战略，又针对性且具体地改善社区问题。2019 年的《北京市责任规划师制度实施办法》主张通过责任规划师，将基层治理工作切实推进。

不同社区治理，根据技术方式、治理体系的不同，具有不同特色的实施路径：朝阳区利用大数据信息平台，实时监测双井街道用地强度、人口活力、交通便捷性等多维指标，责任规划师根据实时数据研究评判，再对社区问题进行优化；海淀区采用“1+1+N”的责任规划师体系，“1+1+N”指代一名街镇规划师、一名高校合伙人和 N 个设计师团队。

在技术支撑上方面，社区治理可通过构建数据信息化平台，对社区环境进行实时观测、信息智能采集并构建居民参与式治理发言平台。由韩亚楠发起的北京社区研究中心通过三种数据采集方式——云雀象限、蝠音象限和猫眼象限，作为实时获取搜集社区信息的智能化工具。猫眼可以自动识别照片中的人数和车辆，鹰眼则是通过无人机非介入式观测获取更大范围的人车活动数据；蝠音主要通过传感器对不同社区、不同定点数据如温度、相对湿度、噪声、PM2.5、异味、人数等进行实时监测采集，搭建社区数据信息平台“城市智能感知监测系统”，通过平台可以了解到社区各环境因子的历史数据，对每周、每日、近 5 小时的数据进行分析研究，为社区的复杂系统的运作提供有效的量化数据；云雀通过构建市民意见反馈平台，表扬社区良好的环境，指出社区中的部分问题，以使规划师和社区工作者可以抓住这些实际问题进行探讨解决，这是实现市民和居民参与式治理的良好方式。同时，他们对所采集的数据进行管理，通过多源数据管理系统、体检监测系统、城市大数据可视化系统对数据进行管理、复合、研究和展示。再通过以上研究，对优化社区进行多维度决策，如以社区生活圈为依据，对政府主导和市场主导的 28 类公共服务指标进行评估评测；对云雀或市民热线等途径收集的市民意见进行数据上报，构建神经网络语言模型并进行时空分析，提供街道精细化治理策略；通过多代理人仿真模拟系统，对公共空间使用情景进行模拟预测，从而更好地对比、选择和优化设计方案。

参考文献

[1] 齐爽．英国城市化发展研究 [D]. 长春：吉林大学，2014：47.

[2] “出租房围绕老城带状分布，密度高、层数多，形成密实的城墙……柏林由此获得‘出租营城市’恶名。”张晟．德国集合住宅研究 [D]. 天津：天津大学，2007：16.

[3] “19 世纪后半叶……许多沿运河的船舱、内院中搭建的棚子、阴暗潮湿的地下室曾成为公认的栖息之所。”刘浩．荷兰集合住宅研究 [D]. 天津：天津大学，2008：9.

[4] 德国采用“先福利，后市场”的住房供应政策，1870-1970 的一百年间，抑制房地产市场，在 20 世纪 70 年代以后，开始逐步放开房地产，鼓励购买和自有住宅。——张晟．德国集合住宅研究[D]. 天津：天津大学，2007：43.

[5] 张文杰．韩国集合住宅研究 [D]. 天津：天津大学，2009：26.

[6] 齐爽．英国城市化发展研究 [D]. 长春：吉林大学，

2014：56.
[7] 宋扬．法国集合住宅建设与发展研究 [D]. 天津：天津大学，2008：17.
[8] 邱伟立．日本集合住宅设计发展历程研究 [D]. 广州：华南理工大学，2010.47-49.
[9] 刘浩．荷兰集合住宅研究 [D]. 天津：天津大学，2008：23-27.
[10] 刘浩．荷兰集合住宅研究 [D]. 天津：天津大学，2008：27.
[11] 宋扬．法国集合住宅建设与发展研究 [D]. 天津：天津大学，2008：58-59.
[12] https：//baijiahao.baidu.com/s?id=1619704608419589478&wfr=spider&for=pc.
[13] http：//theory.people.com.cn/n1/2020/1023/c40531-31902762.html.
[14] https：//baijiahao.baidu.com/s?id=1703318129784358400&wfr=spider&for=pc.
[15] 对修订职工住宅、宿舍建筑标准的几项意见（试行稿）[J]. 铁路标准设计通讯，1974（03）：44-45.
[16]《住宅设计规范》共有 GB 50096—1999 及其 2003 版、GB 50096—2011 三个版本，《住宅建筑规范》指 GB 50368—2005，其中后者为全部强制执行，前者为部分强制执行。
[17] https：//new.qq.com/rain/a/20210828A02AN600.
[18] 王志勇，李岩，刘畅荣．基于可持续发展理念的建筑生态住区研究探讨 [J]. 工业设计，2016（08）：116，119.
[19] 朱彩清．绿色住区开启新时代美好居住生活 [J]. 城乡建设，2018，（13）：6-11.
[20] 伍止超，刘东卫，朱彩清．以可持续发展建设理论为目标的绿色住区标准体系的构建 [J]. 建筑技艺，2019，（10）：8-13.
[21] 司丽娜．基于绿色低碳理念的居住区规划设计研究——以天津中新生态城万科锦庐园为例 [D]. 天津：天津大学，2014.
[22] 薛明，胡望社，杜磊磊．绿色建筑发展现状及其在我国的应用探讨 [J]. 后勤工程学院学报，2009，25（3）：24-27.
[23] 绿色地产在中国的发展——以万科绿色建筑实践为例 .pdf 全文 - 房地产 - 文档在线 - 互联网文档资源 .
[24] 刘文涵，张亮．中国房地产企业推动绿色建筑的战略规划 [J]. 中国城市经济，2012，（2）：150-151.
[25] 杨维菊．绿色建筑设计与技术 [M]. 南京：东南大学出版社，2011.
[26] 金生英，徐玲，余江勇等．攀缘植物在高层建筑垂直绿化中的应用技术——以广州市万科峯境垂直绿化项目为例 [J]. 中国园艺文摘，2016，32（3）：60-65.
[27] 苏志刚．绿色地产在中国的发展——以万科绿色建筑实践为例 [J]. 城市建筑，2008（04）：33-34.
[28] 吴刚，潘金龙．装配式建筑 [M]. 北京：中国建筑工业出版社，2018（12）：12.
[29] 张吉红．百年住宅设计要点分析及发展趋势 [J]. 中华建设，2018（08）：110-111.
[30] 让历史告诉未来——万科住宅产业化之路 [J]. 住宅产业，2013（10）：35-38.
[31] 本刊编辑部．万科住宅产业化技术体系 [J]. 住宅与房地产，2017（20）：27-42.
[32] 谭宇昂．两提两减，不忘初心——万科住宅产业化推进实践 [J]. 新建筑，2017（02）：28-31.
[33] 王蕴．万科装配式建筑发展实践与探索 [J]. 住宅产业，2016（12）：32-34.
[34] 陈福军．城市治理研究 [D]. 大连：东北财经大学，2003.
[35] 王海荣．空间理论视阈下当代中国城市治理研究 [D]. 长春：吉林大学，2019.DOI:10.27162/d.cnki.gjlin.2019.000138.
[36] http://www.gov.cn/zhengce/2019-11/05/content_5449023.html
[37] 燕继荣．社区治理与社会资本投资——中国社区治理创新的理论解释 [J]. 天津社会科学，2010（3）：59-64.
[38] 袁秉达，孟临．社区论 [M]. 上海：中国纺织大学出版社，2005:2.
[39] 何威．治理共同体建构：城市社区协商治理研究 [D].

上海：华东师范大学，2018.

[40] 姜郸．中国城市社区互动式治理研究 [D]. 长春：吉林大学，2020.DOI:10.27162/d.cnki.gjlin.2020.000655.

[41] https://baike.baidu.com/item/%E7%A4%BE%E5%8C%BA%E5%BB%BA%E8%AE%BE/10847786?fr=aladdin

[42] 段仕君．单位制度变迁中的单位“社会”[D]. 杭州：浙江大学，2018.

[43] 颜慧娟，陈荣卓．权能重塑和功能再造：中国城市社区结构调适 40 年 [J]. 城市治理研究，2019，4（01）:54-65，3-4.

[44] 陈伟东，李雪萍，余坤明．武汉社区建设现状及发展思路 [N]. 长江日报，2005-05-19（012）. DOI:10.28088/n.cnki.ncjbr.2005.000339.

[45] 颜慧娟，陈荣卓．权能重塑和功能再造：中国城市社区结构调适 40 年 [J]. 城市治理研究，2019，4（01）:54-65，3-4.

[46] http://www.gov.cn/zhengce/2017-06/12/content_5201910.html.

[47] 城市智能感知监测系统平台官网：http://pro.urbanxyz.com/IOTMonitor/.

[48] HYPERLINK “http://pro.urbanxyz.com/index.html” http://pro.urbanxyz.com/index.html.

2

城市区位关联下的住区发展

2.1 区位相关理论

2.1.1 区位与住宅区位理论

区位是某项活动所占据的场所在城市中所处的位置，是城市空间组织形成的关键要素。区位理论运用经济学理论方法，试图为各项活动找到最佳区位，即可以获取最大利益的区位，经济学和地理学中关于区位的研究为城市形态的形成提供了一定的理论基础。

20 世纪 60 年代，阿伦索（W. Alonso）和埃文斯（W. Evans）等建立了权衡理论（Trade of Theory），讨论城市土地与交通的关系。土地交易竞争带来城市中心高地价，郊区地价较低，土地价格随着远离城市中心而递减的同时，也带来了通勤费用的增加。城市郊区住宅购置费用的节约会被交通费用支出相抵消，城市中心区交通费用的节约会被高额住宅购置费用所抵消，因此，在选择住宅区位时，交通和住宅购置费用需同时考虑，取两者之和最小值为最佳区位。

城市中不同的区位促成了不同的住区产品模式，如城市中心区的高密度高层住宅、城市近郊的大型居住区、城市远郊的造城式或小镇式居住片区。

2.1.2 相关理论中的城市居住空间探讨

居住是城市的最基本功能，城市居住空间作为人们生存交往的活动载体，是城市空间的重要组成部分，同时包含着地理属性与社会属性。城市居住空间既是建筑物的空间组合，也是沟通人类活动的社会系统。其表现为城市空间范围内，居住要素分布及其相互作用，并随时间动态发展的系统或集合，可通过宏观和微观两个角度对其进行解读。

对于以城市居住空间为研究对象的学术探讨，国外学者分别从生态竞争、供需与地价、个体决策、资本生产、供给分配几个视角进行剖析，形成了生态学派、新古典经济学派、行为学派、制度学派和马克思主义学派几大典型学派。

20 世纪 20 年代开始，作为生态学派的代表人物，伯吉斯、霍伊特和哈里斯等人分别提出了单核同心圆模式、扇形模式和多核心模式，其对于城市空间中不同阶级社会群体所处的居住区位进行规律总结，有关城市内部空间中居住空间的理论受到广泛重视。

（1）伯吉斯“同心圆”模式（the Concentric Zone Theory）（图 2-1a）

1924 年，通过对美国芝加哥市的探讨研究，伯吉斯指出在单中心城市内部，城市中心拥有最好的社会经济资源，但由于空间资源限制，往往是最具竞争力的生产部门和社会阶层占据城市中心，故经济活动和社会地位在某种程度上呈现由内向外的圈层排列特征。

单核同心圆模式共有五大圈层，由内到外分别为中央商业区、过渡区、低收入居住区、高收入居住区、通勤区。

中央商业区内分布着高收益的经济活动，是城市内最繁华的区域；中央商业区以外的第二圈层，分布着一些轻工业、批发业、仓库和老旧住宅，其中老旧住宅很多用于出租房，该圈层是由工业和老旧住宅共同构成的过渡区；第三圈层是低收入居住区，多为蓝领工人住宅区，由于邻近工作地点，方便通勤，适于经济收入较低的社会阶层的

“省时省钱”需求；在经济条件较好的前提下，为获得更好的居住环境，中产阶级及一些高收入群体多分布在第四圈层内；最外侧是通勤区，多为有能力购置私人汽车、经济能力最好的人士生活的区域。随着私人汽车的普及，20 世纪 50 年代少数更有钱者甚至迁往城郊接合部居住。电车、火车等公共交通技术发展提升后，在以公共交通路线为基础的城市通勤的带动下，“串珠式”的城市居住区空间结构逐渐生成。

伯吉斯的同心圆模型中存在着低收入阶层的“中心化”聚集和高收入阶层的“反中心化”分散的双重作用力，其共同决定了同心圆模式圈层结构。

（2）霍伊特“扇形”模式（Sector Theory）（图 2-1b）

霍伊特的“扇形”模式仍然以单核为基础，最核心区域为中央商务区，但与伯吉斯的同心圆模式不同的是，扇形模式强调了高收入阶层居住带形态特征，霍伊特认为城市中的最优区位呈现出条带状形态特征，而非圈层环形。

高收入阶层多选择环境和交通优越的地段居住，其多为沿交通轨道线、水体、公园等地，并不断延伸扩展。高收入住宅区多独立成区，避免与贫民区掺杂混合，形成由内而外拓展的扇形区域。在高收入居住带一侧或两侧为中收入居住带，从而占据次优区位。低收入阶层则只能选择条件最差的区域，多靠近工业批发区域。

（3）哈里斯、乌曼“多核心”模式（Multiple Nuclei Theory）（图 2-1c）

哈里斯、乌曼认为城市并非单核心，而是由多核心构成，原因在于不同的经济活动需要不同的区位条件和基础设施支撑，故在特定的区位和基础设施条件下，会出现特定的生产部门和居住区域。例如，重工业区域周边环境不适宜居住，因此其周边分布居住区较少；但商业区与居住区的关系作用是相辅相成的，故商业区周边会形成密集的居住区。故对城市居住区与产业部门二者之间进行分析后可得出，城市居住空间结构应为“多核心”空间布局。

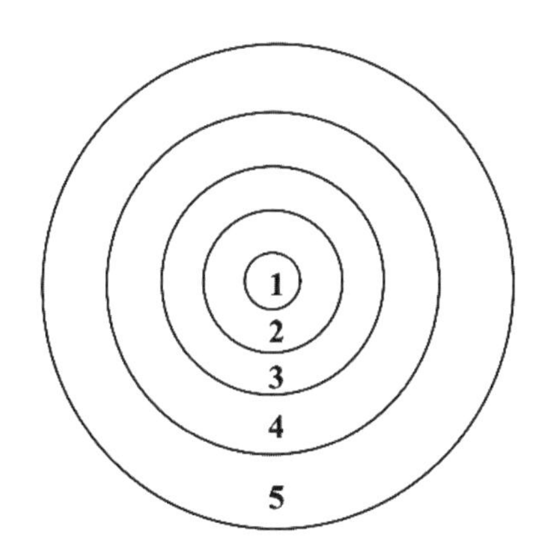

图 2-1a　伯吉斯的“同心圆”模式理论

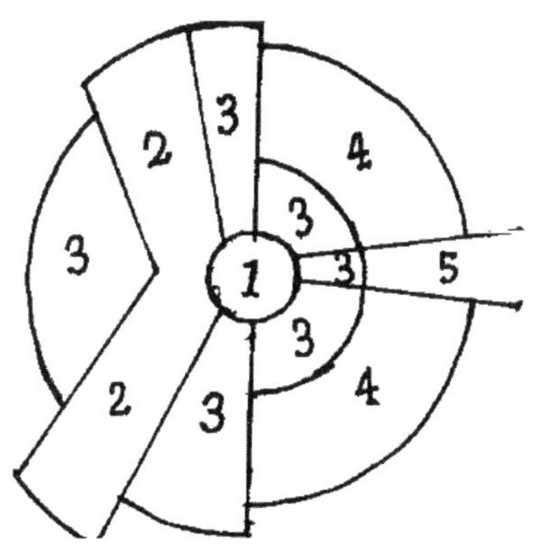

图 2-1b　霍斯特的“扇形”模式理论

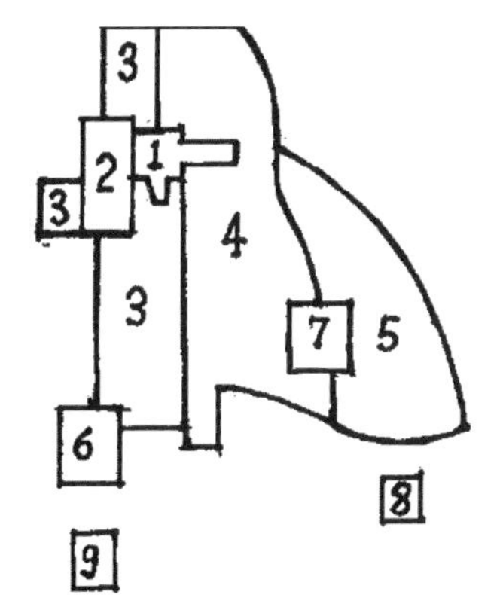

图 2-1c　哈里斯、乌曼的“多核心”模式

资料来源：黄志宏 . 城市居住区空间结构模式的演变 [D]. 北京：中国社会科学院研究生院，2005.

不论是伯吉斯的单核心“同心圆”模式、霍伊特的“扇形”模式，还是哈里斯、乌曼的“多核心”模式，其都为反映现实中不同类型城市的空间规律，在客观现实中三种模式并存。我国城市快速化发展晚于上述西方城市，但面对城市快速扩张，关于城市内部不同区位的居住空间开发模式探讨是我国当代商品房开发的研究重点。根据城市化过程中城市建设的郊区化与再城市化动态发展规律，城市居住区空间的发展演绎在此背景下形成了自己独有的特点。

2.2 城市区位的动态变化

2.2.1 城市住区的郊区化发展

研究城市住区郊区化发展机制主要有制度、经济、技术和自然四方面因素。

制度因素。我国土地从无偿使用变为有偿使用后，市场机制主导着土地利用结构的形成，中心区地价高，郊区地价相对便宜，进而成为房地产开发首选。另外，住房供应从福利分房转为全面商品房后，房价成为关键因素，然而城市中心区房价与大部分居民的承受能力相差甚远，进而让部分居民选择郊区定居。

经济因素。旧城区在利用原有资源进行城市发展的过程中，中心城区产业结构调整升级，为获得更高经济收益，原来的工业和仓库等用地转为商业贸易用地，进而导致部分员工随外迁企业迁向郊区。另外，城市中心的部分居住用地也被第三产业用地所替代，居民被拆迁的房屋以城市郊区安置房替代。

技术因素。交通技术（包括道路和工具）的发展为市民快速迁移提供了条件，在城市扩张中，城市公路的快速发展让城市中心与郊区形成连接，小汽车开始进入家庭。另外，公共交通网络系统的形成（地铁、公交、出租、电车等），使公共交通体系得以大力发展。我国是以公共交通为主导城市交通的代表性国家，公共交通体系的快速发展有利于推进城市扩张和住区郊区化进程。通信技术的进步让居家办公成为可能，住宅逐渐成为人们居住、生活和工作的集合体。

自然环境。城市郊区的居住环境相较于中心城区更为理想，并具有较好的改善条件，便于打造人工湖和集中绿化；相反，城市中心区的污染逐年加重。南京市的调查问卷结果显示，57.7% 的人认为城郊接合部是理想居住地，37.7% 选择市中心，4.6% 选择远郊。

住房郊区化过程会伴随很多问题的产生，面对这些问题要有相应的解决方式。在房地产开发用地和农业用地冲突方面，可以借助 GIS 分析和管理手段对城市用地扩张和用途变更进行长期的动态监测，探索新的土地利用方式及土地利用结构调整方向；郊区房地产开发用地规划偏大、住房结构不平衡，与居民实际需求不匹配，面对房地产开发的盲目性与分散性，政府限制高档住宅、豪华别墅开发，提倡面向普通消费者，以高层高密度小区建设为主；在郊区公共服务设施和市政设施不完善方面，鼓励发展完善城郊道路交通与公共交通体系。

郊区化进程是由城市内部“推力”和城市外部“拉力”共同促成的。城市发展“门槛”标志着城市“集聚不经济”现象，继续追加将出现经济学上的“报酬递减规律”。为保证城市高效运转，应分散城市部分功能。城市发展“门槛”的出现作为城市内部“推力”的重要因素，推动着郊区化的进程。另外，由于平均收入水平的增加也拓宽了部分居民的选择区域，所以平均收入水平（或人均GDP）在一定程度上标志着城市经济发展的水平以及城市人口向外围扩展的能力，是郊区化过程的必要条件。而由于近郊土地价格相对较低，且居民的居住、就业环境较好，交通、通讯水平较高等成了郊区化进程的先决条件，共同促成了城市外部“拉力”。

由于区域和城市发展水平的差异，发展较快的大城市提前出现了郊区化。上海、北京、广州是我国首先出现郊区化的几个城市，进而成为所在区域的中心城市。郊区化的目标并非单纯地分散中心城市压力，更主要的是为了建立以中心城市为基础的大都市区体系。在大都市区内，中心城市与次中心城市联合构成了一个城市等级系统，即城镇系统。

2.2.2 旧城更新

2008年，国务院出台《关于促进节约集约用地的通知》，存量发展被首次提出。此后，我国的城市更新从早期的政府投入、独立项目、硬件改造、拆除重建，经过10多年来的发展，逐渐走向更成熟的更新阶段——政府主导市场运作、多层级城市更新规划、产业融合、微更新改造，城市有机更新得到落实，城市更新不再只是物质空间改造，多元主体利益共享机制得以建构和完善。

城市由外延扩张的增量式发展转为内涵提升的存量式修补，城市更新成为我国当下城市的重要发展方式，国家对于城市更新进程提出了一定的原则和要求。

2021年8月13日，国务院发布通知《住房和城乡建设部：在实施城市更新行动中防止大拆大建》，为保留城市记忆和老城格局，控制大规模拆除，拆除建筑不大于现状总建筑的1/5，拆建比不大于2；另外，主张不破坏老城区传统格局，鼓励采取“绣花”功夫，对老旧住区和商业区等进行都市织补更新，主张有机微更新、微改造。

此外，通过对城市中心潜力区域进行评估，制定国土空间规划、市区更新专项规划和详细规划多层级规划引导，大体以国土空间规划明确目标和策略，专项规划确定要求和底线，详细规划指标和功能的原则开展各层级规划工作。例如，上海市通过在不同层面规划中明确相应的城市更新要求，完成自上而下的管控系统。在国土空间规划中，对于全市各种城市更新项目进行分类并明确其目标策略；在单元规划中，明确公共要素底线和发展要求；在控制性详细规划中，确定了开发指标和公共要素具体相关要求。

在市场运作下，为保障城市更新项目中城市居民的利益，政府通常主张公益优先原则。深圳市以“人民城市”理念开展城市更新工作，规定更新项目需移交一定公共用地和公共设施，以提升城市公共服务水平和人民幸福感。

南京市对于城市住区更新方式由原来的传统征收拆迁转为“留、改、拆”，在实施主体上，由政府主导的同时鼓励多元主体共同参与。城市更新方式由传统的政府主导转为多元主体共同参与后，多元主体的利益和需求在共同协商中得到平衡。

为保障城市更新工作有效实施，还需要通过制度对土地、产权等要素进行保障。

不同城市因城施策，推进城市更新工作。北京市城市更新工作体系构建了从国土空间规划、专项规划、街区规划到行动计划的多层级规划指导，通过体检评估得出问题清单，在对多元主体进行了解后得到需求清单，最后通过制定行动计划并进行动态集成更新推进全过程工作。广州市在城市更新单元管理制度中还构建了产城融合、职住平衡指标体系；除此之外，在强化落实“三线”刚性管控体系的同时，为提升城市更新空间品质，积极探索弹性管控方法，探讨存量地区的上限和奖励细则，以促进城市高质量、精细化发展。

2.3 区位关联下的住区发展模式

2.3.1 都市织补：城市中心的小片土地开发

2.3.1.1 蓬勃发展的中心住区

从20世纪90年代以来，我国的城市化增长率进一步加快，尤其在大中型城市，在这一城市化阶段呈现出向城市中心集聚的现象，主要特征是城市人口和经济迅速增长，在中心城区形成高度集聚。

90年代初期的住宅区主要集中于城市中心区，这一时期的住区设计较为简单，大多是简单的行列式布置（图2-2），个性化较低，户型变化也较少。早期的建筑注重实用性，多层住宅多为一梯两户，注重朝向和通风，设计和装饰都较为简单。在高层住宅中，为了减少公摊面积，出现了一梯八户甚至十户的情况，这也和当时经济发展水平有关系，消费者的基本要求并不高。这一时期住区活动配套设施较为缺乏，景观小品、体育设施、活动场所配置比较稀少。

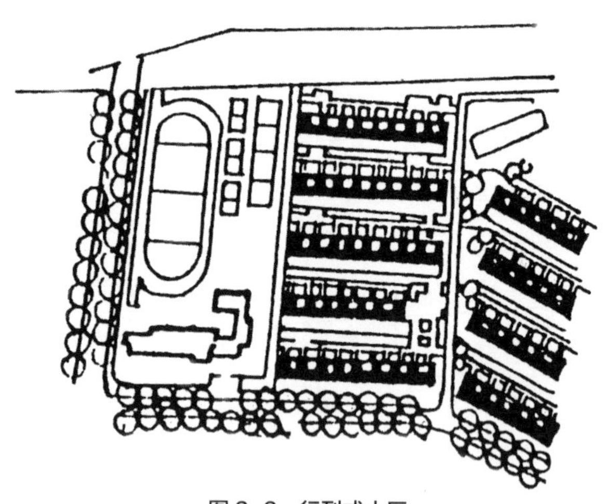

图2-2 行列式小区

行列式布局具有成本低、占地省等特点，但个性化较低，私密性较差，难以创造优秀的小区景观。

资料来源：邓述平，王仲谷．居住区规划设计资料集[M]．中国建筑工业出版社，1996：31.

90年代末期的中心住宅区开始追求居住的舒适性与个性化。大套型的住宅开始流行起来，这与单位分房逐渐停止、生活水平不断提高、个人购房需求不断增大有一定关系。购房需求的增加也带来了大量的开发商进入房地产行业，房地产行业进入了全面竞争的时代。各大中城市中心区住区已经呈现高度集聚的状态，想要拿到规整或大规模的建设用地较为困难，在这种条件下，开发商对于客户群体进行精准定位和空间应答，重视住区的公共环境品质，住区“小而精”，通过住区景观品质的提升带动住区整体形象的跨越（表2-1）。

深圳万科俊园

20世纪90年代末期的深圳，已由当年的边陲小镇迅速发展为中国的大城市，深圳内部有大量山体限制，城市形态呈带状扩张。罗湖区是90年代深圳地产开发的重点，几乎所有能开发的地块，都建上了楼房，到90年代末期只剩一些零星小地块可供开发建设。

万科此时在罗湖开发了一块仅5466m^{2}的三角形地块（图2-3）。该地块位于罗湖的中心地带，与香港仅一关之隔，万科将该项目命名为万科

20世纪90年代末期典型案例对比　　表2-1

内容	深圳万科俊园	长沙维一星城	杭州中大吴庄
规划特色	超高层独栋住宅楼，周围有大型绿化广场环绕	采用半围合式住宅区，同时注重朝向和景观	与人文历史景观很好地进行了结合，采用了中间疏、四周密的围合手法
建筑设计	45层独栋超高层	18层和28层住宅组合而成	高档公寓和别墅组合而成
建筑风格	欧式古典建筑风格	折衷主义的风格	坡屋顶、大玻璃的现代风格
景观环境	大型欧式绿化广场，住宅楼有空中花园和休闲庭院	采用半围合式布局，创造精致的中心庭院景观	以龙形水系为景观轴线，打造了一个南方园林式的环境
套型设计	150m^{2}以上的户型	130-230m^{2}多种户型	150-450m^{2}多种户型

资料来源：本研究整理.

图2-3　俊园鸟瞰图

1999年建成，总建筑面积78163m^2，高160m，当时中国第一高的住宅楼

资料来源：http://blog.sina.com.cn/s/blog_475178b40100goxu.html.

俊园。俊园处于深圳与香港的临界之处，因此俊园的市场定位是深港两地超高端客户群体。俊园大胆地采用了独栋的超高层式设计，利用高住户密度解决建设用地较少问题，住宅集商业、办公和居住于一体。此外，俊园的设计非常重视环境和绿化，建筑的前庭拥有一个5000m^{2}的大型欧式绿化广场，以高大茂盛的热带植物为主，与高大的住宅楼相得益彰。绿化空间不仅仅体现在广场中，住宅楼的6层和27层都有休闲花园。俊园的户型也很好地体现了90年代末期住宅的一大特点，即追求大户型，户均面积在160m^{2}以上。俊园的大多数户型并非规整方正的传统户型，在朝向和使用上做了一些妥协。

长沙维一星城

从20世纪90年代开始，长沙市进入中心城区快速建设的阶段。与沿海发达城市相比，长沙的城市化速度较缓，中心区建设用地还有较为规整的土地可供开发。维一星城是长沙市90年代末期大型商住型居住小区开发建设的代表作。

长沙维一星城位于湖南省长沙市芙蓉区韶山北路，由10栋18层高的塔楼和1栋28层高的商务大厦组成。建筑采用围合式布局，十分重视住区中心环境的品质打造，在小区内部营造了多个景观节点和活动空间。与早期的中心绿地被四周住宅全围合的围合式布局有所不同，维一星城（图 2-4）采用的是半围合式布局，更加开放和公共化，住宅更加注重朝向。由于住区地处长沙核心城区，周围没有良好的景观可以利用，维一星城在内部景观方面下足了功夫，树丛、树群采用自然式布局，并结合花及灌木进行分隔，创造出了精致的中心庭院景观。

维一星城是当时为数不多的完全人车分流小区。入口处通过设置台阶，抬高了地面，居民通过台阶步行进入小区，是早期比较彻底的立体人车分流。入口台阶踏步较多且缺少无障碍通道，对于多种年龄阶段的居民在出行和使用上关照不够精细。在实际使用中，许多居民通过地下车库能够更加迅速、便捷、无障碍地入户，利用空间竖向形成人车分流的初衷并没有得到彻底的贯彻。

图 2-4　长沙维一星城鸟瞰图

2000 年建成，以高层为主，建筑面积 175137m^2

资料来源：https：//mr.ke.com/3dmvp/#/571079/?source=RESBLOCK.

杭州中大吴庄

杭州的城市发展受限于城西的西湖和城南的钱塘江，整个城市的空间发展沿西湖和钱塘江的走向向周围扩张。到 20 世纪 90 年代末期主城区基本建设完毕，整个城市开始向东边和北边发展，城市核心建设区域向北移动（图 2-5），主城区内也只有零星的地块可供开发。与深圳罗湖的遍地高楼大厦不同，杭州由于有诸多风景名胜古迹，因此在建筑容积率、限高等方面有严格的管控，西湖周边片区的管控尤为严格。

杭州中大吴庄（图 2-6）位于杭州宋皇城范围内，离西湖景区只有二三百米远，而小区东侧即是有名的西湖十景之一“吴山天风”，因此小区

图 2-5　杭州保俶塔

保俶塔位于西湖北侧，上图为 1972 年的保俶塔；下图是现代的保俶塔，周围已是高楼林立

资料来源：https：//www.zhihu.com/question/347831901.

图 2-6　中大吴庄一角

2001 年修建，别墅为主，密度较高，建筑面积 $64840m^2$

资料来源：https：//hz.fang.anjuke.com/photo/370278-1797625.html.

周边拥有丰富多彩的人文历史自然景观，区位优势十分明显。中大吴庄建成于 2001 年，总占地面积 $26072m^2$，主要住宅产品为双叠别墅和独立别墅。

中大吴庄是典型的城市中心区超高端楼盘。小区以较高密度的排屋和双叠别墅为主，但在沿街设计了一小部分 6 层的高档公寓，建筑密度为 29.7%。小区内部极少见地规划了一条从南至北贯通整个小区的水系，弯曲多变的水系延伸到每一栋住宅楼，产生了众多的临水住宅和一系列不同的个性空间。不同于以往的围合式住宅的均匀排列，小区采用了中间疏四周密的围合式布局手法，配合水系形成不同的小庭院，并在小区中心很好地创造出了一个大的景观节点。小区的中心与周边通过不同规模、大小的景观节点，形成了有体系、有结构、有层级的住区景观。小区在做好内部景观的同时，也充分利用外部得天独厚的景观优势，所有的住宅均南北向布置，并且每栋楼都设计了大阳台或露台，使尽可能多的住户能在家中看到吴山景区的风景。

2.3.1.2 城市回归：棚改与都市更新

在世界各国的城市化进程中，各个城市几乎都会出现与城市发展断层的区域，可能表现在某区域的城市化水平落后于该城市的平均水平等。在我国几十年的快速城市化过程中，同样也产生了这种现象。新中国成立初期的工业化过程中，城市内出现了大量的工业基地，工业基地往往配套建设有大量的工人新村。随着城市的发展和转型，这些工业基地和工人住所渐渐被城市遗忘。有些工人住区因为缺乏规划而无序滋生、自发蔓延，形成了成片的简陋危旧住区，成为棚户区（图 2-7）。棚户区房屋随时间自然老化，大多数建筑都较为简陋，居民的经济收入也较低，但棚户区的居民大部分已完全融入城市。除此之外，大多数棚户区位于城市的中心区或核心区，有经时间沉淀的良好的邻里关系和社区文化。

时至今日，我国城市发展已经由粗放式的扩张转向内涵式的增长、从增量开发转变为存量开发。 伴随着城镇化的不断推进，城市的郊区化扩张，城市中心区的建设和开发已近乎饱和。当前，

图 2-7　包头市棚户区

资料来源：http：//roll.sohu.com/20131007/n387677259.shtml.

对于城市的关注点集中在如何提升老旧城区和社区的居住体验以及如何唤醒老旧社区的活力。早期对于城市更新的理解，多停留在具体微观的层面，比如对某地区老街老房的改造和更新，关注的点较为单一，更新改造的效果并不理想。近年来随着政府和学术界侧重点的改变，城市更新的视野更加宏观，不仅仅考虑建筑的更新改造，也越来越关注整体人文环境的打造和社区整体居住体验的提升。

哈尔滨白家堡社区

哈尔滨市作为东北老工业城市，其棚户区总体面积一直位居全国同类城市的前列，住房问题成为最突出的城市问题。

白家堡棚户区（图 2-8）是哈尔滨大型的棚户区之一，周围被哈尔滨几所大学包围，并且处于哈西新区商业圈的中心位置。改造前的白家堡棚户区房屋条件较差，房屋布局混乱无序，最宽敞的街道也只是 3m 宽的土路，并且缺乏排水系统，仅靠路面一条排水沟进行生活排水，导致路面脏乱，居民生活水平非常低下。

白家堡的棚改启动于 2011 年，对老旧住宅进行了原地拆迁安置，这也是对于无法用更新改建来解决居住情况的老旧社区的一种处理方法。该棚改住宅项目占地 34000m^2，规划的住宅建筑为 7 栋高层建筑（图 2-9），底层沿街做了商业。由于白家堡棚户区内拆迁户数较多，为满足棚户区拆迁居民的居住需求，住宅的户型以 50~80m^2 的小户型为主，同时有 135m^2 的大户型作为改善型户型。项目容积率为 6.84，保证拆迁居民居者有其屋。规划利用高层建筑和底层商业形成了围合式的建筑布局，打造了可供孩童玩耍的游乐广场；在高容积率的同时，绿化率也达到了 31%，同时配备了完善的公共服务设施，极大地提升了白家堡居民的居住生活条件。

北京西三旗保障性住区

随着北京的快速发展，北京呈圈层向外不断扩张，市区房价不断上升，高房价与百姓购买能力

图 2-8　白家堡棚户区

改造前的白家堡棚户区，房屋密集，街道狭窄，居民生活水平低

资料来源：https：//img2.doubanio.com/pview/event_poster/raw/public/c4f609887fcf672.jpg.

图 2-9　白家堡改造后效果图

改造后的白家堡棚户区俨然一副现代城市社区的模样

资料来源：https：//hrb.newhouse.fang.com/loupan/1910198083/photo/list_1005.htm.

之间的矛盾日益突显，社会矛盾加剧。针对房价与购买力不匹配的问题，北京市推出了“限价、限套型面积”的两限房保障性住房项目。首个示范性项目西三旗住区选址于原北京轮胎厂，是一个比较典型的城市更新项目，该项目交通条件较好，周边有多条公交线和地铁线，目标是将老旧的工业地区更新为充满活力的新社区。

西三旗住区（图 2-10）建设完成于 2009 年 5 月，由 17 栋两限房住宅以及一栋廉租房住宅组合而成。因为针对的目标是保障人群，与商品房的住区户型有明显的不同。住宅户型较为丰富，从一居室到三居室的户型都有，建筑面积 60~90m^2，最大面积控制在 90m^2。廉租房所采用的户型面积较小，小于 50m^2。廉租房和住宅都尽量压缩了进深，使房间的采光能达到最大限度。

西三旗住区与以往的保障性住区项目有着明显的不同，住房布局方式不再是呆板的兵营式布局，采用了围合式布局，但 4 个组团又通过景观和视线通廊进行相互联系，塑造了丰富的景观节点和景观路径，力图打造一个充满活力的新型社区，很好地体现了以人为本的设计理念，对未来的保障性住房项目有着深刻的影响。

图 2-10　西三旗住区

廉租房为东西向布置，两限房为南北向布置，住宅都是 11 到 28 层的板楼

资料来源：易涛 . 北京市第一个社会保障性两限房项目——西三旗居住区规划方案设计 [J]. 建设科技，2009（05）：37-39.

2.3.1.3 三维织补：TOD 模式下的中心回归

TOD 模式（图 2-11）由彼得·卡尔索普提出，该模式是以区域公共交通站点为中心，以人的适宜步行距离（一般不超过 600m，步行 5~10 分钟）为半径来规划设计社区，将居住、商业、公共空间、办公服务等组织在一个高密度的复合功能社区中。TOD 模式包括两个层面的内容：在邻里的层面上，注重营造适宜步行的社区，减少对于小汽车的依赖；在区域的层面上，引导城市空间开发沿区域性公共干线或便捷的公交支线呈节点状布局，形成有序的网络状结构。

在我国，快速的城市化带来了诸多城市问题。其中不断增长的私人汽车拥有量带来了大量的交通和环境污染问题。TOD 模式为大城市解决此类问题提供了思路，受到越来越多的关注。TOD 模式不仅可以解决城市交通拥堵等问题，还可以有效提

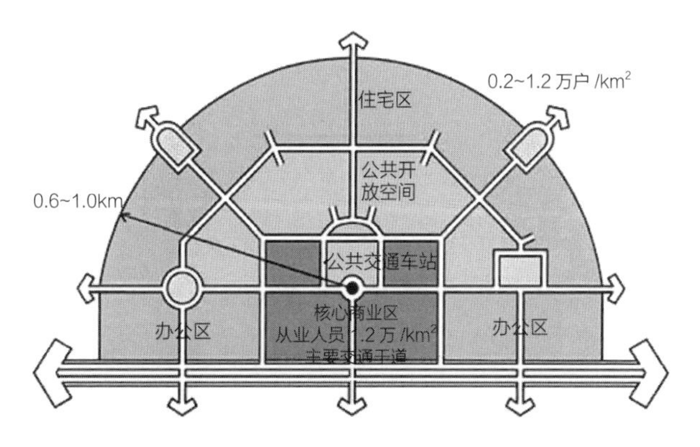

图 2-11　TOD 模式示意图

资料来源：http：//baijiahao.baidu.com/s?id=1660023725221286718&wfr=spider&for=pc.

高城市整体的运行效率，为衰退的城市中心区注入新的活力。当前，我国有多个大型城市开始进行 TOD 模式的研究和探索，基于 TOD 理念的轨道交通站点土地开发如火如荼。

北京刚需型 TOD 住区

北京是国内公共交通轨道起步最早的城市之一，对于 TOD 模式的探索较为领先。对于北京来说，TOD 模式能一定程度上解决交通堵塞这种大城市的共有病，还有利于解决北京城市单一集中型结构问题，对于中心城区人口负荷与环境资源承载压力的缓解有一定的帮助。

北京琨御府（图 2-12）TOD 项目位于北京市海淀区西三环核心区域，占地 159082m^2，规模较大。琨御府周边的自然资源得天独厚，且位于地铁 6 号线和 10 号线交汇站，交通便利，区位优势明显，十分有利于以 TOD 模式来进行建设开发。琨御府的住宅产品定位高端，大部分户型都是 140m^2 左右的大平层。建筑以板楼为主，多为多层和小高层，南北通透，通风采光较好。同时，琨御府十分重视小区内部景观环境品质，通过 3.2 万 m^2 的空中花园连接东西地块，给住户打造了一个非常舒适的私密后花园。琨御府除住宅外，还包括高端商业综合体。

琨御府是北京地铁 TOD 模式近几年比较成熟的项目，规模较大，良好的配套和优良的环境设计吸引了大量的刚需型购房客户，项目建成后成为研究北京 TOD 空间发展模式的一个重要案例。

深圳保障性 TOD 住区

深圳也是轨道交通建设较早的城市。在地价高昂的深圳市，选择将 TOD 开发模式与保障性住区项目结合。从目前看来，这种结合很好地解决了深圳保障房建设用地选址问题，TOD 模式下的保障性住区可以让保障性住户享受更便利、更低廉和更健康的交通、环境条件。

朗麓家园（图 2-13）于 2013 年年底开始动工，位于深圳市南山区塘朗山北段，北邻深圳大学城，南临塘朗山，周边生态环境资源较好，这是深圳市对于地铁上盖项目的一次新探索。虽然朗麓家园是公租房项目，但在小区内部规划布局上也下了一定的功夫。小区西区采用围合式的布局手法，为

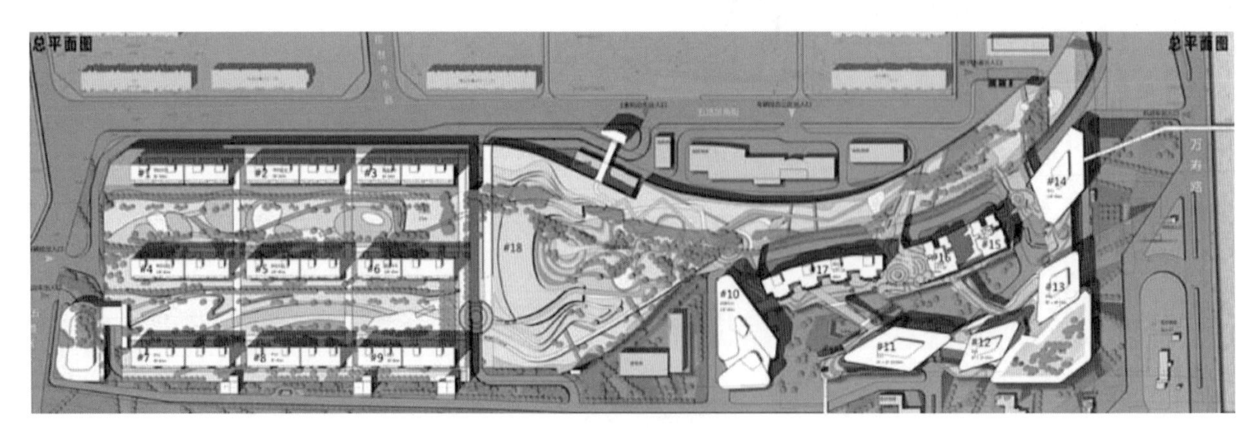

图 2-12　琨御府住区平面图

大型 TOD 地铁上盖项目，住宅通过空中花园与商业联系

资料来源：杨鸿儒 . 北京地铁“轨道 + 物业”开发模式与投资评价研究 [D]. 北京：北京交通大学，2019.

图 2-13　朗麓家园住区平面图

朗麓家园是保障性住房项目，总建筑面积约为 27 万 m^2，小区内部由 17 栋住宅楼组成，主要由高层和小高层组成，建筑类型为板楼和塔楼

资料来源：http：//www.szggglxy.org/

住户提供一定的私密和交互空间。在小区的东侧设置了一个规模较大的花园。通过小区南部的登山步道，方便住户登山休闲。小区户型与一般保障性住房相差不大，包含了一室一厅的小户型到三室两厅的大户型，在建筑朝向上保证大部分户型均南北通透，极少小户型为东西向。

朗麓家园为深圳市提供了 3825 套公租房，深圳市 TOD 模式将地铁车辆基地建设与保障房、商品房和停车场等设施同步规划，不仅提高了土地的利用率，又给居民提供了便捷的交通和商业配套。

2.3.1.4 小结

20 世纪 90 年代后期的中心区住区建设呈现出百花齐放的探索姿态，逐渐呈现出较为经典的布局模式与开发模式，例如在建筑排列方式上大多采用了围合式和半围合式的方式，更加注重对小区内部环境和公共空间的打造，从侧面反映了消费者对于小区环境品质需求的不断提高。这个时期是中国集合住宅发展的黄金时期，涌现出了大量的优秀住宅设计案例，促进了我国城镇化在数量和质量上的共同发展。中心城区人口规模扩大、人口密度增加以及随之而来的城市交通与环境问题，逐渐成为制约中心区住区发展的客观原因。许多城市为了缓解中心区过于密集的问题，开始有意识地向外扩展，开发商的视线也由中心区慢慢转移至城郊的住宅建设。2008 年后，随着政府一系列旧城改造政策的颁布，人们的视线重回城市中心区，通过城市更新和 TOD 模式来引导中心城区的回归，通过提高老旧城区的活力，让发展缓慢的城市中心区重新恢复活力（图 2-14）。

2.3.2 特色营造：造城时代的郊区小盘

随着社会经济迅猛发展，城市化进程大大加快。大量的人口涌入城市，大量的建筑在城市中拔地而起，这个时期的城市中心区并没有人满为患，但已经开始有意识地进行郊区化的发展了，这是因为我国政府有鉴于国外大城市在快速城市化中由于城市中心的集聚效应而导致一连串的城市问题，提早在郊区进行建设，缓解城市中心区因为快速城市化而出现的城市病。同时，我国在新中国成立之初以工业为支撑产业，在城市中修建了大量的工厂，改革开放之后城市发展需要转型，大量的工厂需要外迁，慢慢在城郊开始出现一些工业带和开发区，相应地出现了一些供郊区工人上班居住的小型住宅区，这便是我国早期的郊区化住宅。

进入 20 世纪 90 年代以来，随着住房制度的改革，住房成为城市居民消费的热点，大量的开发商涌入城市中心区进行住宅开发，中心区的房价逐步攀升，高强度的建设也导致了城市中心区居住环境的恶化。此时有大量的农村人口前往城市打工谋生，郊区住宅成为他们较为适宜的居所，制约了郊区住区的品质提升。也有小部分的开发商力图抢占

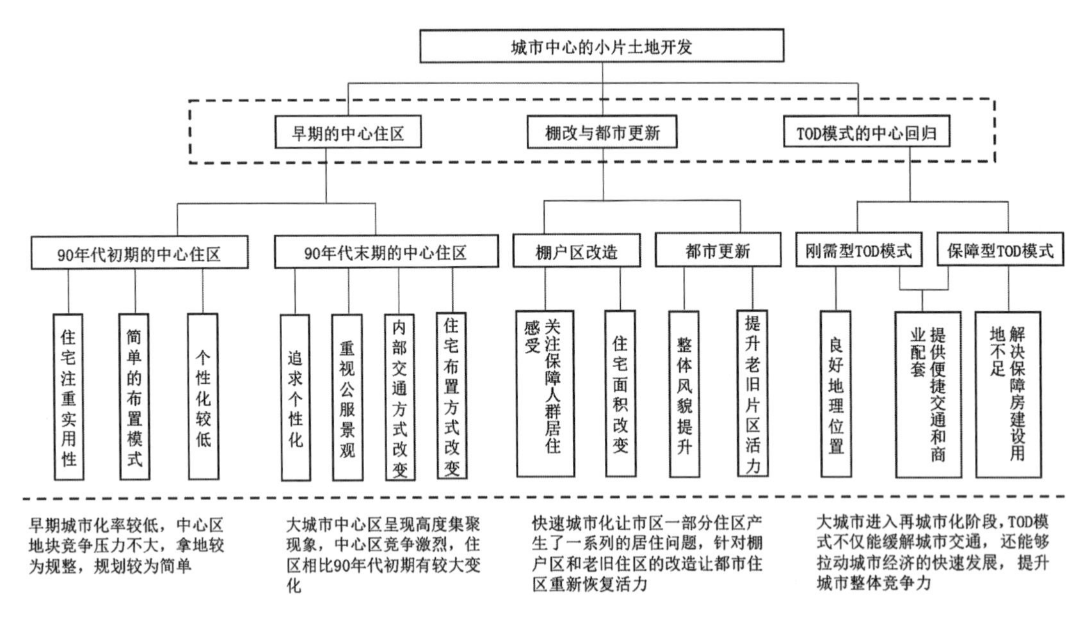

图 2-14　市中心小片土地开发基本内容

资料来源：本研究整理．

郊区红利的先机，在郊区大量修建住宅，而此时大部分城市居民对于郊区关注较少，导致出现了一批烂尾的郊区住宅（图 2-15）。

1996-2005 年，国家大力推崇新区开发，大中城市开始向郊区扩张。伴随着私人汽车的比例迅速上升以及城市边缘区交通环境的大力改善，大批市区居民开始向郊区迁移。郊区住区品质有明显提升，以吸引追求较好生活环境的消费者。这个时期的郊区，城市提供的公共服务设施相比城市中心区较为欠缺，因此郊区住宅与市中心住房相比吸引力还是略逊一筹。

图 2-15　郊区烂尾住宅

盲目的郊区开发，导致一批郊区烂尾住宅的出现

资料来源：http：//img.mp.itc.cn/upload/20161208/6405fbbe206649c5867cd468e719da4c_th.jpeg.

近年来，随着快速公共交通系统的出现以及各地政府对于郊区有计划、系统性地完善道路、交通、公共空间等各类基础设施和公共服务设施的配置，极大地促进了住宅郊区化的发展。城市中心区可建设地块的紧缺也导致大量的开发商进入郊区进行投资开发，郊区不再是廉价房的代表。城市郊区通过提升楼盘的特色与品质，城郊住宅房价甚至可以和市区媲美。量大面广质优的郊区化发展住区极大地改善了城市整体的住房水平，同时郊区的发展并没有影响城市中心区的发展，城市中心区的吸引力仍在进一步加强，并没有出现西方国家的城市“空心化”。在中国郊区化进程中，首先迁入的人口大多为城市普通居民和外来流动人口。随着中国城镇化进程加速，部分富裕起来的私营业主、个体工商从业人员乃至进城务工人员由城镇和乡村移居城市，并由此产生了中国特有的人口双向流动现象。这一点与西方发达国家的住宅郊区化表现出很大的不同。

2.3.2.1 特色化的郊区住区

深圳十七英里

深圳十七英里是万科公司于 2004 年在深圳开发的一个极具特色的城郊住区。项目位于深圳市东部溪涌盐葵路南侧海岸，三面环海，背靠青山，项目外部拥有壮观的海洋景观、天然沙滩以及亿万年的礁岩群（图 2-16）。

小区内部主要由海岸排屋组成，在规划上较好地利用了地形的高差和海岸线，依照不同地形高差打造了不同的建筑形态，且最大限度保证每户都能拥有海景视野。为了使每一户都能感受大海，十七英里的户型类型非常丰富。灵活的户型组合与绿地、花园和人造景观打造出了几大不同主题的景观节点和路径，让居民在不同路线上可以体会到不同层次的景观。住区的交通采用完全人车分流的做法，重视住户回家的体验与感受，住户沿着景观走廊回家，景观走廊视线可以一直延伸到海边，给住户极丰富的感观体验。

图 2-16　深圳十七英里实拍

十七英里拥有 600m 长的绝美海岸线，住宅户型特殊化设计使得几乎每户都能从家感受大海

资料来源：万科的作品 1988—2004.

深圳十七英里是早期特色化郊区住宅中非常具有代表性的项目。虽然住区生活配套和交通配套可能并不齐全，但依靠绝佳的外部景观和精心设计，吸引了大量城区客户来郊区购买，即使十七英里有众多关于是否破坏环境海岸线的争议，但不可否认其开发是有价值的，是对城市资源与自然资源一次很好的整合和创造。

2.3.2.2 品质化的郊区住区

在城市郊区扩展之中，随着基础设施和交通的不断完善，一些追求舒适优雅生活、渴望亲近大自然的中高产阶层开始把目光逐步放向城市郊区，一些开发商抓住这个商机，在这样的条件下，高品质的郊区住区孕育而生。

这些住区通常位于自然环境较好并且具有发展潜力的城市郊区，主要通过打造良好的居住环境和具有潜力的升值空间吸引人群消费，大多数品质化住区是别墅和低层住宅，密度比市区内同价位住区要小很多，便于打造良好的内部环境。建筑风格较为多样化，以现代主义和新古典主义建筑风格为主，这也是这一时期较为流行的风格。同时这种品质化郊区住区中的户型大多为改善型的大户型，注重通风和采光，居室的居住舒适性较高。这类住区虽然距离市区中心较远，但都有快速道路和城市快速交通来确保与市区的便捷联系。比起早期的郊区住区，这类郊区住区通常有较完善的生活配套设施和休闲设施，确保配套设施不会成为居民选择郊区住区的障碍。

深圳东海岸社区

随着深圳市中心区建设用地逐步减少，城市向外围扩张。万科东海岸社区目前已经成为深圳向东发展的一个地标性住区。万科东海岸项目竣工于2006年，距深圳罗湖商业中心区约30km，距离大梅沙（图2-17）海滩约1.5km，18分钟便可以直达城市核心区。东海岸社区是当时比较少见的大规模郊区住区，该项目客户定位也比较清晰，针对有一定经济能力同时又追求舒适居住环境的客户群体，主打养老和休闲（图2-18）。

住区三面环山一面环水，用地为带状山地地形（图2-19），东西两边有一定的高差，规划中采用了自由生长的叶脉状布局形式，将不同形式的住宅分为一个个小组团。小区的规模较大，有从别墅到公寓等多种住宅类型，满足不同人群的需求。

图2-17 深圳大梅沙

深圳万科东海岸社区紧邻大梅沙海滩

资料来源：http：//sdp.pconline.com.Cnphotolist_1077383.html.

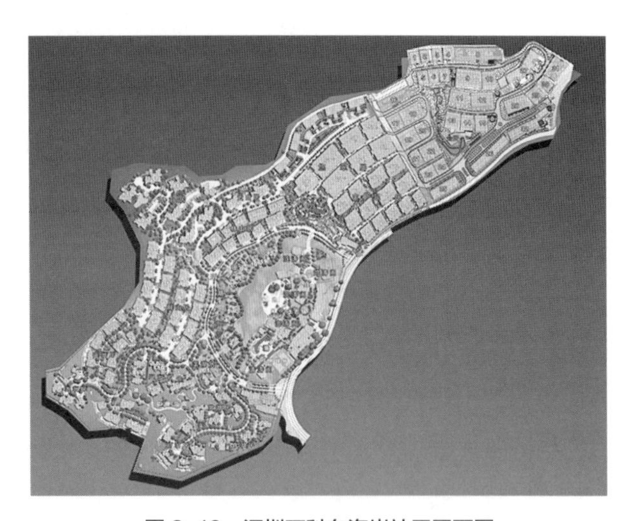

图2-18 深圳万科东海岸社区平面图

占地268483m^2，建筑面积214800m^2，容积率仅为0.8

资料来源：万科提供.

图2-19 深圳万科东海岸社区

三面环山一面环水

资料来源：https：//sz.haofang.net/zufang/1599339714_9_1.html.

住区内部设置了一个大型人工湖，面积约1万多m^2，作为住区的休闲中心，同时还在局部地段利用地形打造人工水系及临水住宅，丰富和提升了住宅的景观品质。

万科东海岸社区处于城市未来发展方向上，极具升值潜力。依托优秀的外部环境资源、精心的内部景观营造以及对设计品控极为重视的开发公司，吸引了大量追求居住舒适的消费者前来购买。

东莞松山湖一号

松山湖高新区位于珠三角核心地带，距离东莞中心区 20km，1 小时高速可到达深圳市中心区。由于绝佳的地理位置和景观资源，松山湖曾被评为中国最具发展潜力的开发区，也是东莞市大力发展的开发区，主要定位为高新技术产业研发基地，被誉为中国的“亚洲硅谷”。

松山湖一号（图 2-20）在松山湖高新区核心位置，四周被绿地和湖水包围，是片区中为数不多的亲水地块。松山湖一号是一个纯别墅住区，容积率仅 0.56，主要客群定位于注重居住环境品质的住户。与十七英里设计理念相似，让建筑融入环境，打造和谐自然的住区。为了让住户都能感受湖景，对建筑高度进行设计控制：外部道路一侧的建筑高度最高，建筑高度由外部道路沿岸线的走向逐渐降低。在内部通过引入湖水做了一个 U 形水系，保证内部更多的建筑能够亲近水面，提升了住户亲水体验的丰富性和品质感。

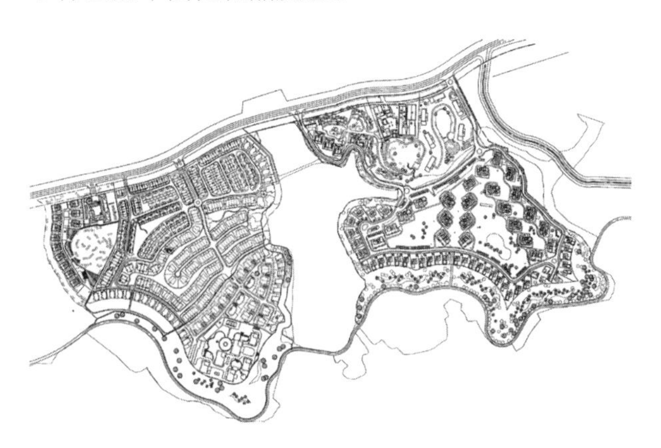

图 2-20　东莞万科松山湖一号

亲水的纯别墅住区，设计理念承接了万科十七英里

资料来源：https：//sz.haofang.net/zufang/1599339714_9_1.html.

2.3.2.3 高密度郊区化住宅

早期的郊区住区大都保持较低的容积率和密度，建筑普遍层数较低，用低密低容的住区特征吸引城区居民来郊区居住。随着城市的不断发展和扩张，越来越多的人选择在郊区居住，出现了更具性价比、密度较高的郊区住宅。与低密度的郊区住区相比，高密度郊区住区在价格上有着很明显的优势，更适合对于生活环境品质有所追求的普通消费者。

从目前来看，郊区的高密度住区可以更好地促进城市向边缘发展，也更有利于缓解城市中心住房压力和交通压力。适当地提高居住密度可以更好地提升郊区的土地使用率。与市区内的高密度住宅相比，郊区的高密度住宅更加注重人文环境和邻里关系的构建，有更多空间打造宽阔和开放的公共空间环境，给住区内部的住户一个交流和休憩的空间。随着交通效率的不断提高，郊区的可达性也不断提高，高密度的郊区住区的出现给了普通消费者更多的选择，有利于满足人们多层次的居住需求。

深圳四季花城

深圳四季花城项目是万科对于郊区住区的一次大胆尝试，同时也是国内住区第一次采用街坊式布局。四季花城（图 2-21）开发于 1999 年，位于龙岗区坂田镇，该项目是“四季花城”项目的起点项目。总容积率为 1.45，住宅以多层为主，项目占地 373900m^2，建筑面积为 544000m^2。

在规划中采取了大开放、小封闭的做法，彻底抛弃了居住区入口管理的常规模式，街道空间与城市空间相互连通，街道网格为 130mx130m。小街坊的形式非常方便居民的出行和活动，较低的道路等级限制了机动车的数量，不会影响居民的正常生活。小封闭体现在建筑的布置方式上，每个单元利用 2-3 栋住宅进行围合，并且入口配备保安室，

图 2-21　万科四季花城平面图

资料来源：万科提供 .

给了住户一个安静和安全的公共活动空间，这样的布置手法增强了住户之间的邻里交流，给予住户更多住区的归属感。

郊区住区最令人担心的问题之一就是公共服务设施的缺失，而四季花城项目搭配了非常完善的公共服务设施，社区里修建有商业步行街、沿街骑楼式的商业步行街等一系列公共服务设施，步行街采取开放式设计并且很好地联系了人行系统，同时采取了人车分流的做法，给了居民一个安全舒适的人行系统（图 2-22）。

四季花城项目的成功对郊区住宅的开发赋予了更多启示，灵活使用的街坊式布局方式打破了人们对于街坊式住区的质疑，同时带动了周边楼盘的开发。

图 2-22　万科四季花城入口处

四季花城入口处的大广场和一条商业街，给予居民更多交流和娱乐的空间

资料来源：万科提供 .

天津恒大绿洲

天津恒大绿洲（图 2-23）开盘于 2010 年，分三期开发，位于天津市东丽区温泉度假旅游区，项目占地约 860000m^2，总建筑面积在 1200000m^2 左右，容积率为 1.5，主要由小高层、高层和洋房组成。交通区位较好，距离天津中心城区仅 20km、滨海新区仅 25km，周边有京津、唐津高速公路交汇。

图 2-23　天津恒大绿洲实拍图

资料来源：https：//www.sohu.com/a/386955479120518784.

恒大绿洲内部重视水景营造，大量的房屋依水而建，建筑布局有更多的变化，不至于呆板。洋房和小高层聚集区密度虽较大，但通过合理设置住宅之间的间隔、利用大面积的水系营造的景观空间，保证了住宅的通风与采光。中高层住宅利用广场和人工湖留出的景观空间，带给住户较好的景观视野和环境体验。

恒大绿洲住宅建筑采用新古典的欧式风格建筑，搭配人工打造的欧式园林景观，欧式风格的空间体验性较为完整。同时，恒大绿洲设置了较为完善的社区配套设施，从幼儿园到五星级酒店应有尽有，住户不会有公共设施缺乏的忧虑。

利用原生态的自然资源进行景观打造是该项目成功的一个核心条件，但后续的大型配套设施更是恒大绿洲项目能够成功的助推器。

2.3.2.4 小结

在我国的郊区化发展中，不管是品质化的楼盘还是高密度的郊区住宅，在初期选址上距离市中心区域都不算太远，也从侧面反映了此时的郊区小盘还是很难独立于市区，消费者比较看重与市区的距离，选取的地块几乎都在城市发展方向上，具有较好的升值空间。随着人们需求的提高，居住环境的质量也逐渐成为购房者关注的核心，因此郊区小盘的选址十分注重自然环境的资源条件，精心打造内部空间与景观节点，注重细节与品质，力求与外部自然环境和谐统一。

城市规模迅速扩大，品质化的郊区小盘目前进入了全面的、规模化的开发阶段。良好的自然环境、宽敞的交通空间和楼间距、完善的小区规划与配套等，都对传统市中心区住宅发起了挑战（图 2-24）。

2.3.3 田园小镇：远郊大盘的特色创新

朱锡金教授将住区分为单一功能和混合功能两种类别。其中单一功能是配置有居住生活设施的单纯居住地域，仅仅满足单一的居住功能；混合住区则是以居住功能为主体，同时以混合开发或综合区等概念组构成的地域。远郊大盘即后者。

2.3.3.1 郊区化住区创新

中国房地产快速发展的几十年，郊区住区也

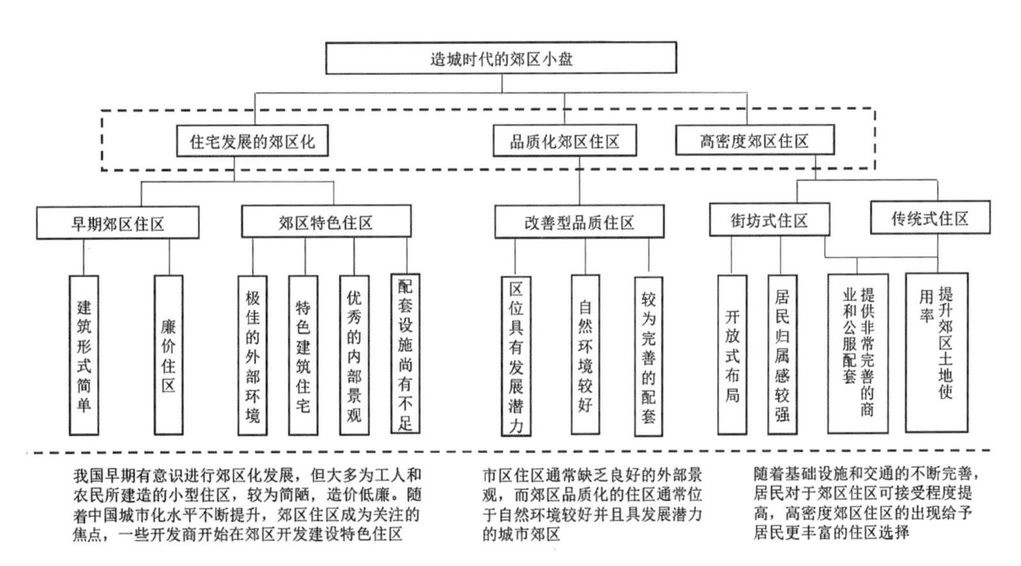

图 2-24　造城时代的郊区小盘基本内容

资料来源：本研究整理 .

随之发展出了新的类型，城市郊区出现了大型混合住区的形式。郊区大型混合住区通常距离市中心较远，拥有城市中心所缺乏的良好的自然环境，便于给小区住户打造良好的生活环境。单一功能的住区项目如果占地太大，容易形成城市边缘缺乏活力的住区，没有细致的整体设计，而只有无趣的空间和缺乏活力的街区，也会间接影响城市边缘区域的发展。随着城市郊区化的进一步推进，以往的郊区开发模式弊端渐渐显露出来，新时期的郊区住区规划的视野应该更大更广，而不仅仅考虑居住的问题。从“居住”走向“生活”是郊区大型混合住区应运而生的目标所在。

郊区大型混合住区与以前的郊区住区相比，可以简单地理解为多个传统住区联合商业文体等构成一个大型的多功能住区，拥有更加完善的公共交通与步行系统，大多采用格网式路网并且会有一系列道路与外部道路相联系，摒弃传统住区大量的尽端路。在建筑风格上保持一致，不再像以往的住区，其建筑风格与开发商及企业密切相关。住区的公共配套设施不仅仅局限于保证住区内部居民的日常基本生活，还涵盖了营利性的产业，例如办公、商业、旅馆等，这些面向住区外部的城市型功能的复合往往是城市多样性的主要来源。混合住区的户型相较以往的住区类型更加丰富，郊区的大型混合住区大多开发时间较长，户型可调整性较高。

综合分析来看，郊区大型混合住区主要功能仍是居住，但至少具有两种或以上的基本功能复合，能实现房产、旅游、休闲、产业等业态的有机组合。

成都麓山国际社区

成都麓山国际社区（图 2-25）项目启动于 2004 年，位于成都双流区麓山大道二段，是国内首批采用计划单元综合开发模式的住区项目。计划单元综合开发模式由开发商主导，政府政策辅助，开发商滚动进行拿地，通过一个总体规划来控制几年甚至几十年的开发，意味着一块土地规划成一个单一的单元，而不是一些小地块的几何体，这也代表着住区可以拥有完善的配套和社区服务设施。

图 2-25　麓山国际鸟瞰图

总占地 4300 余亩，其中建筑用地为 2300 亩，高尔夫球场约 1200 亩，也是国内首批采用计划单元综合开发模式的住区项目

资料来源：https ://weibo.com/p/1006061899393594/home?from=page_100606&mod=TAB&is_all=1#place.

项目位于成都较为罕见的浅丘地带，山环水绕的自然坡地。项目开发规模较大，时间跨度较长，开发商对住宅的开发模式进行了有弹性的调控。开发前期主要以低密度别墅为主，2006 年之后以小户型高容积率产品来吸引刚需消费者，适时调整规划设计及项目。麓山国际社区比较独特的一点是利用高尔夫景观带打造了一条轴线，串联了低密度和高密度社区。

项目利用高尔夫球场做了一系列商业和旅游配套设施，在内部打造了开放的商业中心，吸引外部消费者和旅客，这种做法很好地提升了社区的活力，保持社区内部的可持续发展，再加上配套完善的公共设施，让居住者可以完全在社区中解决生活和休闲的需求（图 2-26）。

图 2-26　麓山国际高尔夫球场

麓山国际社区将高尔夫球场很好地融入了住区

资料来源：https：//www.sohu.com/a/277467165726099.

图 2-27　新市镇模式下的现代小镇

资料来源：http：//www.hebeilong.com/a/2018/0525/17236.html.

2.3.3.2 郊区特色小镇

我国早期的郊区新城规划主要受苏联卫星城的建设理论影响，郊区新城功能较为单一，主要是作为市区的卧城或者工业城，并且大都是由政府主导推动的自上而下的建设。2000 年后，这种建设模式的弊端渐渐显露出来，由于特殊的政策制度和竞争机制的缺失，使得郊区新城开发在规划实施、运营管理等方面时有违背规划与市场规律的现象发生。

进入 21 世纪，随着城市化的进程，政府的焦点越来越多集中在了郊区，新市镇开发理念（图 2-27）开始在国内流行起来。新市镇的概念根源于埃比尼泽·霍华德（Ebenezer Howard.）所著《明天的田园城市》一书提出的“田园城市”的规划思想。他指出，要解决当时伦敦等大城市发展中遇到的问题，必须在城郊建立一个完整社会和功能结构的城镇组群，通过网络化的多个田园城市有机体来实现城市的更新与复苏，促进城乡协调发展。

新市镇开发模式住区与郊区混合大型住区有许多相似之处，都是长期开发模式，都位于郊区并且占地规模较大，住区内部都有统一的建筑风格，新市镇住区模式是混合大型住区模式的延伸，混合大型住区主要还是在住区范畴进行开发，商业和旅游也只是为了提高住区内部活力，并不具备完整的社会结构。而新市镇的开发模式是力图打造一个具有完整社会和功能结构的小镇，可以独立于市区而存在，小镇内部可以提供大量的就业岗位，保证小镇可以持续生长并且充满活力。

杭州良渚文化村

良渚文化村（图 2-28）从 2000 年开始由开发商进行开发，位于杭州市西北余杭区良渚街道西

图 2-28　良渚文化村鸟瞰

资料来源：作者自摄.

南，距离杭州中心区 16km，通勤时间在 30 分钟，东为良渚镇区，北侧 2km 远为良渚文化遗址。文化村占地 11000 亩，是国内极少数以商业开发模式建造几万人规模的小镇项目。项目规划有 3400 亩的住宅用地和 1200 亩的旅游用地以及 600 亩的住宅用地，规划用地上总建筑面积约为 236.3 万 m^2，综合容积率约 0.4。

文化村与麓山国际社区比较相似的一点是，两个项目刚开始的建筑类型都是采取别墅和叠墅的形式，但之后对产品线都有所调整，从低密度转变为高密度，都从初期针对高端客户的方案转向刚需消费者，说明这种郊区住区整体开发模式具有一定的规划弹性，规划更加灵活。

文化村（图 2-29）从一开始就采用新市镇开发模式。小镇在建设早期便进行了道路基础设施和办公园区的开发，之后才是居住组团的开发。文化村中打造了步行 10 分钟的城镇配套圈，让居民在步行 10 分钟的时间内能够到达各种配套设施，例如玉鸟菜场、食堂、良渚食街、幼儿园、医院等等，居民的日常生活在文化村内就可以全部解决。除了利用各大配套设施来提供工作岗位，文化村还引进了文化创意产业、教育类产业等，形成了以文化艺术类企业为主导，集创意作坊、特色长夜、合院居住为一体的文创企业集群。这几项措施也使文化村真正成为一个具有完整社会和功能结构的独立小镇。

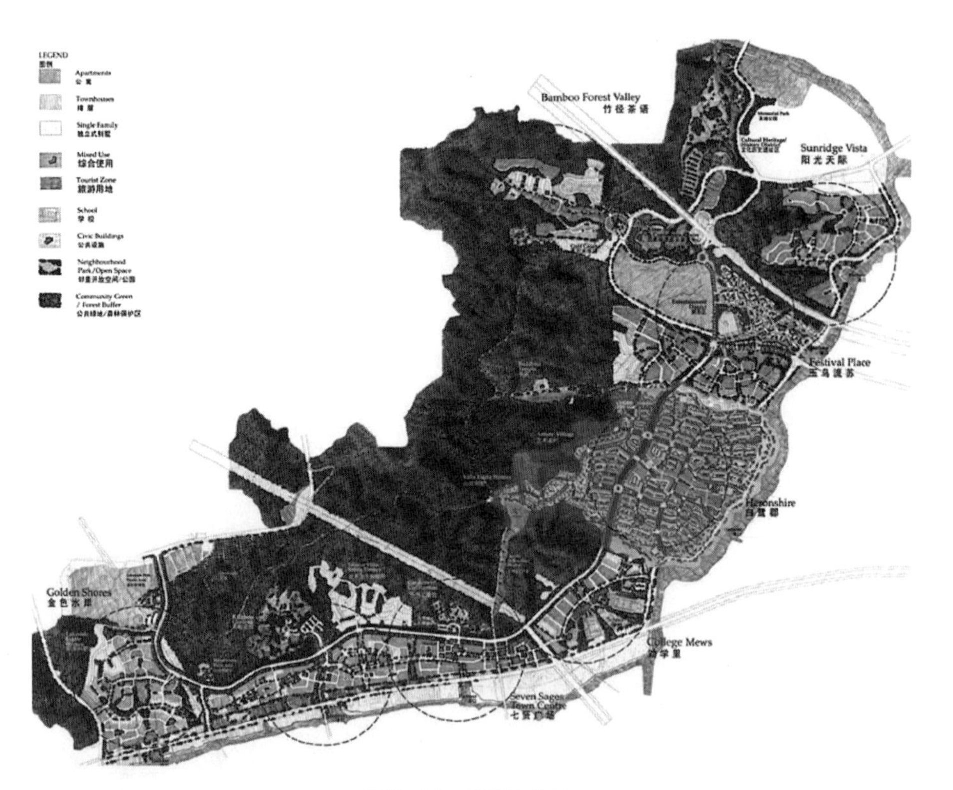

图 2-29　良渚文化村

良渚文化村位于杭州良渚组团的核心区域，整体环境依山面水，极具发展潜力

资料来源：万科提供.

上海一城九镇

这是中国较早的一次大规模市镇运动（图 2-30）。上海城镇化速度要早于其他城市，20 世纪 90 年代末期，上海的郊区城镇化水平已到达 47%，但也存在一系列问题：乡镇各自为阵，一个乡镇建一个集镇，镇区与镇区之间平均间距约 5km，城镇规模小，建设水平低，缺乏个性特点。这次的市镇开发视线格局放到大了整个上海市的郊区，规划建设涵盖了 10 个小镇，其中的“一城”便是当年的历史文化名镇松江镇，也就是现在的松江新城。基于中国城镇化出现的千城一貌的问题，上海规划提出新建城区按照欧美不同国家的小镇风格进行设计，即除朱家角新镇仍保留中国特色外，其余的城镇将分别被披上英国、德国、意大利、瑞典、荷兰等国小镇的外衣。

由于有大量的外籍建筑师参与这些小镇的开发和设计，因此在小镇的建设之中运用了大量的“新城市主义”理论，普遍强调对步行系统和公共交通系统的关注，并结合当地的产业特点形成了复合型小城镇的功能，以降低对城市的依赖性，从而增加了郊区小城镇的吸引力，也提供了大量就业的岗位，从而提高了近郊城镇人口聚集能力，同时降低了中心城区的通勤量。

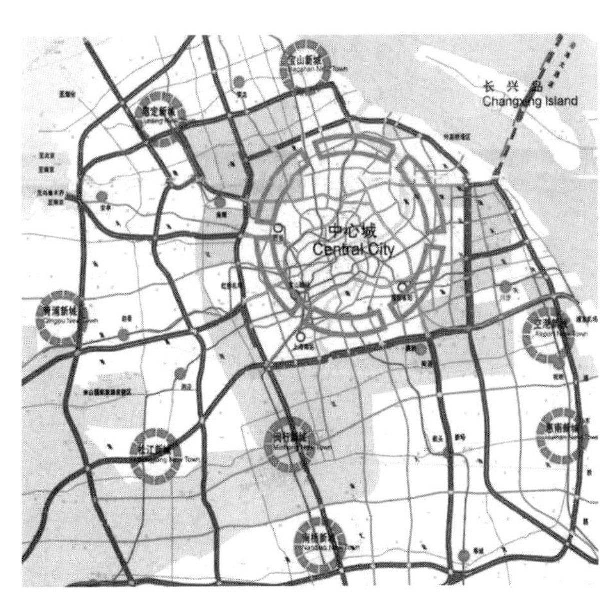

图 2-30　上海一城九镇示意图

几个城镇分摊在上海中心的周围

资料来源：wemedia.ifeng.com.

2.3.3.3 中国的快速造城

2000 年初，一些大城市开始在郊区尝试建设特色城镇分担城市压力，便是上文所说的新市镇模式，但新市镇模式与郊区营造城市新区又有一定区别：新市镇所创建的特色小镇多是在城市与乡镇之中呈现一个连接作用，作为城市和乡镇之间的核心区域出现，所能容纳的人口数量也相对较少。新市镇的尝试大部分还是在城市城镇化水平已经很高的城市中，作为打破城乡二元壁垒的一种尝试。也有一些城市城镇化水平还不够高，发展中需要在郊区开发新城新区。

在后期的新城规划中，吸取了早期的经验教训，与以往政府完全主导的新区建设时间久、开发速度缓慢等问题相比，新的造区开发在建设中通过多途径融资方式和有效的征地拆迁安置模式合理安排开发建设时序，对于新片区多方位快速地进行开发，保障新区住户的配套需求，保持片区活力。

长沙梅溪湖国际新城

长沙的梅溪湖片区，在短短 10 余年内，由以前远离城市中心的农村变成了长沙文体教育的标志性区域。

长沙位于湖南省东北部区域，是华中的一个重要枢纽城市。长沙周边有武汉、郑州两大城市体，同为华中地区中大型城市，长沙与这两者对比，经济发展水平不相上下，但长沙在城市规模方面有较大差距，此时的长沙急需推进城市建设。2007 年 12 月 14 日，国务院批准长株潭城市群为全国资源节约型和环境友好型社会建设综合配套改革试验区，长沙市据此成立大河西先导区。大河西先导区包含了大约 1200km^2 的规划范围，长沙市将其板块化，通过几个特色新区的打造，让各片区能发挥片区本身的优势。梅溪湖定位于文化艺术和科技创新城，也是其中最早开发的新区。

在梅溪湖（图 2-31）的开发上，放弃了政府主导的模式，实行企业主导以市场为导向的开发模式；与政府关注土地出让不同，作为企业会更关注如何通过一系列的建设来吸引投资者的关注，以保持片区的活力与持续发展。

梅溪湖国际新城并没有先从住区的开发入手，而是从交通和公共配套方面先动手。道路是城市最基本的“供血”系统，如果供血不流畅，势必影响整个城市的开发建设。项目在短短几年时间内就完成了 15 条主次干道路的修建，长沙地铁 2 号线也进入梅溪湖国际新城，基本可以保障住户的出行方便。基于梅溪湖国际新城的定位，梅溪湖打造了多个生态公园，并利用退田还湖的方式造出了一个 3000 亩的梅溪湖湖泊。在梅溪湖湖边的重要区位，通过规划建筑设计国际招标的模式选定了由扎哈建筑事务所设计的梅溪湖国际文化艺术中心，并花巨资建成，年接待能力可达 31 万人次。国际文化艺术中心作为梅溪湖的地标性建筑，周围配备了大量商业和文创设施。艺术中心的修建给梅溪湖带来了巨大的关注度，同时也极大地提升了梅溪湖片区开发建设的品质，吸引了大量的商家品牌入驻，

图 2-31　梅溪湖快速造城

上：早期梅溪湖只是一片未开发的农田

中：梅溪湖初步开发

下：如今梅溪湖已经成为长沙文化教育中心

资料来源：https://www.sohu.com/a/304274776_727764.

梅溪湖居民可以在区域内基本解决购物需求。

梅溪湖国际新城引入了大量长沙名校的教育资源，从幼儿园到高中，满足了家长对于子女入学的高标准需求，使学区驱动成为一种巨大的购

买力。同时梅溪湖国际新城通过各项公共配套服务设施的完善，提高了城市居民的幸福指数和生活品质。

梅溪湖初期住区主要是沿梅溪湖湖泊进行开发，引进大量高口碑房地产开发商进行住宅开发，利用湖景和公园打造改善型的品质住区，比市区同品质楼盘价格更低廉，外部环境更优秀，加上配套的相对完善，马上就为梅溪湖国际新城吸引了大量的购房者。随着配套和交通越来越完善，再加上良好的居住环境，梅溪湖国际新城的居住口碑不断上升。越来越多的房地产开发商主动将目光投向梅溪湖国际新城，到 2020 年左右，梅溪湖国际新城一期居住和可建设用地几乎开发完毕，目前正往西进行二期的新城开发。

未来梅溪湖国际新城将有 60 万人生活在其中，短短 10 年时间，居民的工作、生活、医疗等都已经可以在梅溪湖解决。

2.3.3.4 小结

新时代的郊区住区是城市发展到一定规模和阶段的必然产物，不再是简单地采用传统的地产开发模式，跳出了房地产项目的框架限制，站在更高的角度综合研究城市问题。采取政企合作的方式来进行郊区的开发，也避免了郊区新城开发在规划实施、运营管理等方面时有违背规划与市场规律的现象发生，能够有效解决城市人口、就业、居住、交通等问题，是应对大城市“城市病”的有效方法。

城镇化的不断推进让中国在住区的探索上一刻也没有停止，在每一个城镇化的阶段点，住区都有自己的风格和特色去对应，城镇化带来了大量的住宅住区，住区的形式风格也影响了城市的面貌和城市的道路交通，随着技术和经济的发展，我国住区在建设和技术上，还会呈现更加多元化的发展和创新（图 2-32）。

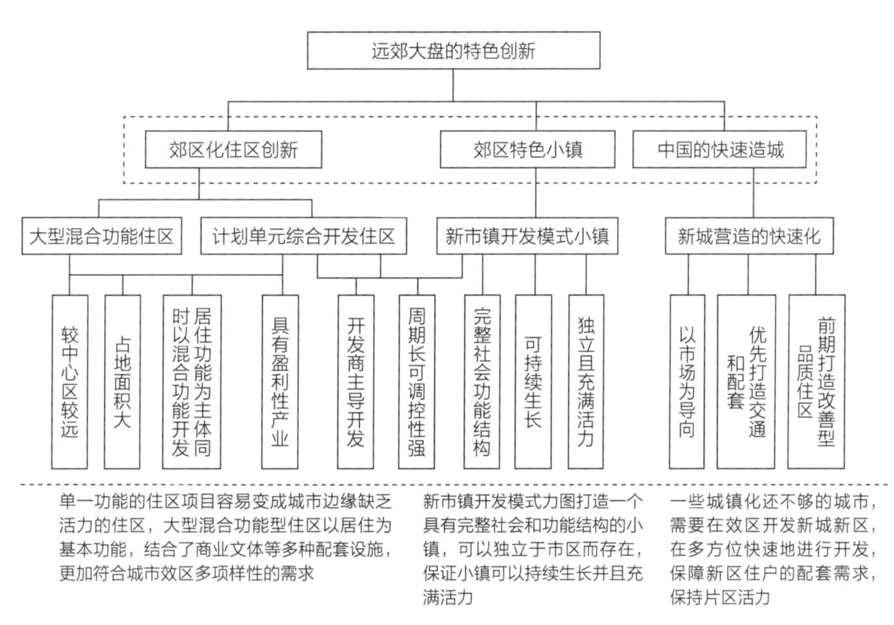

图 2-32　远郊大盘的特色创新基本内容

资料来源：本研究整理 .

2.4 区位关联下的住区发展协同：以万科为例

根据城市区位变动而变化的万科产品系主要有四类，分别是金色系列、城花系列、四季系列和高档系列（表 2-2）。

2.4.1 金色系列

金色系列是万科在 20 世纪 90 年代末期的一个产品体系，项目主要位于城市中心区，地处市区繁华地段且周边生活配套齐全。万科在金色系列中力求在有限的用地规模下营造高品质的居住环境。项目多以高层和小高层为主，产品多定位于中高档，早期以深圳万科金域华府为代表。

金色系列又可分为三个子系列，分别为 G1、G2 和 G3。在土地属性方面，G1 的土地属性优点为商业价值高、周边写字楼密集、交通发达，可以享受城市中心的市政和商务配套，总体商业价值大；但同时也伴随着交通和噪音干扰大、周边人群复杂等缺点。此类型适用群体主要为注重工作便利的商务型客户，常年流动工作且无明显生命周期对应关系、关注住宅产品的服务及品质。

G2 的土地属性特征是周边配套完善、交通便

万科产品定位研究　　表 2-2

<table>
<tr><th>系列名</th><th>子系列</th><th>子系列土地属性</th><th colspan="2">产品核心价值</th><th>细分客户构成</th></tr>
<tr><td rowspan="4">金色
（城市住宅）</td><td>G1</td><td>①地块商务属性高，周边写字楼密集，交通发达、享受城市中心的市政、商务配套；②商业价值高</td><td rowspan="4">便捷城市生活</td><td rowspan="2">注重工作便利的商务型客户，关注产品服务及品质</td><td rowspan="2">商务人士（常年工作流动人士，无明显生命周期对应关系）</td></tr>
<tr><td></td><td>①交通、噪声干扰大；②周边人群复杂</td></tr>
<tr><td>G2</td><td>周边配套完警、交通便利且安静</td><td>追求居住改善和品质的客户</td><td>小太阳、后小太阳、孩子三代（客户年龄 35-39 岁为主）</td></tr>
<tr><td>G3</td><td>①公共交通密集，站点步行可达；②周边有大型超市</td><td>对产品总价敏感的首次置业客户</td><td>青年之家、小太阳家庭（客户年龄 25-34 岁为主）</td></tr>
<tr><td>城花
（城郊住宅）</td><td>C</td><td>①交通便捷，可快速到达，离城市成熟区域比较近；②相对市中心居住密度更低；③地块所在区域居住氛围良好（水质、空气质量好）</td><td colspan="2">舒适居住（第一居所）</td><td>小太阳、后小太阳、孩子三代（客户年龄 35-39 岁为主）</td></tr>
<tr><td>四季
（郊区住宅）</td><td>T1</td><td>政府未对该区域进行三通（水、电、路）整体规划</td><td colspan="2">价格低</td><td>青年之家、小太阳家庭、孩子三代（客户年龄 25-34 岁为主）</td></tr>
<tr><td></td><td>T2</td><td>①自然资源良好；②距离城市较远，但有快速道路可达；③没有完整生活配套，但周边有休闲配套（或将来有条件做到）</td><td colspan="2">舒适居住（第二居所）
考虑父母养老或休闲</td><td>客户年龄 35-44 岁为主</td></tr>
<tr><td rowspan="2">高档</td><td>TOP1</td><td>位于城市稀缺地段</td><td colspan="2" rowspan="2">稀缺资源占有</td><td></td></tr>
<tr><td>TOP2</td><td>位于郊区，占有稀缺景观资源</td><td></td></tr>
</table>

资料来源：本研究整理，根据潘高峰（1996）及万科提供相关资料整理．

利且安静，适合追求居住改善和品质的群体，分为小太阳（拥有一个 0-11 岁孩子的年轻三口之家）、后小太阳（拥有一个 12-17 岁孩子的年轻三口之家）和孩子三代，该客群的平均年龄以 35-39 岁为主。

G3 系列产品的用地特征是公共交通密集，站点步行即可达，周边有大型超市。适合对产品总价敏感的首次置业客户，如青年之家、小太阳家庭，客户年龄主要以 25-34 岁为主。

位于城市中心区的金色系列往往具有丰富的景观体验环境、现代建筑风格、空中叠院等特性。有的住区为了更好地体现对城市包容的特质，会将保留在地段内的公园对外开放；有的采用周边式布局的模式，通过大围合的形式形成一个内向的居住空间；有的形成了层次丰富、秩序井然的院落空间；有的将多种住宅建筑单体样式融合到一个居住区中，注重对不同客群的多样居住需求的满足。

丰富的景观体验

广州万科金域蓝湾规划形成了东低西高的建筑整体布局，住区东面是低层的单栋连排别墅，西面为高层住宅，中间则为景观视野最好的大户型单栋高层。住区内大部分住户可体验到东向或东南向望江的视觉享受。另外，低密度的高层建筑布置方式能够最大化地提升公共绿化空间；底层的架空处理营造出了连通的绿化系统。六大组团园林形成了外江内湖的景观格局。深圳万科金域华府的景观营造也是利用了建筑设计的高差进行园林布局，并通过引入循环水公湾塑造了多重景观体系。

现代建筑风格

金色系列的项目建筑立面颜色多为色块组合并采用现代建筑风格。广州万科金域蓝湾采用现代建筑风格，形体厚实大方，色彩朴素淡雅，并且使用了大面积的飘窗和阳台。

空中叠院

广州万科金色城品由 10 栋 8 层高建筑组成，其在住宅中采用了空中叠院，塑造了良好的景观效果。

住区内的共享城市公园

沈阳万科金域蓝湾在规划中保留了地块中段的天然湿地作为对外开放的公园，创造出了一条横穿东西向的景观轴与东侧的公园相连；另外，一条带状水系由北向南连接了三大公园。

大围合形式

深圳万科金域华府由两块相对独立的地块组成，在北地块中，东北侧与西北侧排布 34 层高层建筑，在东南侧安排 3+1 层多层合院住宅，在用地核心布置特色阁楼公寓（公寓底层为会所）；在南地块中，东北侧为 34 层高层建筑，东南侧为 3+1 层多层合院住宅，在合院住宅与高层住宅之间一字排开 7 层特色阁楼公寓，形成东、北、西三面高、中间低的半聚合形态（图 2-33）。

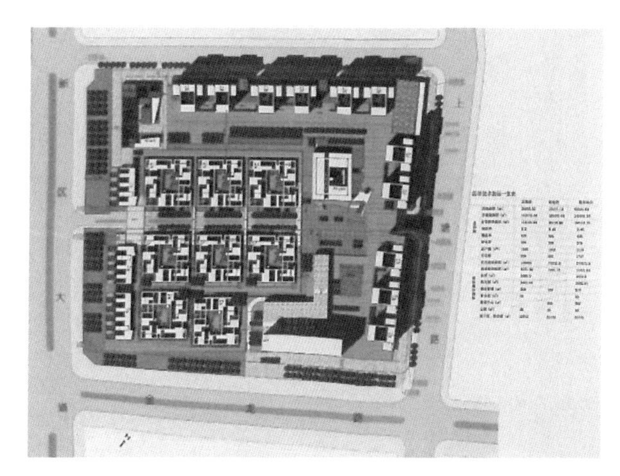

图 2-33　深圳万科金域华府总平面图

资料来源：佳图文化主编 . 万科 建筑无限生活 [M]. 南京：江苏人民出版社 . 2011：18.

深圳万科金域东郡在建筑布局上采用了“以我为主”的设计思路，着重营造小区内部环境。4栋住宅以大围合的形式布置于用地周边，南北各布置一栋板式住宅，中部东西两侧各布置一栋点式住宅。

层次丰富的院落空间

北京金隅遵循现代新都市主义原则进行设计，并提倡人与自然之间的融合渗透，以营建具有阳光与绿色的现代社区。根据建设过程中对利用场地的限高要求，工程一期建设时建筑以高层为主，并结合多层住宅形成多层次功能丰富的院落空间。在庭院内部设置栅栏和绿篱，对近距离的视线进行遮蔽，既增加了住宅环境的私密性，又减少了在简单重复中产生的单调气氛（图2-34）。

形式丰富的建筑单体

成都万科金色家园（图2-35）在住宅单体上，将万科专利产品“情景花园洋房”引入常规的电梯公寓中，将其改造成为电梯洋房。它包括前townhouse（联排别墅），yardhouse（院落洋房）、退台式洋房、空中情景花园洋房、penhouse（顶层跃式观景洋房）五种户型形态，从而形成丰富、具有韵律感的建筑造型。

2.4.2 城花系列

城市花园系列（C系列）主要是指城郊（近郊）住宅的建设，其交通便捷、可快速到达，或离城市成熟区域比较近。容积率相较于市中心来说更低，地块所在的区域居住氛围（水质、空气质量等）总

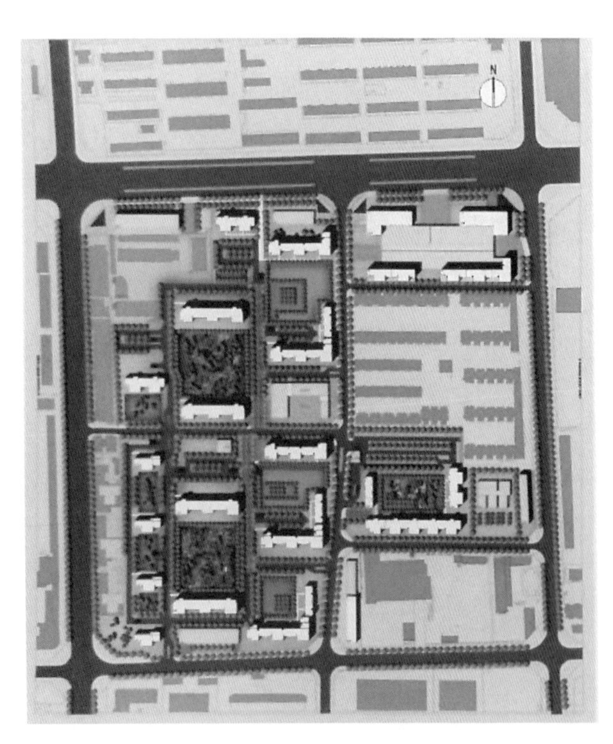

图2-34 北京金隅总平面图

资料来源：佳图文化主编．万科 建筑无限生活[M]．南京：江苏人民出版社．2011：8.

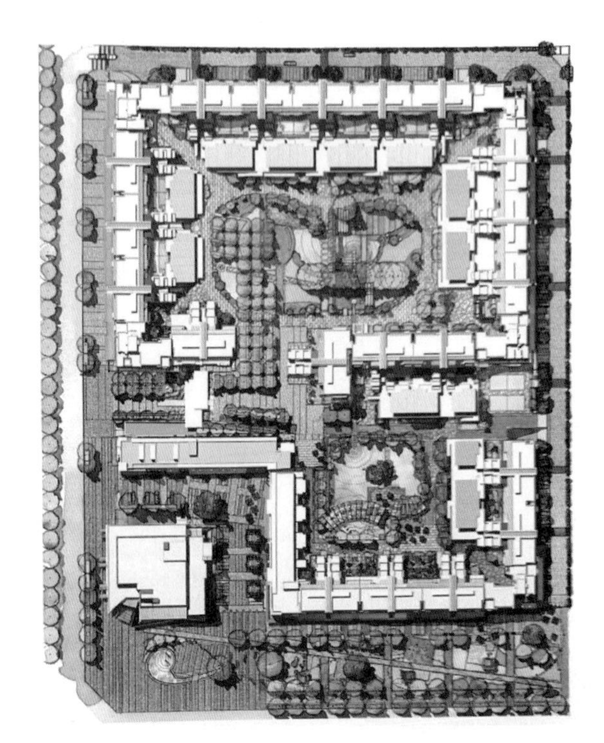

图2-35 成都万科金色家园总平面图

资料来源：张纪文，邢鹏主编；万科建筑研究中心著．万科的作品2005-2006中英文本[M]．北京：清华大学出版社．2007：219.

体良好，是适合追求居住（即第一居所）舒适的系列。其规划设计配套了绿色景观，同时充分考虑日常生活配套的完善，文化氛围浓厚，创造出了不同于城市中心住区的特点。目标群体与 G2 较相似，都为小太阳、后小太阳和孩子三代的 35-39 岁年龄的群体。

风格多样的住区形式

东莞万科城市高尔夫花园的六、七期整体上以现代东南亚风格作为设计基调，利用建筑山墙面围合形成住区的公共空间，主要景观轴为南北向，宅前小空间的处理多使用道路的转折和小空间的收放，借此形成错落有致且充满趣味的住宅景观。现代东南亚风格所创造出的独特社区风貌运用景墙、水景、特色雕塑、肌理变化和空间变化等，演绎了简约风尚的雅致生活（图 2-36）。

图 2-36　东莞万科城市高尔夫花园

资料来源：网页图片 https：//image.baidu.com/.

景色优美的周边环境

天津万科·东丽湖水域面积居天津市各自然生态保护区之首，具有丰富的地热温泉资源，周边没有工业项目，被大面积的植被环抱。东丽湖开发建设项目以保存该区域良好的自然环境为基本出发点，并参考海外生态小区建设的成功经验，通过建立系统化生态管理模式，对周边地区的自然环境加以维护与改善（图 2-37）。广州万科城是位于广州东部群山孕育出的原生态亲地山体社区，对自然环境最大限度的保护是万科与众不同的做法，在万科城内，数百棵百年以上的原生古树都按原样保存，并与建筑物和谐共存。

围合式轴团布局

深圳城市花园地处深圳市福田区景田生活区内，是深圳万科在其发展历程中打造的一个具有里程碑意义的住宅项目，同时也是当时深圳市首个采用围合式布局设计的高端住宅项目。项目以多层住宅为主，兼有小高层，采用围合式轴团布局，院落封闭式管理保证了居民生活的安全性。该项目开发模式成为景田片区开发的基本模式之一，促进了区域的整体发展。

配套丰富的社区中心

成都万科城市花园的社区中心为居民提供了休闲、购物、邻里交往的场所，占地 1.8 万 m^2，

图 2-37　天津万科东丽湖

资料来源：香港科讯国际出版有限公司编著．栖居·万科的房子[M]. 武汉：华中科技大学出版社 .2007：272.

空间上采取半围合式规划，内部空间依据地势起伏，层次丰富（图 2-38）。

2.4.3 四季系列

四季花城系列主要指 20 世纪 90 年代末期，万科在城市远郊所建设的住宅，其多为新市镇的造镇计划。该系列可分为两个子系列，分别为 T1 和 T2，其中 T1 的土地周边环境相对较差，政府未对区域内的三通（水、电、路）进行整体规划，所以该系列房价较低，主要为青年之家、小太阳家庭和孩子三代，客户年龄以 25~34 岁为主。T2 系列的土地自然资源良好，距离城市较远但有快速道路可达，没有完善的生活配套，但地块周边有休闲配套或者将来有规划条件做到。其适合对居住（第二居所）舒适有要求的客户群体，主要为 35~44 岁人群。

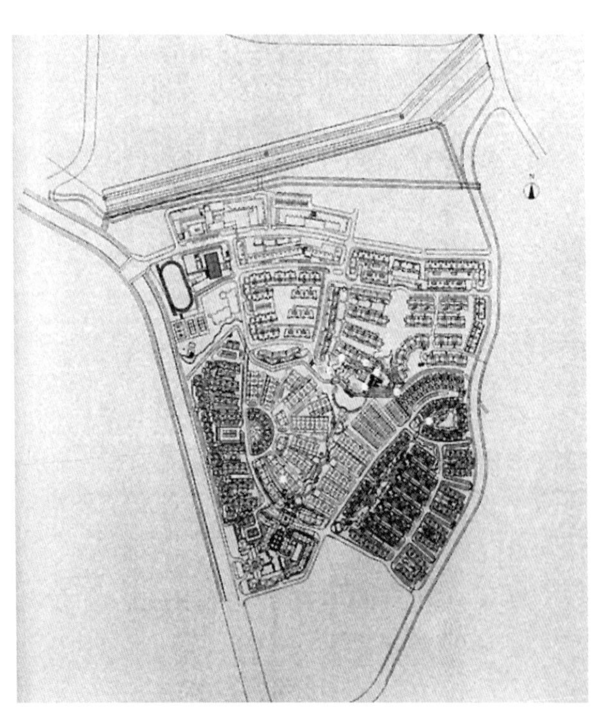

图 2-38 成都万科城市花园

资料来源：网页图片 https：//image.baidu.com/.

新城市主义

北京万科四季花城（T2）的规划理念为美国新城市主义，为了满足人们的社交需求和归属感而创造了公共空间，注重城市形象和标志感，整体形成了一个多元健康的社区（图 2-39）。

图 2-39 北京万科四季花城建筑单体

资料来源：佳图文化主编．万科 建筑无限生活 [M]. 南京：江苏人民出版社．2011：79.

结构完整的车行系统

深圳万科四季花城的车行系统由小区外围的车行交通和由中央商业步行街及支路构成的鱼骨状人行系统构成，人车分流并且营造了安全的步行体验（图 2-40）。

丰富的景观系统

北京万科四季花城的规划布局空间结构以滨河绿带为主干，其由顺平路商务空间引入并沿河伸展到地段内部，与都市核心路交会形成城市活动中心，住区沿都市核心路东西展开并形成地段城市空间的骨架。东西向中央景观轴由商业广场、多排林荫树、下沉式广场、水池和休闲区组成，南北向中央绿化带有大面积中央绿地，优美的林荫步道贯穿

图 2-40　深圳万科四季花城总平面

资料来源：张纪文主编；万科建筑研究中心著 . 万科的作品 1988-2004 中英文本 [M]. 南京：东南大学出版社 . 2004：29.

图 2-41　深圳万科四季花城

资料来源：张纪文主编；万科建筑研究中心著 . 万科的作品 1988-2004 中英文本 [M]. 南京：东南大学出版社 . 2004：32.

其中。东西、南北两条轴线形成了城市主体社区十字景观轴线，中央景观区位于一字景观轴的核心地带，由景观塔、中心广场、溪墙以及儿童活动区域、树阵等景观组成，为社区业主提供了一个综合性的活动场所。

开放式商业的引进

深圳四季花城位于深圳龙岗区版田镇，是深圳万科地产的第一个大型社区，也是万科“四季花城”系列的第一个项目，其成功开发的同时也带动了周边地区的发展。四季花城入口处的商业街引进了欧式小型商铺形式，开创了开放式商业街的先河（图 2-41）。

2.4.4 高档系列

随着城市房地产市场的发展完善，金字塔尖上的阶层促进了高端住宅市场的繁荣。高端住宅产品，从字面可理解为高品质、高质量、高内涵的居住产品，但从延伸含义来看，必须是在好区域拥有好环境、好建筑拥有好户型、好物业拥有好服务、好品牌拥有好配置的居住产品。高档系列分为 TOP1 和 TOP2 两个子系列。TOP1 一般位于城市稀缺地段，TOP2 一般位于郊区，占据了城市的稀缺景观资源。

城市内稀缺地段（TOP1）

杭州万科杭州公望别墅（图 2-42）的特点是因地制宜、取法自然。项目充分尊重山地景观文脉，挖掘利用得天独厚的环境资源，几乎完全保留了原有地形特质。北京万科西山庭院延续了传统北京味十足的深宅式四合院住宅风格，用庭院和街坊式的空间格局演绎着中国优良传统人文艺术和建筑技术的和谐统一，回归西山人居传统的“意境时代”，真正做到了通过地脉和人脉之间的交互，营建有益的公共交互空间，倡导自然和谐、精神和谐、审美和谐的人居新理念。

郊区的兰乔圣菲系列（TOP2）

上海万科兰乔圣菲，占地面积 31.7hm^2，总建筑面积 9.2 万 m^2，容积率 0.3，自然河道与原生林带，总体规划中对这些自然条件优势进行充分保留、合理利用，与整体环境融为一体，形成别墅区环境中林木丛生、建筑与环境相互映衬的布局，体现了田园景观与原始风情（图 2-43）。建筑物外立面设计中运用了在美国南加州流传的西班牙传教士风格，古朴的建筑物、厚重的砖墙、粗犷的建筑材料肌理，在一派田野风景中交相辉映、浑然天成。筒瓦、拱窗、大面积的彩色水泥抹灰、石墙，

图 2-42 杭州公望

资料来源：房天下官网 https：//wankegongwang.fang.com/.

图 2-43 上海万科兰乔圣菲

资料来源：张纪文主编；万科建筑研究中心著 . 万科的作品 1988-2004 中英文本 [M]. 南京：东南大学出版社 . 2004：141.

这种南加州的建筑元素演绎出了简洁、大气、略带原始风格的现代住宅特色，在不经意中流露出了古朴气质与传统印记。粗犷外表下的精致、貌似随意的严谨使得整个别墅区体现出了不事张扬的独特气质。

参考文献

[1] 黄志宏 . 城市居住区空间结构模式的演变 [D]. 北京：中国社会科学院研究生院 .2005.

[2] 朱锡金 . 居住园区构成说 [J]. 城市规划汇刊 .1997（2）：1-8.

3

当代集合住宅的规划要素演变

构成住区的物质空间要素包括住宅、公共服务设施、道路停车和绿地景观四大类。住宅建筑是住区居住环境的构成主体，本书另有章节专门进行研究。本章节对其他三类要素进行探讨。

3.1 公共服务

住宅产业持续发展 30 年来，中国城镇的住房供给逐步接近平衡，“居者有其屋”的梦想得以实现，提升居住品质逐渐成为住宅产业发展的首要方向。公共服务设施与居民的日常生活息息相关，是保障居民生活质量的基础。

住区配套公共服务设施的良好运行能够维护人们日常生活的稳定，并以自身的公共服务资源完善城市的功能系统。随着我国经济实力的提升，社会制度的改革，人们对配套公共服务设施的需求和期望发生着持续的变化（表 3-1）。

集合住宅的公共服务设施的演变历程　　表 3-1

	1949-1980：住区公共服务设施功能与类型的探索期	1980-1988：住区公共服务设施配置的标准化建设	1988-2018：住区公共服务设施的市场化与多样发展	2018 至今：住区公共服务设施内涵扩充、融入城市
特点	1. 住区内的公服设施有规划地配建； 2. 配建的公共服务设施功能上倾向于补足住宅缺失的部分和利于集体生活的部分	1. 公共服务设施得到了大幅度完善，配备较为系统齐全； 2. 以人口为判定依据对所有住区做一致的标准化配套，普遍规模偏小，与社会发展存在一定的时滞	1. 公服设施转由地产商开发运作，以往的各类福利性设施开始带有营利需求； 2. 服务设施以市场需求为导向，围绕居民的切实需求而配置，业态设置更加灵活、各种用以提升生活品质的个性化服务设施纷纷出现	1. 住区公服设施与城市融为一体，配套设施结合居住功能以外的城市用地进行统筹布局； 2. 服务回归“以人为本”的思想，尊重居民多元化的生活方式与需求

资料来源：本研究整理．

3.1.1 住区公共服务设施的功能与类型发展

1949-1980：住区公共服务设施功能与类型的探索期

1949 年新中国成立后，为解决住房短缺问题，国家在有限的经济条件下开始大力发展住宅建设，兴建了大批住宅区。通过学习“邻里单位”“居住小区”等国外的居住区规划理论，居住区规划水平在短时间内得到了大幅提高。“邻里单位”理论的原则之一——“住宅需要与其人口规模相适应的配套公共服务设施”，也成为人们的共识。但在住宅供应量问题尚且严峻的情况下，“居住区公共服务设施的配套问题始终未能提到重要的位置上来，配套设施发展缓慢”，且当时的社会环境提倡按人民公社化的原则开展集体生活，住区由国家统筹或者单位自筹建设，所配建的公共服务设施在功能上具有强烈的福利性、集体主义色彩，功能上倾向于补足住宅缺失的部分和利于集体生活的部分，只能保障较为基本的生活需求，如公共浴室、公共厨房、锅炉房、晒衣场、群众会议室、阅览室、托幼所、粮油店、影院等（图 3-1）。

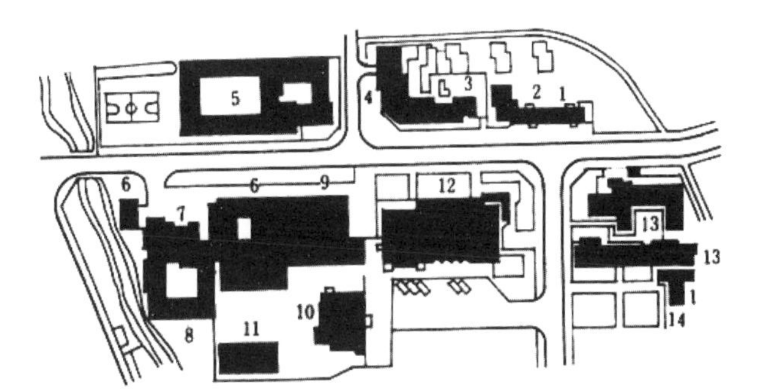

1—街道办事处；2—派出所；3—银行；4—邮电；5—文化馆；
6—商店；7—饮食店；8—厨房；9—综合商店；10—浴室；
11—商业仓库；12—影剧院；13—街道医院；14—接待室

图 3-1　上海曹杨新村居住区公服设施

图片来源：邓述平，王仲谷．居住区规划设计资料集 [M]. 北京：中国建筑工业出版社，1996：48.

1980-1988：住区公共服务设施配置的标准化建设

在住宅供应问题相对缓解后，公共服务设施的建设受到重视，开始走向标准化。1980 年，《城市规划定额指标暂行规定》推出，首次对小区所要设置的公共设施类型及其规模依据人口数量级做了量化规定，包括公共建筑的一般规模和千人指标，为居住区规划的合理配套提供了依据，公共服务设施在这一时期得到了大幅度完善。

《城市规划定额指标暂行规定》将居住区公共服务设施分成教育、经济、医卫、文体、商业服务、行政管理、其他等七大类，每一类都有较为详尽的建设项目与指标。这一时期，百货店、药店、食品店、修理店等商业设施，医院、门诊所等医疗卫生设施，托儿所、幼儿园等教育设施，电影院、运动场等文体设施均成了居住区建设的基本配套（图 3-2）。

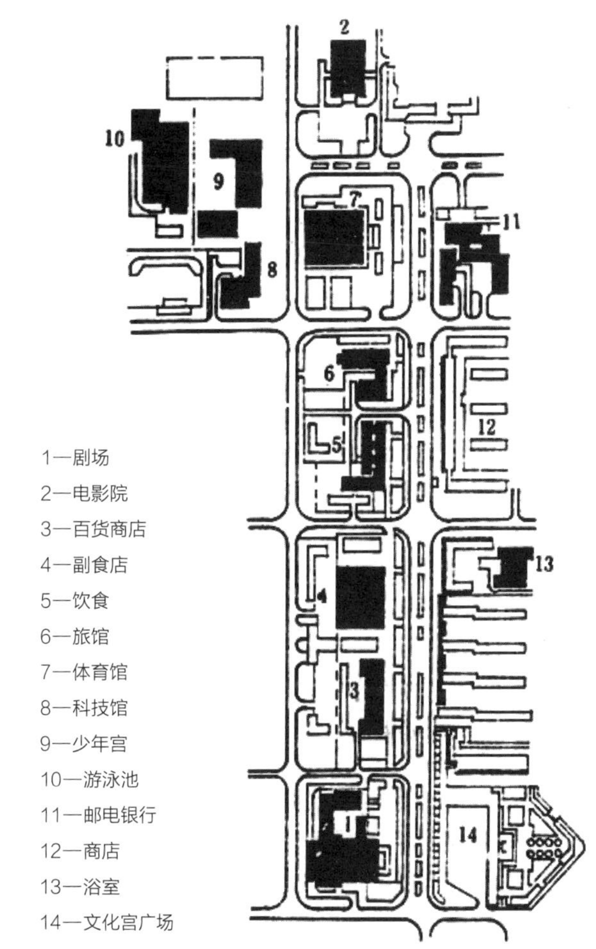

1—剧场
2—电影院
3—百货商店
4—副食店
5—饮食
6—旅馆
7—体育馆
8—科技馆
9—少年宫
10—游泳池
11—邮电银行
12—商店
13—浴室
14—文化宫广场

图 3-2　辽宁石化总厂居住区公服设施

图片来源：邓述平，王仲谷．居住区规划设计资料集 [M]. 北京：中国建筑工业出版社，1996.

但总体上来说，这一时期的配套公共服务设施注重保障、规范各类服务设施的建设与实施，以人口规模为判定依据对所有住区做一致的标准化配套。虽然各种类设施较为齐全，但规模普遍偏小，并未以居民需求为中心进行配套，与社会发展存在一定的时滞，功能跟不上需求或公共服务资源浪费的情况时有发生。

1988-2018：住区公共服务设施的市场化与多样发展

在 1988 年土地改革后，房地产业出现并走向繁荣，住宅成为商品。此时商品小区内的公共设施不再以社会福利形式由政府按照标准统一配置，转为以市场需求为导向，由地产商开发运作，各类福利性设施也开始不可避免地带有营利需求。随着人民生活水平的大幅提高，各种用以提升生活品质的服务设施纷纷出现。

不同于以往的标准化配套，商品经济时代的住区公共服务以居民为中心，以需求为目标，以市场为手段，服务设施的设置与当地居民的生活水平、行为习惯和所处区位的设施完善度密切相关。这一时期的公共服务设施从设施类型来说与标准化时期差异不大，但是在设施数量、设施的环境品质、服务的灵活性和个性化等方面获得了极大的提升。各种满足居民个性化需求的服务设施，如才艺培训中心、托幼中心、个人护理机构、老年大学等纷纷出现。这些设施极大地满足了居民的多元化需求，显著提高了居民的居住生活品质。

2018 至今：住区公共服务设施内涵扩充、融入城市

2016 年，上海市政府发布《上海市 15 分钟社区生活圈规划导则》，随后源自日本的“生活圈”思想开始被我国各大城市纳入自身规划、更新中。“生活圈”是一种打破行政界限，使公共服务资源在空间区域范围内共享的规划思想。

2018 年颁布的《城市居住区规划设计标准》GB 50180—2018 中，“生活圈”的思想被用来指导居住区的公共服务设施配置，将居住区配套设施与居住功能以外用地的各类公共服务设施进行统筹布局。住区配套公共服务设施不仅包括传统认知里位于居住用地（R）内的社区服务设施、便民服务设施，还包括位于城市公共管理与公共服务设施（A）、商业服务业设施（B）、市政公用设施（U）、交通场站（S4）等用地之内的城市级公共设施。不同层级的公共服务设施更加开放和融合，促进了住区设施与城市融为一体，共同为区域建设贡献更大的力量，住区配套公共服务设施的内涵得到了极大地扩充。

3.1.2 社区中心

在住区发展过程中，适当将各类服务设施集中建设以形成功能中心，是十分有利于住区建设和管理，且便于居民高效使用公共服务的一种空间组织方式。

3.1.2.1 社区中心的集中化

早在“单位大院”时期，就出现了许多将公共服务设施紧邻中心绿地设置、形成中心的住区。1994 年，国家明文提倡将居住区的“商业服务与金融邮电、文体等有关项目集中布置，形成居住区各级公共活动中心”。1997 年，新加坡的“邻里中心”社区服务模式引入国内引起广泛的效仿学习。“邻里中心”提倡将商业与其他公共服务设施集中建设，形成“一站式”的居民生活服务中心。

在“社区中心”这个概念的引领下，住区内分散的公共设施被开发商有意识地集中起来形成综合性的社区中心。“社区中心”的实质是社区公共服务设施的集合体，是从空间布局和场所营造视角出发，对在一定地段内集中布置并形成一定规模的各类公共服务设施的总称。

社区中心通常位于住区的核心区域，是具有一定规模且特色鲜明的公共建筑，并与广场、庭院、绿地等开放空间一起形成可供居民集体交流、活动的场所，是可以凝聚社区居民、增强居民认同感和归属感的公共空间。

早期的社区中心集中了多种服务于住区内部

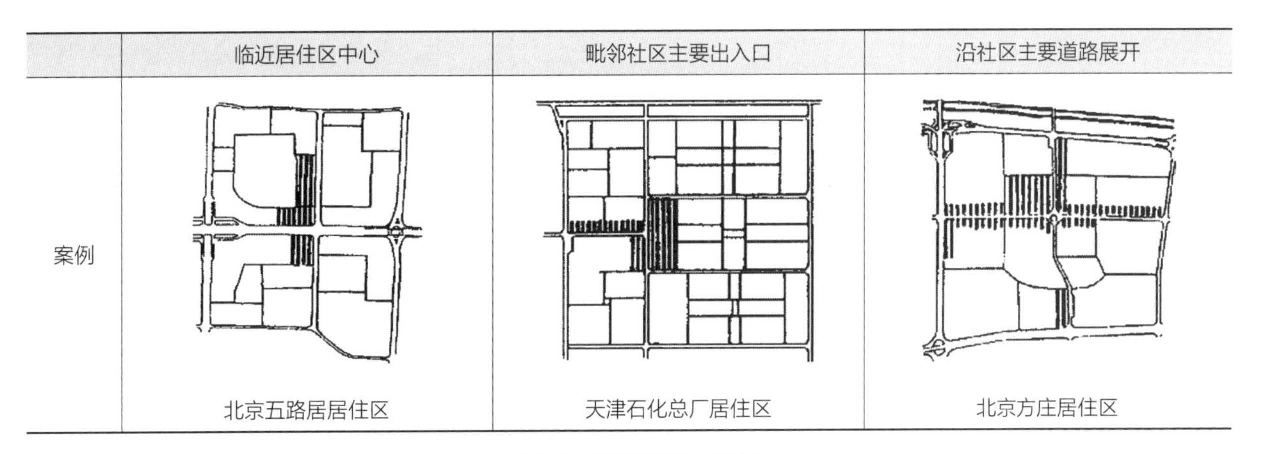

图 3-3　早期社区中心选址

资料来源：本研究整理 .

居民日常生活的商业服务类设施（如商店、菜市场、超市、洗衣店、美容美发店等）、社区管理设施（如警卫室、社区办公室等）和社会福利类设施（如养老院、幼儿园、文体中心、服务中心等），功能繁杂，力求在一个合适的区域内尽可能地解决居民的生活需求，是住区中的核心功能区域和标志性空间。社区中心选址要保证其服务半径覆盖整个住区。早期社区中心多位于住区内部，或临近住区空间的几何中心。后来为了解决交通、停车以及服务范围及管理问题，社区中心毗邻住区主要出入口，或沿住区主要道路展开（图 3-3）。

社区中心的各类公共服务设施空间布局尽量集中，或在一栋规模较大的建筑中综合多方面的功能，公共活动空间环绕建筑设置；或不汇集在一栋建筑中，而是在划定的集中地块内部将各功能分区布局，建筑群与公共活动空间穿插，形成社区的核心功能区域。始建于 2009 年的中新天津生态城第三社区中心（表 3-2），毗邻儿童公园和公共绿地建设，为集中院落式布局，两个主要体量之间为一长方形院落，通过连廊联系，建筑与室外活动空间

中新天津生态城第三社区中心功能业态明细　表 3-2

配套分类	项目名称
1. 医疗卫生	健康中心（社区卫生服务站）
2. 文化体育	社区文化中心
	体育设施
	室外活动场地
3. 行政管理	社区管理及公共服务中心
	管理用房
4. 生活服务	菜市场
	邮政
	银行二级综合网点
	家政服务
5. 市政配套	环卫作息点
6. 社区商业	早点快餐店、便利店、洗染店、美容美发店、维修点、书籍音像店、照相冲扩店、家庭服务、物资回收站、文化用品、鲜花店、文印、网吧、茶馆等，附属用房等
	小贩中心（兼作跳蚤市场）
7. 其他	其他商业设施

资料来源：王骁 . 国内“一站式”社区中心建筑设计初探 [D]. 天津：天津大学，2017：43.

穿插布局，环境优美。

3.1.2.2 社区中心的边缘化

随着经济社会的发展，早期社区中心的许多功能业态精细分化，逐渐有了独立的规模和地位，脱离中心分散到社区各处，社区中心规模随之缩小，并由原来集商业服务、行政管理、社会福利功能于一体的住区中心，逐渐转变为功能较为单纯的社区邻里交往中心、公共活动中心。此外，在居民的精神文化需求日益提高的背景下，社区中心有了更加丰富多样的休闲活动业态，与住区外部的城市融合，选址更加外向。

另一方面，城市中心商圈市场逐渐接近饱和，社区商业成了新的商业发展领域。住区的郊区化发展使居民到城市中心商圈购物的交通成本变高，更依赖社区商业，社区商业由此得到了长足发展，业态愈发复杂，规模愈发庞大，在住区之外形成了独立的商业中心，服务周边更广大的区域。留在住区内部的商业设施，多是与居民生活最密切相关的基础服务设施，如便利店、洗衣店、诊所等，这些基础服务设施对可达性要求极高，在演变中布局逐渐呈现均匀分散状态，而非中心集聚。在此过程中，社区中心的商业服务功能逐渐弱化。

早期的幼儿园、托儿所常与社区中心合建。1987年，“四个班以上的幼儿园、托儿所应有独立的建筑基地”，幼儿园的日照标准相对住宅更为严苛。后续规范再次增添幼儿园选址、活动场地的要求。幼儿园、托儿所在基地选址上受到限制，规模也逐渐扩大，开始脱离社区中心作为独立的公共建筑。

与此同时，居民对富于精神文化内涵的设施和场所的需求也更为迫切。社区图书馆、文化俱乐部、各类兴趣培训班等开始在社区出现。这些设施或成独立机构，或被并入社区中心。此外，本着“社区办公空间最小化、服务空间最大化、使用效益最优化”的原则，社区办公区域规模也在缩小。

先前集中的公共设施建设方式，在当时社会资源不发达的背景下发挥了最大的服务效率，也在后续发展中显现出了一些弊病：过于集中使可达性欠缺，过大的尺度使居民难以产生心理认同感，自身规模较小的住区难以支撑设施运营等。加之“泛

图 3-4 “泛会所”意向图

资料来源：搜狐网 https://m.sohu.com/a/355962523_775307/?pvid=000115_3w_a.

会所”(图 3-4)概念在南方地区流行，很多社区的公服建设不再囿于“中心”，而是开始将文化体育设施与住宅架空层、室外和空中花园等更亲近自然的空间结合建设，散布到整个住区中，达到室外景观与文体设施的有机融合，为住区创造更密集的邻里交流空间，增加居民的社区认同感。

如今的社区中心，不再是以往的住区功能中心，更像是一个凝聚居民、促进邻里交往的文化、休闲活动中心(图 3-5)，在文化休闲功能的设置上更加丰富多样，依据居民需求建设了咖啡茶饮、展厅、图书阅览馆、社团活动室、健身房、兴趣培训中心、亲子活动室、老年活动室、棋牌室、球类

图 3-5　苏州东原千浔社区中心

资料来源：谷德设计网 https：//www.gooood.cn/dongyuan-qianxun-community-center-in-suzhou-china-by-scenic-architecture-office.htm.

运动场、剧场等各类文化休闲设施。

传统住区公共服务设施的“小集中”封闭模式不仅造成了城市各部分用地的人为割裂，使住区公共服务设施维持自身稳定运行变得更加艰难，还面临各住区之间因为管理不互通、设施重复配置，造成资源浪费问题。无论是后来 2016 年国务院出台的文件中提到的推广“街区制”，还是同年开始推广的“生活圈”模式，都在提倡住区开放、社会资源共享。住区公共服务设施向周边区域、向城市开放和融合是大势所趋。社区中心选址不再位于住区内部，而是外向发展，倾向于设置在住区边缘、临近主要城市道路，既能服务周边城市区域，又能依靠自身建筑形态特色美化住区形象。

3.1.3 住区商业服务

随着经济社会的发展，商业服务逐渐成为居住不可或缺的部分。在经济社会尚不发达的前唐时期，城市里密集排布着封闭的里坊，尚且只有几处独立设置的集中市场供居民使用。中唐以后，商业与手工业的繁荣逐渐改变了古代城市的生活方式，直至北宋仁宗时期，“里坊制”解体，原本封闭的里坊演变为开放的商业街和坊巷。为满足人们的日常生活需求、方便手工艺人营生，集市渐渐在城市各处自发生长，遍布全城，商店、作坊与住宅一起混合排列在街巷里，商业服务设施与居住变得密不可分。

1980 年颁发的《城市规划定额指标暂行规定》中，将集合住宅的一系列公共服务设施划分为教育、经济、医卫、文体、商业服务、行政管理和其他七大类，其中带有营利需求的商业、饮食、服务、修理等设施被归为商业服务类。但在市场经济

改革后，先前属于公益设施的医卫、文体、教育等类别的部分设施开始具有了商品属性。《城市居住区规划设计标准》GB 50180—2018 将公共服务设施划分为教育、医疗卫生、文化体育、商业服务、金融邮电、社区服务、市政公用和行政管理及其他八类。本书根据各类设施的市场化属性将所有公共服务设施划分为社区管理设施、社会福利设施、商业服务类设施三大类：

（1）社区管理设施，包括行政管理设施和社区服务设施，如居委会、社区服务中心、物业管理中心等；

（2）社会福利设施，指为保障社会福利而设置、以公益性为首要属性的服务设施，包括市政公用、文体、医疗卫生、教育、金融邮电等设施；

（3）商业服务设施，指所有以营利为首要需求的生活服务设施，涵盖范围较广，其中又分为基础生活服务设施（商店、菜市场、超市、餐饮、洗衣店等）和用以提高生活品质的服务设施（健身房、咖啡厅、乐器行、美容店、酒吧等）。

本节所指的配套商业便是为住区居民服务的商业服务类设施和带有营利需求的其他类公共服务设施的统称。

3.1.3.1 住区商业的发展概要

新中国成立以来，我国住宅与居住区的规划建设取得了瞩目的成就。居住形式从街区演变为统一规划建设的居住区，其公共服务设施的配置经历了从自发生长到有序规划的过程。商品房从萌芽到繁荣发展，住区的商业服务也从最初依赖城市维持运转，到自配套自足，再到与城市商业服务设施融合、协同发展（表 3-3）。

1950-1988 年，为解决住房问题，国家在有限的经济条件下进行住宅和住区建设，单位大院是一种典型的形式。在这个阶段，住房作为社会福利，由国家、单位包干建设，其公共服务配套由国家统筹或者单位自筹配置，尚不完善，且具有强烈的公益性色彩。商业性服务设施在其中占比极为有限，功能单一，且主要服务于单位大院的内部居民，与外界交流相对较少。

集合住宅配套商业服务设施的演变历程 **表 3-3**

类别	1950-1988 年	1988-2000 年	2000 年左右至今
建设运营	由政府、单位配建	由开发商配建，散售、个体运营为主	由开发商自建自营或统一招商运营
设施属性	服务型	经营型	经营型
服务范围	服务大院内部居民	服务住区内部居民（需依赖周边城市设施）	服务住区居民及周边区域人群（自给自足且完善周边城市服务功能）
功能业态	功能单一，仅保障基本生活需求	功能可满足基本生活需求与一定生活品质需求	功能业态丰富、精细、多元，融入办公等多种城市功能
空间布局	内向型；散布在大院内部	偏外向型；沿城市主要道路或小区主要主入口	外向型；与周边城市融合，与区域共享
空间形态	小体量独栋为主	住宅底商 / 沿街商铺	住宅底商 / 沿街商铺 / 商业街 / 大体量集中式购物中心 / 各类混合形态

资料来源：本研究整理.

这一时期的商业服务设施业态仅能保障基本的生活需求，常以小体量独栋形式或底层商铺形式散布在小区的内部，如建设于 20 世纪 70 年代的北京石化总厂迎风村一区（图 3-6），商业设施仅有理发店、粮店、副食店等基础业态，以独栋形式分布在多层住宅之间，与城市道路相隔较远。

1988 年，第七届全国人大一次会议召开，“土地使用权可以转让”被写进宪法，土地禁锢全面开放，商品房开始兴起。1998 年由国务院颁布《国务院关于进一步深化城镇住房制度改革　加快住房建设的通知》（国发〔1998〕23 号）停止了中国实施了 40 多年的福利分房制度。商品化住宅代替了福利性分房，住宅配套设施开始由开发商进行配置。

早期商品小区配套薄弱，大多没有对商业服务进行事先统一规划与招商，零散分布，住区生活依赖外部城市商业设施。随着商业服务设施由服务型走向经营性，商业服务设施的布局观念发生了改变。商业性经营需要大量人流支撑，“商业由位于住区集合中心的内向型，转变为沿主要道路边缘或小区主要主入口布置的外向型”，规模不大，空间形态以散落的住宅底商和沿街商铺为主，功能业态较单位大院时期明显丰富。1996 年建设的西安糜家桥住宅区（图 3-7），既有便民商店散落在小区内部公共空间附近，又有沿街商铺和小型购物中心沿主干道和道路交叉口布置，功能业态已较为丰富。

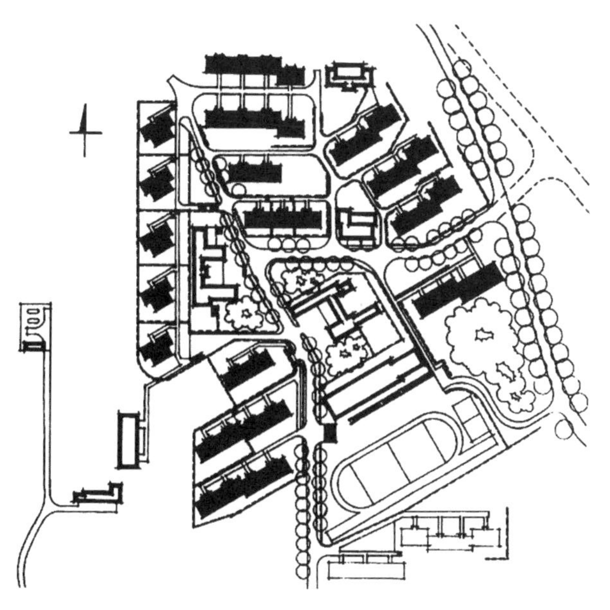

图 3-6　北京石化总厂迎风村一区总平面图

资料来源：朱家瑾 . 居住区规划设计 [M]. 中国建筑工业出版社，2007：27.

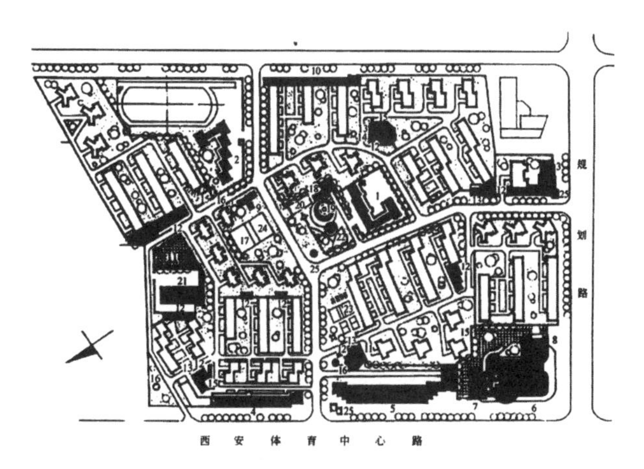

图 3-7　西安糜家桥住宅区总平面图

资料来源：朱家瑾 . 居住区规划设计 [M]. 中国建筑工业出版社，2007：27.

20 世纪末至今，是我国城市化快速发展阶段。在一些高速发展的城市中，城市中心区已达到相对饱和的状态，城市除了继续向外蔓延扩张之外，开始通过“离心”扩张、向外跳跃式发展来疏导人流，居住空间也随之向郊区迁移。2001 年 1 月 5 日，上海市政府印发《关于上海市促进城镇发展的试点意见》，以“一城九镇”的模式进行郊区化发展。到 2010 年左右，国内各一线城市大多出现明显的郊区化发展趋势，地产开发在城市近郊、郊区选址频繁，地产业进入大盘时代。

选址于城市中心区之外的住区，开始配置完备的商业服务设施，既满足内需，也可以服务周边区域，大规模、功能多元的共享性“社区商业”在中国逐渐兴起。到2016年前后，城市中心商圈市场接近饱和，社区商业更是成为新兴的发展方向。“社区商业”与之前的“配套商业”最大的不同就是商业不再只是住区的附属配套，而是具有独立地位的大型城市服务设施，具有完整的规模和统一的运作体系；住区的生存不再依赖于所处区位和周边城市设施的完善度，而是更进一步成为城市设施的供给方，帮助完善周边的城市服务功能。

“社区商业”不仅各类业态精细分化，丰富多元，也融入了更多的城市功能（如办公、小型工业等），布局更加外向，呈现向城市开放、与区域共享的状态，有更加多变的空间形态。2019年建设的长沙魅力之城小区，紧临城市主干道和小区出入口设置了三块较大规模的集中商业服务设施，形成商业组团，配合广场呈现开放姿态。三块集中商业设施形态各异，两块是规模较大、集中布局的购物中心，塔楼融入了公寓、办公等功能，另一块以商业街围合中心广场的形式形成较大商业体量。

社区商业的定位可根据经营规模分为内向型、中间型、外向型（表3-4），准确来说以人均商业面积以及商住比（商业与住宅面积比例）来进行分类。不同类型的社区商业有不同的选址与建筑形态要求，如外向型社区商业靠大量人流支持，一般只有城市中心地带的住区才考虑配备，选址必须在人流最集中的区域或城市主要干道上，建筑形式往往为较大型的集中式购物中心与大面积商业街混合，点线面结合保证服务覆盖范围，营造生气勃勃的商业氛围。

社区商业类型　　表3-4

类别	内向型	中间型	外向型
商住比	＜2%	2%~5%	＞5%
特点	商业规模以本社区居民消化程度为限	立足于本社区居民，且兼顾外部消费群体	在满足本社区居民的前提下，吸引大量的外部消费群以支撑经营

资料来源：本研究整理．

社区商业还可以根据服务范围分为邻里型、社区型和区域型三种（表3-5）。一般来说，社区商业的规模越大、服务半径越大，越注重提供外部人流的服务，选址上更兼顾外部人流的导入。同时大规模的社区商业服务往往融入文化、娱乐、医疗、教育、商务等多种职能，功能、业态更加丰富。

社区商业类型　　表3-5

类别	邻里型	社区型	区域型
商业面积（m^2）	＜2万	2万~5万	6万~10万
选址	居住社区内	大型居民区附近	市区非传统商圈，但交通便捷
服务半径（km）	1~2	3~5	10~20
时间距离（分）	人行3~5	人行5~8	人行10~15
服务人口（万人）	1~2	5~10	50~100

资料来源：本研究整理．

社区商业常见的八大业态包括：超市、餐饮（早餐店、食堂、餐厅等）、零售（便利店、药房、零食店等）、生活服务（果蔬店、美容美发、社区医疗、银行等）、文化教育（早教、乐器行、书店等）、休闲娱乐（咖啡店、玩具店等）、体育健身（养生保健、舞蹈、台球室等）、公益服务（社区服务、老年人活动室等）。

社区商业的空间形态也随发展而逐渐聚集并变得多样化，由最初单位大院中的小体量独栋式，到住宅底商、沿街商铺，逐渐演变出如今常见的商业街式（图3-8）、购物中心式（图3-9）及商业街—购物中心混合式（图3-10）。

图3-8 杭州北宸之光宸天地鸟瞰图

资料来源：乐居网 https://house.leju.com/hz102717/

图3-9 深圳万科红鸟瞰图

资料来源：搜狐焦点 http://sz.focus.cn/daogou/

图3-10 西安万科城润园邻里中心鸟瞰图

资料来源：3mix网 http://www.3mix.com/cn/worksdetail.php?worksid=22

3.1.3.2 规划思潮影响下的住区商业发展

住区的商业服务设施从无序到量化，逐渐确立了标准模式以保障居民生活质量；在住宅成为商品后，商业服务设施经历了从无措的适应期到有组织、成规模的统一规划、运营，实现最高效地服务居民；在“居者有其屋”的理想实现后，商业服务设施从追求集中与大规模到将“以人为本”作为主旨，力求更加贴近居民日常生活，以区域共享的思维优化现有资源布局，提高利用效率。

住区商业服务设施配置及其空间布局受不同时期规划思潮和居民实际使用需求的深刻影响，体现出明显的时代特征。

（1）“邻里单位”与商业配套

20世纪50年代，在“一五”“二五”两个五年计划时期，住房短缺，居住环境恶劣。国家在有限的经济条件下将大笔资金投入住宅建设中，计划兴建大批住宅区。此时苏联专家将已在欧洲广泛应用的“邻里单位”规划思想和“扩大街坊”规划原则带到了中国。在“邻里单位”思想的指导下，在实践应用中形成了一套适合中国国情的规划理论和方法。

“邻里单位”最早由美国人佩里（Clarence

Perry）提出，他认为，邻里单位就是“一个组织家庭生活的社区的计划”，因此这个计划不仅要包括住房，也包括它们的环境和相应的公共设施，公共设施至少要包括一所小学、零售商店和娱乐设施等，并以这些公共设施来控制和推算该单位的人口和用地规模（图 3-11）。苏联提出的“扩大街坊”的规划原则，与“邻里单位”十分相似，即一个大街坊中包括多个居住街坊，大街坊的周边是城市交通，为保证居住区内部的安静安全，在住宅的布局上更强调周边式布置。

随着“邻里单位”规划理念在国内广泛推行，“居住区内应有良好的环境，应有与人口相适应的配套公共服务设施”这一观念成为人们的共识。“单位大院”建设时期，“单位大院”与外界存在隔离，为使规模有限的商业服务设施能将服务覆盖整个住宅区，住区商业多位于住宅区的几何中心，不同于“邻里单位”思想中“地方商业应当布置在邻里单位的周边”的原则。

（2）“小区理论”与“千人指标”的形成

1958 年，苏联批准了“城市规划和修建规范”，其中明确规定小区作为构成城市的基本单位，对居住小区的规模、居住密度、公共服务设施的项目和内容等都作了详细的量化规定，“居住小区”理论随后在国内推广。与此同时，随着公有制的进一步确立，社会福利事业兴起，提倡按人民公社化的原则开展集体生活，因而“每个居住区都要有为组织集体生活所必需的完备的服务设施”。在这些影响下，住区的商业及公共服务设施更加完备并走向量化。

20 世纪 60 年代到 70 年代末，社会动荡，住区建设经历了停滞和恢复时期。1980 年国家建委提出了住宅小区公共服务设施指标，首次对小区所要设置的公共设施项目与项目规模依据其人口数量做了量化规定，俗称“千人指标”（每千居民拥有各项公共服务设施的建筑面积和用地面积）（表 3-6）。

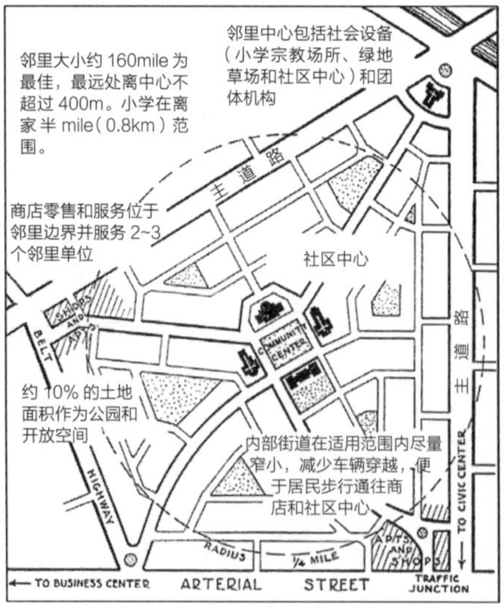

“邻里单位”六原则	
规模	一个居住单位的开发应当提供满足一所小学的服务人口所需要的住房
边界	邻里单位应当以城市的主要交通干道为边界，避免汽车从居住单位内穿越
开放空间	应当提供小公园和娱乐空间的系统，它们被计划用来满足特定邻里的需要
机构用地	学校和其他机构的服务范围应当对应于邻里单位的界限，它们应该适当地围绕着一个中心或公地进行成组布置
地方商业	与服务人口相适应的一个或更多的商业区应当布置在邻里单位的周边
道路系统	邻里单位应当提供特别的街道系统，每一条道路都要与它可能承载的交通量相适应

图 3-11 “邻里单位”图示及六原则

资料来源：本研究整理．

“千人指标”节选　　表 3-6

系统	指标项目	所需处数	一般规模		千人指标		
			建筑面积（m^2/处）	用地面积（m^2/处）	数量	建筑面积（m^2）	用地面积（m^2）
卫生	医院	1/2	12900-3500	2400	3-3.5 床位	129-169	240-300
	门诊所	1/2	1800	2700	14-15 人次 / 日	18-22.5	27-33.8
经济	银行办事处	1	600-700				
	邮电支局	1/2	2000-3000	3200-4500		25-30	40-50
	邮电所	1	300-400			7.5-8	

资料来源：本研究根据《城市规划定额指标暂行规定》整理．

自此，国内住宅区的公共服务设施有了较为详尽的指导标准，以确保住区服务设施建设的基本完备。商业服务设施的功能与类型较为完整，总体上能够满足当时居民生活的需求，但与经济社会的发展步调仍存在时滞，整体水平较低、规模较小。建于 20 世纪 70 年代后期的四川攀枝花炳草岗二号街坊（图 3-12），已具备食品店、百货店、服装店、照相馆、水果店、小吃店、修理店等商业业态，能基本满足居民生活需求。

（3）“邻里中心”模式与一站式服务

1988 年土地改革后，房地产业出现。1992 年中共十四大正式提出发展社会主义市场经济，住宅成为商品。1998 年颁布《国务院关于进一步深化城镇住房制度改革　加快住房建设的通知》（国发〔1998〕23 号）后，终止了已经实施 40 多年的福利分房制度，房地产业逐步走向繁荣。

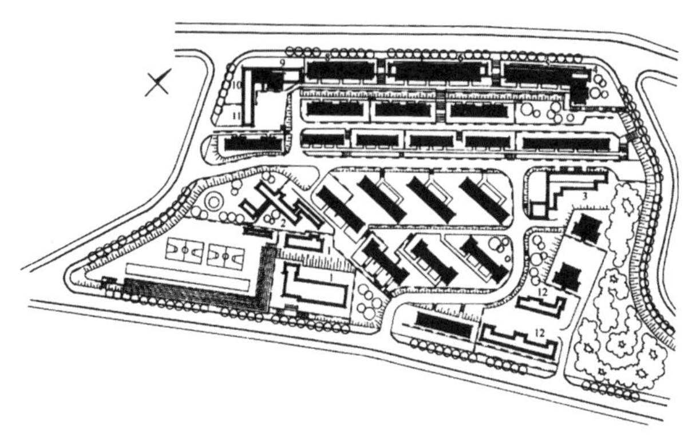

图 3-12　四川攀枝花炳草岗二号街坊

资料来源：朱家瑾．居住区规划设计 [M]. 中国建筑工业出版社，2007.

商品小区内的公共设施不再由政府按照标准统一配置，转由地产商开发运作。各开发商自行配套的公共服务设施难免存在诸多问题，小区的商业配套多沿街为市、零散布局，服务设施难以落实，功能跟不上社会需求等，常常不能满足居民不断发展、不断变化的需求。缺乏营利性的商业服务配套难以从根本上调动服务主体的服务能力建设，从而难以保障居民随时代发展的动态需求得到满足。

1992 年年初，邓小平同志视察南方时，发表了借鉴新加坡经验的重要讲话。中国与新加坡政府在“苏州工业园”这一项目中合作，引入了当时兴盛于新加坡的“邻里中心”模式来指导建设商业服务设施。“邻里中心”的概念来源于美国安德烈斯·杜安尼（Andres Duany）和伊丽莎白·普拉特—齐贝克（Elizabeth Plater-Zyberk）提出的新城市主义理论，强调以商业服务为主体，将各类公共服务设施集中以构建邻里中心，来确保高效的生活服务。其商业服务以菜市场、社区商店、理发店、餐饮场所、诊所等 12 项基本功能（表 3-7）为核心，服务业在其中占有主要地位（图 3-13）。其全部设施的配置均为满足人们在家附近寻求生活服务、文化交流、日常活动的需要（图 3-14）。

“邻里中心”12 项基本功能　　表 3-7

业态类型	功能业态
购物	超市、邻里生鲜
医疗	药店、卫生所
邮政金融	银行、邮政
生活服务	美容美发店、洗衣房、餐饮店、维修店
文化娱乐	文化娱乐

资料来源：转引自钱峰．苏州工业园区邻里中心功能业态与空间布局设计关联性研究 [D]. 苏州大学，2016.

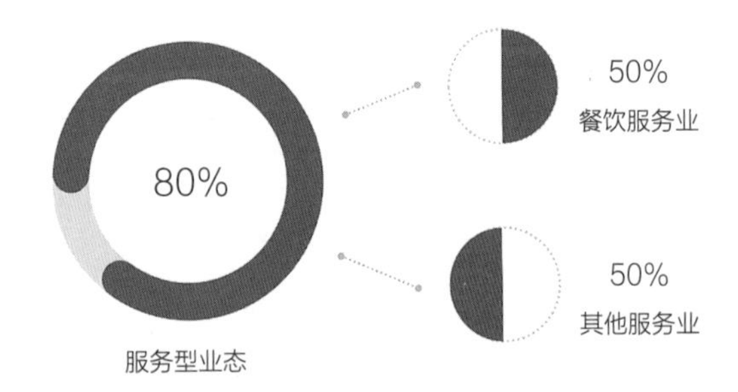

图 3-13 “邻里中心”业态比例

资料来源：本研究整理．

在“邻里中心”模式的指导下，社区商业的规划观念产生了，相比住区原来的商业服务配置，其变化主要表现在配套商业的定位、业态配比、开发管理模式方面。在定位方面，不再零散布局，而是将具有较大规模的区域组团为服务对象，以形成“中心”的思想，集中成规模地进行商业服务设施的规划，为居民提供“一站式”的高效率服务；在业态配比方面，按照“12 功能”对住区商业服务设施进行功能组织优化，以服务型业态为主，兼顾公益性与经营性；在开发管理模式方面，为形成商业氛围、确保品质、塑造品牌形象，开发商开始对商业服务设施进行统一招商、经营、管理，以实现业态之间的良性互动。

在“邻里中心”模式影响下建设的社区商业，改变了传统零散的布局形式，转而秉持“集中功能，集约用地”的原则，使社区商业从住宅底商形式向大体量商业中心形式转变，使商业活动集中在一个区域内。“邻里中心”或采用购物中心式集中布局方式，在一栋建筑中综合商业、服务、教育、医疗等多方面的功能；或采用在集中地块内组团布

图 3-14 “邻里中心”业态场景

资料来源：搜狐网 https：//m.sohu.com/a/328454894_120143556.

局的方式，商业功能不集中在一栋建筑中，分散布局于邻里中心地块内部，分区提供不同的商业服务（图 3-15）。

布局方式	特点	案例
购物中心式集中布局	节约用地，便于管理，识别性强	 a. 阳澄湖邻里中心
集中地块内组团布局	功能分区明确，公共活动空间较多	 b. 兆佳巷邻里中心

图 3-15 “邻里中心”布局模式

资料来源：本研究观点，图 a 转引自搜狐网 https：//www.sohu.com/a/277963676_741951；图 b 转引自搜狐网 https：//www.sohu.com/a/360860340_420849.

参照“邻里中心”模式建设的首个大型社区商业服务设施是苏州工业园区中的新城邻里中心，新城邻里中心建筑面积达到 21393m^2，业态丰富，在 12 项基础功能的基础上又设置了休闲与培训两类特色功能。采用集中地块内分散布局的方式，在一个矩形地块上，主体建筑东西横跨河流，东西两区由空中廊道连接起来，主体东侧有一栋附楼经营菜市场性质的邻里生鲜。

国内房地产企业在“邻里中心”模式的指导下形成了自己独有的商业运营模式，通过统一规划、集中管理打造社区商业服务品牌。如万科的“五菜一汤”模式，以超市 / 便利店、第五食堂 / 快餐、洗衣店、药店 / 美发店、银行 /ATM 机为“五菜”，以菜市场为“一汤”。后来随着业态发展进行自我升级分类，将社区超市、咖啡、社区医院、洗衣店、娱乐会所组合成全新的社区“五菜一汤”，并按照不同的社区定位，选择规模配比及品牌档次。万科南宁魅力之城（图 3-16）运用“五菜一汤”商业模式，将商业设施与文体中心、教育中心集合，形成提供一站式服务并颇具识别性的“邻里中心”。

图 3-16 万科南宁魅力之城鸟瞰图

图片来源：作者自摄.

“邻里中心”模式的住区商业依托大规模住区组团，对商业服务设施进行集中布局，便于规划、集中投资、集中建设，后续可进行统一控制管理，是保证商业服务设施发挥最大服务效率的最优模式；且有助于形成商业氛围、打造品牌，利于持续发展。但在后续发展中也出现了过于集中导致可达性欠佳、对小规模建设的住区不适用、尺度过大使居民难以产生认同感等问题。

（4）“生活圈”思想与人本、区域共享思维

随着房地产业繁荣发展，中国在几十年间通过建设大量的住宅，基本解决了住房短缺问题。截

至2018年的统计数据表明，中国城镇住房套户比已接近1:1，表明住房供给在总体上达到平衡，“居者有其屋”的理想转变为“居者优其屋”，住房建设速度随之放缓，地产商将关注重点转到提高住房质量上，政府也开始关注老旧居住区的更新改造。加上世界环境资源危机愈演愈烈，国内高消耗的发展模式亟待转型，社会公共服务资源需要更高效地加以利用。在此背景下，国外新城市主义浪潮衍生出的TOD开发模式（Transit Oriented Development，以公共交通为导向的发展模式）近些年来受到广泛关注，国内开始推崇步行与公共交通出行的生活方式，以减少能源消耗和环境污染，这导致居民对社区商业的便利性、可达性要求进一步提高，绝大多数生活需求应在步行可达的范围内实现。住区的生活服务回归到最朴实的“以人为本”，以人的尺度组织生活空间，按公众的切实意愿建设社区，使服务更贴近居民的日常生活。强集中布局的商业虽有利于高效管理，但对居民来说可达性较差，导致许多住区在后续发展中自发生长的便民服务网点均位于住区中。

2016年8月，上海市政府发布《上海市15分钟社区生活圈规划导则》，将15分钟生活圈作为营造社区生活的基本单元，并规定了在居民15分钟走路可达的公共空间区域内，科学合理配备社会日常生活基础保障性服务设施和社会活动场地，并完善了教育、文化、就诊、养老、体育、休闲及就业创业等各类服务功能。随后，北京、香港、杭州、南京、武汉等城市也相继以15分钟社区生活圈作为城市发展方案。2018年《城市居住区规划设计标准》GB 50180—2018再版，废除了以往以住区为边界、按管辖规模（住区人数）所划定的“千人指标”，明确提出以空间尺度规模为划定标准的新分级模式，即按照“居民在15分钟/10分钟/5分钟的步行距离内满足物质与生活文化需求”的原则，划分出“15分钟可达生活圈”“10分钟可达生活圈”“5分钟可达生活圈”以及居住街坊四级居住范围，按各自的标准分别配置公共服务设施（表3-8）。

“千人指标”与“生活圈”含义对比　表3-8

类别	“千人指标”含义	“生活圈”含义
施行目标	保障住区内的基本公共服务设施建设	促进公共服务资源空间共享，缩小区域差距，实现平衡发展
分级控制原则	以居住户数或人口规模分级	以居民能满足基本生活需求的合理的步行距离分级
住区分级	居住区、小区、组团	15分钟生活圈居住区、10分钟生活圈居住区、5分钟生活圈居住区、居住街坊
规范管控范围	居住区用地内环境	居住区用地内环境及15分钟步行可达范围内的周边城市环境

表格来源：本研究整理.

“生活圈”是地理学、规划学研究领域的概念，源自日本，提出之初旨在缩小城乡、地区之间的差距，促进地区均衡发展。“生活圈”概念打破了城乡行政界限，以空间范围划定各级生活圈。生活圈内设施共享，避免了因地区发展程度不同导致的设施分布不均，有效提高了公共资源的利用率。各级生活圈有着不同级别的设施配建标准，且各层级生活圈配套设施的设置为非包含关系，也就是说同一片区域会被同时划定到5分钟、10分钟、15分钟各级生活圈的范围内，再按照各级生活圈的标准，在这片区域上叠加建设各级配套设施（图3-17）。较大生活圈的中心集中建设较大规模的服务设施，于是从区域整体的角度来看，商业服务设施不再沿袭原先集中布局模式，而将呈现集中布局与分散布局间的平衡均好。这种模式既保留了“邻里中心”集中高效的优势，又保证了便民服务设施的公平与均衡，使设施服务资源效用最大化。

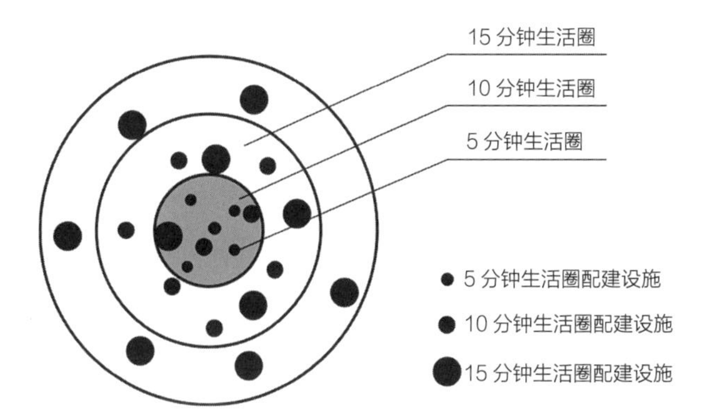

图 3-17　各级“生活圈”设施叠加示意图

资料来源：本研究绘制 .

“生活圈”不仅仅是一种贴近生活的高效规划模式，更是一种新的住区建设思维方法，带来了传统观念的更新：住区建设应基于“以人为本”的思想，引导公众广泛参与，尊重居民多元化的生活方式与需求，关注特殊个体（如残疾人、老人），提炼出居民日常生活规律，再将其转译为规划配置，从而确保规划更好地匹配日常生活；住区建设应强调区域的资源共享，打破用地壁垒，结合居住功能以外的用地，以可达性为基本依据，在城市范围内进行全面统筹规划，提高配套服务设施的适应性和利用效率，不仅力求使新建居住区的商业服务系统配置更合理，而且对老旧居住区的服务设施更新有巨大助力。如上海普陀区万里社区在微更新时提出“邻里之家”行动计划，在社区各处嵌入小规模的睦邻中心、社区食堂、便民服务点等邻里级设施，完善“5 分钟可达”的生活服务系统；再结合公共交通站点、开放空间节点建设几座大规模的“一站式”邻里中心，以提升区域空间的集聚性。

在“生活圈”思想的影响下，新建住区中的商业服务设施不再沿袭原先集中布局模式或者零散布局状态，而是以科学的指标为依据，“寻求社区公共服务配套在集中共享和均好分布这两种布局模式之间的一种平衡状态”，如于 2019 年建设的长沙万科魅力之城，在临城市主干道边设置集中商业，与道路对面的商业设施结合形成商圈，并在住区内部设置部分沿街底商，穿插设置小范围文教、商业、休闲地块（图 3-18）。

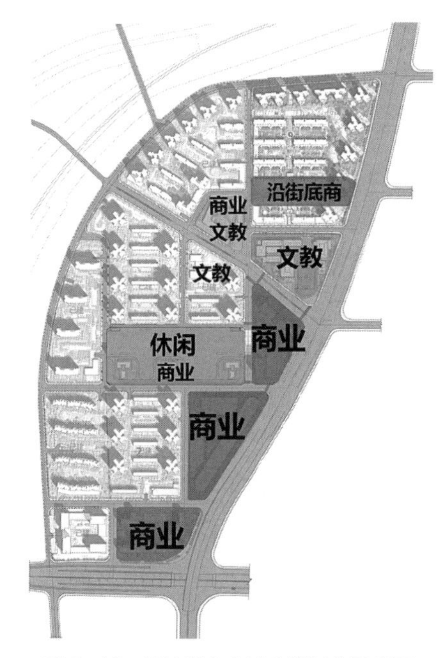

图 3-18　长沙魅力之城功能划分示意图

资料来源：本研究根据《万科长沙魅力之城汇报文件》绘制 .

3.1.3.3 住区商业发展趋势

在社会的长期发展中，新兴发展动力的出现与社会问题的产生催生出了应对政策，政策引导相关行业的发展来加速社会进步、解决社会问题。社区商业在这些政策的引导下发展，显露出一些演变的趋势，社区商业将长期顺应这些趋势并主动发展，以期带给人们更好的服务体验。

（1）“互联网 +”与体验化、信息化发展

信息时代来临，物联网技术、云计算技术、移动宽带以及大数据等新一代信息技术应用日益成熟，极大地拓展了信息化技术的作用范围和形式。电子商务壮大，成为信息化的主要驱动力量，中国传统的产业结构面临转型升级。2015 年 3 月，国家确定“互联网 +”行动计划，鼓励传统行业与互联网进行融合，创造新的发展机会。

信息时代不仅正以惊人的速度改变着人们的工作方式、生活方式以及交往方式，也拓展了各行业的发展思维。社区商业一直在适应着信息时代带来的消费方式的转变，寻求新的突破，也积极应用互联网思维把握居民的动态生活需求，以求更精准地服务社区的居民。

“体验化”发展

“互联网 +”时代，电商模式改变了人们的消费方式，也正在改变中国的商业未来走向。在网络交易平台和物流业发展迅猛的背景下，越来越多的人依赖于网购完成日常消费，减少了传统购物出行。但电子购物虽然具有高效、便捷、便宜的优势，却很难为客户提供完美的娱乐体验、社交体验和教育体验等。电商时代的“逛街”行为，正在逐渐成为一种休闲、娱乐和社交方式，一种目的性较弱的随机性、体验性消费方式。为应对电子购物带来的冲击，“互联网 +”时代下的传统社区商业呈现出“体验化”的发展趋势。

在社区商业的功能业态方面，传统的零售功能部分正被电子商业瓜分，而电子商业无法提供的、与居民日常行为密切相关的体验式服务业态，如娱乐、个人护理、健身、辅导教育等，则占据了更重要的地位，并将在未来持续拓展业态份额，持续推出各种体验式新业态。

在社区商业的空间形态方面，通过营造舒适、富有趣味的购物环境带给居民良好的用户体验是吸引消费者的关键，许多商业中心通过提取当地的文化、迎合主要消费群体创造“主题式”的体验空间（图 3-19）。而在“体验”为上的消费时代，人们在商业空间中的行为活动往往是目的性弱、随机多

图 3-19 体验式商业业态及场景图

资料来源：上，体验式商业业态：搜狐网 https：//www.sohu.com/a/253766324_99951575；下，体验式商业中心场景：空间印象官方网站 http：//www.sidd.com.cn/.

样的，以往单一、封闭的空间体验会转向多层次、开放动态，商业空间社交体验的功能正在被强化，建筑的外观造型也更具有特色。

“信息化”发展

“互联网 +”时代，信息交互途径已经普及，交互方式变得透明、零距离、易操作，居民的各种有意识、无意识生活行为都能与社区方之间产生双向信息互动，公众参与共建社区正在成为常态，这为社区商业的发展带来了新的思路。“互联网 +”时代下，社区商业正呈现出“信息化”的发展趋势。

居民与社区方有了广泛且便捷的信息交互途径，社区方可以引导居民通过信息平台积极交流、反馈用户体验，及时了解居民动态需求；也可以通过互联网捕捉海量的居民行为信息，使用新的处理模式分析居民的行为特征，从而归纳不同人群的需求偏好。在此基础上，社区方可以精准把握居民需求，不断地灵活变更商业业态与规模，以适应长期发展，并使居民能享受到各种个性化定制服务。

长此以往，在社区方对居民需求的精准捕捉和积极引导下，完全围绕该区域内居民需求所建设的社区商业，或将会呈现出地缘特征，其空间形态、功能业态和运营方式都将与该区域居民的生活方式、消费习惯密切相关。

（2）“长者友好”与颐养化、社交化发展

根据 2019 年 8 月国家统计局发布的报告，中国已开始步入老龄化社会。长者如何养老不再是个体家庭的问题，而是全社会面临的挑战。截至 2019 年年末的统计数据，中国老年人（65 岁及以上）占总人口比重已达到 11.47%，而我国现有养老机构承载量远远无法满足庞大的需求；且根据有关调研，有 90% 的老人更倾向于在自己长期生活的环境里养老。所以目前“以家庭为基础，以社区为依托，以机构为补充”的养老模式，是社会普遍认可的最优方式。

建立多层次的社区居家养老体系，也对传统社区商业的服务定位、服务模式等提出了新的要求，商业服务设施需要主动更新以适应社会老龄化。社区商业不仅要将老年人作为重要服务群体，满足老年群体的照料、购物、休闲等基本生活需求，还要调整服务型业态，与专业医疗服务机构结合，形成全方位的颐养服务体系，更要体恤老年人的精神需求，提升商业服务的社交功能，为加强老年人之间的邻里交流和互帮互助提供可能（图 3-20）。

“颐养化”发展

以往的商业服务未能充分针对老年消费者的实际物质需求开展，但老年消费市场逐渐显示出了巨大的潜力。正在发展的社区商业会将老年消费者当作最精心服务的对象，不仅在传统零售业态方面满足老年人多样化的生活需求，增设更多针对老年群体的专门业态，如老年餐厅、老年服饰店、老年文体用品店、老年娱乐中心、保健品店等，形成小范围的“长者商圈”，而且会大量增设颐养型业态，如老年照料中心、老年保健中心、老年俱乐部等，并与专业的医疗机构联合起来形成互补体系，在社区中设置更多的颐养型空间，使居住区成为老年人安度晚年、颐养天寿的乐园。

“社交化”发展

社区商业建设需要关注老年人的精神需求，对老年人群来说，社会关系的减少是造成精神生活空虚的主要原因。社区商业服务除了正在变得更加人性化之外，会提供更多鼓励老年人日常交往的场

老人健身课堂

健康低盐食品

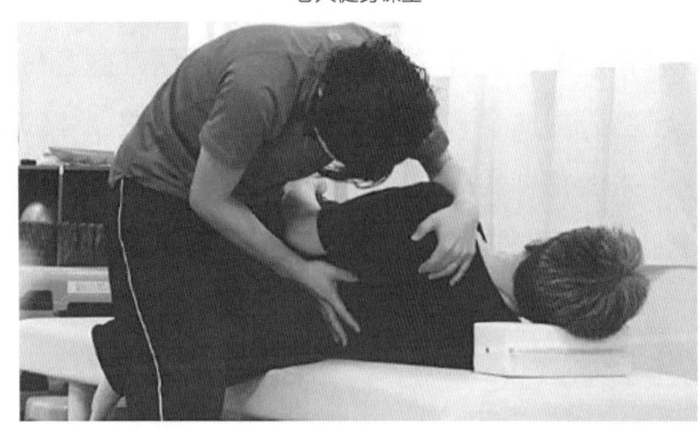

老人物理康复中心

老人俱乐部

图 3-20　老年服务业态

资料来源：360 个人图书馆 .

所，帮助老年人获得群体认同感和归属感。社区商业正在提供各类社交服务，成立老年人俱乐部、老年大学等，将老年人聚集在一起，定期开展文化休闲活动。此外，社区商业的空间场所设计也正在社交化发展，进行更细致地无障碍设计、人性化设计，在长者商圈里增加各类舒适的休息交流场所。

3.1.4 住区教育服务

随着生活水平的提高，集合住宅不仅仅是居住活动的物质空间，也为居民的精神文化生活提供了重要的依托。同时，子女的教育入学、个人的终身教育问题也越来越得到重视。集合住宅发展 30 年来，除了居住区的幼儿园、小学等配套教育服务设施，社区图书馆、四点半课堂、幼托中心等新的教育功能设施也涌现出来（图 3-21）。

一直以来，适龄儿童就近入学是教育设施配置和空间布局的基本原则，由此也奠定了住区与教育设施之间的空间关系。教育设施的配置内容和服务质量随时代不断变化。新中国成立之初，我国居住区布局形式上出现了周边式街坊。建筑沿街道走向布置，服务性公共建筑布置在居住区中心。当时，适龄儿童入学率较低、校际差距很小，受交通及教育观念的影响，儿童入学基本采取就近入学。

在“大跃进”时期，农村出现的人民公社运动很快波及城市，城市住区的组织也受到了影响：由于强调消灭城乡差别，要求城市居民点“工、农、商、学、兵”结合，生产与生活方式结合，因此住

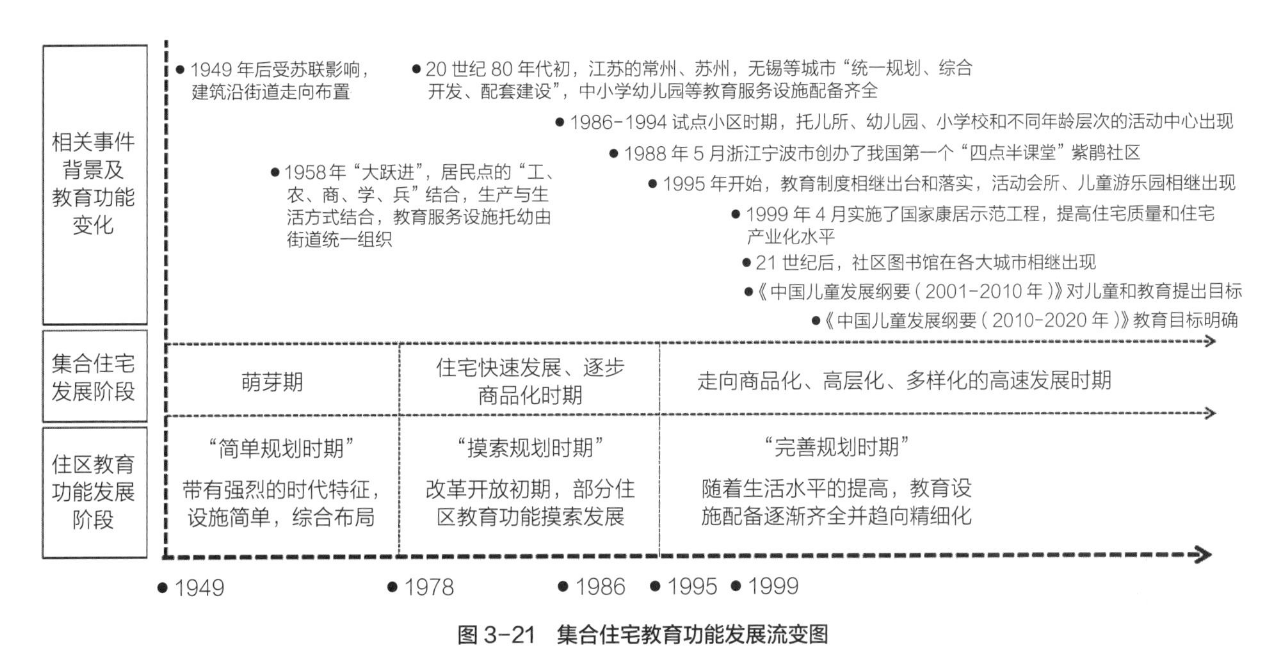

图3-21　集合住宅教育功能发展流变图

资料来源：作者根据《西安市商品住区公共服务设施发展研究》《四点半课堂中儿童多元化需求研究》《深圳“图书馆之城”建设中社区图书馆现状分析》《中国儿童发展纲要（2001-2010年）》《中国儿童发展纲要（2010-2020年）》等资料绘制.

区的教育服务设施做出了相应的调整，此时的住区教育功能主要是托幼，由街道统一组织。

1978年十一届三中全会后，我国的政治、经济生活重回正轨；与此同时，住宅及住区的开发建设也进入了快速增长的全新阶段，很大程度上缓解了当时居民住房紧张的状况。从20世纪80年代初开始，江苏的常州、苏州、无锡等城市通过“统一规划、综合开发、配套建设”的方式，建成了许多环境美观、配套齐全、生活便利的居住小区，其中包含中小学、幼儿园等教育服务设施，为居民提供了便利。虽然这类教育设施建设量较少且规模不大，但后来得到普及，并被国内许多省市所借鉴，对后来我国各地的城市住区的建设规划都产生了很大的影响。

随着我国改革开放的不断深入和扩大，城镇住房制度随之改革并逐步实现住房商品化，我国的住房和住宅小区建设有了进一步的发展。1987年初版《托儿所、幼儿园建筑设计规范》JGJ 39—87规定“四个班以上的幼儿园、托儿所应有独立的建筑基地”，且规定了比住宅更严苛的日照标准，“生活用房应满足冬至日底层满窗日照不少于3h（小时）的要求”。后续规范增添了幼儿园选址应交通方便、拥有独立活动场地的要求。幼儿园的基地选址受到限制，规模也逐渐增加，开始脱离社区中心作为独立公共建筑存在。

随着社会经济的快速发展以及人均可支配收入的不断增加，人们越来越重视发展性消费，尤其是“教育”的消费。“放弃”就近入学而寻求更优教育资源的行为越来越多，为争夺优质教育资源而展开的择校竞争也愈演愈烈。学区房一直高热不退，成为炒作对象，形成了居住跟着教育走的局面。一方面，优质的“学区房”催生了房价的上涨；另一方面，新增的教育服务设施与集合住宅的郊区化发展呈现出一定的空间正相关性。长沙梅溪湖国际新城片区通过配套长郡中学、湖南师大附中、周南中学、博才小学、岳麓区实验小学等长沙市中小学名校教育资源，实现了快速发展。

当前，除了中小学义务教育服务，住区提供的教育服务面向人的全生命周期发展，更加开放，更加人性化，强调教育质量和教育服务水平的提升。

《中国儿童发展纲要（2001-2010 年）》在“儿童与教育”章节中提出的目标是，适龄儿童基本能接受学前教育，尤其要发展 0-3 岁儿童早期教育。积极开发建立国家公益性普惠型的儿童综合发展指导机构，以幼儿园和社区为载体，为 0-3 岁儿童及其家庭提供早期保育与教育培训。加速发展 3-6 岁的儿童学前教育服务。形成以政府为主、社会投入、公立私立兼顾的办园机制，发展公立幼儿园，以实现“广覆盖面、保障基础”的学前教育服务功能；引导社会资源以多种形式举办幼儿园，引导和支持私立幼儿园提供普惠性的公共服务。为 0-6 岁幼儿提供托育和保育综合一体的服务机构从最早的上海逐步拓展到江苏、浙江、四川、湖南等地，取得了积极的发展。随着国家进一步优化生育政策，住房及子女教育等相关问题的解决或改善是落实系列生育政策的关键。住区及其教育服务配套，尤其是幼托一体化在未来面临战略发展的机遇期，幼托教育在师资培养质量、教保人员任（聘）用、相关政策法规建设发展、家园权责与合作关系明晰等方面存在的问题亟待解决。

当前中国老龄化问题日渐突显，城市社区老年人口规模急剧扩大。随着中国人口老龄化的逐渐加剧以及人们终身学习意识的逐步普及，城市社区人口特别是老年人对教育、文化等的精神需要日渐提高，老年人对于社区教育的服务需求呈现出供不应求的态势。不同于义务教育和高等教育，老年教育没有强制性和功利性。老年教育是老年人再社会化和重新融入社会的重要途径，为老年人赋权增能，既能成就自我，也能温暖社会。除老年大学、老年学校这种以政府为投资主体的办学形式外，依托基层社区、开放大学、高等院校、企业和其他各类社会组织开展老年教育的多维发展格局已经初步形成，基层社区是老年人教育服务的基本单元。

总体来说，住区教育服务在新的时代背景下，正在从自发走向自觉，从无序步入有序，从活动型转向制度型、规范型、实体型、网络型，从“学校—行政型”转为“社区—社会型”。追求高质量发展是未来住区教育服务发展的目标和方向。

3.1.5 会所

会所是随着地产业的兴起而出现的公共建筑，逐渐成为大型住宅小区中必不可少的部分。会所实质是“社区中心”的一种特殊表现形式，也是开发商主动集中配建公共服务设施的成果。“会所”区别于传统“社区中心”的关键在于，“会所”提供的服务设施主要以提高业主生活品质为目的，以文体娱乐设施为主，而非基础性、公益性的生活服务设施；它的大多数功能在运营时都需要着重考虑经济效益，而非单纯的公益属性。

“会所”来源于香港。在香港，住宅空间一般较小，会所便作为住户“客厅”的外延而存在，营造一个注重私密、舒适、品位的“居住空间”，与住户日常生活紧密相连，是购房者挑选住区时重点考察的部分。最初，开发商在高档小区中建造“会所”，为居民提供较为完备的品质生活服务，并以会所为住区形象增辉，提高楼盘的附加价值。万科公司于 1991 年在深圳威登别墅项目中设置了会所（图 3-22）。随着商品房逐渐从富裕阶层走向大众，会所成为标配在诸多住区中建造起来，从深圳、广州等南部大城市逐渐风靡全国（图 3-23）。

一般来说，会所建成时间会早于项目整体完工的时间，会所建成之初大多作为售楼处使用。为了提升楼盘的附加价值，增加卖点，建造会所时存在“不顾居民消费习惯和运营的经济性，为了开盘效应盲目跟风，比拼奢华与齐全的现象”，导致许多会所后续实际利用率较低，亏损严重。另外，早期住区的会所注重私密性与环境安宁，多设置在住区内部，采用封闭式、会员制管理，仅针对内部居民开放。这种方式虽能使居民充分地感受到自身的归属感，但大多数住区的规模不足以支撑会所的长期运营。这一时期，住区会所封闭的运营模式也不能与外部城市设施形成良好的协同互补体系。在社会资源共享的理念和会所运营发展的双重影响下，小区会所开始对外经营，在保证居民安全的情况下实行半开放式和开放式管理，选址也逐渐由住区内部向外部发展。

会所的服务功能围绕小区居民的需求而设置，业态丰富多样。小区会所为居民提供了舒适的休闲

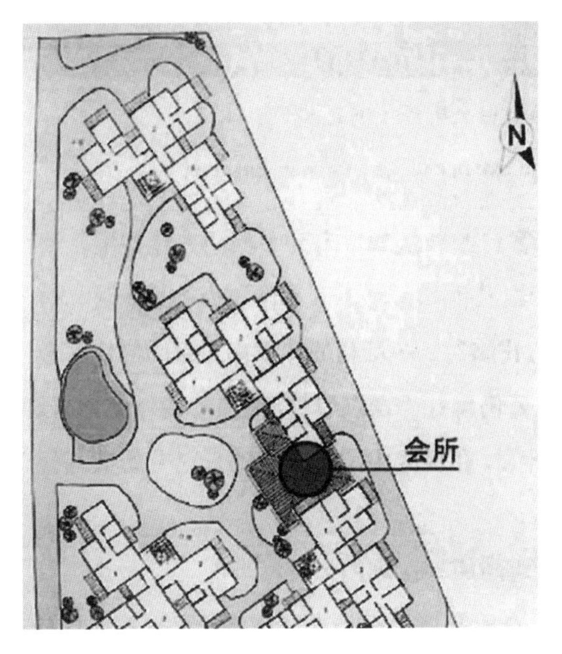

图 3-22　万科深圳威登别墅规划平面图

资料来源：黄幸．困境中住区会所的建筑学反思 [D]. 天津：天津大学，2007.

图 3-23　某东方主题会所

资料来源：建筑学院官方网站 http：//www.archcollege.com/archcollege/2018/12/42783.html.

娱乐场所、公共交流空间，以及丰富的居民文化生活，满足了居民在运动健身、美容保养、兴趣培训、商务交流等方面的需求，显著提高了居民的生活品质。会所包括娱乐休闲类（棋牌室、小型影院、KTV、酒吧、儿童游乐场、老年活动室等）、运动健身类（健身房、游泳池、台球室、小型高尔夫球场等）、文化教育类（书画室、图书馆、音乐舞蹈室、文化俱乐部等）、购物餐饮类（小超市、咖啡厅、餐厅、专卖店等）、商务交流类（会议室、商务室等）、美容保养类（美容院、推拿按摩室等）、社区服务类（托老托幼中心、社区服务站等）等。会所在不断的发展过程中，逐渐摒弃最初的盲目与浮躁，越来越贴近居民的真实需求。开发商通过详尽的市场研究来分析居民的需求，不再追求大而全，而是根据项目本身的规模、品质、使用人群情况等量身定制，围绕核心定位配备业态与空间，突出其主题和特色，并提供长效的优质服务（图 3-24）。

图 3-24　深圳早期会所

资料来源：李伟民，日瀚 . 深圳特色楼盘 [M]. 北京：中国广播电视出版社，2002.

3.2 住区交通

20 世纪初，美国城市出现郊区化发展，郊区独立住宅开始成为美国人的居住梦想。大量高速公路的修建和私人汽车的普及帮助人们更快实现美国梦，全美范围内郊区化以低密度、无序的方式迅速蔓延。私人汽车缩短了美国人工作和生活的距离，改变了人们的生活和居住习惯，美国被称为“车轮上的国家”。

渐渐的，郊区化开发模式的弊端显现，像过度依赖私人汽车、交通拥堵、内城衰落等等。20 世纪后期，新城市主义理论出现。在提倡回归传统邻里和构建公共交通体系的新城市主义影响下，郊区开发模式的主导地位受到了一定冲击。

从 1980 年到 2019 年，我国城镇化率由 19.39% 提高至 60.60%（图 3-27）。城镇化高速发展使城市空间极速向外扩张，城市规模扩大客观上拉大了人们的出行距离，增加了人们对私人汽车的依赖性。在城镇化过程中，城市路网结构优化、密度提升，不断完善的城市交通体系推动了私人汽车的普及和发展。

改革开放以来，我国人均 GDP 和城镇居民人均可支配收入逐年增加。1980 年，我国城镇居民人均可支配收入为 477.6 元；到 2019 年，人均可支配收入为 42358.8 元。在此期间，居民消费观念与消费结构发生了显著变化，传统衣食消费比例逐渐下降，居住、交通等消费比例逐渐上升，经济快速增长和居民购买力提高带动了汽车产业的发展。小汽车作为高档消费品，一度是身份地位的象征，现已成为生活必需品（图 3-25、图 3-26）。

私人汽车保有量（万辆）
城镇居民人均可支配收入（元）
私人汽车保有量（万辆）
城镇居民人均可支配收入（元）

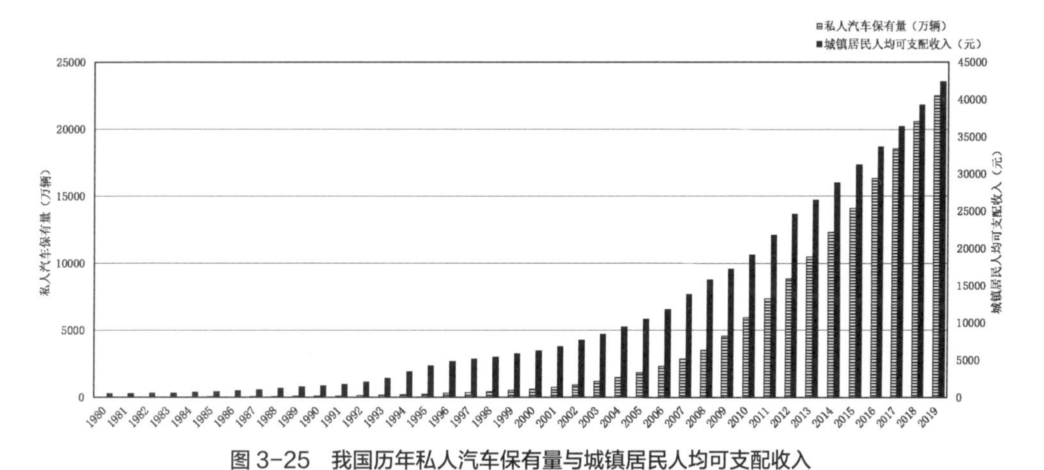

图 3-25　我国历年私人汽车保有量与城镇居民人均可支配收入

私人汽车保有量增长和城镇居民人均可支配收入密切相关

资料来源：本研究整理，根据国家统计局官方网站相关数据制图 .

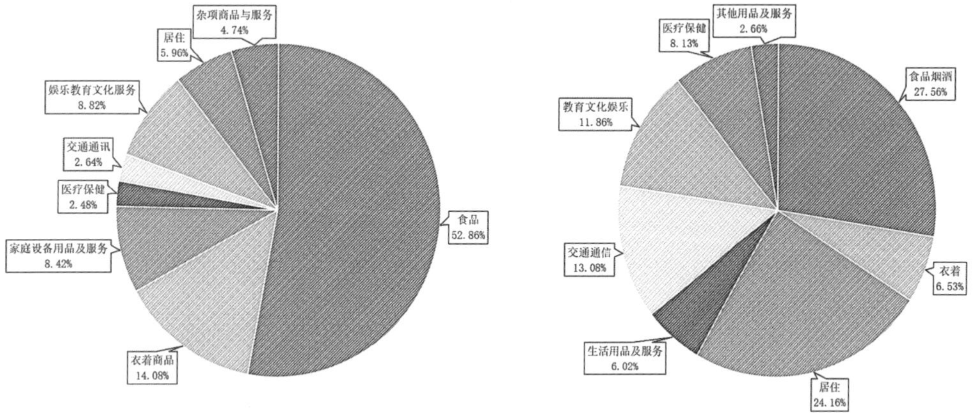

杂项商品与服务
4.74%
居住
5.96%
娱乐教育文化服务
8.82%
交通通讯
2.64%
医疗保健
2.48%
家庭设备用品及服务
8.42%
衣着商品
14.08%
食品
52.86%
其他用品及服务
2.66%
医疗保健
8.13%
食品烟酒
27.56%
教育文化娱乐
11.86%
交通通信
13.08%
衣着
6.53%
生活用品及服务
6.02%
居住
24.16%

图 3-26　1992 年（左）与 2019 年（右）城镇居民消费支出结构

城镇居民消费结构发生巨大变化，食品仍是最主要的支出，但比例大幅下降，居住和交通通信比例大幅提高，成为第二、三大支出

资料来源：本研究整理，数据来源，由中华人民共和国国家统计局编 . 中国统计年鉴 2020[M]. 北京：中国统计出版社 光盘版（北京数字电子出版社）提供城镇居民消费支出情况 .

当代，中国住宅的郊区开发正以高密度、摊大饼方式向外蔓延，私人汽车的普及也改变了中国人的出行和生活习惯。作为便捷的交通工具，它扩展出行范围、缩短出行时间、提高出行舒适度，方便出游的同时提升了生活品质，对比其他交通工具，稍高的费用也变得容易让人接受。

从图 3-27 和表 3-9 可以看出，私人汽车保有量在 2000 年前增长比较缓慢，2005 年后增长速度加快。究其原因是国家放松对汽车的管制，支持汽车产业发展："鼓励轿车进入家庭。"随着中国加入"WTO"，进口汽车成批涌入；加之国家宏观调控出台的一系列优惠政策，国产汽车质量不断提高，国内汽车市场逐步开放，汽车价格渐趋合理，人们有了选择余地，因此购车意愿更加强烈。

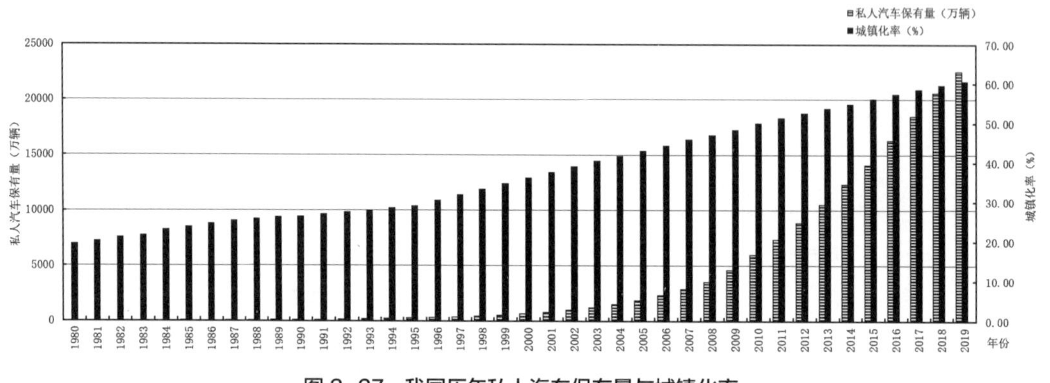

图 3-27 我国历年私人汽车保有量与城镇化率

城镇化率与私人汽车保有量增长密切相关

资料来源：本研究整理，数据来源，由中华人民共和国国家统计局编．中国统计年鉴 2020[M]. 北京：中国统计出版社光盘版（北京数字电子出版社）提供私人汽车保有量和城镇居民人均可支配收入．

我国历年私人汽车保有量、汽车保有量和城镇化率情况 **表 3-9**

年份（年）	私人汽车保有量（万辆）	汽车保有量（万辆）	城镇化率（%）	年份	私人汽车保有量（万辆）	汽车保有量（万辆）	城镇化率（%）
1980		178.29	19.39	1991	96.04	606.10	26.94
1981		199.14	20.16	1992	118.20	691.79	27.46
1982		215.72	21.13	1993	155.77	817.58	27.99
1983		232.63	21.62	1994	205.42	941.95	28.51
1984		260.41	23.01	1995	249.96	1040.00	29.04
1985	28.49	321.12	23.71	1996	289.67	1100.08	30.48
1986		361.75	24.52	1997	358.36	1219.09	31.91
1987	42.29	408.07	25.32	1998	423.65	1319.30	33.35
1988	60.42	464.38	25.81	1999	533.88	1452.94	34.78
1989	73.12	511.32	26.21	2000	625.33	1608.91	36.22
1990	81.62	551.36	26.41	2001	770.78	1802.04	37.66

续表

年份（年）	私人汽车保有量（万辆）	汽车保有量（万辆）	城镇化率（%）	年份	私人汽车保有量（万辆）	汽车保有量（万辆）	城镇化率（%）
2002	968.98	2053.17	39.09	2011	7326.79	9356.32	51.27
2003	1219.23	2382.93	40.53	2012	8838.60	10933.09	52.57
2004	1481.66	2693.71	41.76	2013	10501.68	12670.14	53.73
2005	1848.07	3159.66	42.99	2014	12339.36	14598.11	54.77
2006	2333.32	3697.35	44.34	2015	14099.10	16284.45	56.10
2007	2876.22	4358.36	45.89	2016	16330.22	18574.54	57.35
2008	3501.39	5099.61	46.99	2017	18515.11	20906.67	58.52
2009	4574.91	6280.61	48.34	2018	20574.93	23231.23	59.58
2010	5938.71	7801.83	49.95	2019	22508.99	25376.38	60.60

资料来源：本研究整理，数据来源，由中华人民共和国国家统计局编．中国统计年鉴 2020[M]. 北京：中国统计出版社 光盘版（北京数字电子出版社）提供私人汽车保有量、汽车保有量和城镇化率．

私人汽车普及缩短了城市中心与郊区的距离，加快了城市住区郊区化进程。同时，私人汽车的普及极大提升了人们出行的便捷度，扩大了人们在城市中的活动范围，城乡、城郊和区域性的交流和联系更加高效丰富，住宅配建停车位指标逐年提高（图 3-28），人们的生活品质明显提升。

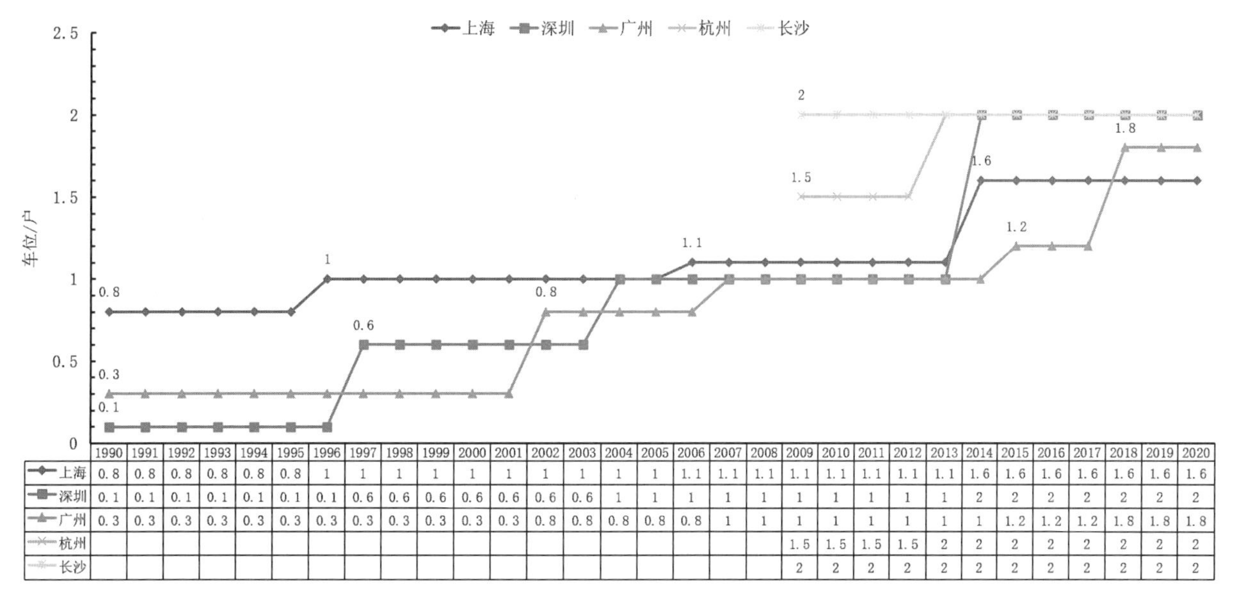

图 3-28　上海、深圳、广州、杭州、长沙历年住宅配建停车位指标（取最大值）

各地住宅配建停车位指标逐年提高，大城市住宅配建停车位指标有一定前瞻性

资料来源：本研究整理，数据来源，《上海市城市规划管理技术规定》《广州市城乡规划管理技术规定》《深圳市城市规划标准与准则》《浙江省城市建筑工程停车场（库）设置规则和配建标准》《长沙市城市规划标准与准则》等．

近些年来，住区郊区化开发模式的弊端开始显现，土地的粗放利用模式、交通时耗和能耗问题等成为新的研究热点和方向。在各种新的规划理念下，注重构建城乡、城郊之间公共交通体系，回归传统邻里，构建新的城市生活圈层等，开始从理论走向具体实践。但是，拥有私人汽车将会成为家庭生活的标配仍是未来发展的必然趋势，我们需要将“拥有私人汽车”和“控制使用私人汽车”这两个问题分开，更加细致地做好理论和实践之间的响应。

3.2.1 住区的机动交通组织

住区内的机动车交通系统有动、静之分，动态交通的核心在于合理组织道路交通，静态交通的核心在于解决停车问题。从表 3-10 的总结可以看出，我国统一道路交通及停车规划发展具有阶段性特征。

20 世纪 80 年代我国经济落后，自行车是主要交通工具，住区道路交通组织为传统的人车混行，停车方式为路边停放或自行车棚。80 年代中期开始的住宅小区试点工程较少考虑停车位，道路交通多采用“通而不畅”的设计原则，以此降低住区汽车车速，达到安宁的目的。90 年代，私人汽车开始进入居民生活，给住区带来了不少问题，小康住宅示范工程导则中首次规定停车位要占总户数的 20%-30%，并建议道路规划设计考虑人车分流的手法。90 年代后期，小康示范工程基本实现了汽车不进入组团的局部分流方式。

经过一段时间增长后，私人汽车在一定程度上破坏了住区居住环境：上下班高峰期，过多的汽车往往引起住区交通拥堵；混杂的人车流线暗藏不少安全隐患，严重威胁到居民特别是老人和儿童的安全；汽车尾气和噪音污染住区环境、打扰居民正常休息；住区内汽车乱停乱放现象严重，占用人行道、公共空间与绿地……

如何组织住区的内部交通？怎样解决停车空间不足的问题？是否实行和如何实行人车分流？这些问题受到广泛讨论，住区在遵行人性化设计理念的原则下积极探索新的交通组织模式。

3.2.1.1 对道路交通系统的探索

住区道路交通具有强烈的生活性，承担着居民上下学、上下班、休闲娱乐等日常生活行为，因此它不仅要满足便捷可达的交通性，更要保证居民生活交往的安全性。道路交通组织方式有三种，分别为人车混行、人车分流和人车共存。

由于经济发展水平、建造成本、住区选址和活力等多重因素，我国大部分住区采用部分人车分流，即对住区道路分级，主次干道人车混行或分流，汽车不进入宅前路，以实现一定规模的人车分

住区道路交通及停车规划发展情况　　　　表 3-10

时间	20 世纪 80 年代前	20 世纪 80 年代中期	20 世纪 90 年代	21 世纪至今
交通组织	人车混行	人车混行	人车混行、人车分流	人车混行、人车分流、人车共存
交通工具	自行车	自行车、摩托车	自行车为主，出现私人汽车	多种交通工具，私人汽车为主
停车方式	自由停放	地面停车	地面停车、少量地下停车	多种停车方式并存，地下停车为主
交通问题		自行车乱停放	机动车乱停放	停车问题、人车矛盾突出

资料来源：本研究整理．

流。完全人车分流在城市新建中小型住区比较流行，成为高档住区的标志。目前来看，人车分流已进入了相对理性阶段，片面强调完全人车分流不再是住区道路交通所追求的主要目标。

（1）传统人车混行道路交通组织

人车混行是住区最常见的一种道路交通组织，人与车共用一套路网，无任何分流，道路为互通式、环状尽端式或两者结合，适合私人汽车保有量不多的国家和地区。基于通达性和经济性，20 世纪我国住区道路交通组织多为人车混行。像上海曲阳新村西南小区（图 3-29），其东部的绿化带与住区住宅没有直接的联系，绿化带的步行系统仅起休闲作用，连接住区各部分的步行交通仍与车行交通重合，道路为环路加尽端式，呈近似风车型的互通式人车混行布局。

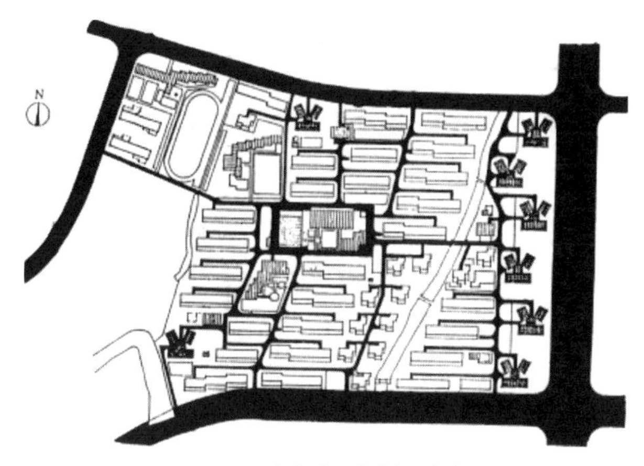

图 3-29　上海曲阳新村西南小区

资料来源：邓述平，王仲谷主编 . 居住区规划设计资料集 [M]. 北京：中国建筑工业出版社，1996：117.

在人车混合道路的基础上，试点小区探索在住宅与小区出入口、公建、城市绿地等之间开设局部专用道路，形成了局部分流。北京恩济里小区（图 3-30）体现了当时试点小区交通组织的特点，

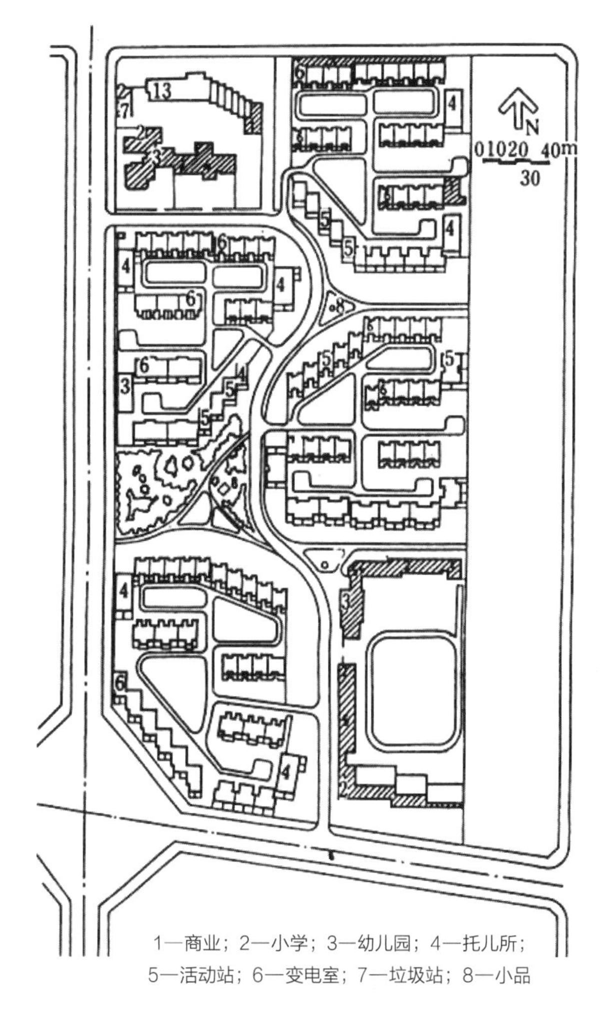

图 3-30　北京恩济里小区

资料来源：邓述平，王仲谷主编 . 居住区规划设计资料集 [M]. 北京：中国建筑工业出版社，1996：248.

出入口控制汽车流量；内部道路设计成曲折形；采用通而不畅的设计原则降低住区内汽车的行驶速度；道路进行分级产生局部人车分流；采用尽端式道路使车辆不能穿行。这种以限制车速和车流量来保障出行安全的做法在后来得到普遍推广。

（2）新型人车分流道路交通组织

人车分流的思想最早可以追溯到 19 世纪霍华德提出的“田园城市”理论——人与车在空间道路

上分离。1928 年，美国建筑师克拉伦斯·斯泰恩设计了位于新泽西以北的雷德朋新镇大街坊，把步行交通与车行交通在平面上彻底分离，这是人车分流模式的首次实践。人车分流道路交通组织在保障住区内部环境和居住安全方面有显著效果，对我国住区规划影响深远，已成为解决住区人车矛盾的主要途径。其包括多种类型，有平面分流和立体分流，也有部分分流和完全分流等。

平面分流通过对道路的专门化使用，建立自成系统的专用道路网络。一种平面分流是共用道路，利用道路截面对人和汽车实现分流。另一种平面分流是内外分流，也称雷德朋式分流（图 3-31），特征为外围车行环路，枝状或环状尽端道路伸入组团；步行道路贯穿住区内部，将住宅单元、活动场地、公共建筑和绿地联系起来；整个住区内没有汽车穿越式的道路，人和汽车有各自独立的道路系统，不产生平面交叉。位于郊区、用地指标充裕、规模相对较大的住区通常采用此类方式。

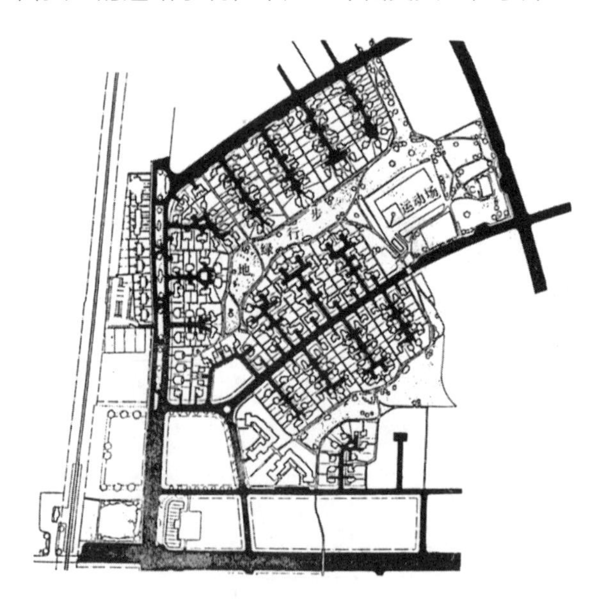

图 3-31　雷德朋体系典型单元平面

资料来源：邓述平，王仲谷主编．居住区规划设计资料集 [M]. 北京：中国建筑工业出版社，1996：111.

深圳万科四季花城（图 3-32）是早期住区平面分流的典型。车行交通控制在小区外围，车沿外环道路深入各个停车汇集处。由中央商业步行街和支路构成鱼骨状人行系统，强调步行空间的舒适性。通过围合的形态，组团呈封闭的独立系统。人车分流营造了安全的步行系统，形成宁静的居住环境。

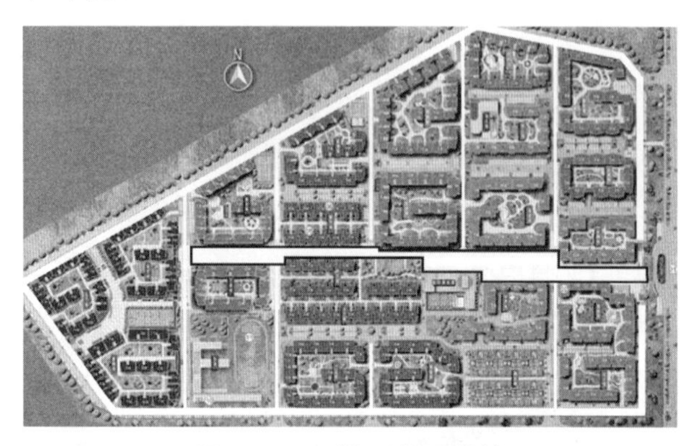

图 3-32　深圳万科四季花城

资料来源：作者摹画自 张纪文主编．万科建筑研究中心著．万科的作品（1988-2004）中英文本 [M]. 南京：东南大学出版社．2004：29.

立体分流通过在立体空间建设不同层面的道路系统实现人车分流。一种立体分流是通过架空或抬高步行系统，或建设屋顶街道和天桥等进行分流。另一种立体分流是通过将车行道（或步行道）嵌入地下（或半地下）的方式实现人车分离。于城市中心区、中小型规模住区一般采用汽车在入口处进入地下车库的立体分流方式。

深圳万科城市花园（图 3-33）市场定位较高，为了营造安静安全的住区内部空间，率先实践人车分流。停车库全部设于组团下的半地下室，从图中可以看出，汽车直接从住区外围车行入口进入半地下车库，内部只设置步行道和满足规范的消防车

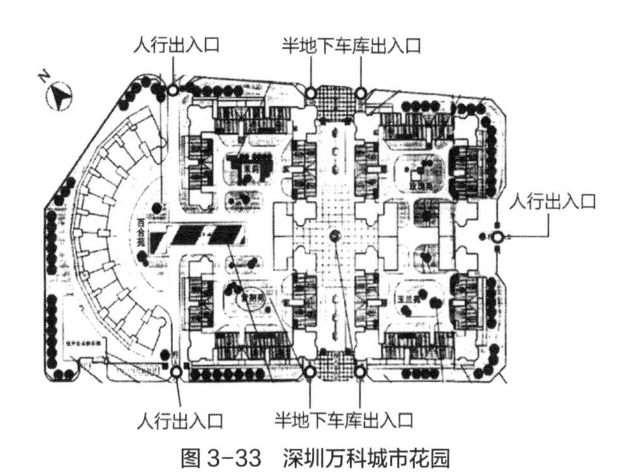

图 3-33　深圳万科城市花园

资料来源：朱昌廉 . 评周边围合式住宅规划设计——兼谈深圳万科城市花园设计的得与失 [J]. 规划师，1999（01）：82-83.

道，汽车出入路线与人流不交叉，做到了完全人车分流。

（3）改良人车共存道路交通组织

一段时间内，人车分流确实在提高住区环境、安全性等方面发挥了极大的作用。但久而久之，它割裂了住区中人的交往联系，车行路仅剩交通性，成了消极空间，住区也失去了活力。基于上述问题，西方国家在后小汽车时代又重新提倡人车混行。区别于传统人车混行，经过改良后的人车共存层次更高、安全性更佳，它在强调居民活动优先权的前提下，通过对道路的重新设计使人与车达到和谐共存的局面。

荷兰温奈尔弗在这方面进行了最早的尝试。1963 年，荷兰大学教授波尔着手研究如何在城市街道汽车行驶与儿童游玩之间找到平衡。其通过在路边、路中设置各种设施来限制机动车车速和流量，使行人和汽车能共用道路，儿童也允许在道路上玩耍。同时周边布置绿化和小品等景观，提供小型休闲空间，营造良好的街道交往氛围。这种从微景观设计出发的人车共存道路交通组织既解决了住区道路安全问题，又保障了合乎人性环境的要求，创造了安宁的生活环境（图 3-34）。

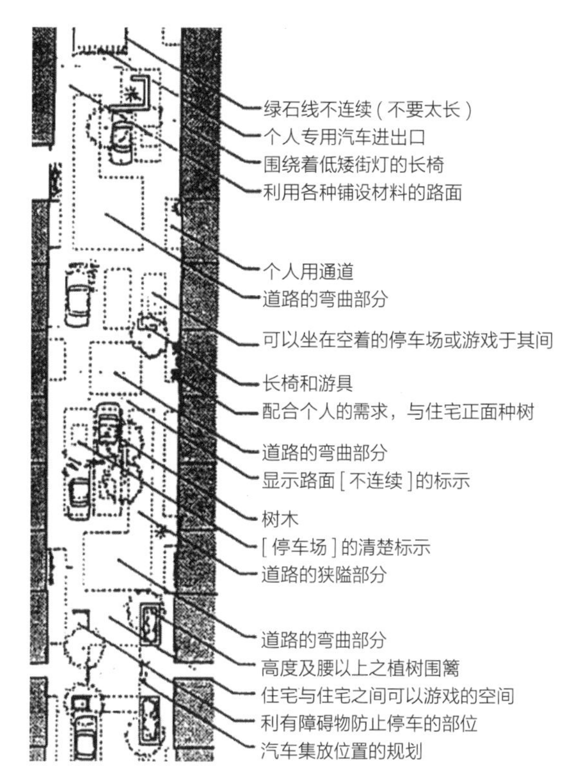

图 3-34　生活化道路

资料来源：李德华 . 城市规划原理（第三版）[M]. 北京：中国建筑工业出版社，2001：435.

万科最先在深圳万科四季花城和北京万科青青家园进行了人车共存道路交通系统的初步尝试，接着有意识地通过上海春申万科城穿越住区的“L 型”市政路，把人车共存的街道设计和商业娱乐功能相融合，增强住区的城市生活氛围。在这之后，中山万科城市风景和大连城市花园内部也设计了人车共存的街道空间，以人车共存为住区规划核心思想的实践逐渐多了起来。

（4）从网格式路网到环状式路网

道路交通组织对住区框架的形成起到了重要作用，是路网结构的基础。路网结构与住区规划结构相对应，是住区空间形态骨架，串联住区各个功能空间。从住区道路交通规划实践来看，路网结构主要有网格路网、线型路网、内环路网和外环路网等几种形式（图 3-35）。

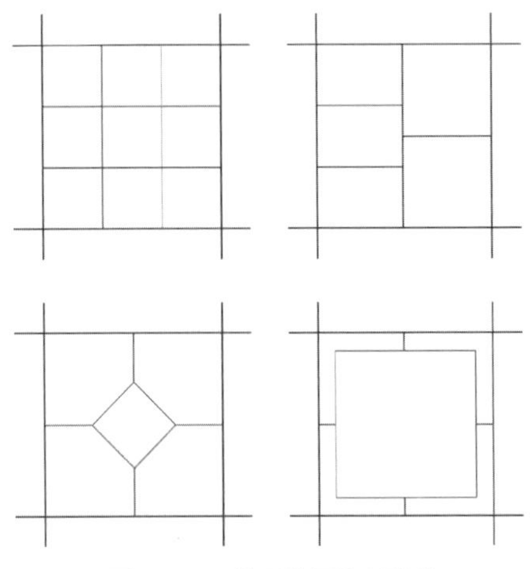

图 3-35　住区路网基本形式

资料来源：作者摹画自 朱一荣．小区规划中的“混合”与“分离”——以北京市居住小区为例 [J]. 城市建筑．2009（01）：25-27.

20 世纪 80 年代，道路规划强调交通方便畅通，过境交通可以随意穿行住区道路，路网一直延续新中国成立初期规则网格式。80 年代中期，逐渐产生了邻里改良的道路交通系统。以恩济里小区为代表的试点小区采用传统街区“街—巷—院”的结构模式，形成了线型路网；之后《居住区规划设计规范》出台，同时为了缓解十字交叉口交通安全问题，住区形成了以中心绿地、幼儿园、活动中心为中心的内环路网。90 年代后期私人汽车进入住区，住宅商品化促使住区注重步行与车行的分离，产生了一些新的道路交通规划，此时住区基本实现了独立步行系统与公共绿地结合，外环路网的出现即源于人车分流道路交通组织的实践。

（5）从简易绿化走向多元化景观

住区道路交通组织方式和路网结构也对住区景观设计有着重要影响。20 世纪住区规划设计对于景观设计概念的认识不全面，仅仅停留在绿化种植上。此时住区绿地主要由公共服务设施绿地与宅间绿地组成，道路两旁种植行道树或围合绿篱作简易绿化。

因人车混行，道路深入组团内部，它不仅承担交通需求，更将零碎的宅间绿地联系起来（图 3-36）。早期私人汽车进入住区后，停车问题并不突出，集中设置停车场或分散设置停车位即能满足需求，但住区绿地也被停车空间占据，面积减少。

90 年代后期，住区规划走向多元化，公众聚焦点从住宅设计扩大到规划结构、公共服务设施及

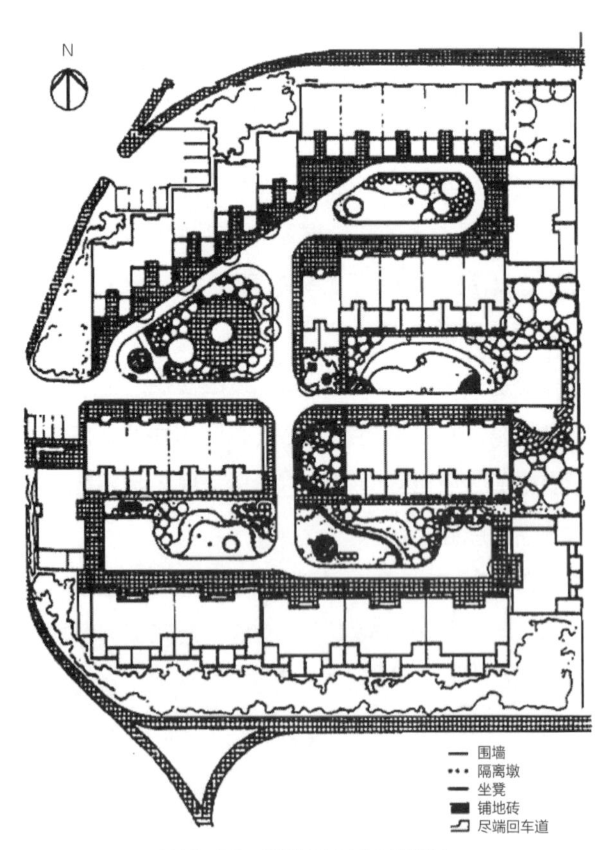

图 3-36　恩济里小区宅旁绿地

资料来源：吴志强，李德华．城市规划原理．第 4 版 [M]. 中国建筑工业出版社，2010：533.

景观环境等等，塑造美观且实用的景观空间，强调交往的重要性成为设计重点。此时小高层及高层住宅兴起，为满足良好的日照和采光需求，住宅楼间距扩大，建筑密度随之降低，绿地面积增加。再者，人车分流的实践与地下车库的使用把原本用作停车的空间还给了绿地，住区用作景观绿化的场地面积增多且完整，景观应用得到延伸，从单一模式走向多元自由化（图 3-37）。

图 3-37　上海滨江公园壹号

资料来源：景观中国 http：//www.landscape.cn/landscape/10624.html.

3.2.1.2 对停车问题的探索

在较短时期内大量新增的私人汽车，对已建成的老旧住区来说，其停车需求难以在已建成环境中得到消化。多数老旧住区重新规划停车空间，系统性地增加路边停车、立体停车或发展半地下、地下停车，新住区则配建地下车库，从而缓解车位紧张问题。

（1）不同城市车位比

我国地区经济发展状况和城市发展水平差异较大，2009 年前，上海、深圳和广州等沿海经济发达城市有地方性配建停车位指标。2009 年，杭州和长沙制定了相应配建指标。伴随汽车产业的长足发展，住宅配建停车位指标逐年提高，但依旧满足不了大量的停车需求。

一般而言，大城市的停车位指标具有前瞻性，近年来部分城市车位比已达到 1:2。配建指标的提高扩大了停车库规模，一方面使得修建停车库成本上升，另一方面给停车库人车流线组织、采光通风和防火设计等带来了挑战。

（2）停车空间的发展趋势

现在汽车停放方式已是多样化，住区内主要有地面停车、住宅底层（架空）停车、多层停车楼和地下停车库四种方式。停车空间从早年的地面到后来的地下，现有向空中发展的可能性，空中车库就是近几年引人瞩目的新方向。

地面停车包括路边停车和地面停车场。路边停车较好地利用了住区道路，占地小花费少，但影响交通。地面停车场投资较少，便于集中管理，但占地面积大，对住区环境影响大。20 世纪建设的住区对私人汽车停放考虑得较少，通常只设置少量地面停车。现今住区内私人汽车数量如此之多，受住区用地指标限制，若只采用地面停车，将无法满足停车需求，因而地面停车多用于早期未考虑停车且私人汽车拥有率不大于 30% 的多层住区，或作为新建住区临时停车和辅助停车空间。

住宅底层（架空）停车布置简单合理，且自然通风采光，其可直接架空作为停车场，或利用地形高差，把地块较低部分架空作为停车场（图 3-38）。由于气候原因，南方地区住宅底层停车应用得较多。在早期住宅小区试点工程中，三林苑小区规划设计是上海首次大规模采用住宅底层架空（图 3-39），架空层不仅能作为停车场，还能为居民就近提供大量公共开放空间，引入景观绿化改善

图 3-38　南京万科家园底层架空停车

资料来源：南京万科金色家园文本.

图 3-39　上海三林苑小区住宅底层架空

资料来源：上海三林苑小区对住宅底层架空的尝试 [J]. 城乡建设，1996(10)：22-23.

居住环境。不过住宅底层停车空间有限，只适用于私人汽车拥有率不大于 30% 的多层住区。

多层停车楼可解决大量停车问题，然而造价高、存取不便。虽然多层停车楼在我国住区中并未普及，却不乏成功案例，较早的有北京望京西园四区多层停车楼（图 3-40）、北京望京银领小区多层停车楼等。当服务半径过大时，居民使用不便，

图 3-40　北京望京西园四区多层停车楼

资料来源：贺松. 广州市住区多层停车楼规划设计研究 [D]. 华南理工大学，2012.

因此多层停车楼适用于容积率大于 2 的城市住区。现已有部分城市出台了住区多层停车楼相关规范，同时借鉴国外经验，长远来看多层停车楼仍然有发展的可能性。

地下停车库是我国现今住区最普遍的停车方式，既能高效利用土地，不减少地面绿化，又便于对车辆进行集中管理，对住区环境影响小，可分为单建式地下停车库和附建式地下停车库。单建式地下停车库上方没有建筑物，常见的做法是建于住区中心广场或集中绿地的下方，另一种做法是建于住区内中小学操场的下方。附建式是在建筑物下方布置地下车库，住宅电梯直接通入车库，有效缩短住户归家步行距离。小高层和高层住宅大多采用两者结合的混合式地下停车库，人防设施和停车库结合设置人防车库的做法也已很普遍。

2017 年“第四代住房”概念横空出世，号称不再建地下停车场，开启空中停车时代（图 3-41）。实际上“停车入户”在国外早有先例，新加坡华彬·汉美登是亚洲首个停车入户公寓，其配有汽车专用电梯，可将汽车送至目标楼层，车位与客厅仅一块

图 3-41 第四代住房概念图

资料来源：李海霞，杜柏林，李嘉华.对第四代住宅人居美学的探讨 [J].城市住宅，2020，27（01）：193-195，198.

玻璃门之隔（图 3-42）。现国内首个“第四代住房”——成都城市七一森林花园已建成，“第四代住房”是否是昙花一现，空中车库是否为住区停车发展的新趋势，都将在不久后得到答案。

图 3-42 新加坡华彬·汉美登公寓

资料来源：央视网 http：//jingji.cntv.cn/2012/09/18/ARTI1347939150273118.shtml.

近年在国家的推行下，电动汽车迅速发展，给既有住区带来了新能源汽车与电动摩托车充电桩配置不足、充电成本高的新问题。居民在楼道给电动摩托充电，更是造成楼道拥挤引发火灾。为了解决“有车无桩”的局面，一方面规范中规定有条件的情况下设置充电桩，明确新建居住区无论地上还是地下，都需配置或预留电动车停车位，另一方面国家电网也与各大房地产集团合作，充电业务将覆盖旗下社区。

3.2.2 精细化地下车库设计

传统地下车库设计重视经济效益，即在对空间的有效利用下达到停车数量最大化，一般满足功能要求、技术完备、使用合理即可。在马斯洛需求理论中，当人满足了较低层次的需求后，进而追求更高层次的需求。随着生活质量的提高，人们对地下车库的要求不单局限于实用性；且长此以往，传统地下车库封闭沉闷单一的空间氛围不利于人们的身心健康。因此追求便利、安全、宜人的停车环境是必然结果，地下车库的设计正逐渐向精细化、品质化、人性化方向发展。

（1）采光通风

多数住区地下车库采用单一的人工照明和机械通风，阴暗潮湿、空气流通不畅，阳光车库的出现恰好有效地解决了这些问题。阳光车库，顾名思义，指可以自然采光通风的车库。目前在住区的设置形式主要有天窗式阳光车库、抬高式半地下阳光车库、下沉庭院式阳光车库和架空底层式阳光车库。

天窗式阳光车库是最常见的做法，在地下车库车道上方设置天窗引入天然光和空气，构造简单，经济高效。天窗形式有平天窗、锯齿形天窗等，地下车库主要采用平天窗。图 3-43 为厦门万科湖心岛采光天窗，打破了地下车库幽暗的氛围。

下沉庭院式阳光车库最能提升地下车库品质，地下车库围绕下沉庭院布置，庭院为地下车库提供足够的采光和通风，其间可布置绿化或设置公共活

图 3-43 厦门万科湖心岛采光天窗

资料来源：厦门小鱼网 http：//www.xmfish.com/detail.php?id=132166.

动设施，增加空间开敞感和活力感。图 3-44 是上海仁恒滨海城下沉庭院，虽然损失了部分停车位，但大大改善了地下车库环境和居民感受。

图 3-44 上海仁恒滨海城下沉庭院

资料来源：熊博文．居住小区地下停车库设计研究 [D]. 武汉：华中科技大学，2012：59.

（2）景观营造

地下车库景观营造重点在出入口景观和车库内景观。出入口景观设计是地下停车场与住区环境关系的体现，应与住区整体环境相协调，突出特色。出入口遮雨棚可结合住区特点和地域文化进行景观小品设计；出入口周围多选垂直绿化植物，丰富层次美化空间；进出口坡道绿化设计可采用棚架、绿篱等方式（图 3-45）。

图 3-45 停车场出入口遮雨棚

资料来源：郭黎明．城市居住区停车规划设计研究 [D]. 西安：长安大学，2010.

车库内景观设计与车库自然采光通风手法类似，可以从天窗、采光天井和下沉庭院三个要素考虑。善用天窗营造不同的光感，像万科厦门湖心岛，景观车库与上方景观轴线平行，当光线通过上方水井天井预留的采光通道折射进车库时，光穿过罗马柱，在地面上留下斑驳的光影。采光天井可做垂直绿化或布置景观小品，如上海宝山紫薇花园（图 3-46），为营造高品质地库大堂，在大堂两侧布置通透的采光天井，天井内点缀景观小品。下沉庭院提升住区品质，将室外景观引入地下车库，丰富空间形态，营造更有层次的立体景观。

（3）交通组织

交通组织是地下车库设计中重要的组成部分。良好的交通流线设计使车行步行便捷顺畅，科学的交通标识设计能提高车行步行安全性。不过多数住区只重视车行流线，对步行流线考虑不足。另外，针对不同情况设置车位更能体现设计的人性化，像

图 3-46　上海宝山紫薇花园通风采光井

资料来源：微信公众号沪申新房 https：//mp.weixin.qq.com/s/8iSGv4l6M4gcqYwQydnmRw.

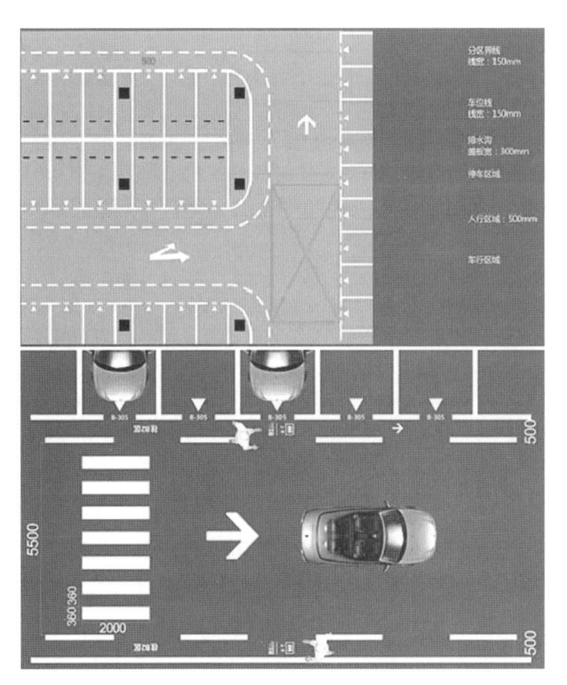

图 3-47　深圳万科九龙山地下车库（改）

资料来源：百度文库 万科首个标准化车库 https：//wenku.baidu.com/view/738a960e4afe04a1b171 deac.html.

设置一定比例的大车位和充电车位满足不同车系住户需求，为临时停放的访客车辆单独设置停车区，在方便出行的区域设置无障碍停车位等。

深圳万科九龙山（图 3-47）地下车库交通分区除了在车行区域绘制相应的交通标识，还引入了人行系统概念，明确划分人行区和人行横道；人行区形成闭合环线，宽度不小于 500mm，划线为线宽不大于 1500mm 的白色虚线；人流密集区域设线长 2000mm、线宽 360mm 的人行横道，并在两侧设减速带。深圳万科九龙山地下车库是万科首个标准化停车库，体现了人性化的设计理念和精细化的设计标准。

（4）归家流线

提升住户地下车库体验感的关键在于车行归家流线的组织，组织方式主要有“地库入口—归家通道—地库电梯厅”“地库入口—入库玄关—归家通道—地库大堂—地库电梯厅”（大都会案例）。从空间序列来看，地库入口和入库玄关先体现仪式感，归家通道和地库大堂则营造归属感，最后通过地库电梯厅归家，形成点、线、面相结合的丰富空间变化。

就地库入口而言，它是归家流线中第一个空间节点，有强烈的标示性，一般住区与景观结合，采用垂直绿化、绿植坡地等。高端住区则建筑化地库门头，设置雨棚、顶棚和围护百叶，宽敞明亮（图 3-48）。入库玄关是从坡道进入车库内部经过的空间，是进入车库后的首个空间节点，通常用光

图 3-48　深圳万科瑧地下车库入口

资料来源：360 个人图书馆 万科瑧说：中国不缺豪宅，缺"雅宅"http：//www.360doc.com/content/16/0603/07/32697660_564638378.shtm.

图 3-49　深圳万科瑧地下车库内部

资料来源：360 个人图书馆 万科瑧说：中国不缺豪宅，缺"雅宅"http：//www.360doc.com/content/16/0603/07/32697660_564638378.shtm.

线、对景墙等手法体现氛围感。

归家通道指地库主通道，重点在于人性化导向标识设计，除了自然采光标识，常用色彩标识，像利用彩色地坪、分区粉刷墙柱、艺术彩绘墙面等，增加可识别性，增强住户方向感；高端住区则多了品质感的体现，灯具、石材、金属等的运用塑造明亮温暖且大气的环境（图 3-49）。多数住区地库大堂与地库电梯厅合二为一，昏暗狭小，然而地库大堂是最能体现住区品质感的空间。高端住区使用铺贴石材、吊挂水晶灯、悬挂装饰画、布置茶几、沙发等手法，打造酒店式地库大堂（图 3-50）。这种多层次、赏心悦目的环境有助于建立和保持住户对住区的认同和归属感。

（5）功能复合

高端住区中，车库设计是较为关键的环节，往往投入大量人力物力，代表了行业的发展趋势。越来越多地下车库不再局限于单一的停车空间，还与人们的其他生活需求相结合，实现功能复合，

图 3-50　厦门万科湖心岛地库大堂

资料来源：厦门小鱼网 http：//www.xmfish.com/detail.php?id=132166.

像根据住户真实需求开辟储物功能、服务功能、生活功能区等，人性化设计给地下车库带来了生机和活力。

深圳万科瑧山道地下车库开设了储物空间，供住户存放高尔夫球包、折叠车等日用品，配备独立密码锁，安全方便，并在储物柜里安装了除湿除菌系统（图 3-51）；北京中赫·万柳书院地下车

库不但配有储物空间，还配有洗车房，为住户提供洗车服务；北京金力紫御华府更是做到了极致，其打造的VIP私密车库，不仅配备超大车位，还设计了休息套房、客厅、独立卫生间等配套生活功能区（图3-52），整个车库面积高达数百平方米，从尺度到空间都打破了传统意义上的地库。

图3-51 深圳万科臻山道储物空间

资料来源：360个人图书馆 万科臻说：中国不缺豪宅，缺“雅宅”http：//www.360doc.com/content/16/0603/07/32697660_564638378.shtm.

图3-52 金力紫御华府车库生活功能区

资料来源：房天下 https：//news.fang.com/2015-11-12/18099878.htm.

3.3 住区景观

随着社会不断发展进步，人类对居住环境的需求逐渐从生理需求转变为自身价值体现、情感表达与获得等更高层次的精神享受。住区景观也由最初较为简陋、单一的空间环境向复合与多功能的空间环境转变，给予居民更多的安全感、舒适感，并且成为居民生活品质提高、社会地位体现、精神追求丰富的重要空间载体。住区景观作为居住环境中极为重要的组成部分，成为今天居住环境营造的关键点之一。30年来，住区景观建设与发展成就特别体现在以人为本的美观、健康导向和以生态文明为本的可持续发展导向上。

3.3.1 美观导向的住区景观发展

20世纪90年代末至21世纪初，住区景观以视觉美观作为关注点，因地制宜地结合自然环境资源条件，在不同地域环境中挖掘人文特点，延续历史文脉，聚焦人的行为习惯，强调人与景观环境的融合性。当时的住区景观环境存在“缺乏绿化且配置紊乱、人车混杂空间无序、设施不足千篇一律、尺度失调以及亲切感弱”等问题。住区景观建设强调利用景观绿化营造外部环境，花草树木、小品铺地等环境要素通过精致的设计、精湛的施工构建美好的环境，且注重对主体建筑功能作用的衬托。在住区景观营建的美观性上强调激发人们的审美快感，空间个性和视觉趣味性成为美观导向的关注重点。住区景观美观导向的发展至今延伸出多重脉络：

（1）住区景观风格多样化。从90年代至今，住区景观风格逐步多样化，包括传统中国园林式造景，现代化、乡土景观风格等。中式传统风格的运用通过提取传统中国园林设计思想（天人合一、因地制宜），结合传统造园手法（欲扬先抑、虚实结合、欲露先藏、疏密有致），配置特色鲜明的传统造园要素（瘦漏透皱的山石、蜿蜒曲折的水体、亭廊桥堤），加以富有层次感韵律感的植物景观栽植来进行住区景观构建。此外传统风格的住区景观设计还包括对色彩以及原材料等的提取与利用。在实践方面，传统风格住区景观设计在安徽省宣城市敬亭山君住区、天津市河东区格调竹境住区等都得到了实践运用。除了中国传统造景风格的吸纳运用，现代住区景观有了更便捷的科技手段、更丰富的建造材料。住区景观现代化将高科技手段和多样的环保材料运用到景观建构与设计中，在设计手法上也有效借鉴西方的设计思路与手段，给人以强烈印象的同时充实了整体空间氛围。另外，乡土景观风格也常常被结合运用到住区景观规划设计中，乡土景观风格具有极强地域特征和可识别性，通过对不同地域本土文化元素的提炼加工，将其融入住区景观的规划设计中。例如不同地区乡土生活中常常出现的各类生产工具，或者地区独有的乡村特色小品构筑物都可以被用作点缀景观环境、烘托空间氛围。乡土景观风格的采用一定程度上是对于区域文化的认同，是人们乡愁乡情的自然流露。

（2）建筑与景观风格一体化、协调化。住区景观美观导向并非局限于景观风格灵动多彩。住区景观不能与住区建筑、外界环境割裂开而单独存在，需要注重整体性和协调性。场所感和氛围感的营造对于居民感官以及情绪上的调控非常重要，如果住区的景观与建筑相互割裂、独立存在，非常容易造成空间怪异感和住区居民不适感。将一体化设计融入住区环境建设中，增强景观与建筑协调性，有利于提升居民归属感，对于城市建设发展也有很大程度的提升。

（3）住区景观建造精细化。现代住区公共空间作为住区居民生活、交流的核心场所，伴随着社会发展带来的经济水平提升，住区环境整体品质越来越受到人们重视，住区景观建造的精细化程度由此成为人们关注的要点。住区景观建造精细化是一个动态过程，它贯穿于整个住区景观设计建造过程，并且覆盖了场景架构、细节管控、植物配置、整体效果等方方面面。除了满足居民需求、提升居住环境整体品质之外，住区景观建造精细化还有利于降低生产成本、提高管理效率、加强产品竞争力。

（4）住区景观设计标准化。人们对住区环境品质关注度的提升也引发了一些问题，越来越多企业借助对住区景观的设计建造来实现“产品溢价”，对于住区景观设计建造可以投入很高且上不封顶，如何在有限投入中取得最佳效果呈现，既给消费者最佳生活居住体验，又控制产品溢价问题，成了极为重要的努力方向。针对这个问题，众多住区景观设计尝试景观设计标准化，贯穿硬景软景设计建造，实现资源整合，提高效率和效益。

3.3.2 以人为本与健康导向的住区景观发展

21世纪之初，随着住区景观视觉品质的提升，有学者提出强调关注住区居民的实际需要，认为美化设计的单一需求不应该作为设计重点存在，人的体验感在住区景观设计塑造中应当占据主体地位；住区景观的塑造应该更加关注邻里氛围和谐、人与人之间距离感的消减；美学感官刺激要与住区居民精神需求相融合，体现生活志趣、文化修养。此时的人本导向更加聚焦于住区居民个体情绪感受，更多地把住区景观公共空间作为情感场所存在，注重景观所引起的人们的感受和共鸣——“融情于景，触景生情”。

不同于以往针对个体的舒适性和个性化的景观设计，近年来学者们在住区景观以人为本和健康方面的研究聚焦于适老化和儿童友好，强调多感官和环境行为学。人们情绪和心理上的调控以及环境促进健康是关注的重点。

（1）多感官互动、环境行为学视角下住区景观设计。住区共享空间是居民的主要活动空间，是邻里之间交流沟通的良好环境，是消减人际关系疏远的重要场所。促进人与人之间交往、加强交流沟通，是住区景观环境的重要功能。由此从以人为本的角度出发，通过将多感官互动、环境行为等设计手法运用到住区景观设计建造当中，调整改善住区人文环境。多维度调整和改善整体景观环境，由单一地依靠视觉刺激影响居民对景观环境的体验感，转变为多感官体验（视觉、嗅觉、听觉、触觉、味觉），使人们对于住区景观的体验方式和交流空间多样化。从环境行为学角度出发，针对住区居民对于环境的各项需求（心理需求、行为活动需求、精神文化需求），构建积极空间，提升住区居民幸福感、获得感、满足感。

（2）儿童友好型的住区景观设计。人本角度的住区景观设计，针对“幼”的住区景观营造成为其中极为重要的关注要点。住区景观的建构不单聚焦儿童行为、心理和生理尺度，还关注在科技发展大环境之下对于儿童户外活动的引导，加强住区景观的吸引力和安全性。

（3）住区景观设计适老化。中国人口老龄化趋势日渐明显，住区环境空间是老年人高频活动空间。住区景观适老化着重从老年人身心需求着手，体现在改善道路流线（漫步道、可识别标识）、设施配置（无障碍设计、健身器材）、铺装安全（防滑地面、透水铺装）。

（4）公共健康视角下住区景观设计。人们对于公共健康的思考在新型冠状病毒（COVID-19）肺炎疫情暴发之后更为深入。住区景观关系的不仅仅是居住环境质量，公共卫生健康状况也与之息息相关。对于住区景观的设计强调提升住区公共健康水平（生理健康、心理健康），从而提升社会健康。通过植物景观（绿化面积、色彩变化、通风采光）、慢行系统（路径规划、景观设计、交流空间）、环境心理学景观设计（舒适感、归属感、交往感）等方面的建设，给予人们运动锻炼、活动娱乐的开放性公共空间，趣味多样、愉悦舒畅的感官体验，以及给居民适当的舒缓减压，满足人们对于住区景观的心理需求。

3.3.3 生态与可持续导向的住区景观发展

21 世纪初，有学者从生态角度出发，提出要加强景观绿化的生态调控功能，要创造可持续发展的住区环境。20 世纪 90 年代末对于住区景观的生态化的探究侧重于绿植配置、绿地的生态机能方面，在住区景观当中营建绿地，为日常忙碌的人们提供机会亲近自然，关注居民能否在快节奏的生活工作中放松身心。今天，对于住区景观生态与可持续发展的研究深度和广度都有了巨大延伸。“绿色、健康、生态、可持续”作为住区景观发展生态导向的主旋律，在近年来蔓延的疫情影响下，成为人们更加关注深入探究的方向。

（1）微气候调整角度下的住区景观设计。在中国经济腾飞发展、城市化进程不断加快的今天，住区景观对于局部微气候调整功能的重要性也逐步显现。通过增加绿地绿植在整个住区景观中的比重，增强植物净化空气、改善环境的作用；选用具有药用价值的植物合理培植，达到养生保健的效用；同时通过植物层次的调整，达到控制整体风环境的目的（夏季通风，冬季防风）。通过水体景观的合理布置，调控其面积、位置，增加住区空气湿度；配合各类设施及铺装材料等的合理选用，实现住区景观对于局部微气候的调控。

（2）海绵城市理念下的住区景观设计。住区海绵化对于海绵城市的建设发展具有重要意义。提高住区雨水控制力，改善热环境是海绵型住区的重要功能。住区景观的海绵化建设在整个海绵型住区中主要体现在植物栽植（生态价值、观赏价值、整体性能、经济性）、海绵设施架构（种植屋面、生态停车场、雨水花园）、交通系统梳理（车道拓宽、无障碍环境）、铺装改造（透水铺装：透水砖、多孔沥青混凝土）等方面。对于植物栽植，主要方法为增加住区绿化率、重塑绿化景观，对于海绵设施则进行增设，另外完善整体交通系统的控制力，针对铺装进行改造。

（3）绿色住区理念下的住区景观设计。在生态文明建设大背景之下，“绿色住区”这一概念在住区建设当中尤为突出。它强调可持续的住区发展，重视能源与资源高效利用。近来有学者提出景观和外界环境需要产生物质、信息的交换，以此保证整个系统结构的稳定平衡。将这一概念融入绿色住区概念下景观设计当中，在生态环境优先的前提下，结合海绵住区、高效的资源利用模式，从绿色交融、互换共通的角度进行整个住区景观的建造设计。

住区景观对于满足住区居民多元需求有着极大影响，其重要性不言而喻。在目前的研究与实践中，住区景观“以人为本”“生态健康”等方面成果颇丰，在整体景观系统、硬景软景建造设计等方面全面渗透。“海绵化”“绿色住区”等特色多元概念与住区景观设计互通共融。从整体上看我国住区景观的设计建造，其不同导向的框架肌理都较为清晰完整，但各个导向之间的连结性还有待加强，应通过“美观适用，人本生态”多导向连结，塑造连绵的景观整体框架，从住区到片区再到城市，形成循环高效、动态平衡的环境结构。

参考文献

[1] 黄幸．困境中住区会所的建筑学反思 [D]. 天津：天津大学，2007.

[2] 《城市居住区规划设计规范》GB 50180—93，1994．

[3] 《托儿所、幼儿园建筑设计规范》JGJ 39—87，1987.

[4] 朱家瑾．居住区规划设计 [M]. 中国建筑工业出版社，2007：27.

[5] 百度百科“邻里单位”词条．

[6] 《北京城市建设总体规划初步方案，1957-1958》.

[7] 徐肖薇．社区服务配套布局思路研究—从邻里中心到美好生活圈 [C]// 活力城乡，美好人居——2019 中国城市规划年会论文集（20 住房与社区规划）.

[8] 清华大学建筑学院，万科住区规划研究课题组．万科的主张 1988-2004[M]. 南京：东南大学出版社，2004.

[9] 周四军，罗丹，熊伟强．我国城镇化水平和私家车保有量关系研究 [J]. 中国统计．2017（01）：26-28.

[10] 张磊．人车分流背景下对居住区道路人车混行的思考

[J]. 中外建筑 . 2009(07): 53-55.
[11] 邓述平，王仲谷主编 . 居住区规划设计资料集 [M]. 北京：中国建筑工业出版社，1996.
[12] 陈燕萍，卜蓉 . 对居住区交通规划指导模式的反思 [J]. 建筑学报，2002(08): 10-11.
[13] 万勇，王玲慧 . 居住区人车交通组织研究 [J]. 新建筑 . 2000(02): 39-41.
[14] 万科建筑研究中心 . 万科的作品（1988-2004）[M]. 南京：东南大学出版社，2004.
[15] 清华大学建筑学院万科住区规划研究课题组 . 万科的主张 [M]. 南京：东南大学出版社，2004.
[16] 朱一荣 . 小区规划中的“混合”与“分离”——以北京市居住小区为例 [J]. 城市建筑，2009(01): 25-27.
[17] 谷胜洪 . 城市高层居住小区停车空间设计研究 [D]. 重庆：重庆大学，2012.
[18] 许建和 . 住区停车问题分析及对策 [J]. 建筑学报，2004(04): 58-60.
[19] 王仲谷 . 愿“试点之花”常开，让生活更加美好——上海三林苑小区规划设计 [J]. 建筑学报，1996(07): 11-16.
[20] 贺松，陶杰 . 多层停车楼在城市住区中的应用探索——以广州市为例 [J]. 城市规划，2015(04): 82-89.
[21] http：//jingji.cntv.cn/2012/09/18/ARTI1347939150273118.shtml.
[22] https：//baijiahao.baidu.com/s?id=1640353286787398428&wfr=spider&for=pc.
[23] 杨靖，岳文昆 . 住区阳光地下车库设计 [J]. 建筑与文化，2012(11): 56-57.
[24] 郭黎明 . 城市居住区停车规划设计研究 [D]. 西安：长安大学，2010.
[25] http：//www.360doc.com/content/15/1206/10/11387532_518262415.shtml.
[26] 王丽 . 住区景观环境研究 [D]. 合肥：合肥工业大学，2001.
[27] 戴宗辉 . 迈向 21 世纪的城市住区生态环境设计研究 [J]. 安徽建筑，1998(06): 97-98.
[28] 刘斌 . 江南园林营造手法在现代住区景观设计中的运用研究 [D]. 保定：河北农业大学，2017.
[29] 张凯 . 中国传统造园法在现代住区景观营造中的应用 [D]. 天津：天津大学，2017.
[30] 冯慈 . 关于现代住区园林景观环境的设计研究 [J]. 智能城市，2019，5(10): 31-32.
[31] 徐春英 . 中国传统院落模式在城市开放住区景观中的设计研究 [D]. 成都：西南交通大学，2016.
[32] 谢润泽 . 乡土景观元素在居住区景观设计中的应用研究 [D]. 长沙：中南林业科技大学，2013.
[33] 吴晓君，范桂芳，田娣 . 住区建筑与景观一体化设计应用探究 [J]. 现代园艺，2018(24): 72-74.
[34] 陈亮 . 现代住区园林景观精细化设计浅析 [J]. 中国建筑金属结构，2021(10): 86-87.
[35] 张琢 . 住区景观标准化体系的建构与应用研究——以济南万科城项目实践为例 [J]. 住区，2019(05): 136-141.
[36] 陈莹 . 住区景观标准化设计关键技术研究 [J]. 居舍，2018(23): 45.
[37] 李汉飞 . 环境为先　巧在立意——浅谈居住区环境景观设计 [J]. 中国园林，2002(02): 11-12.
[38] 王琼 . 多感官理念在开放式住区中的景观设计研究 [D]. 合肥：合肥工业大学，2018.
[39] 王税 . 基于环境行为学视角下城市既有住区“积极空间”的重塑策略研究 [D]. 昆明：昆明理工大学，2021.
[40] 杨翕然，唐文 . 基于环境行为学及 POE 方法的住区设计策略优化——以昆明市书香大地小区为例 [J]. 城市建筑，2021，18(15): 42-44.
[41] 裴晓燕 . 广州城市住区儿童户外活动场地的景观安全性设计研究 [D]. 广州：华南理工大学，2017.
[42] 赵一，陈宇婷，刘安迪 . 既有住区景观适老化设计提升策略与方法 [J]. 教育艺术，2021(01): 35.
[43] 殷利华，张雨，杨鑫，万敏 . 后疫情时代武汉住区绿地健康景观调研及建设思考 [J]. 中国园林，2021，37

(03): 14-19.
[44] 林墨飞，高艺航 . 健康视角下住区慢行系统景观设计 [J]. 室内设计与装修，2020(09): 14-15.
[45] 邵宁 . 基于环境心理学理论的城市住区景观设计研究 [D]. 绵阳：西南科技大学，2017.
[46] 徐坚，丁宏青 . 城市住宅外部景观环境初探 [J]. 华中建筑，2002(01): 51-52.
[47] 刘晓惠 . 生态·功能·美学——一体化的居住区景观设计理念 [J]. 江苏建筑，1999(04): 96-99.
[48] 李靖莹，王明非 . 城市住区绿色景观设计探析 [J]. 山西建筑，2019，45(01): 187-189.
[49] 曹林森，徐欢，李红 . 基于微气候效应的住区景观设计研究 [J]. 建设科技，2020(22): 84-88.
[50] 张艳，梁尧钦，黄希为，等 . 浅谈既有住区海绵化改造中的植物选择与应用 [J]. 南方建筑，2020(05): 50-56.
[51] 沈丹，梁尧钦，王芳，等 . 既有住区海绵设施与景观系统有机融合技术 [J]. 给水排水，2021，57(08): 99-105+116.
[52] 赵雪秀 . 海绵型住区方案雨水消纳能力与热环境综合评价方法研究 [D]. 南宁：广西大学，2021.
[53] 张晶晶，夏小青，董淑秋，等 . 既有城市住区海绵化改造模式探讨 [J]. 北京规划建设，2021(03): 119-123.
[54] 翁敏 . 基于生态环境优先的绿色住区规划研究 [D]. 天津：天津大学，2020.
[55] 陈岩，孙弋宸，李书博，等 . 历时性与共时性理论下住区景观设计探索 [J]. 城市建筑，2021，18(04): 165-168.
[56] 姚雪艳 . 住区外环境营造与创建房地产品牌 [J]. 住宅科技，1999(05): 21-23.
[57] 张升 . 乡土景观元素在现代城市住区景观设计中的应用研究 [D]. 合肥：安徽建筑大学，2014.
[58] 王炜巍，汪波 . 住区景观设计标准化体系影响研究——基于不同主体视角 [J]. 上海商业，2020(10): 113-114.
[59] 楼成峰 . 彩叶树种在现代乡村景观特色营建中的应用 [J]. 现代园艺，2021，44(10): 92-93.
[60] 崔添禹 .POE 视角下的开放式住区公共空间景观设计策略研究 [D]. 青岛：青岛理工大学，2020.
[61] 柯鑫，许建强，韩雪 .2004-2018 年中国十五年住区景观评价研究进展 [J]. 住区，2021(01): 109-116.
[62] 卜玉兵 . 人性化的住区景观设计 [J]. 河北企业，2003(06): 41-42.
[63] 匡绍帅 . 隔代养育视角下济南市雪山路沿线住区交往空间评价与景观提升研究 [D]. 济南：山东建筑大学，2020.
[64] 谢卓亚，刘瑜，戚智勇 . "绿色细胞" 生态住区设计构想 [J]. 华中建筑，2021，39(09): 32-35.
[65] 鱼文宏 . 西安市绿色生态居住小区规划设计策略研究 [D]. 西安：西安建筑科技大学，2020.

4

当代集合住宅的居住单元演变

4.1 住宅单体的演变与发展

4.1.1 整体概述

体现我国多层住宅套型发展演变的两个重要因素是“住宅面积标准”和“功能空间组成模式”。中国集合住宅单体形式的演化依托于社会政治、经济、文化与科技等各方面的综合发展。本章将以中国发展历程中的新中国成立、改革开放与住宅商品化三个重要社会发展节点作为分水岭，并通过对各阶段相关现实的阐述，分析我国居住模式在各阶段的发展特征，进而解读住宅单体形式的整体演化历程。

4.1.1.1 1949–1978 年：集体式低标准居住模式

新中国成立后，为恢复被战争破坏的国民经济，开始了三年经济恢复期，并在苏联经济模式影响下开始了“一五计划”，形成了中国福利分房制度，即统一管理、统一分配的公有住房实物分配制。紧接着“大跃进”和三年困难时期，政府提出先生产后生活的口号，住宅建设作为非生产性建设，处于不受重视的次要发展地位。住宅建设仅仅是满足居住目标为一人一张床的基本居住需求，人均居住面积为 $4m^2$。住宅设计是盲目学习苏联模式（图 4–1），引入苏联标准设计方法，不同标准住户单元组合形成单元式楼栋，通过一个楼梯居中连通几户人家，由于此时苏联整体发展超前，住宅面积标准较高，我国生搬硬套苏联人均 $9m^2$ 的标准与我国当时居住水平严重不符，造成了合理设计不合理使用的一套住宅多家合住现象，即一个家庭只有一间居室，这一间居室承担着用餐、起居以及就寝多种功能，不同家庭合用厨卫。虽然此时我国住宅设计缺少方向，但学习了标准化设计方法，为之后基于我国现实快速设计住宅奠定了基础。1966 年开始了持续十年的“文化大革命”，社会动乱经济萧条，住宅建设也随即进入停滞状态。然而此时人口生育率居高不下，住房需求持续紧张，居住水平不增反降。由于资金压力，政府建设大批简易住宅，作为集体宿舍，也即俗称的筒子楼。走廊连接住户单元，卫生间共用，无厨房，烹饪事宜均在楼道完成，整体居住环境杂乱无章（图 4–2）。

图 4–1 苏联模式住宅

资料来源：https：//user.guancha.cn/main/content？id=144940.

1976 年之后，知青返城以及高生育率造成人

图 4–2 筒子楼

资料来源：https：//www.zcool.com.cn/work/ZMTkwOTc4OTI=.html.

口膨胀，进而增大住房供需矛盾；另一方面，中央由于环境压力开始保护耕地节约用地，北京、上海等大城市开始建设高层住宅，由于资金限制，通过连廊式提高电梯使用率，以节约造价。从新中国成立至改革开放以前这一阶段，由于技术限制，这一时期住宅多为砖混结构的多层住宅。预制楼板建设，住宅开间为 3m 为主，一定程度上也限制了住宅的设计。在这样的社会背景下，国家发展方向导致的集体大于家庭现象，使得住宅仅体现着有房可住的基本功能，形成集体式低标准居住模式，空间的家庭伦理受制于集体伦理。

4.1.1.2 1978-1998 年：家庭居住模式探索

1978 年，改革开放拉开帷幕。十一届三中全会后，中央提出住房改革政策，住房制度开始从福利住房体系逐渐转变为社会化保障体系，积极发挥中央、地方、企业与个人四方面建设住宅的积极性。住房建设的社会化打破了福利分房制带来的住宅低标准化，企业可以根据自身需求改善居住条件以及住宅设计质量。1980 年 4 月 2 日，中央提出了走住宅商品化道路的住房制度改革总体思路。同年 6 月，中央与国务院批转《全国基本建设工作会议汇报提纲》，宣告住宅商品化政策正式实施。商品化思路确定后，在全国范围进行大量住宅小区试点，带动了设计建造水平。80 年代的住宅设计基本沿用了当时的标准化和通用化设计模式，以多层单元式住宅为主，满足一人一间房的居住目标。

随着改革开放的进行，经济快速发展，科技不断进步，家用电器逐渐普及。到 1983 年，中国大城市电视普及率达到 86.33%。看电视成为家庭重要公共活动，对起居厅的需求也日益增长，从而催生出餐寝居分离的住宅形式，这一形式到 90 年代逐渐演变为“大厅小卧”模式。深圳作为沿海经济特区成为改革开放的试验田，在 1987 年完成“深圳土地第一拍”，最早开始住宅市场化转型，住宅设计受香港影响，开始建造适应岭南气候特征的高层塔式住宅。

80 年代后期，单位建房取代了国家统建，在有限土地与资金条件下解决职工居住方便问题，节地且适应性强的塔式高层（图 4-3）开始在沿海各城市涌现，并于 90 年代逐渐向内陆城市发展，多以见缝插针式的单栋住宅形式建设，以提高土地容积率。在改革开放的推动下，社会经济、文化、科技等方面的快速发展促使居住模式由新中国成立初期的集体式低标准化居住模式逐渐转变为对家庭式舒适居住模式的探索，形成大厅小卧居住形式，为今后住宅多样化发展提供了标准。

图 4-3　高层塔式住宅

资料来源：https ://shenzhen.leyoujia.com/xq/detail/1693.html.

4.1.1.3 1998 年至今：市场多元居住模式探索

1998 年 7 月，国务院发布《关于进一步深化城镇住房制度改革　加快住房建设的通知》，宣布从同年下半年开始全面停止住房实物分配，住房彻底商品化，其供应由政府和单位转向房地产企业，房产企业如雨后春笋迅速崛起，房地产市场发展迅猛。1999 年，由中华人民共和国建设部修订的《住宅建筑设计规范》GB 50096—1999 明确提出了对于起居厅的要求，并对各房间的最低面积标准进行了调整。国家不再限制住宅的最大面积，只对最低限额做出规定，以保障适当的居住水平，因此代表不同居住标准的住宅空前丰富起来。

随着城市化的推进，住宅区建设也扩展至城市近郊以及远郊，由于地价低于中心城区且用地范围广、限制小、市政道路网络不断发展完善与家用汽车普及，住宅设计理念也逐渐转变为绿色、节能、生态等可持续发展方向，住区规划设计更注重环境、景观的营造以及公共空间的处理，地产商开始了远郊造城运动，形成以多层单元式为主、混合适量小高层住宅的庞大居住区组团，以满足工薪阶层的舒适居住需求，如深圳万科四季花城（图 4-4）。

城市的不断发展致使建设用地日趋紧张。发达城市中，务工人口的不断涌入，多层住宅搭配高层住宅，开始成为改善居住类产品和提升居住区整体品质的主流居住模式，且具有一定竞争力。因此以万科为代表的地产企业学习借鉴西方传统居住建筑洋房的空间特色，结合中国传统对住宅的情感归属特性，开始了多层情景洋房的探索，如天津万科水晶城（图 4-5）。然而，随着 1994 年开始的“限墅令”到 2000 年后发达城市地区“限墅令”的不断升级，让别墅产品体系受到压制，独栋、联排、合院等别墅产品类型逐渐减少，以实现合理开发土地、高效利用土地并减小资源浪费的目的。另一方面，随着城市经济结构的优化及进程加快，中产及以上的改善型客户群基数不断扩大，在自古“有天有地有院”的居住情怀的影响下，对“别墅梦”不断憧憬，高端产品市场供不应求。

别墅产品的稀缺性引发了市场的关注，在 2012 年国土资源部和发展改革委联合印发《关于发布实施〈限制用地项目目录（2012 年本）〉和〈禁止用地项目目录（2012 年本）〉的通知》。根据这一规定，住宅项目容积率不得低于 1.0，别墅

图 4-4 深圳万科四季花城

资料来源：https://shenzhen.leyoujia.com/xq/detail/5.html.

图 4-5 天津万科水晶城

资料来源：http://www.cityup.org/Photo/planning/20091109/55748-4.shtml.

类房地产项目首次列入最新颁布实施的限制、禁止用地项目目录。在政策明令禁止情况下，面对大量容积率较高地块，住宅产品如何兼顾流量与溢价成为开发商的一大难题。在高低配的规划形式成为行业大势所趋的情况下，对容积率压力较小同时具有较高溢价能力的叠墅产品（图 4-6），逐渐被市场推崇。我国中小城市相比发达地区人口数量有限，土地资源相对缓和，以及消费者日益提高的居住舒适需求和住宅量的需求，单元式小高层住宅（图 4-7）以其兼具多层和高层住宅的优点，得以在我国中小城市盛行。小高层住宅可以有效节约用地，

图 4-6　叠墅群

资料来源：https：//hz.house.ifeng.com/homedetail/275648/picture_design.shtml.

图 4-7　小高层住宅

资料来源：http：//house.qingdaonews.com/xinloupan/zixun/202005/27/item21268-5413.htm.

提高居住区容积率；同时，小高层具有良好的户型设计和适中的售价。户型多为一梯两户，日照通风俱佳，同时消防疏散要求小于高层住宅，公摊面积较小，得房率较高，施工周期短以及建设成本低，较适合中小城市消费水平。

2000 年以后，城市建设在房地产市场推动下开始突飞猛进式发展。2004 年 3 月，国家发布了土地“招拍挂”政策，要求通过招标、拍卖、挂牌的方式进行土地使用权的出让。政策提高了土地交易透明度，同时也带动了地价攀升，城市中心区地价飞涨，城镇化带来的大量流动人口进入城市，住宅需求高涨，高层塔式住宅因有效解决了大量居住需求而得以快速发展。

在城市化带来巨大的环境资源压力与住宅刚需的情况下，不论是在建设数量还是建设高度上，高层住宅在 2000 年后进入大规模建设时期。在经历 2003 年非典疫情后，塔式高层住宅的卫生条件受到质疑，大众对住宅通风、日照等影响健康居住的物理性能提出了严苛的要求。相应地，结合塔式高层与板式高层容积率较高、住宅均好性等优点的板塔式高层住宅开始兴起（图 4-8）。

当城市发展扩张趋于饱和、人口过于密集、经济更加发达时，城区的建设用地紧缺，城市发展回归中心，瞄准土地利用率低的“城中村”地块，开始了城市“旧改”即城市更新运动，而住宅建设也多依托于此。城中村大多位于城市核心地段，土地经济价值比较高，但是城中村缺乏统一规划和管理，房屋容积率较低，造成土地利用率和产出率低下。通过旧改提升土地的利用率，以城市二次开发实现建设用地循环利用，有效拓展了城市的空间容量。整合优化土地资源利用，为公共基础设施、市

图 4-8　高密度塔楼与短板式住区对比

资料来源：https：//www.archdaily.cn/cn/800809
https：//shenzhen.leyoujia.com/xq/detail/5663.html.

政路网和绿地提供更多规划空间，促进节约集约用地。由此，超高层住宅、类居住建筑的公寓拔地而起，最大化利用土地及周边环境资源，其多采用综合开发模式，与酒店、办公结合形成更加密集的城市景观，提升了城市形象。

20 世纪 90 年代末随着广深地区逐步开始城市旧改而率先建设超高层住宅，到 2000 年后北京、上海等发达城市也陆续建设，2010 年后在各区域经济高度发展下超高层住宅在中小城市迎来了不同程度的发展；而在 2018 年国家出台的《城市居住区规划设计标准》GB 50180—2018 规定，住宅建筑高度控制最大值为 80m，超高层住宅时代慢慢走向终结。在 1998 年住宅完全商品化后，住宅作为产品投放市场接受检验与筛选，由于市场的复杂性和多样性，满足不同圈层消费者的居住需求是住宅商品化后建设发展面临的首要难题。同时，由于社会发展的有关资源与环境的现实约束以及房地产泡沫经济的刺激，住宅建设发展出了低层低密度、多层高密度与高层高密度的多元聚居模式。随着建设用地容积率的提高，独立及半独立住宅构成的居住社区与全部多层住宅居住区逐渐退出建设舞台，高容积率的高层、超高层集合住宅居住区（图 4-9）以及高低配混合居住区成为发展主流。

4.1.2 时代发展中的住宅特征

4.1.2.1 早期低多层时代

1949 年新中国成立后，总体经济能力较差，资源分配策略又“重生产轻生活”，住宅建设长期处于弱势，建筑材料以木材和砌块为主，住宅无电梯，由于社会背景的无形压制与相应设计技术条件

图 4-9　深圳万科金域蓝湾超高层住宅

资料来源：https：//shenzhen.leyoujia.com/xq/detail/1048.html

缺失，住宅以低层—多层为主。新中国成立初期到改革开放以前，城市发展进程缓慢。住宅在非生产性建设发展下面积标准单一，城市所有住宅均按标准统一建造，社会各阶层居住情况类似。在这样的背景下，面对巨大人口压力，住房极度短缺，对功能的追求只能是有房可住。1953-1957 年“一五”计划实施，我国在苏联经济社会体制的影响下开始福利分房制度，并照抄苏联标准化住宅设计模式建设了一批单元式内廊住宅，在个人卫生和隐私方面缺乏考虑（图 4-10）。

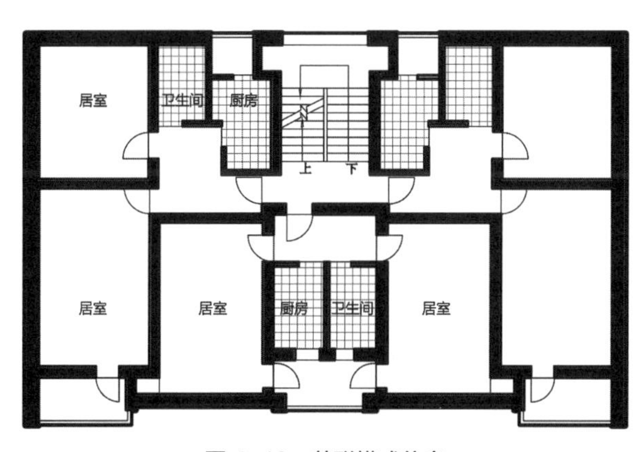

图 4-10　苏联模式住宅

资料来源：成佩.集合住宅范式解析[D].西安：西安建筑科技大学，2010.

“一五”后期，随着中苏关系疏离，我国开始意识到盲目学习的弊端并依据我国现实条件改进苏联模式，降低每户面积，避免北向户型，减小合住现象，独门独户思想初现。此时出现北外廊式住宅，与内廊式相比，通风日照条件得到明显改善。1966 年开始的“文化大革命”又使得住宅设计陷入停滞状态。动荡的政治背景与低迷的经济条件催生出了筒子楼。每户只有一间居室，每层设置公共卫生间，无厨房，烹饪过程均在走廊完成，整体卫生条件较差（图 4-11）。随着“文革”结束，70 年代后的国民经济稳步复苏，对于住宅建设的标准也在不断发展完善。1977 年修订的《职工住宅建筑标准》规定住宅建筑面积总平均应控制在每户 $40m^2$，人均约 $9m^2$，相比过去得到明显提高，以家庭为单位的独门独户成套厨卫小住宅被普遍接受。1983 年规定住宅以 1-2 居室的中小户型为主，平均每套面积规定在 $50m^2$ 以内。随着面积标准的增加，住户对居住文明程度也提高了要求，便扩大连接居室，厨房和卧室之间的走道形成小方厅，承担就餐、会客和临时居住的功能，相对保证卧室的隐私性（图 4-12）。

80 年代末电视机等进入每家每户，对空间提出了新的功能要求。1990 年中日两国开展的小康住宅研究于 1993 年通过《中国城市小康住宅研

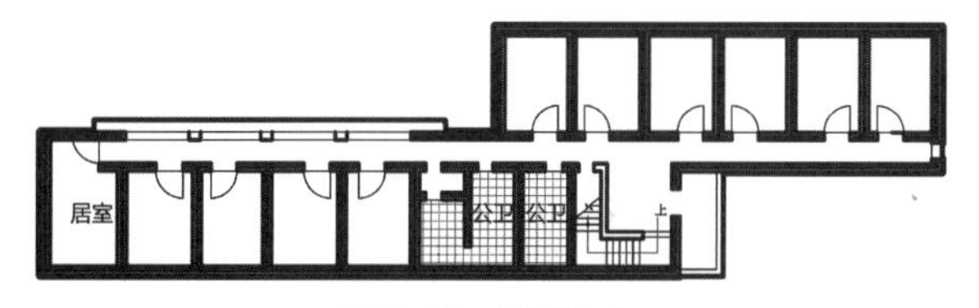

图 4-11　简易住宅

资料来源：清华大学建筑系徐水人民公社规划设计工作组.徐水人民公社大寺各庄居民点规划及建筑设计[J].建筑学报，1960.

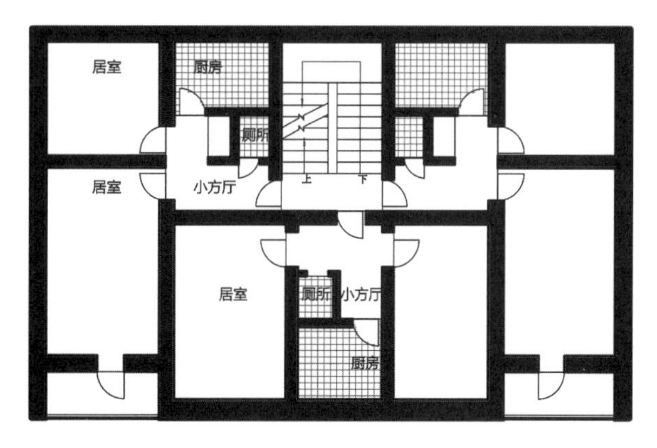

图 4-12　小方厅住宅

资料来源：吕俊华.1840-2000 中国现代城市住宅[M].北京：清华大学出版，2005.

究》报告，确定 NLDK 居住模式，为住宅发展提供理论指导，进而出现了以起居室为中心的“大厅小卧”住宅，以公共活动空间起居厅作为核心组织卧室和厨卫，自此开始以“几室几厅”来命名不同套型（图 4-13）。1998 年之后全面施行住宅商品化，面积标准的提高和经济发展使得人们不仅满足于居住需要，并且追求住宅舒适度。1999 年国家实施“康居示范工程”，旨在提升住宅设计、施工、居住生活质量，市场上出现了相对完善的舒适性住宅。

21 世纪初，一线城市开始大规模郊区造城运动，为大批工薪阶层提供大量经济舒适的多层住宅，整体采用小面宽、大进深的单元式一梯二户的单体形式，具有明显节地效果。户型主要有两室两厅和三室两厅两种，采用南梯和北梯两种组织方式形成一梯两户单元式住宅。南梯两室两厅单体，全明设计，平面紧凑，空间利用率高，起居与卧室动静分区明确，不足在于厨房凹槽采光，通风不佳，单元拼合会相互干扰。北梯式主要卧室和起居室南向布置，厨房和次卧北向布置，空间利用合理，各空间联系紧密，使用方便，如深圳四季花城（图 4-14）。

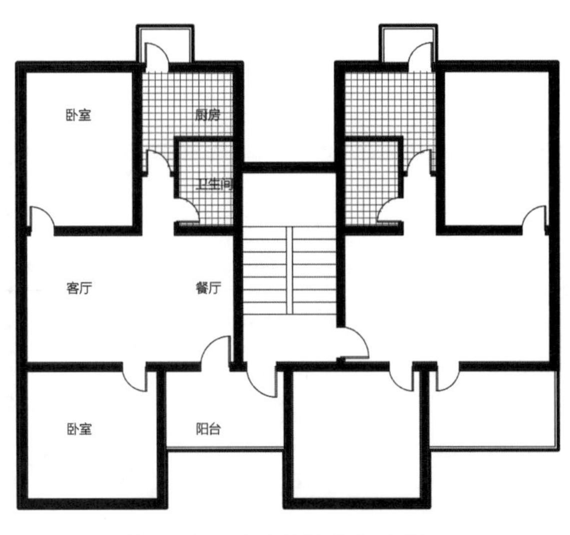

图 4-13　低面积标准的起居型住宅

资料来源：成佩．集合住宅范式解析 [D]. 西安：西安建筑科技大学，2010.

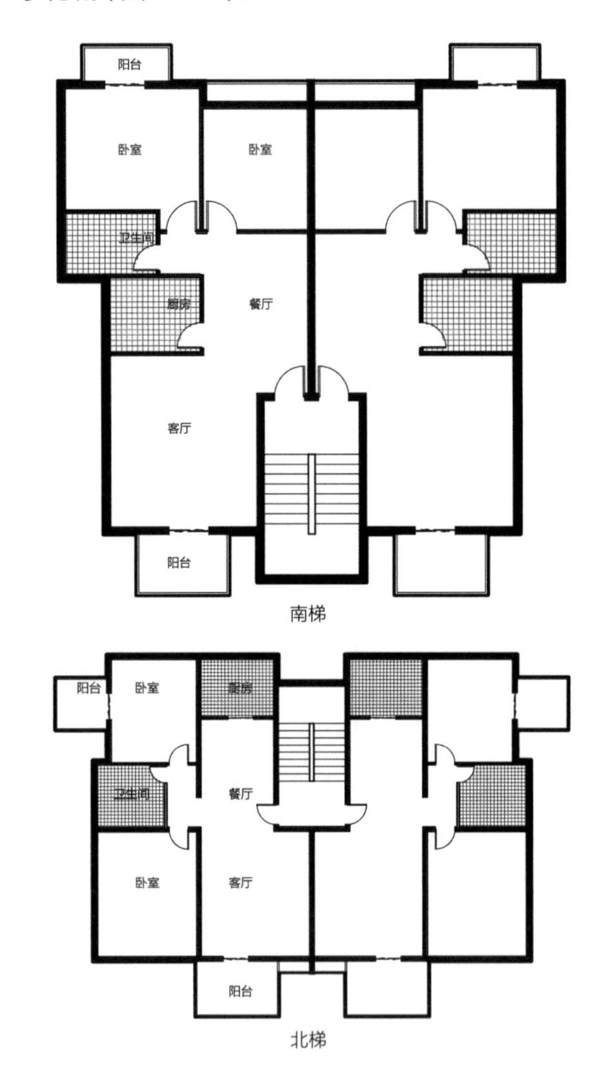

图 4-14　深圳四季花城北梯两室两厅起居型住宅

资料来源：成佩．集合住宅范式解析 [D]. 西安：西安建筑科技大学，2010.

4.1.2.2 小高层时代

小高层住宅从产生、发展到逐渐被人们接受，大致经历了三个阶段：

第一阶段：20 世纪 80 年代，大多数小高层住宅都是在多层住宅平面的基础上加高，因经济条件和福利分房的限制，电梯数量少且多采用长外廊式、短外廊式或内廊式布局。户与户之间干扰大，客厅较小，卫生间多为暗厕，交通距离过长，临走廊卧室私密性较差（图 4-15）。

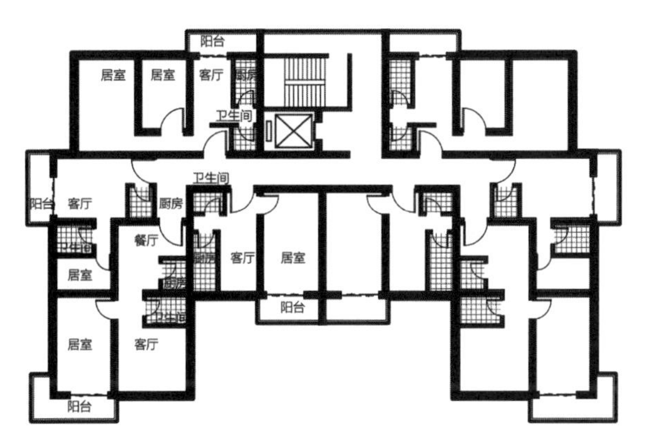

图 4-15　20 世纪 80 年代小高层

资料来源：辛欣．集合住宅范式解析 [D]. 西安：西安建筑科技大学，2010.

第二阶段：20 世纪 90 年代，房地产市场迅速崛起并如火如荼地发展，各种类型的小高层住宅应运而生，单元式、塔式小高层住宅成为商品房开发中较为常见的形式（图 4-16）。

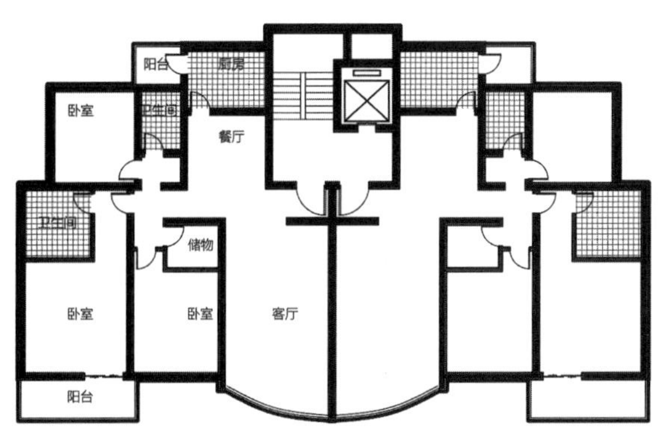

图 4-16　20 世纪 90 年代小高层

资料来源：辛欣．集合住宅范式解析 [D]. 西安：西安建筑科技大学，2010.

第三阶段：20 世纪 90 年代末至今，城市化进程进一步加快，板式小高层住宅因其通风朝向均好、高度密度适中、结构造价经济、室外空间较大等优点而异军突起，发展迅猛，且室内各功能空间不断优化组织，品质提升，在房地产市场上受到消费者的青睐。在新世纪之初，发达城市因快速城市化进程而开始了远郊造城运动，具有代表性的即万科集团在深圳建设的四季花城项目，该项目主要以多层住宅为主，搭配小高层住宅（图 4-17）。

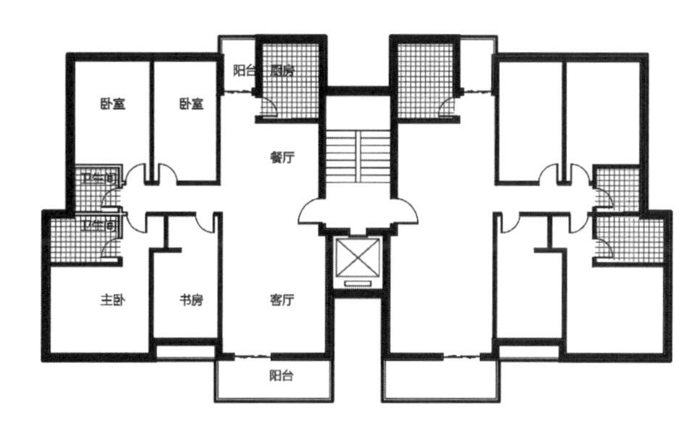

图 4-17　2000 年后小高层

资料来源：倪丙银．栖居变迁探析 [D]. 昆明：昆明理工大学，2009.

随着居住标准与建设标准的提高，之后的单元板式小高层住宅为提升整体居住品质，在低层结合洋房形成退台式居住空间并单独入户，打造情景洋房居住体验，在顶层结合别墅复式空间打造极致墅居体验，形成了丰富的单体形式。

单元板式小高层住宅其实是将中高层住宅在层数和技术规范上的优势与单元板式住宅套型南北通透的特点结合起来，满足了开发商对建筑密度和容积率的要求以及住户对住宅经济舒适性的要求，适度优化了土地资源粗放化利用，进而成为一种经济适用的住宅类型被广泛发展建设。

4.1.2.3 高层时代

1. 萌芽期

我国早期高层住宅开始于 20 世纪 70 年代中后期的北京、上海地区，为内外廊式的板式高层平面，由于居住标准低，只能采用居、餐、寝合一的模式，卫生间靠近走廊布置，典型的宿舍楼式布局。这种板楼形式主要解决大量安置户的居住问题，对居住质量没做过多考虑。例如 1975 年建造的北京前三门大街高层住宅，全长 5km，占地 22hm^2，总建筑面积 60 万 m^2，其中住宅面积 40 万 m^2，平均层数 11 层，是新中国成立以来首次建设高层住宅群（图 4-18）。

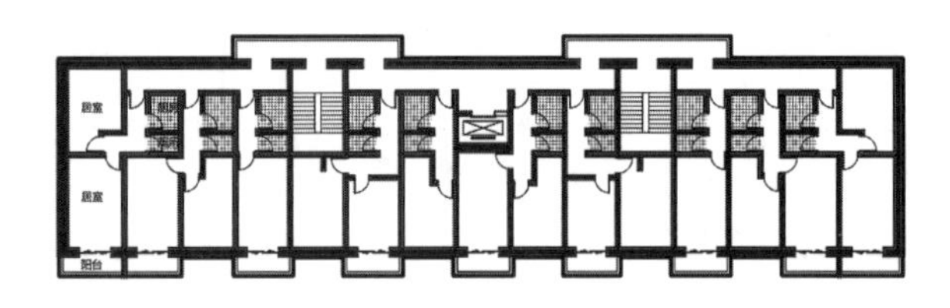

图 4-18　北京前三门大街板式高层

资料来源：徐敦源.现代城镇住宅图集[M].北京：中国建筑工业出版社，1996.

而此时塔式高层住宅在住宅群中一般发挥着调节规划布局、丰富城市景观的作用。如上例中沿街一般均匀布置 9~13 层的板式高层，在每地段的板楼之间插建了若干 11~15 层的塔式高层。单体上大多是方形或者以方形为单元进行横向局部重合和不重合拼接形成的 Z 字型平面。Z 字型平面交通核也有合并设置和分开设置两种。这一时期单体均好性较差，对日照和通风考虑不足，存在纯北向套型（图 4-19）。这一时期的住宅层数是增高了，但不论是内廊式还是外廊式平面，套型平面及建设标准都很低，许多设计还是沿袭了多层住宅的手法，形式上也只是多层住宅的增高体。

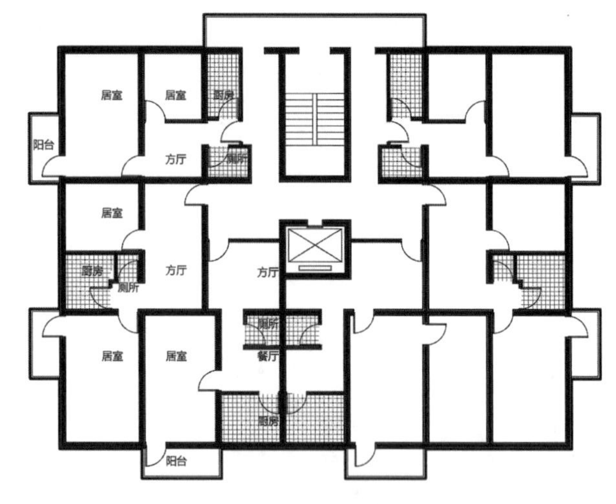

图 4-19　塔式高层

资料来源：赵乐，郭晋生.北京塔式高层住宅设计的回顾与展望[J].城市建筑，2008.

2. 多元探索期

1978 年改革开放，加速了我国经济发展，为住宅发展提供了许多机遇和挑战。1984 年 5 月，全国人大六届二次会议决定：城市住宅建设，要进一步推行商品化试点，开展房地产经营业务，允许按照土地在城市所处的位置、使用价值征收使用费税。从此，确立了土地有偿使用的原则，这也是房地产业发展的前提条件，为房地产的发展提供了机遇。1988 年在修订《宪法》时，规定“土地使用权可以依照法律的规定转让”，为房地产业提供了法律上的保障。随着土地权可出让和转让及住宅市场化的不断推进，深圳第一拍——1987 年深圳经济特区凭借其特区的政策优势，率先以土地所有权不变、土地使用权有偿出让的方式，转让了中国主权下的第一块地皮，接着又以招标和拍卖方式出售了特区的两块地皮，标志着中国房地产业真正开始成长。在深圳的带动下，中国沿海省市房地产迅速升温，东南沿海地区房地产业逐渐兴起。

（1）香港高层住宅形式——井字形单体：1985 年建设的深圳敦信大厦，一梯八户，围绕核心筒布局，通过前后或左右开设凹槽满足核心筒通风采光，同时保证每户有三个外墙面可采光，形体方正，场地适应性强。虽然其一半户型没有南向日照，凹槽处通风差和视线干扰，但在当时追求数量的情况下依然得到广泛发展（图 4-20）。

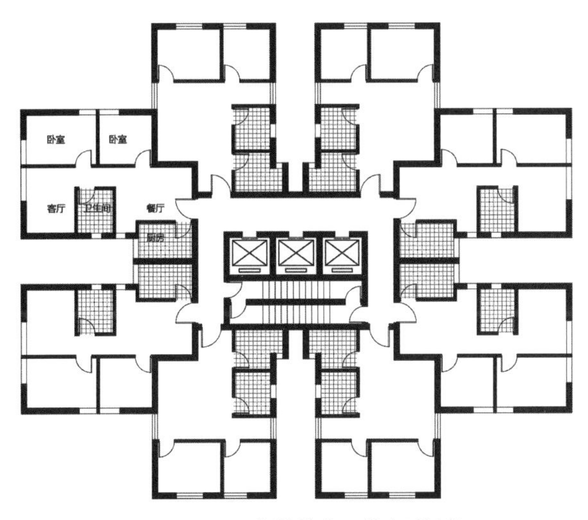

图 4-20　深圳敦信大厦井字型单体

资料来源：张东冬 . 深圳市高层住宅平面模式研究 [D]. 哈尔滨：哈尔滨工业大学，2009.

（2）蝶形·钻石形单体：塔式高层住宅不断发展，单体形式在井字形基础上演化出钻石形，即在井字形的基础上将垂直两户的客厅处理成并排，避免视线干扰，开阔了视野，但由于客厅空间不规整而没有被广泛使用（图 4-21）。同时期出现的蝶形单体平面，户户朝南的良好朝向，视野开阔，多用于争取较大景观面；其缺点在于有不规整空间以及平面较舒展，占地大（图 4-22），后期发展中没有得到广泛使用，仅在有特定的景观资源用地条件下改良使用。

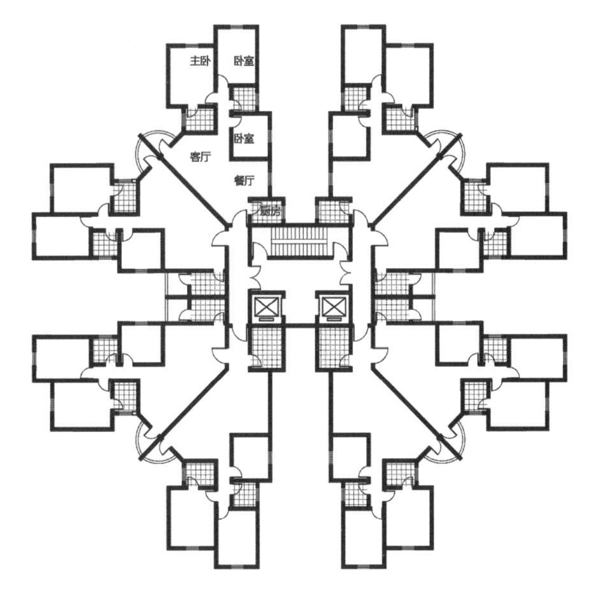

图 4-21　广州名雅苑钻石形单体

资料来源：刘华刚 . 广州塔式高层住宅设计的发展 [J]. 建筑实践，2013.

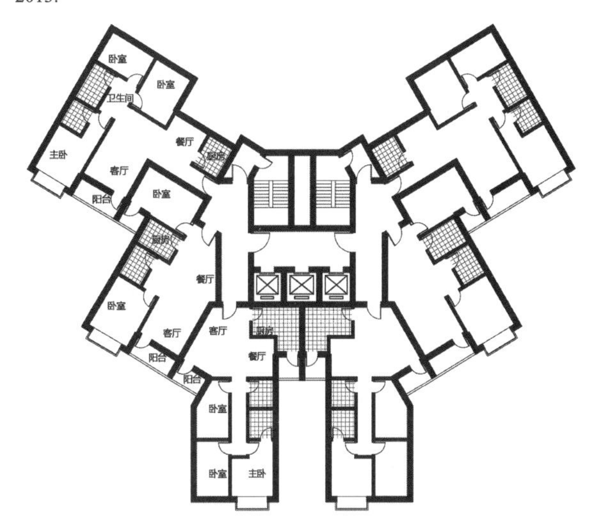

图 4-22　深圳华侨城蝶形单体

资料来源：张东冬 . 深圳市高层住宅平面模式研究 [D]. 哈尔滨：哈尔滨工业大学，2009.

3. 市场化发展期

这一时期，国家改革开放政策的进一步实施及房地产的兴起和高速发展、住宅设计规范的变化、住房制度改革，成为住宅设计建设发展中最主要的推动力。1998 年，国家发布实施《国务院关于进一步深化城镇住房制度改革　加快住房建设的通知》，意味着福利分房政策彻底结束，住宅建设进入完全市场化时代，全国房地产行业迅速发展。1999 年，国家建设部颁布了国标《住宅设计规范》GB 50096—1999 指导全国的住宅设计。新规范以套型分类，以居住空间个数和使用面积双指标来控制住宅设计标准。这是我国住宅建筑设计的重要转折点，它标志着我国居住水平开始向舒适型迈进。

（1）单元式一梯两户：2000 年后，随着城市住房完全商品化，城市扩张由中心向外发散，带动地产行业快速发展。城郊地区土地价格较低，用地充足，加上住宅标准的提高，以及人们对住宅舒适性要求的增长，早期住宅多以多层一梯两户单元式为主，搭配单元式小高层住宅形成居住社区，单元式一梯两户小高层住宅楼梯和电梯相对布置在两户之间，因其采光通风均好性，户户干扰小且结构简单、开发建设经济高效的特点，加之配备一部电梯，有较好的使用舒适度而逐渐兴起，如深圳万科的四季花城小高层。

（2）新蝶形单体：2000 年北京万科星园，由于用地充沛，在之前蝶形单体的基础上减小进深形成较大面宽的蝶形单体，提升端头户型的舒适度（图 4-23）。蝶形单体以较大的对外展示面具有的高景观视野优势结合单元式形成 Y 字形，其可拼接性可形成最大景观面来回应特殊场地优质的景观资源，如深圳万科金域蓝湾蝶形单体（图 4-24）。

2003 年暴发的“非典”可以说成为塔式高层住宅发展的一个转折点。以塔式高层住宅为主，且建筑密度颇高的香港成了“非典”的重灾区，从而

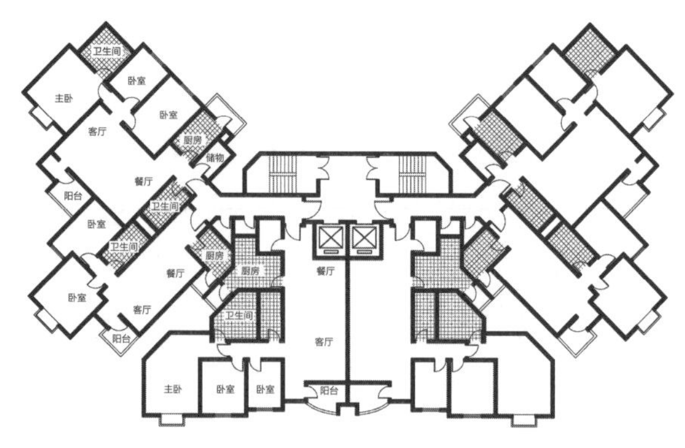

图 4-23　2000 年北京万科星园蝶形单体

资料来源：作者绘制.

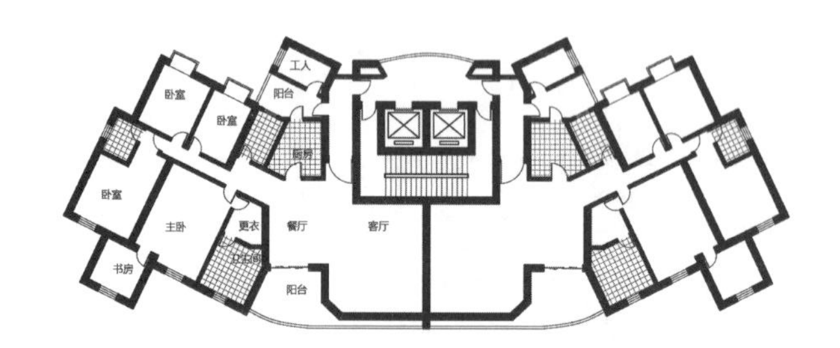

图 4-24　2002 年深圳万科金域蓝湾蝶形单体

资料来源：辛欣.集合住宅范式解析 [D]. 西安：西安建筑科技大学，2010.

引发了对塔式高层住宅的质疑，塔式高层住宅通风效果不佳等缺陷被逐一放大。同时，进入 21 世纪以后的住房数量不足，早已不再是我国住宅问题的主要矛盾，小康住宅成为发展的主题。人们对住房已经从追求数量逐渐转变为追求居住的健康和品质。一梯 8~10 户高住户密度的塔式住宅在这两方面需求的共同作用下发展逐渐缓慢，结合单元式一梯二户、一梯四户、一梯六户的塔式高层住宅以较合理的住户密度和居住环境而逐渐发展起来。

（3）工字形·T 字形单体：随着经济快速发展，带动了地产行业大规模发展，土地价格上涨，以及住宅消防规定 11 层以上需设两台电梯，其中一台为消防电梯，同时超过 54m 的高层住宅每单元每

层安全出口不少于两个，一梯两户单元式高层由于住户密度小，公摊面积大，电梯利用率不高，导致经济效益不高，因此一梯二户单元式高层住宅多为高端楼盘，产品为大平层户型。在现阶段中小面积户型为主力产品，一梯四户单元式工字形平面和 T 字形单体平面得到大力发展，以提高容积率和电梯利用率。其户型组合形式即在一梯两户单元式核心筒南向增加两户，两翼户型有较好的采光和南北通风，而端头两户型通风不佳，但由于面宽较大各房间朝向均好，同时这也对两翼户型产生一定的遮挡（图 4-25）。为了减小遮挡，提高两翼户型的整体品质，减小端头户型面宽，加大进深而出现 T 字形单体平面（图 4-26）。2005 年 3 月出台的“国八条”和 2006 年出台的“国六条”进一步提出一系列量化指标，包括限套型、限地价和限房价，重点发展中低价位、中小套型的商品住宅，住宅开始向小而精的方向发展。

（4）短板式单体：随着“国六条”“国八条”的执行，高层住宅朝着小而精的方向不断探索，同时

图 4-25　2007 年杭州魅力之城工字形单体

资料来源：作者绘制 .

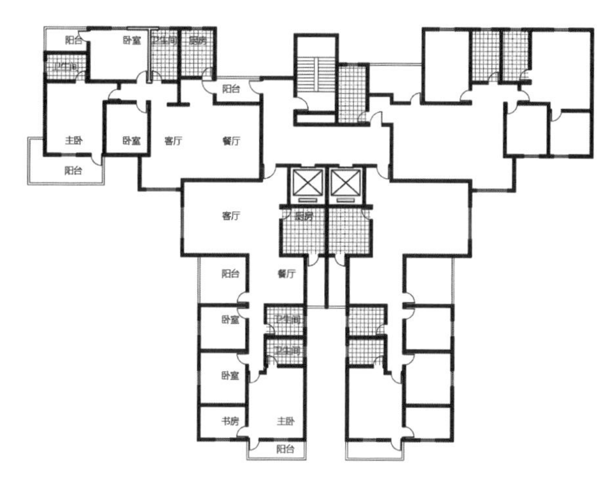

图 4-26　2007 年广州万科蓝山小区 T 字形单体

资料来源：作者绘制 .

也满足不同收入人群对于住宅面积不同程度的需求。随经济水平不断提升的居民居住水平需要住宅具有良好的日照采光环境，同时要保证中小户型分摊适宜的公摊面积，因此在上述 T 字形单体基础上加入了外廊，以改善整体物理条件。在 T 字形单体基础上将两翼大户型通过外廊与交通核相连，借此外廊实现端头两小户型的南北通风，或是分离核心筒，一个楼梯间和一部电梯为单元分布在两侧，通过外廊联系，满足两个安全出口要求；通过外廊与端头户型围合的天井实现南北通风，达到户户均好性原则，同时也降低了端头户型对两翼户型的干扰（图 4-27）。如今北外廊形式逐渐成为市场高层住宅主流产品。

（5）X 形・十字形单体：由于城市发展进程中土地稀缺，从最开始的一梯二户到上述一梯四户，同时出现了一梯六户的 X 型单体，通过 X 形体正南布置，下部两边分别布置两个小户型，上部两边各布置一个大户型，整体南大北小，实现 4 个边每套型都有南向日照，在保证户户居住品质的前提

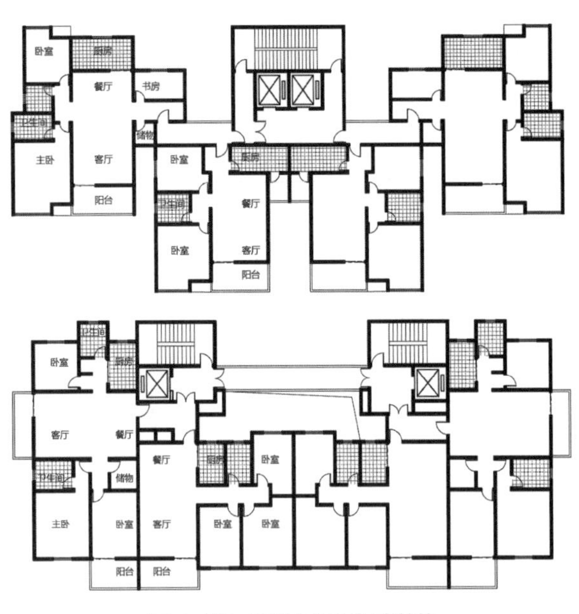

图 4-27　万科九江短板式单体

资料来源：万科公司研究文件 .

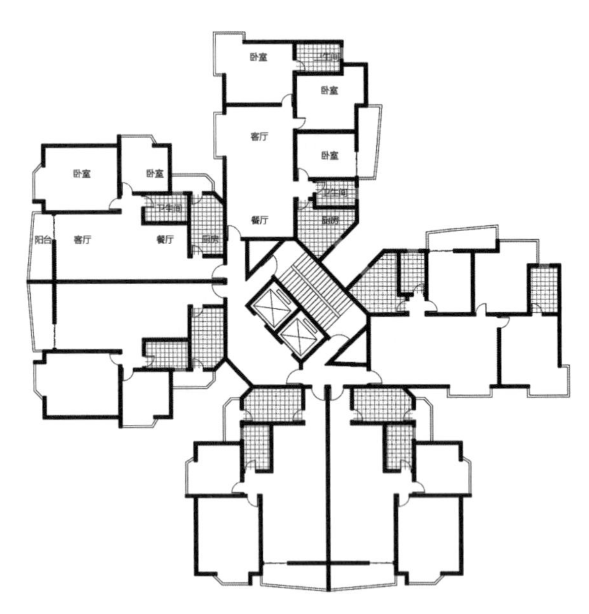

图 4-28　2008 年广州万科云山住宅 X 形单体

资料来源：辛欣 . 集合住宅范式解析 [D]. 西安：西安建筑科技大学，2010.

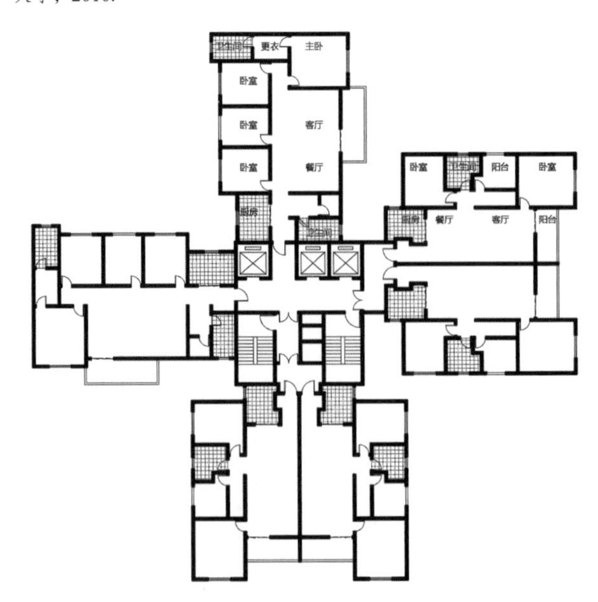

图 4-29　2010 年长沙万科金域华府十字形单体

资料来源：万科公司研究文件 .

下最大限度利用竖向交通空间。交通核通过交叉点的南北两侧得到自然通风和采光（图 4-28）。在此基础上，发展出了万科的十字形单体，优化了 X 形不规则的交通核，更好地组织入户流线（图 4-29）。由于十字形单体具有临空面大、均好性佳、容积率高、视野广、组合灵活等优点，成为万科标准化产品的原形单体，在 2013 年标准库基本定型完备，根据需求选择交通核，不同部位户型以及入户方式快速拼合优质的单体平面，实现标准化作业。

（6）多元发展·回归板式：2010 年后，高层住宅发展面临指标精控和空间创新的双重挑战，市场上出现了新的住宅单体。对于 20 世纪 90 年代末建造的塔式高层住宅在应对快速变化的社会进程而出现的建造与居住等问题，在城市更新运动的推动下，房地产企业对以往的井字形单体进行房型改造以适应当今居住需求（图 4-30）；2017 年万科推出的 LV 系列，单体呈 L 型或 V 型，实则为前述外廊短板式通过直角折叠所得变体，一般以直角正对南向布置，在板式同等面宽条件下由于转角做

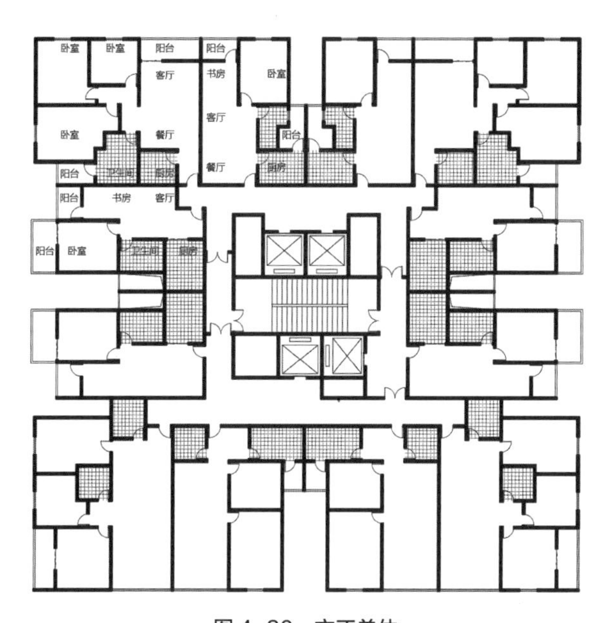

图 4-30　方正单体

资料来源：万科公司研究文件 .

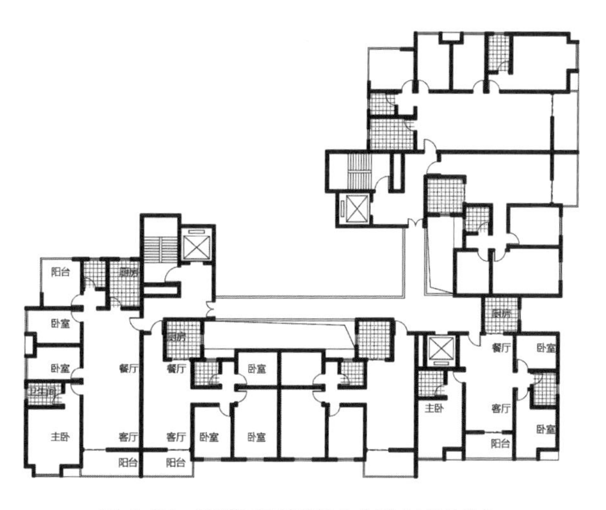

图 4-31　2017 年长沙魅力之城 LV 形单体

资料来源：万科公司研究文件 .

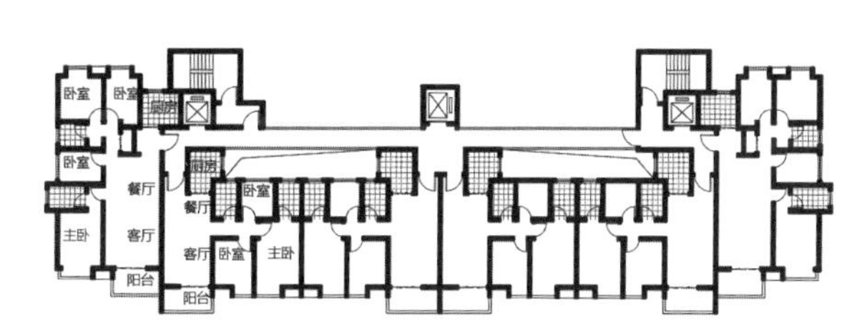

图 4-32　2017 年长沙魅力之城一字形单体

资料来源：万科公司研究文件 .

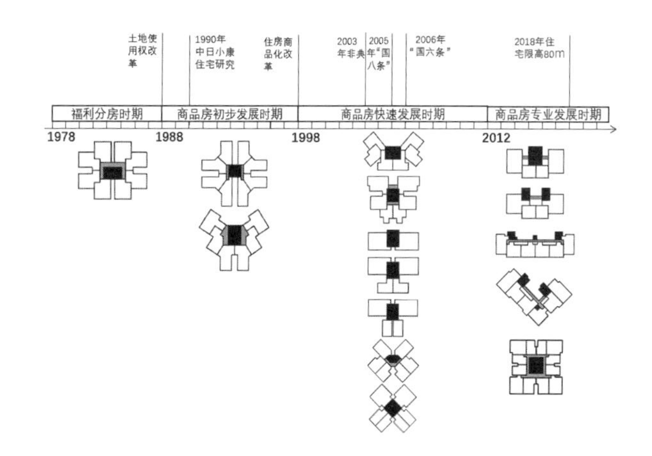

图 4-33　高层住宅演化图

资料来源：本研究观点整理 .

到更大南向面，在有一定景观资源的场地也可增大景观视野面，相比于纯板式做到相同户数朝南减小了楼栋面宽，加大了进深，达到一定的节地效果。与外廊短板式的连廊设计相同，打通中间户型的视线，做到户户南北通风（图 4-31）。魅力之城项目万科同时推出的一字形单体（图 4-32），采用外廊连接分离式核心筒，较长的外廊搭配住区景观提高外廊的景观性和实用度，户户均有广阔视野、南北穿堂风以及足够的南向日照，由于较大的面宽，对用地要求较大。可以看出 2010 年后随着物质水平的提高与设计技术专业性的提升，通过对已有单体形式进行科学研究和创新变化来应对不同区域环境和场地条件，并形成标准化设计模型库来实现特定地区住宅的快速设计与建造实施，高层集合住宅单体的设计又迈出了坚实的一步（图 4-33）。

4.1.2.4 超高层时代

城市经济发展水平与城市化率是超高层住宅

发展的物质基础。城市的 GDP 总量达到 3000 亿元以上开始出现超高层，GDP 总量达到 6000 亿元以上大量出现超高层；城市化率达到 60% 左右开始出现超高层，城市化率达到 80% 左右大量出现超高层。国内的超高层住宅引进自香港。香港于 20 世纪 60 年代开始发展高层住宅，到了 70 年代，香港的地产业迅速兴起，由于地少人多，且人口不断增长，土地综合利用便成了主要目标，高层公屋大规模建设，随着香港城市中心土地供应日渐稀缺，以及越来越高的土地价格，催生出了香港的超高层住宅，到 90 年代其住宅层数达到平均 40 层，21 世纪以后突破 70 层，而房地产开发商为了使稀缺的土地有更高的产出，给超高层住宅附加更多的卖点，开始引入 360 度海景、空中花园、高空宴会厅、健身场、高新科技应用等，高附加值又推高了房价，成就了一间间天价豪宅，为地产开发商带来了巨大的收益。90 年代末，大陆沿海城市如广州、深圳作为学习香港的先锋，开始建设超高层住宅，如 1998 年深圳万科俊园，地上 49 层，建筑高度 160m；1999 年广州东湖御苑，地上 47 层，建筑高度 150m。2000 年后，经济高度发达的北京和上海城市化进程加快，它们也相继建设起超高层住宅，如 2004 年上海世茂滨江花园 。

随着 2004 年辽宁省的棚改启动到 2008 年全国范围的城市棚改，城市发展重点从外缘重新回到城市中心区，同时二三线城市的经济水平快速发展，中心区用地紧张而开始大量建设超高层住宅，超高层住宅开始出现井喷。

2018 年国家出台《城市居住区规划设计标准》GB 50180—2018，规定住宅建筑高度控制最大值为 80m，意味着超高层住宅时代走向终结。超高层住宅主要有两种发展模式：首先是价值主体模式。资源方面，拥有一线海景或江景资源；规模方面，多为 100 万 m^2 以上的大规模项目；容积率高，密度低；多定位于顶级，综合体运营；规划排布多为纯超高层单排布置，降低密度，注重景观获取；户型方面，多为两梯两户，三梯三户，两梯三户，舒适性高，观景最大化（图 4-34）。其次是形象主体模式。资源方面，多为湖景、河景等二线景观；规模方面，多为 30 万 m^2 以下的中等规模项目；多定位于中高档，纯住宅项目；规划排布搭配多高层住宅，分摊高容积率，超高层相对独立集中排布，占据优势景观；户型方面，多为四梯五户，在满足基本舒适的前提下，赠送面积为最大卖点（图 4-35）。超高层住宅因城市中心回归的旧改运动而广泛兴起，又因政策限制而逐渐失落，同时结合商业、酒店、写字楼等业态的超高层类居住建筑的公寓也蓄势待发，成为大众居住生活以及城市景观中的重要部分。

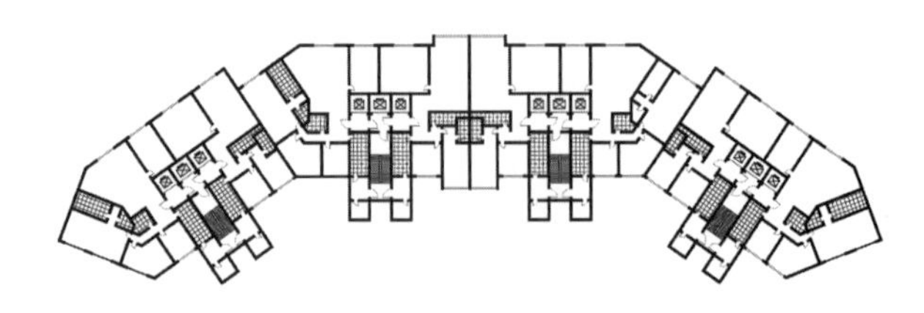

图 4-34　南京世茂滨江

资料来源：姚志凌．超高层住宅建筑标准层设计研究 [D]. 长沙：湖南大学，2017.

4.1.2.5 叠墅洋房时代

1. 情景洋房

2000 年后，房地产业迅猛发展，为提高产品在市场上的竞争力、满足多元使用者不同的需求，房地产企业做了新的尝试，高层住宅皆在满足高容

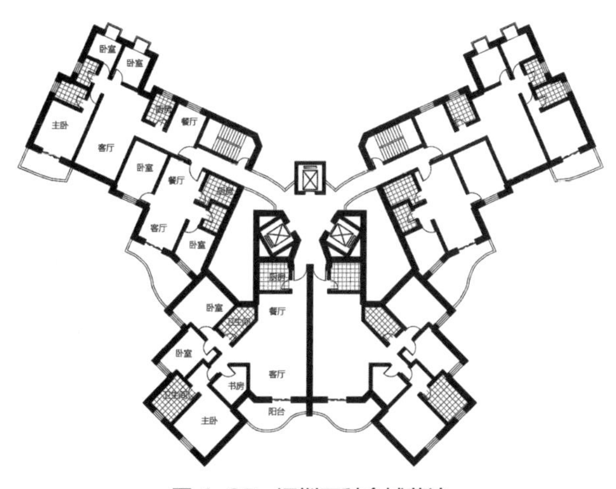

图 4-35　深圳万科金域蓝湾

资料来源：姚志凌．超高层住宅建筑标准层设计研究 [D]. 长沙：湖南大学，2017.

积率与住宅刚需，多层住宅则成为提升项目品质和产品溢价、满足中高收入客群改善性居住需求的新角色。在持续严格的限墅令的约束下，开发商创新发展出了情景洋房与叠拼别墅，重新定义多层住宅的价值。万科在 2003 年创新推出深圳四季花城三期“情景洋房”，以国外传统居住建筑层层大露台的洋房形式来营造户户之间视线、空间上的互动交流的社区开放情景。该项目多为 4-5 户的垂直叠加，集合程度高于叠墅，户型多为平层空间，顶层户型多为带跃层的复式空间，以提升竞争力。情景洋房的发展大致分为三个阶段：初期是对入户空间组织的探讨；中期对室内外空间进行丰富变化，出现地下室和合院等；后期是空间简化，首层和顶层极致别墅体验，其他层结合阳台，统一形式，逐渐趋于公寓化，层数达到 7~11 层。例如 2004 年推出的天津万科水晶城，首先是丰富的入户方式，首层独立小院入户，二层通过单元中部外接楼梯到达二层露台入户，三四层通过外接楼梯进入单元楼梯间实现入户。入户形式打破单一楼梯间入户的单调，使每层住户有不同的回家感。其次是独立的私人户外空间，首层是花园，二三四层有室外大露台，开放社区公共界面，促进互动交流。最后是优质的室内空间，大横厅充分接受南向日照，以及四层的跃层户型加上北向大露台，丰富了空间层次和体验（图 4-36）。该案例很好地体现了设计对于空间组织的探讨。

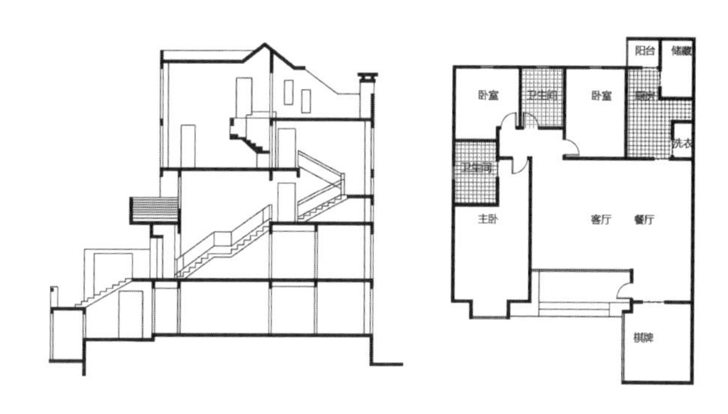

图 4-36　2004 年天津万科水晶城情景洋房

资料来源：李明亮．集合住宅名家名作品析 [D]. 西安：西安建筑科技大学，2011.

2007 年的广州万科南山小区住宅产品类型丰富，包括高层住宅、合院情景、联排别墅以及叠拼别墅等，小区的容积率依靠高层住宅面积作为支撑。其特色产品合院情景洋房是“情景洋房”的升级，它承袭了入户私园和露台的情景洋房特色，又加入了对“院”的表达，情景院落打破了传统行列式规划布局，为社区居民提供了一个处于公共空间和私密空间之间的中间层次，使人们更好地亲近自然，这也是对人的居住生活精神需求的思考而赋予产品设计的附加值（图 4-37）。2005 年的成都万科金色家园，将情景洋房引入常规的电梯公寓中，将其改造成电梯洋房，包括低层的院落洋房、退台式洋房、中间层的空中情景花园洋房，以及顶层跃式观景洋房等多种形态，形成了丰富的建筑造型，

图 4-37　万科蓝山小区合院洋房

资料来源：万科公司研究文件 .

满足多元人群的需求，也使得高层住宅有了很好的接地性和邻里亲切感（图 4-38）。洋房与小高层相结合，互为补充，形成较成熟的电梯洋房形式，被市场广泛接受。

图 4-38　金色家园电梯公寓洋房

资料来源：张纪文，邢鹏主编；万科的作品 2005-2006 中英文本 [M]. 北京：清华大学出版社，2007：219.

2. 叠拼

叠拼别墅是 TOWNHOUSE 的叠拼式的一种延伸，介于情景洋房和联排别墅之间，综合两者的特点而形成。下层住户拥有私家花园，上层住户利用情景洋房退台式的处理手法，形成屋顶露台。独享的露天花园使居住空间层次进一步丰富，住宅品质得到提升。

叠拼别墅一般是由具有别墅特征的复式住宅在垂直方向上叠加在一起而形成。利用立体套型结构，使动静分区以及公共空间与私密空间的处理更加合理化，提高住宅利用率，住宅格局进一步趋于完善。可以说，叠拼别墅兼顾经济性和享受性，且综合了情景洋房和联排别墅的特点，形成了独特的结构形式。叠拼别墅多为 4-6 层，通常在垂直方向上为 2~3 套别墅的叠加。因此，叠拼别墅集合程度不高，住户数量较少，避免了不同人群之间的相互干扰，居住环境纯净，提高了私密性和独享性。与情景洋房相比，叠拼别墅的住宅品质更高，能使人产生户户有天有地的居住空间感受。底层单元住户拥有私家庭院，上层单元住户利用退台方式形成较大面积露台，充分享受室外空间。由于供地条件限制，国内很少有低容积率地块供应，大量供应的是 2.0~2.5 容积率的地块，开发商为了兼顾流量和溢价，高低配成为行业标配，对于容积率压力较小但又具备较大溢价的叠墅产品因此逐渐兴起。

此外，近年房价涨势明显，过大的别墅面积

带来的过高总价使得大部分更纯粹的别墅产品让人望而却步。但叠墅的常规面积可控制在 120-160m^2，总价可控，性价比高。不同程度做到见天见地，以及户内不同层的存在让城市新贵客户享受到独特的墅居体验，这也是叠墅溢价能力优于洋房的最主要原因。而且叠墅产品因为有了错层的概念，因此在产品附赠方式上也非常多样化，这对于客户有着很强的吸引力。 在这些综合因素影响下，叠墅产品逐渐兴起。

在严苛的发展环境下，叠墅想要稳住市场，面临着上中下叠资源不均衡的困境。上叠有阁楼，下叠有入户花园，而中叠缺少卖点。为解决中叠困境而产生了多元的叠墅产品。第一种情况是摈弃中墅，做 4F 叠墅。如上海融创领馆壹号院独创上海区域第一个现代东方的院墅产品，其"品字形"空间布局，是介于传统合院与叠拼之间的一种创新户型。传统叠加类户型往往呈单一方式叠加，上叠的资源弱于下叠的资源。而"品字形"的上叠墅为了避免这一问题，横跨两个下叠，为上叠提供了两个下叠全然没有的大开间，同时形成丰富的露台形式，提升了上叠的溢价能力（图 4-39）。另一种情况是将中墅合并到上下叠，做六层高的上下叠墅。如万科·大溪谷的精工花园双叠墅，结合地势形成下沉花园入户，使得下叠拥有 5m 高的地下室，上叠拥有空中楼阁与花园。有地下采光花园，白天即使不开灯，自然光线也会充盈整个空间（图 4-40）。

叠墅产品在创新发展过程中逐渐形成了"层层退台 + 户户有院 + 地下室 + 独立电梯入户 + 私家车库"的完整开发模式，成为广获市场好评的改善型高品质居住产品。

图 4-39　2019 年上海融创领馆壹号院

资料来源：https：//www.douban.com/group/topic/178851782/.

图 4-40　2020 年万科·大溪谷

资料来源：https：//www.douban.com/group/topic/178851782/.

4.2 住宅户型的演变与发展

4.2.1 户型演变的动力

30 年的户型演变可以归纳为由政策、科技、文化三大轴力（图 4-41）来推动的套型、功能间和构件三个层面的变化。政策和科技对集合住宅的影响往往是直接且明显的，文化作为心理因素的影响很微妙，隐而不言又无处不在。套型指独立销售的产品单元及其组合，包括交通核心筒和共同分摊。在宏观层面上，套型从住宅单元、公共空间的拼接延展和低层、高层到超高层的竖向叠加三方面

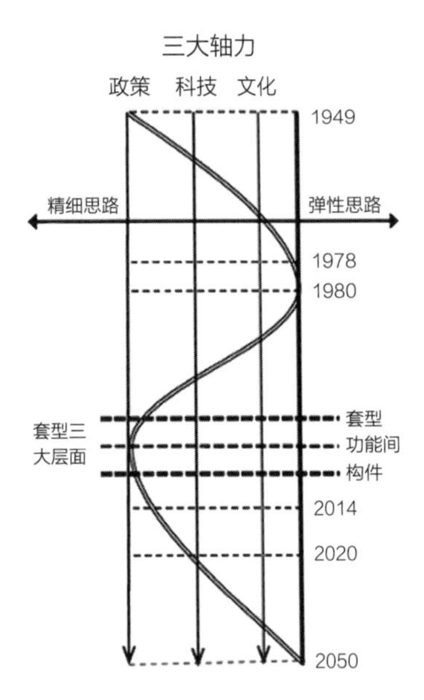

图 4-41　户型 40 年演变历史框架

资料来源：本研究观点 .

蕴含着套型要素及其组合的变化。功能间指具备某种特定功能的房间或空间，包括走道、阳台（露台）、设备用房、梳理用房等附属空间。在中观层面上，功能间的数量、规模和使用观念都发生了某些程度的改变。建筑构造技术中的构件包括围护结构、支撑结构、井道、门窗、沉箱、空调机板、凸窗等。在微观层面上，构件作为集合住宅建造的最小单元，建筑科技与材料的发展会对其产生最直接的升级换代，并且部分构件的改变及取舍应用可能会对功能间和套型层面产生一定的蝴蝶效应。

我国由于实行计划经济，统一控制住宅建设，住宅户型统一于政策标准；市场经济时期，由于科技进步和工业化程度提高，房地产企业为了控制生产成本和推行标准化产品，以及适应建筑行业的生产力水平，产品因而逐渐趋同。当代集合住宅主流户型的“标准化趋同”可以从两方面解读：

一是表现为房地产公司内部的产品趋同。房地产公司内部标准化实施以后实行在“产品系”指导下的生产模式，以万科为例，全国 30 个城市上百个项目，年销售住宅总面积超过 500 万 m^2，采取的户型产品为 10 种，其中“翡翠系”“无限系”等豪华户型分别占 20% 以上。户型产品的高复制率，一方面说明房地产公司进入了成熟期，相对于摸索期来说，在 2010 年前后纷纷进行了“生产标准化集成”，另一方面也说明差异化竞争的动力不足，成熟之后就开始僵化和衰退。

二是表现为全行业公司之间差别变小。以前，某公司原创了某个户型，会在业内津津乐道，例如金地集团“海上海项目”推出的高赠送率户型，销售火爆，一时之间行业内争相效仿。现在，各个公司拿出的产品户型大同小异，已经很难分辨公司品牌。最近 20 年，住宅的户型很少变化，更多的变化是在建筑科技方面，如绿色建筑、智能化互联网运用、保温节能、住宅工业化等等。

4.2.2 户型演变的路线

户型的两大设计路线为精分路线和弹性路线，整体演变趋势呈现为由早期居住空间弹性化，到商品房时代的精细分离，再到当下的弹性化回归。20 世纪 70 年代，我国城市职工三口之家居住在 $9m^2$ 房间里面，祖孙三代利用高低床和帷幕分隔居住在 $10m^2$ 房间内的现象比比皆是。1977 年，我国在《关于厂矿企业职工住宅、宿舍建筑标准的几项意见》中，规定“新建厂矿企业楼房住宅平均每户建筑面积为 34~38m^2”。1978 年，我国城市人均居住面积仅为 6.7m^2。

由于住宅空间规模的限制，人们不得不运用弹性思维，一个空间往往承载着多种使用功能，如兼具会客、吃饭、睡觉、学习等，并且大规模地使用折叠式的弹性家具以节省空间。卫生间基本采用公用的形式，置于楼梯口处。每户厨房的面积也很小，且基本上每户会配备一个手提式煤球炉。家庭生活中一个空间往往会被当作多个用途使用，形成早期弹性化功能空间现象，这种弹性化是源于物质生活水平不高而对于生活的无奈选择。1861年约翰·哈布瑞根（J. N. Habraken）教授提出了SAR，即“骨架—支撑体”理论。20 世纪 80 年代，很多建筑学者对于如何在满足住宅建设的经济性的前提下，对住宅空间和居住质量进行优化的问题作了一定的探讨。1983-1986 年，东南大学鲍家声先生在无锡市的“惠峰新村”进行了支撑体实验，是我国住宅弹性化设计的第一次落地。这种住宅建设方法主张把支撑体部分 surporter 统一实施、填充体部分 filler 留给终端客户根据其自身需求和喜好来进行设计。

随着我国人均住宅建筑面积的提高，户型规模变大的同时也为功能间的精细分离提供了条件，生活空间开始以细分功能空间的设计方法，实现整体套型、功能间、装修部件三个层面的“模块化”和标准化，进而实现住宅产业化。精细分离除了带来住宅内部的寝居分离、餐厨分离、中西厨分离、客餐分离、主卫客卫分离和卫生间三件套分离等，也形成了干湿分离、动静分离、洁污分离等公认的设计原则，各个空间在人们的生活使用中各司其职，户型也逐渐发展成了完善的 nLDK 居住模式。但是，我国住宅空间“分离”的工作较一些发达国家来说还没细分到位，比如卫生间的四件套全分离其实早已出现过，清华大学周燕珉教授的《住宅精细化设计》一书对此有分析图样，但是我国大多数住宅户型只有干湿分离的两分离卫生间，较四分离来说不能充分利用空间。另外，厨房间的洗、切、炒、藏四部中只有“炒”是有油烟、需要隔间封闭排烟处理的，“洗”是大量带水需要干湿分离的，但目前还没有人把其他三部拿出厨房只留“炒间”进行隔离。

目前我国户均居住面积为 $100m^2$，人均 $39m^2$，但是很多家庭感受到的是空间不够住，认为房间少、卫生间少、收纳空间少等。分离思路发展到 2014 年达到极致，这一年分离精细到推广“工业化、标准化”的程度，各大地产公司都制作了自己的标准化户型，对产品进行固定。2018年，城市人均居住面积 $37m^2$，这 40 年的居住条件是一个逐步改善的过程。近些年随着弹性化户型的出现，居住空间作为一种可容纳多种功能的容器，再一次引发人们的思考与关注。随着家庭结构的变更以及对空间的高效利用，合理的弹性化空间设计正被越来越多的人所需要和认可。设计思维将再次反转，反标准化、崇尚个性化和个人化会成为趋势和潮流。但是，这一次与 40 年前被迫蜗居的弹性设计思维不同，是建立在精细化设计能力之上的弹性化演变。我国市场上弹性化住宅产品有以下几种：

一是对于空间高度的弹性，包括 LOFT 公寓产品（挑高部分空间由住户选择装修）、3.5m 层高户型；二是剪力墙外置与内部设置灵活隔墙产品，如全生命周期产品、可分可合两代居；三是个性化功能需求的空间，如梳离空间；四是附属产权空间等概念，都属于“SAR 支撑体”概念。

随着房地产行业管理和实施能力增强、家装科技进步和居住文化中个人意识的觉醒，市场逐渐趋于多元化。在以“几室几厅”的标准产品为主流的当下，根据个人需求装修砸墙的情况比比皆是。在弹性化户型出现后，人们不必削足适履，终端住户进行二次装修改造，适应度大大提高。

4.2.3 户型演变的形势

从中国改革开放这几十年经验来看，随着市场经济发展而不断演进的城市化运动对住宅产生了极大的影响。20 世纪 60 年代把城市青年送到农村，70 年代回城、平反，造成了城市居住的拥挤。到 1978 年，人均住房面积为 3m^2，住宅建设占全国 GDP 总量的 1%，可以说跌到了谷底。

中国城市住宅经由过去 40 年市场化改革后，由“集体住宅”发展为“集合住宅”，由福利品演变为商品。目前，主流产品在供求两方面都趋于成熟，以至于近年来在政府推动下，出现了大量工厂化生产的住宅（前一次大规模工厂化住宅建设发生在 20 世纪 60 年代试验推广“大板房”运动中，以体验不良而告终，留下行业集体记忆阴影），说明住宅产品标准化已经达到了一定的水准。2020 年 11 月 13 日，易居房地产研究院发布《专题研究系列之住房饱和度研究》，该报告显示，2019 年，中国城镇居民人均住房建筑面积达到 39.8m^2，农村居民人均住房建筑面积达到 48.9m^2。个人成熟意味着即将僵化和衰老，产品相对成熟意味着变革困难，房地产市场至此也形成了一定的思维惯性。

4.2.4 户型演变的表现

4.2.4.1 对需求的满足

过去几十年，集合住宅体现了大部分老百姓需求升级的过程，人的需求可以用马斯洛需求层次理论来进行解释：人在满足了低层次需求之后，会逐步追求高层次需求。该理论被广泛运用于心理学、社会学、经济学等领域，用以描述人的需求层次。对应到集合住宅户型设计的演变，分为科技、文化、政策三轴，通过市场的解读和翻译，转码翻译为建筑空间的语言，供需双方对于户型产品的理解和认同取得了建筑学和经济学意义的平衡。

住宅需求需要满足以下层级需求：

生理需求：满足吃、喝、拉、撒、睡的基本生理功能，对应基本生理空间，包括厨房、餐厅、卫生间、卧室。

安全需求：分房间功能（私密空间、收纳空间）。

归属需求：客厅、棋牌室（交际空间）。

尊重需求：大门、玄关、中堂（礼仪空间）。

自我实现：书房、禅房、茶室、健身房、小花园、宠物（修养空间）。

市场经济下的商品生产行为主体是房地产公司，特别是 1990 年来房地产公司获得开发全流程的话语权以后，对户型设计的影响是决定性的。房地产行业对于户型产品需求分析，采用两种方法：统计学倒推（以销定产）和主观画像（引导消费）。

主流以万科、世联等企业为代表，以倒推的方法，分步定位、定价、定产品：第一步，从市场调查入手，包括人口结构、购买能力、竞争楼盘等；第二步，根据市场信息描述画像产品；第三步，设计生产。这种方法的优点是有理有据，逻辑性强，精准跟随市场，适用于集合住宅的快销品领域。

少数开发商采取主观画像的方法，通过“演绎”——“量身定做”以及小批量实验，追求特色创新，根据主观对项目的理解来进行产品定位定型的工作，有的获得高端市场追捧，也有的以失败告终。

4.2.4.2 政策的演变和影响

政府的管理和引导对房地产行业具有权威深刻的影响。政策的特点有时经过深思熟虑逐步完善，有时上传下达立竿见影，有时审时度势，有时仓促颁布，有时针对建筑行业，有时源于金融和税收方面。我国政策执行的效果各地区差别大，由于行政层级多，执行时间和力度不一。政策波动常常会导致开发商对于户型产品开发的直接变动和敏感反应，政策规定一时紧一时松，约 4~5 年迎来一个波峰波谷，但从长期来看，开发商以合适的成本满足市场合理需求，这个经济学本质是不变的。住宅产品历史的沉淀离不开政策的影响。

1. 宏观调控政策

计划经济时期，住宅户型多依据建设部门的标准和指标来设计，各地方根据国家政策，分别设计自己的“通用设计”户型。20 世纪 80 年代，香港的英制“千尺豪宅”相当于公制 91.3m^2，在内地被认为面积太小。2005 年国家建设部发布的“国八条”，其中“9070”政策规定一个项目中 70% 的户型不能超过 90m^2。于是，豪宅与刚需的户型面积临界点“锚定”在了 90m^2。此事是一个因和果互相作用的关系：如果当初宣布的政策数字是 95m^2 或 85m^2，后继的户型设计就会不同。也正因为有此政策，90m^2 成为“刚需临界点”后，万科研发了著名的“89 户型”。又例如 2019 年国务院颁布“限墅令”，一些原计划修建的别墅项目纷纷改为多层叠加别墅洋房，一时间叠墅成为市场流行产品。

2. 金融政策

（1）交易契税限制建筑面积：2014 年，房地产管理局规定对于户型面积超过 144m^2 的，交易契税按翻倍处理，由 2% 变为 4%。随后，开发商的生产端把 144m^2 设定为“边际点位”，即所开发的户型面积要么大大超过，要么接近并确保低于该数值，因此这个数值也就成了“豪宅临界点”。

（2）限购限贷政策：2005 年的“9070”政策，由于各地区的执行力度不同，一线城市执行较为严格，因此开发商采取“暗度陈仓”的办法，出现了很多可分可合的户型。2014 年多个城市实行限购限贷政策，主要目标是限制第二次以上购买，抑制炒房行为。对于首次购房的人来说，在买大或买小两种购买策略中作选择时，会更加倾向于“一步到位”买大。由于对未来第二次购买的政策的不确定性，“买小过渡”的策略在某种程度上失去了吸引力。

（3）人口生育政策：1978 年我国实行计划生育政策，后来市场的主干家庭为“一家三口”，当时我国二房户型占 30%，三房户型在房地产市场约占 30%。2016 年，我国实施“放开二胎”政策，四房户型需求变大，弹性组织“二胎空间”也成为设计亮点。

中国自 1999 年跨入老龄化社会（60 岁以上老年人口比例超过 10%）以来，人口老龄化发展迅速。因此，为了解决大多数人的养老问题，需要有一个普适性养老策略。为此，我国政府确定了“以居家养老为基础，社区养老为依托，机构养老为支撑”的养老居住政策，同时提出了“9064”的养老居住格局：即 90% 的老年人在社会化服务协助下居家养老，这给居住区规划提出了新的课题。

（4）产权面积法规：我国实行的房地产销售面积概念是“带公摊的建筑面积”，而非“套内净面积或使用面积”。《住宅设计规范》对于面积计量办法有统一规定。房地产局的产权测绘面积和竣工实测面积，只在乎有效产权归属问题，基本符合《规范》，主要有三条：①大于 2.2m 净高、有顶有围护结构的室内面积，计全面积；②阳台不管凹凸算半面积；③公摊面积按照“谁使用谁公摊”的原则。这三条简单明确，能钻空子的只有“公摊面积”。例如，商铺外有柱子的骑楼是要记全面积的，有些地方将其认定为公共使用的非公摊，商贩占用是非法的；另一些情况下认为商铺公摊门区性质为附属产权，允许装修和使用。过去 40 年，管理者与被管理者的博弈一直在进行，处于发现漏洞和弥补漏洞的状态，跟其他行业一样始终在拉锯当中。例如把整个房间标注为阳台，就只算一半面积，规划局就开始规定阳台进深不能超过 2.2m；又如复式户型客餐厅挑高不算面积，规划局就开始规定挑高部分不能超过投影面积的 30%。

“偷面积”的逻辑：开发商制造可以实际使用、但不计入容积率的建筑空间，逃脱了土地成本和税费，虽然付出了成本，但是购房者与之合谋获得优惠，因而大受欢迎。2011 年《物权法》规定了小区业主共有产权包括地下空间、屋顶空间。某些基于赠送地下空间、屋顶空间的户型设计、非法占用公共资源等混乱现象，由于《物权法》的颁布和居民维权意识的提高正在逐渐消失。

（5）技术规范演变：主要包括以下几方面：

一是《住宅设计规范》演变（表 4-1）。

二是《城市居住区规划设计规范》演变。我国

《住宅设计规范》演变 **表 4-1**

1977 年	建发设字 88 号	《职工住宅设计标准》	一般每户 $42m^2$，大板、大模新型结构可 $45m^2$，不得超过 $50m^2$；层高 < 2.8m 可加 $3m^2$，电梯高层可加 $6m^2$
1978 年 10 月	国务院国发（78）222 号	《关于加快城市住宅建设的报告》	
1981 年 9 月 3 日	国家建设委员会	《对职工住宅设计标准的几项补充规定的通知》	面积标准是个平均指标：第一类，每户平均建筑面积 42 至 $45m^2$，适用于一般职工。第二类，每户平均建筑面积 45 至 $50m^2$，适用于一般干部。第三类，每户面积 60 至 $70m^2$，适用于讲师、工程师、正副县长。第四类，每户 80 至 $90m^2$，适用于正副教授、高级知识分子，正副司、局、厅长。将综合指标提高到按每一职工 16 至 $24m^2$ 设计。应包括的各项内容：住宅、单身宿舍、托儿所、幼儿园、中小学、独立门诊所、医院、商业网点、职工食堂、浴室、俱乐部或电影院、职工招待用房、教学用房以及必要的住宅区行政管理用房
1986 年	GBJ 96—86	《住宅建筑设计规范》	
1994 年	计综合〔1994〕240 号	《1994 年工程建设标准定额制定修订计划》	
1999 年 6 月 1 日	GB 50096—1999	《住宅设计规范》	根据国家计委 1994 年要求，对《住宅建筑设计规范》GBJ 96—86 进行修订，更名为《住宅设计规范》

续表

2003年9月1日		《住宅设计规范》修订版	主要修订了住宅套型分类及各房间最小使用面积，技术经济指标计算，楼电梯及垃圾道的设置等；增加了术语，扩展了室内环境和建筑设备的内容
2006年3月1日	建标函〔2005〕84号 GB 50368—2005	《住宅建筑规范》	
2012年8月1日	GB 50096—2011	《住宅设计规范》	同时废止《住宅设计规范》GB 50096—1999（2003年版）

资料来源：作者整理.

城市居住区（小区）的实践始于20世纪50年代后期，1964年国家经委和1980年国家建委先后颁布有关城市规划的文件，对城市居住区规划的部分定额指标作了规定。国家标准《城市居住区规划设计规范》GB 50180—93（以下简称93版《规范》）是我国颁布实施最早，也是使用普及率最高的城市规划标准之一。2000年，伴随着我国住房体制改革的深化，为适应国家经济社会发展、居民居住水平的提高以及住宅市场化变革，对93版《规范》进行了局部修订，形成了2002年版《规范》。2013年，为配合海绵城市建设工作，根据住房和城乡建设部《关于组织开展城市排水相关标准制修订工作的函》（建标函2013〔46〕号）要求，主要对地下空间使用、绿地与绿化、道路、竖向等技术内容进行了局部增补和修改，形成了2016年版《规范》（以下简称《规范》）。

2018年，93版《规范》的主体内容已使用10余年，这些年正是我国城镇化进程不断加快、人民生活水平不断提升的重要历史时期。面对我国经济社会发展的巨大变化，包括政府职能转变以及住房体制改革，城市人口剧增，大城市交通拥堵、公共服务供需不平衡、人口老龄化等城市问题凸显，以及城市居住区开发模式、建设类型与建设模式更加多元化、建筑设计与生活需求更加多样化等诸多变化与问题，《规范》已不能完全适应现阶段城市居住区规划建设管理工作的需要，面临诸多挑战。2018年修订将《规范》更名为《城市居住区规划设计标准》。

三是《消防规范》的演变（表4-2）。《消防规范》经历了多次重大修改。18层以上的户型平面，本来要做剪刀梯核心筒，允许11层左右设置两个单元之间的空中连廊解决第二个疏散，1995年以

《消防规范》相关条目　　表4-2

1	1956年《工业企业和居民住宅建筑设计暂行防火标准》
2	1960年《关于建筑设计防火的原则规定》
3	1974年《建筑设计防火规范》TJ 16—1974，共9章6个附录
4	1982年《高层民用建筑设计规范》GBJ 45—1982
5	1987年《建筑设计防火规范》GBJ 16—1987
6	局部修订：95年、97年、01年，共10章5个附录
7	1995年《高层民用建筑设计规范》GB 50045—1995
8	局部修订：97年、99年、2001年、2005年，共9章
9	2006年《建筑设计防火规范》GB 50016—2006，共12章
10	2014年《建筑设计防火规范》GB 50016—2014，共12章

资料来源：作者整理.

后上海就严格不许，2005 年以后全国都不许。开发商研究顶层利用、底层利用、地下空间利用等课题，对于户型设计都属于支流课题。“三合一前室”每层不超过三户时，可以成立，但是根据《2014年消防新规》就禁止用加设防火门的办法做名义上的三户了。

四是日照法规演变。《住宅设计规范》规定一半以上的居室需要满足南向日照 2 小时，对于东西向日照的控制，南北各地执行的政策不一，对客厅日照要求不做控制，这些深刻影响了户型布局。建筑师研究北面退台、底层凸出等“节地增效”的手段，对于户型设计属于支流影响。各地执行力度也不同，北方地区坚持一半以上，南方一般只要求一间卧室满足 2 小时要求。川派地区，终年云雾缭绕，年日照天数不足 100 天，无日照要求。

五是节能保温政策。2004 年以后节能保温成为强制规范，增加了建筑的公摊面积，缩小了户内面积。周长 50m 的住宅，南方地区 0.05m 保温厚度，影响率占 $90m^2$ 住宅的 3% 左右，北方地区保温厚度约 0.1m 占 5% 左右。所以，南方户型不吝啬外墙凸凹，北方户型尽量平整，好做保温。南方开窗面积大，北方开窗面积小，这一点也影响房间的布局，有些房间放在北面，由于需要增加保温厚度而不太经济。

4.2.4.3 科技的演变和影响

过去几十年，全人类由工业化时代进入信息化时代，科技进步对居住的影响是全方位的。行业内部生存竞争在于：谁更领先市场，适应变化和需要，谁就会在优胜劣汰中获胜。家电科技和建筑科技演变对户型演变具有细致而具体的影响：从外立面观察厨房的抽油烟机，就能辨识此住宅是 2000 年以前的，当时还是排风扇，不流行烟道；走进户内，冰箱突兀者，必定是 20 世纪 80 年代住宅，当时没有设计冰箱位。

科技升级、进化趋势体现为三个方面：第一，必需品家电不断升级数量，如需要增加一台水果、药物、茶叶、饮料的专用冰箱，需要增加一台内衣裤或婴儿用品的专用洗衣机。第二，以前的非必需品升级为必需品，如宠物家电、母婴家电、榨汁机、水果干机、烘焙设备、烧烤设备等。第三，个性化需求占比不断提高，家家户户选择不同。

1. 家电需求变化

20 世纪 80 年代以前，新家必需品“三转”分别为缝纫机、自行车、手表；“36 腿”包括很多四腿的家具，如桌子、床、凳子、柜子等。1990 年家电爆发式增长，结婚必备“三大件”更新为电视机、洗衣机、电冰箱。家电业发展历史与电力行业发展有关。我国用电情况长期处于紧张状态，虽然几十年来中国发电装机容量和发电容量保持快速增长状态，但仍然赶不上需求增长的速度。1988 年葛洲坝水电站全面竣工后，带动了全国人民的家电消费，当年出现了电视机和电冰箱的购买热潮。其实，当时家庭电表的容量严重不足，经常跳闸，入夜全家人举着手电筒换保险丝的情景，是那个年代的记忆。但是在大部分城市居民的印象中，电力供应有所缓解。

2000 年，个人电脑和互联网进入家庭。20 年来，电脑和互联网的普及给中国社会在科技轴、文化轴方面打下了坚实的基础，计算机人才大量积累、使用计算机的文化习惯普及到几亿用户，领先于世界。这些变化，对于户型产品的影响是非常深刻的。

2010年，主要流行趋势为以移动终端手机为文化核心的家电智能一体化、空调地暖设备家庭化。2011年乔布斯发布苹果iPhone 4s，是智能手机时代来临的标志。过去10年，手机成为中国人的ID，各种生活方式围绕着淘宝、微信、支付宝等几个软件展开。2020年新冠疫情之后，“智能城市”的工作可能发生更重大的改变。

2. 材料和建筑科技的发展

材料和技术变化缓慢而深刻地影响了人类历史每个时代的设计思维。2020年距离上一次材料科技以及设计思想革命——“包豪斯”(1919年建校)刚好100周年。当年钢、玻璃、混凝土推广大爆发，导致了现代建筑四位大师的出现，其设计思想延续至今。然而在中国，住宅建设是在应用简易材料简化传统木结构、结合苏联现代主义思想的技术水平下，匍匐前进了30年。阅读历史，会发现大量的劳动人民的智慧，比如使用竹筋代替钢筋，使用土砖墙代替黏土砖。

(1)材料发展：建筑材料最主要的两项是钢材和混凝土。我国从钢材不足进步到钢材产能过剩，混凝土由现场搅拌进步到普及泵送，同时伴随着铝合金型材普及和石膏板制品普及。非承重材料禁用实心黏土砖使平面趋向异形和弹性。在集合住宅领域，钢筋混凝土材料体系占绝对主流，2003年禁止使用黏土砖，对于砖混结构起到了抑制作用。钢结构、木结构、钢木混合结构运用始终较低，本质性地决定了住宅的轴线均衡的设计方法，户型比较方整。玻璃门推广使“门”兼有窗的采光功能。过去40年，住宅产品的门窗材料变化比较大，从木门窗到铝合金、到塑钢、到断桥铝合金等，热工性能、成本变化比较大，影响到户型对于阳台、窗台的理解和设计，开窗比也不能随意放大，只能占立面30%左右。古代中国建筑有这样的手法，常开门使室内外交融，与今天透过玻璃门，视线与光线的室内外交融略有不同，都体现了中国人亲近自然的心理。目前出现的“剪力墙外置”的结构方式，围护结构作为承重结构设计，导致支撑体户型、可变户型重新得到重视。楼地面管线增多，住宅科技进步，楼面构造渐趋复杂。40年前流行的100mm厚度的空心楼板，由于不方便开槽和敷设管线，在住宅中使用越来越少。集合住宅现浇混凝土楼板为主流，管线敷设要求楼面的管线构造层必须包含水、电、采暖管线、信息化管线。

(2)建筑科技发展：1978年国家建委建筑科学研究院建筑设计研究所在《建筑学报》发表《对四种住宅建筑体系的评介》，对当时流行的住宅建筑体系做出评价：建筑机械化：30年前手工为主，现在建筑施工机械化程度大大提高。建筑产业化：指以工业产品的生产方式，采取高预制率、装配率、装修集成等手段，进行建筑行业的技术改造。住宅绿色化：目前住宅要求节能50%，鼓励使用太阳能等环保能源，鼓励使用中水回用等节约模式。大陆量产的科技住宅有万科剪力墙外置的高层住宅等。

(3)设计技术：个人电脑普及后，建筑设计CAD开始普及。CAD技术进入建筑设计行业后，几年时间内，全行业基本实现无纸化设计，大大提升了设计工作效率。2003年，电子部发起的“协同设计”在成都西南院、电子院开始推行，各专业共同画一张图纸的设计协同，大大减低了专业之间“套图”审图的无效工作量。经过十几年的宣传，

2020年8月1日起，湖南省实行BIM辅助审图，标志着BIM成为设计必需品。2012年《建筑学报》发表了参数化设计的文章，基于遗传算法，在传统住宅平面优化方法和生成设计方法的基础上，根据南方丘陵地区地形及气候特征，从体形系数和住宅套型面积优化两个方面，构建适应度函数，通过计算机程序优化求解，生成了住宅平面的初步方案（图4-42）。

（4）以人为本和可持续的设计理念：重生产轻生活、以节约为本的设计理念，比较适合生产力落后、亟待解决温饱问题的新中国。20世纪80年代，我国经过思想解放开始提出"以人为本"，将个性化与个人化需求提升到与国计民生大事相同的高度。2000年以后，城市建设高速发展，国家意识到从社会资源合理利用的角度提倡绿色建筑，制定建筑节能标准。"绿水青山就是金山银山"的观点被提出后，全社会包括建筑行业，都讲究环保，从能源粗放使用到全社会提倡节能、环保、绿色，推行海绵城市，改善城市调节水的能力，推行工业化建筑，节省劳动力，减少工地污染。

（5）装修方式和家具：1991年，中国建筑标准设计研究所马韵玉、张诣发表于《建筑学报》上的《"应变型住宅"初探》一文指出："住宅DIY产品市场，即国内通称的住宅建筑部件，它包括各种轻质隔断、家具隔断、厨房卫生间设备与家具、户内栏杆扶手、各种门窗及空调通风设备直至五金件，等等，在发达国家已形成丰富多彩的产品行业。北京市新型建材供应公司家庭用装饰材料销售额近三年以每年100%的幅度递增。"

（6）其他：

a.我国住宅室内装修发展三个阶段

第一阶段：福利房福利装修时期。从新中国成立以来到20世纪90年代初，室内装修的标准是入住即可使用。土建和装修均由土建施工单位完成。

第二阶段：商品房毛坯房时期。房改推动了住宅商品化，福利分房一直延续到1998年底，一段时间内形成了住宅市场商品房和福利房共存的双轨制，经济高速增长带来收入水平的提高，有关装修标准不能满足市场实际消费需求。从90年代中期开始，毛坯房开始渐渐成为市场的主流。

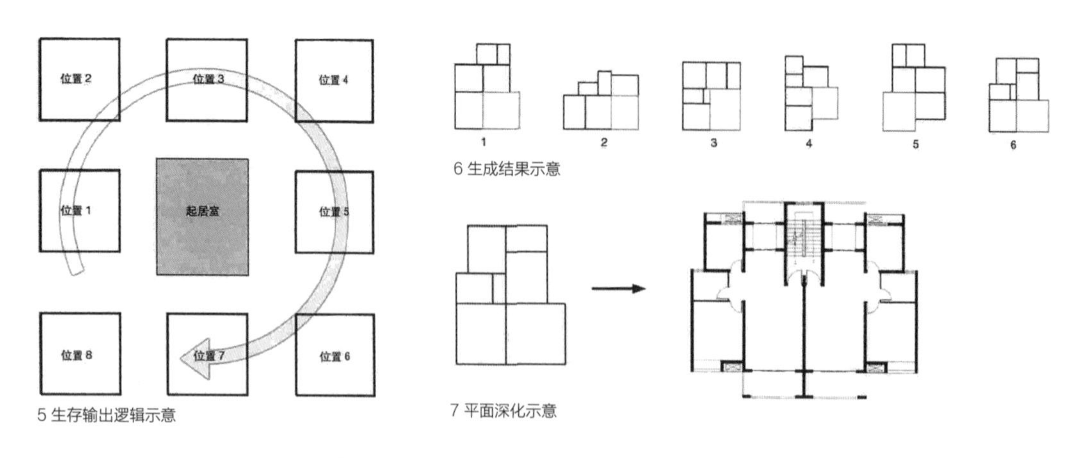

图4-42 计算机程序化求解的住宅平面方案

资料来源：魏春雨，刘少博，柳肃.基于遗传算法的南方丘陵地区住宅设计研究[J].建筑学报，2013(S1)：200-204.

第三阶段：全装修时期到来。当毛坯房充斥市场的同时，一批开发商开始建造全装修房，最早将高消费群体和外销公寓作为突破口。随着福利分房制度停止和珠江三角洲等经济发达地区住宅市场的成熟，全装修房所占比例逐年上升，反映了市场的逐渐认可。

b. 住宅精装修户型推广

2020 年住宅交付现状：毛坯房与装修房共存于市场，装修交付的项目日益上升。精装房，是指开发商交房时，已经对房子进行了全面装修，业主只要添加些家具等物件，就可以入住的房子，相对于“毛坯房”又称“成品房”。尽管国家提倡，市场也确实逐步响应，精装修、全装修、简装修、局部装修的住宅交付标准占比逐年加大，但是从建设部 2002 年正式发文提倡，到 2020 年之间，总体市场占比仍然很小，特别是欠发达地区，人们还是热衷于自己装修，一个小区交付 10 年，仍旧听得见小区里敲敲打打，高层电梯的保护模板迟迟不能撕掉。原因主要有以下几方面：

①设计还未达到个性化水平，量身定做的程度不够，赖特说：“每一个类型的人都应该有一个类型的住宅。”我们的整体经济水平还不够，不能进行一对一的服务，也做不到足够多的菜单选择。

②开发商作为市场主体，不可能让利于民，精装修往往还是与民争利的又一套生意流程，分配利润、税务的财务方法，做不到真正的团购让利。

③老百姓经济水平低，时间有的是，钱要精打细算，宁可自己劳神费力，也不愿意听开发商的安排，知道羊毛出在羊身上的道理。因此，精装修房政策出发点固然是想节约整个社会的成本，但是具体到个体，买卖双方都有自己的生意经。

c. 装修与建筑的分离与合并

户型设计改造整合是家庭装修设计工作的第一步，是建筑设计与装修设计的交叉部位。以前的“简朴”时代，住宅装修是由建筑师代劳的，并没有专门进行住宅装修设计的专业人员。目前行业分工采取把土建设计与装修设计分离的专业分工方式，也是一个历史的过程。今后精装修普及以后，装修设计作为建筑设计整体的一部分，集成一定会变成主流。目前，装配式住宅设计由于不能大规模砸墙改造，装修设计已经成为其中必需一环。

4.2.4.4 文化的演变和影响

“纸张比砖石存世悠久”，建筑比不过文化在人们心中、血脉中的积累和沉淀。一个民族的思维，以基因记忆的方式，在一代又一代人的骨血中流传。居住文化是大多数人的生活共性。住宅除了要满足居住者的生理需求之外，还应充分考虑人们在心理、精神上的种种需求。私密性、安全感绝不可忽视，在套内分隔、装修等方面要能让居住者体现“个性”，在邻里交往上要给予方便等。

在中国房地产发展的前 20 年，代表西方文化的“欧式”居住方式和风格，作为“现代高端、文明进步”的学习模仿对象大行其道。同时期，“中式住宅”多出现在农村、回迁房等项目中。从 2005 年万科“第五园”惊艳亮相开始，“新中式”“新亚洲”随着文化自信逐渐抬头。2020 年，中式庭院已经是别墅主流、售楼处主流。这一演变足以说明文化自信提升、大国崛起，也可以说是市场逐渐成熟的体现，开发商逐渐重视发掘客户的内心需求，大众则开始回归集体记忆审美和传统居住方式。

1. 地域文化的重新认识

东北人要阳光采暖，广东人要通风阴凉，对户型要求不同，具有明显地方特点。北方户型方方正正，有利于节能，接受暗卫，洗浴保暖（表 4-3）。

2. 风水文化

传统文化中“风水”对住宅布局的影响很大，“避讳和忌讳”非常影响房间的布局。户型中流行的说法有很多：进门不能对卫生间的门；床头不能对着马桶；厨房不能放中间；卧室不能放镜子等。人们对于风水的看法也随着时代的变化而变化，时而认定其为封建迷信而不屑一顾，时而尊崇其为传统文化或者人居环境智慧。去芜存菁地看，传统风水是使用迷信语言对人居环境进行描述的集成，引导建筑吸收有利的因素，避免不利因素，从而使人居生活健康发展。

3. 引进西方生活

欧式及其变种，长期以来是房地产行业的主流产品，原因有三：有利于销售文化包装宣传，具有文化优势；其设计原理，符合大专院校的教学内容，设计师比较熟悉并充分掌握；工法简单，线条等装饰性部件以加法为主。

4. 复古中式传统文化

以 2005 年万科“第五园”为发端，引发了最近十几年来集合住宅中式复古的浪潮。2020 年几大房产公司的售楼处、园林意向都是“现代中式”，符合 2010 年以来我们提倡的“大国崛起”“中华复兴”的文化导向。而 2005 年之前，中式外形往往运用在旅游地区、农村地区、回迁安置项目中。国力提升、自信提升、经济水平提升，才会有“新亚洲”“新中式”风格的回归。

5. 主流生活方式

中国城市人口，不分南北东西，财力不分贵贱，不分职业，主流生活方式高度趋同，这是中国特色的家庭文化。小家庭主体户型三室两厅二卫，面积在 90~144m^2。以“寝和食”为主的生活描述：进门脱鞋换鞋，交往主要活动为客厅围坐看电视，客厅以电视墙为主景观墙面。采取“合餐制度”：餐厅围坐吃饭，聚餐以圆桌为主，家庭内部吃饭长条桌方桌，餐桌平常折叠或靠墙摆放；厨房炒菜油烟大，一般采取封闭式，厨房大小遵循《住宅设计规范》，一般 7m^2 只能容纳 1-2 人同时操作，“君子远庖厨”，没有多人共同做饭的习惯；操作台面工序一致，分为洗、切、炒、藏。家庭人口结构相对简单偏小，一般为核心成员（夫妻带孩子），小比例（10% 左右）带主干成员（双方老人）合住，采取“分寝制度”：一人或两人一间房就寝。“非常规”情况周期性发生：过年过节 7 天长假，家族聚会规模 10~30 人，一般各自回家就寝，少数需要客房打地铺睡沙发；生小孩或老人病重周期一年左右，需要请保姆或亲戚帮忙。

我国不同地域的户型特点 **表 4-3**

设计中心	户型重点	卫生间	阳台	卧室	收纳	暖通
深圳（南派）	隔热通风	全明通风	倾向开敞	接受北卧室	被服轻薄，收纳小	通风制冷
上海（沪派）	通风防潮			强调南北朝向	精细收纳	净化除湿
北京（北派）	保暖采阳	接受暗卫，洗浴保温	倾向封闭	卧室采阳	被服食材收纳大	暖气地暖
西南（川派）	山地灵活			朝向自由		除湿保温

资料来源：作者整理 .

6. 兼容异国文化

中国很多家庭都设置有榻榻米，下层收纳，席地可坐可卧。这种方式也可以说是北方大炕习俗的现代化，从名称为“榻榻米”来看，人们心目中还是指日本和式风格。日本的生活方式是 1500 年前遣唐使学的中国席地而坐生活习惯。

7. 时尚族群 – 亚文化圈

2020 年，小区门口快递逐渐增多，小两口吃饭靠外卖为主，网络消费已经成为城市人口的习惯。网络文化只是族群文化的一部分，购房族群的划分呈现更细致、更复杂的趋势。族群聚居的划分方式很多，有某种共同点都可以成为聚居的理由：血亲演变为工作、地缘，演变为购买力，演变为爱好。经济学将族群划分为（根据经济实力）刚需型（普通阶层）、改善型（中产阶层）和豪华型（精英阶层）。社会学将族群划分为（根据文化偏好）各种个性化爱好者：电竞爱好者、中式爱好者、萌宠爱好者、体育爱好者、适老年社区、麻将爱好者等。这种族群划分，提供的户型产品更加精确，符合现代人性化、个性化需求。1980 年以后出现的亚文化族群有：

SOHO 一族（small office home office）：代表项目北京建外 SOHO 现代城。2000 年 1 月 8 日开始销售，三个月内一销而空。“SOHO”在家办公的概念，也开始在中国蔓延，成为无数希望自由办公的人员的从业经验，或者待业借口。SOHO 的本意并不是小户型的概念，北京 SOHO 现代城的面积就在 150~300m^2，可是当它作为生活态度传播，慢慢地开始与单身、个性、自由等概念结合起来，于是很多城市的 SOHO 公寓以小户型亮相。

丁克一族（Double income and no kids）：“丁克”是 DINK 的音译缩写，意即双收入、无子女的家庭结构。主动选择无孩，代表了轻松、自由、叛逆、勇气。选择丁克家庭，即选择了一种更为自主的生活方式，中国妇女学学科的奠基人李小江女士认为，这一行为使女性摆脱了被固化的天生的生育工具的传统特色。目前，中国丁克家庭的比例并不大，但中国知识阶层女性生育年龄普遍较大，特别是知识层次较高或工作流动较快的年轻夫妇，选择不要生育的生活方式比例更大。

IF 一族（International Freeman）：国际自由人。“在全球范围内，自由地选择工作方式、自由地选择居住方式、自由地选择生活方式。”能够符合这三个条件的，便是国际自由人。IF 一族更为注重生活方式的自由选择，财富和地位的推动力不再是特别重要的，即使行走的方向也带有更多个性色彩。

Studio 一族（工作室族）：LOFT 和 SOHO 都是 Studio 的不同表现形式之一，是工业时代后期人们对流水线产品的叛逆性思维和追求个性化表现的产品。现在，网络经济的诞生和计算机家庭化现象为其提供了更大的发展空间。一般而言，Studio 主要为 10 人以下的小型工作室，其工作方式主要是充当乙方。从行业来看，Studio 的行业主要分布在创意行业、贸易、信息咨询、网络行业、商业艺术行业、媒体行业、摄影、漫画、音乐、软件开发、设计（包括网页设计）等新兴行业。此类行业以创意见长，与国际接轨最为直接。

布波族：“布”是“布尔乔亚（bourgeois）”，“波”是“波希米亚（bohemian）”。布波族是这两个字头组合在一起构成的新词，波希米亚性格是指那些藐视世俗传统的率性而为者，他们以想象力和放浪形骸的生活方式证明自己的价值；而布尔乔亚则脚踏实地、循规蹈矩，他们勤劳但贪得无厌。“布尔乔亚”的内核是实用主义，“波希米亚”的内核是浪漫主义。

波希米亚崇尚 20 世纪 60 年代嬉皮士的自由价值观，而布尔乔亚则是 80 年代积极进取的雅皮士。布波族有其独特的生活方式：他们居住在小户型的公寓里，进出开着宝来或赛欧车，吃着哈根达斯，品着星巴克的咖啡，看着伊朗的电影，读着杜拉斯的著作。“布”“波”，意味着不仅要有艺术理想、人文情怀、叛逆精神，还要有足够多的财富来支撑。

4.2.5 套型的演变

4.2.5.1 宏观层面

1. 有关建筑经济性衡量标准的演化

1986 年第一版《住宅设计规范》提出了“套型”的概念，此前，我国居住建筑常用建筑平面系数（即 K 值）来衡量其经济性。理论上，K 值为使用面积与建筑面积的百分比，K 值越大，则表示建筑平面布置上的有关辅助面积和结构面积占比越小，可用于居住的有效面积也就越大，故当时在以多户合住为主的条件下，厨房、卫生间通常是公共使用的状态，社会居住条件则用“人均居住面积”来衡量，即只关注卧室功能空间的大小。在“套型”被提出之后，独门独户思想得以普及，K 值的概念很少被提及，取而代之的是套型的“得房率”或“公摊率”。

2. 套内多户演变至户内多套

1986 年《住宅设计规范》是允许套内多户的，这是当时独具特色的单位分配住房情况下造成的。1998 年以后进入商品化住房时代，反而出现的是户内多套，学习国外“主卧室套房”经验，营造更为私密的核心成员居住空间。随着居住水平的提高，一个户型之内出现多个套型空间，已经很常见。

3. 户内层高的探索

20 世纪五六十年代，由于我国住房设计学习苏联，住宅层高多为 3.3-3.6m，而该层高多适用于北欧人的身高。1978 年有关领导视察北京前三门住宅项目时指示“层高可以低一点”后，住宅层高普遍调整为 2.9m。到了七八十年代的大板房建筑，为了降低成本，每降低 100mm 成本大约节约 1%。80 年代《建筑学报》争论层高的文章中，一部分强调要降低层高，只需适用于人体身高即可，以增强经济性，另一部分则认为层高较低不利于室内空气对流。在关于层高与经济性的探索方面，80 年代的住宅设计竞赛中曾出现过保持客厅层高，降低厨卫、卧室层高至 2.25m 的一等奖方案。1986 年《住宅设计规范》开始规定主要空间（客厅、卧室）2.4m 层高，次要空间（厨卫）2.1m，以此作为最低限度，之后不再考虑更低的层高。

2000 年以后，随着房地产公司逐渐掌握开发设计权，通过学习国外先进经验，不仅出现了以时尚紧凑为特色的 LOFT 公寓，由住户自己装修出层高为 2.2m 左右的双层套型，同时开始出现了客厅高于 3m 的豪宅。

2002 年上海率先颁布《城市规划技术管理条例》之后，各地的条例都把住宅不超过 3.6m、写字楼不超过 4.5m 作为计容面积的标准，超过高度的要折算计容。但是从人体尺度舒适度而言，1.5m+2.0m分别适用于睡卧姿势、站立姿势，所以从经济性层面考虑，3.6m可以设计为一层半，4.5m可以设计成两层，仍然留有设计潜力。

4. 户型的开间与面宽

户型开间数随着户型面积的上升逐渐增加，从而直接影响到户型布局。“买板楼不买塔楼”说明户型面宽开间数越大，通风采光的机会越多，居住品质越高。在物质缺乏时代大量出现“火车厢”式户型，就是牺牲面宽开间数、加大进深而导致的，为了节约用地和建筑造价，几个房间互相经过形成“穿套”，现在看来在这种居住环境下生活的干扰性很大，且隐私性得不到保障；另外，户型开间变多的一个负面作用是户内走道变长。

5. 户间连接与外部走道

楼层水平交通的方式与多户组织形式相关，20世纪70年代以前“十户一层”的情况下，多采取外廊式或内廊式水平连接。80年代以后，单元楼多数为两户，但是如果分给4户的话，采用“短廊”则被认为是提高K值的办法之一，其意味着4户住宅的入户门都要尽量靠近楼梯间，从而减小外走道的长度。

6. 建筑长度

建筑长度越长，山墙间距越小，越节约土地。在国家控制设计权的时代，建筑长度多层为50m，是尊重自然规律的，多层混合建筑超过50m要进行结构分缝。但是到2000年以后，市场经济下开发商为了追逐利益，不论高层多层，建筑长度经常超过100m。2005年以后，各地逐步对建筑长度进行限制，一般高层2个单元不许超过60m左右，多层3个单元不许超过90m。

7. 建筑进深

扩大进深和减小南北建筑的日照间距也是节约用地的常用方法，20世纪70年代的一些开创者的设计思考，值得40年后的我们学习和借鉴。1978年北京市院以张开济为首，研究“天井式”住宅，探讨如何科学性地加大住宅进深，目的就是使同样尺寸的用地可以多摆一列住宅。他们提出思路，把住宅建筑南北两头交给卧室，因其通风采光较好，把厨房和卫生间围绕天井布置，放在稍差的位置。在局部4层（第五层缩小）的情况下，当天井尺寸大于1.5m时，采用白色涂料或者其他反射系数较大的材料，一楼向天井开设有门，这样采光、乱扔垃圾等毛病就能克服。

后来天井式不太被采用，一是因为小高层和高层建筑兴起，光线反射的理论需要更大尺寸的天井；二是随着结构材料和技术的进步，在采取钢筋混凝土框架式结构的时代，“平面开槽”成为更合理的选择，不需要计较平面方正和纵横对齐。平面开槽的结构不合理性还是存在的，保温也不好，但是以牺牲周长的方式争取了采光面，主要根源还是为了满足我国传统的“四明”要求，即明厨、明卫、明厅、明卧。

同济大学朱亚新在1979年的《建筑学报》上最先发表了《台阶式住宅与灵活户型——多层高密度规划建筑设计的探讨》等文章，探讨了台阶式住宅（图4-43）。在建筑高度不变的情况下，采取北面逐层退台的方式，可以不影响日照光线，从而拉大了住宅进深，减小了日照间距。

与天井式类似的道理，这种住宅也只能用于多层，因为首先高层的日照计算不仅为间距控制，还要进行冬至日全体模拟计算；其次，通过大幅度

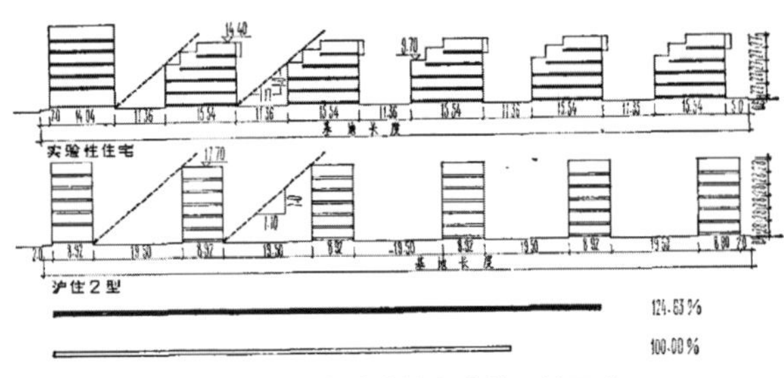

图 4-43　台阶式住宅节约用地示意

资料来源：朱亚新 . 台阶式住宅与灵活户型——多层高密度规划建筑设计的探讨 [J]. 建筑学报，1979（03）：43-48，6.

体型变化获得的建筑面积的效率不如直接提高建筑高度；最后，台阶式住宅自身的问题也比较多，如楼栋之间视线干扰、上下层住户之间视线干扰、屋面保温和防水排水等。

8. 住宅朝向

今天的住宅设计规范早已不允许纯北向的住宅了，但是在城市改造刚刚大规模兴起的 20 世纪 80 年代，戴念慈先生据理力争，建议可以设计一定比例的北向住宅，其原因是回迁户在获得了一套南向住宅的情况下，第二套、第三套拿北向住宅也不无道理，这样设计面积可以大大地提高，且可以节约用地，解决更急迫的问题。中国传统文化讲究“坐北朝南”，西面是最忌讳的，文化上觉得朝西不吉利，科学上西晒最不宜居，影响生理和心理健康。朝东住宅也有，但是较少，还是要带有南面一间，原因是《住宅设计规范》多次修订之后，对于方向和角度做了政策处理，大大减少了东西方向的日照有效时间。如表 4-4 所示，大于 45° 的东西方向，全天日照时长不足 3.5 小时，更何况还有其他因素的遮挡和影响。万科“十字户型”见缝插针，通过旋转 45 度使长江一带地区的住宅日照时间较为合理，不过再往北，日照条件就更加苛刻了，已经不是降低房价可以接受的问题了。

房屋朝向与日照时长　　表 4-4

房屋朝向	日照有效时间	日照时长（小时）
正南向	9:00-15:00	6
南偏东 1°-15°	9:00-15:00	6
南偏东 16°-30°	9:00-14:30	5.5
南偏东 31°-45°	9:00-13:00	4
南偏东 46°-60°	9:00-12:00	3
南偏东 61°-75°	9:00-11:30	2.5
南偏东 76°-90°	9:00-10:30	1.5
南偏西 1°-15°	9:00-15:00	6
南偏西 16°-30°	9:30-15:00	6
南偏西 31°-45°	10:30-15:00	5.5
南偏西 46°-60°	11:30-15:00	3.5
南偏西 61°-75°	12:30-15:00	2.5
南偏西 76°-90°	13:30-15:00	1.5

资料来源：作者自绘，数据来源于 https：//wenku.baidu.com/view/3428142fcfc789eb172dc82b.html.

9. 水平交通与垂直交通

2004 年以前，《高层消防规范》允许第二消防通道以外廊的形式连接两部楼梯，那个年代的 18 层住宅会在 11 层加一个外廊连接两个核心筒，这样的住宅在城市里经常可以看见。2010 年以前，还不强调需要担架电梯作为消防电梯，之后就必须做一大一小两部电梯，为了节约造价并减小公摊面积而将其中一个电梯尺寸适当减小。

10. 坡道交通

住宅内坡道是一个时代性很强的住宅现象，它是由于在中国的自行车盛行时期，人们需要把自行车推上楼而出现的。福建省轻工业设计院赵一鹤于 1978 年在《建筑学报》上发表《坡道用于多层住宅的探讨》，探讨在自行车时代，住宅单元垂直交通有过既不使用电梯、又兼作垂直楼梯的坡道式的讨论，超过 0.6 的 K 值及格线，并且踏步楼梯，在 1 梯 8 户的情况下，使用 1∶2 的踏步楼梯（4.2m×2.7m），不如使用 1∶5.5 的坡道（8.5m×3m）。另外，自行车上楼还可以减少车棚等建筑构筑物，可以节省用地（图 4-44）。

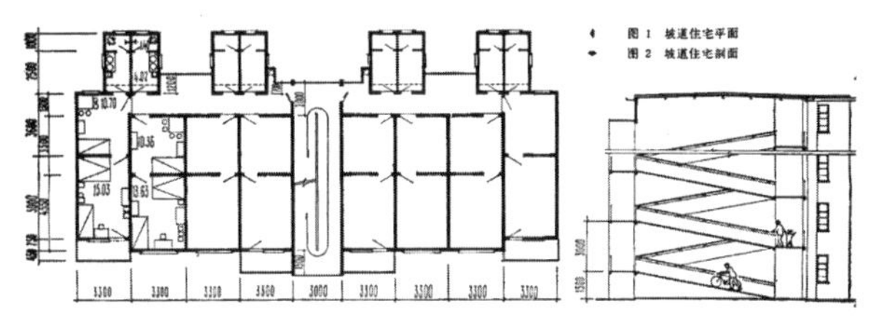

图 4-44　自行车与住宅坡道

资料来源：赵一鹤．坡道用于多层住宅的探讨 [J]. 建筑学报，1978（03）：30.

4.2.5.2 中观层面

1. 户型与功能空间

住宅的套内功能空间相当于居住有机体的“细胞”。这些功能与作用不同的组成部分为人的居住需要而存在，当其能够满足人们的生活行为需求并给人以舒适体验的时候才可以说是最合理的组合选择。户型的变化可以理解为是由于这些组成部分的数量变化、组分复杂程度以及“细胞”体的尺度大小共同作用所导致的（图 4-45）。

人们的生活需求与住宅功能之间存在着紧密联系。首先，在一天内不同的时段中，人们对于功能间的需求不同；其次，家庭成员数量的增减要求功能间最好能够灵活组合与变化；最后，套内各功能空间的尺度与人的活动有着密切的关系，家具的布置也与人的生活行为紧密关联，一切设施、设备、家具和空间都要按照人体工学进行科学设计，以使人们生活得舒适方便。

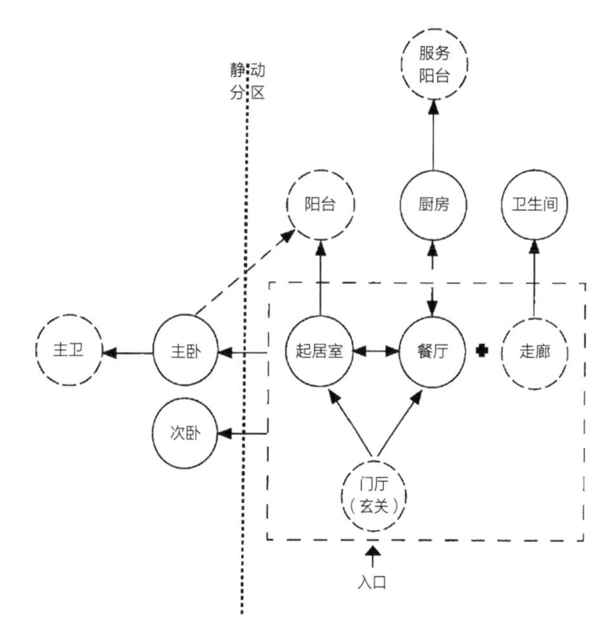

图 4-45　套内基本功能空间

资料来源：中国建筑工业出版社，中国建筑学会总主编．建筑设计资料集 第 2 分册 第 3 版 [M]. 北京：中国建筑工业出版社，2017：109.

2. 提倡中小套型居住尺度

回顾此前市场上流行的大户型或豪宅类户型，有些是组分的增加，即功能空间内容增加，如设视听、健身空间等，这可以认为是合理的，但所见更多的是在功能未增的前提下，只是“细胞”的简单膨胀与扩张，如主卧室，大者可以是一般的两三倍，起居空间可以做到 60~100m^2 等，所以对户内居住功能空间的研究十分重要。

在过去几十年间我国大规模住宅建设时期，由于发展速度快，特别是在近 10 年间面积的盲目扩张，使居住功能空间尺度的研究被忽视而少人问津。当前，大面积住宅已不适合我国国情，不适应和谐、健康的节约型社会的建设，所以进行居住功能空间尺度的研究对构筑合理、舒适的中小户型住宅套型具有决定性的意义。

3. 我国主流户型的特点

通过对我国自 20 世纪 80 年代后的城市住宅发展建设的分析统计，可以总结出以下几个特点：（1）住宅中有了起居室的概念，并且面积由以往的一间房增至将近 20m^2 或更大。（2）有餐厅但很少独立设置，大多与起居室合用而形成共用空间。（3）主次卧室的面积大小相差不大，大都在 3m^2 以内。（4）卫生间面积大致在 4m^2 左右，每户多为一卫，且少有全明设置。（5）对厨卫重视不够，面积、方位、流线及采光通风都较差，尤其北方住宅卫生间少有明设。（6）对住宅套内储藏空间没有充分考虑，不但面积不大，且早期多为吊柜、壁柜，储藏效果比较差，基本没有储藏间的概念。对比日本有关储藏空间不小于每套总面积 9%~10% 的规定，反映出我国不重视储藏空间的设计。

4. 礼仪空间基本内容

（1）门厅、电梯厅是礼仪的开始。目前的集合住宅，入户门外一般是室内走道，少数是入户阳台（或称“入户花园”）。中国传统的入户门外设有门外廊，可为来访者叩门时遮风挡雨，入户门内部也会有应答者站立的门房，并且以门檐口的出挑深远程度区分主人的身份等级。

（2）入户花园。古代进入户内之前先经过一个院子，是中国三合院、四合院的传统空间模式。一些业主会把入户花园空间改为房间使用，但保留并精心打造入户花园后也会为生活增添一份复古情怀。

（3）玄关。中式四合院进门有影壁，不仅是东亚传统建筑思想中“藏”的体现，也从物理上阻隔了外部的噪音、灰尘和视线。物资匮乏时代，一度停止了玄关的讲究。20 世纪 90 年代，城市开始流行进门拖鞋的习惯（可能是因为木地板开始大规模在家装中使用，需要爱惜），家家户户进门换鞋处有个鞋柜，显得干净整洁。北方家庭冬季进入室内需要在此更衣。2003 年 SARS 在北京流行，网络文化不如今天发达，没有提出住宅设计的大量性反思。2020 年新冠疫情暴发，导致玄关空间被提出作为家庭防疫的首当其冲的部位，进门洗手、快递员无接触不进门等，玄关设计成为集合住宅进化的热题。

5. 餐厨空间

在国家大力提倡“小户型、齐功能、质量可靠”的住房背景下，要想在有限的面积上实现功能齐全、保证品质的住宅，就需要提高住宅的空间利用率。通常小户型集合住宅的厨房面积为 4~5m^2，其中可利用的台面和橱柜面积约为 1.2~2m^2，管线竖井面积往往占 0.25m^2 多，加上其他明敷管线所占据的面积，整体来看空间比较紧促。厨房布置大致可分为四种：I 字形、U 字形、L 形和异形厨房。I 形台面和 L 形台面将取、洗、切、炒、摆“一字排开”。最便于使用的是 U 形台面。厨师常用三角形操作面，工作时背后放置中岛式案桌，效率较高。从 2012 年开始，随着外卖的兴起，虽然餐饮功能在部分家庭中的地位逐渐减弱，但在一些核心家庭中，厨房和餐厅空间的尺寸需求却因为家电设备的增多而不断变大。这些年来，厨房经过了“洗涤升级、备餐升级、烹饪升级、储纳升级”，四部分出现了进一步的细分。

（1）洗。厨具餐具与食材分开洗，很多家庭添置洗碗机兼具消毒柜功能，自动清洗碗筷。

（2）切。粉碎机、绞肉机分开了切的动作。

（3）炒。采用烤箱、烘焙等多种形式的加热方式。

（4）藏。超大型冰箱甚至双冰箱（一个专门放冷冻、一个专门放饮品）；另外，南方需要服务阳台悬挂烟熏制品，北方冬季需要囤积蔬菜。如今，一些家庭还会配置中西厨、中西餐厅或者早餐厅等，厨房餐厅逐渐变得复杂豪华化。

6. 交往空间

在我国传统住宅四合院中，和正房隔院相对的厅主要作为会客场所使用。

（1）生活方式以卧室为中心变为以厅为中心。新中国成立之初，社会百废待兴，政府开始大量建设住宅，在社会物质不充裕的限制下，受苏联住宅建设影响，我国当时的居住空间主要以卧室为中心。20 世纪 50 年代初，全国大量供应着以"间"（主要功能为卧室）为单元的住宅，配备以共用厨房和卫生间。这一时期，住宅无法做到食寝分离，居室中没有设置餐厅的余地。在一些稍微高档的住宅中会出现食寝分离的现象，但由于在中间客厅就餐是家庭的自由决定，住宅设计时并没有考虑到专门的用餐空间。20 世纪 60 年代城镇出现了前厅型住宅的雏形，20 世纪 80 年代的城市住宅被称为后厅型住宅。前厅型住宅为了确保餐室，通过削减居住面积，在入口附近设置小厅。后厅型住宅的中厅作为居室中公共空间或者公共与私密的过渡空间，已成为不可或缺的空间。

（2）1978 年小厅住宅。1978 年小厅开始在集合住宅中出现，至此中国传统居住中的厅得以复活并开始逐渐成为住宅的中心。成都市建筑勘察设计院王寿龄在《建筑学报》上发表的《厅式住宅探讨》中谈论到："我们认为在目前住宅设计中，设置一个亮的小厅很有必要，它既是户内交通枢纽，又可做起居、餐室，有的还可兼作单人居室，以解决合理分居问题。小厅要有一定的自然采光，可以是一个完整的房间，南方地区亦可为半开敞式。"

20 世纪 80 年代在住宅中小厅已经普遍出现，其作用是连接玄关、厨房、卧室等空间的厅，即过厅。当时的住宅设计规范中对"厅"的面积要求为"能作为用餐与会客的空间，至少应确保可以放得下沙发"，从住宅设计规范来看，厅虽然被定义为可以就餐的空间，但并非专门餐厅的空间。根据生活方式，居住者由自己决定是在小厅还是在起居室用餐。

（3）聚会与交友。20 世纪 80 年代电视机普及后，我国的集合住宅户型主张"大客厅小卧室"，家庭聚会的核心活动是看电视，客厅和餐厅连起来共同形成更开阔的视线。这种客餐厅连体的设计，可进一步分为南北通、横厅、方厅等几种形式。

随着 20 世纪 80 年代住宅私有化政策的不断实施，居民开始把住宅当作私有财产。90 年代以后，为了促销商品房，开发商将距入口最近的房间设置为客厅，即大面积的会客空间，确保卧室拥有良好的采光和通风，以及拥有先进设备的厨房和餐厅等。90 年代后期，《住宅设计规范》规定："暗厅的面积不超过 $10m^2$"，即小厅不再简单地作为连接大房间的空间，而被确定为居住空间的一个重要组成部分，人们开始对生活环境有了更高的要求。

（4）"去客厅化"趋势：2011 年，苹果 4S 的问世标志着智能手机时代的到来，人们逐渐脱离电视转向手机。同时，客厅用于家庭聚会的情况也逐渐减少，很多家庭选择去饭馆聚餐，并且大型的家庭聚会通常只有春节才会举行。以上导致在相当一部分的家庭中，客厅交往的功能正在逐渐变弱。但在年轻家庭的群体中，会时常出现聚会派对，家长也会与年幼的孩子在客厅内活动玩耍。

7. 寝卧空间

古代卧室属于个人空间，五代十国时期南唐画家顾闳中的绘画作品《韩熙载夜宴图》中，宾客在床前聚会，床幔低垂形成隐私空间（图 4-46），中国古代家里最值钱的家具是“八步床”（拔步床的谐音），相当于今天家里的高档小汽车。拔步床，意思是上床之前、蚊帐床幔之内，还有一步，即床下设有一个塌——这个空间特别私密，位于蚊帐内，可以用来摆放马桶、夜壶、挂衣服，可以坐人、喝茶聊天，摆放零食。观察拔步床，可以启发我们对于卧室功能的理解。现代分离出独立的卧室空间，尊重夫妻生活隐私，根据伦理等级划分房间是文明进步的表现。新中国成立后的一段时间里，由于社会经济物质缺乏，住宅的一个房间摆放 2-3 张床是居住常态。1977 年，《职工居住标准》对套间的定义是“穿套房间”，即经过一个卧室到达另一个卧室的意思，与今天的主卧套间不同。

1980 年以前，住宅分配单位是“间”和“半间”，所以每个“间”都摆放有床，户型的主要功能是摆放寝具——床。20 世纪 80 年代之后，卧室兼看书学习功能，1990 年以后的户型为了做大客厅，卧室空间被压缩到最小，变成只放置床和衣柜。另外，带卫生间的主卧室概念也一直存在，表明人们一直有主卧室的需求。这与中国人的家庭伦理等级观有关系，一家之主总是占据最理想的位置，从属地位的非主干家庭成员，可降低空间配置。

图 4-46　韩熙载夜宴图

资料来源：https：//www.163.com/dy/article/EQTSTIMJ0514KN6S.html.

8. 家政空间

家政空间应相对集中布局，有利于家政效率提升。厨房、洗衣房等家政服务空间应该靠近大门，拎着菜滴滴答答走的路线越短越好；洗衣机放置在卫生间，方便洗澡时随手将衣物塞进洗衣机。许多户型设计组织了双流线，或分断流线（加设一个内门）。

阳台兼具晾晒功能与洗衣间，目前住宅普遍流行“双阳台”设计，一个工作阳台用于晾晒衣物和食物（南方流行晾晒干食物，北方放置大批蔬菜），一个客厅阳台观景和休闲。

9. 卫浴空间

早些年，由于被当时的经济条件所限制，由 2 个以上家庭共同使用的公共卫生间只有 $1m^2$。1978 年邓小平同志视察前三门住宅项目时指示“要解决老百姓在家洗澡”的问题，此精神被广泛报道，《建筑学报》也有多篇文章介绍该项目（例如《建筑学报》1979 年发表张开济《从北京前三门高层住宅谈起》）。而在此之前，我国《职工住宅建设标准》并不强调户内或者套内（当时主张“套内分户”）卫生间可以多户公用，当然也不主张洗浴功能，所以造成我国北方寒冷地区的洗浴澡堂文化大行其道，卫生间“两件套”抽水马桶加洗手盆是最简化的配置。

多年来卫生间标准为“三件套”：马桶、浴缸、洗手盆（简称便浴洗）。四件套：是指淋浴间与浴缸同时配置，属于豪华配置。五件套：在疫情之后会占一定比例，五件套是指增加女性主人的专用便盆。洗浴活动可以分解为淋浴和盆浴，是生活提高的表现。我国历来把泡澡和温泉浴看成一种高级娱乐或医疗活动。因淋浴干净、节约时间和用水，在我国受到大力宣传和提倡。当前卫浴空间的特点有：（1）“干湿分离”：是一大进步，不但洁净、隔水、隔污，还能多人同时使用卫生间；（2）“台盆外置”是当前流行设计，洗手盆质量越来越好，很少发生溢漏现象，基本可以看成“半干燥区域”，可以放置在卫生间以外的区域，与其他功能间加强互动；（3）“双卫生间”：一般出现在三房以上的配置当中，并逐渐成为标配。双卫不仅可以带来更好的私密性和便捷性，从此次新冠疫情中可以看出，双卫可以减少卫生间的交叉使用，减少了交叉感染的可能性；（4）“适老卫生间”：老年人卒中（俗称中风）后受伤的直接原因，70% 是由于卫生间摔跤。老年人需要照料起居的主要原因，是起夜如厕不便，坐着轮椅的老人在如厕方面完全不能自理；（5）个人化的“0.5 卫生间”：概念来源于日本，由于洗浴和洗漱分离，便卫相当于我们的 0.5 卫。

10. 新冠疫情住宅户型反思

2020 年 1 月武汉封城，新冠疫情导致全国性的禁足。5 月疫情尚未结束，调查机构塞拉维（CLV-design）已经很睿智地发表结论，通过统计 5266 份调查问卷，重新思考住宅功能，提出在小区设施方面，提倡“零接触社区服务”，包括：不要按电梯按钮、不要与快递小哥见面、不出小区的便利店、小区内部的锻炼设施、小区内部医疗设施、小区门口人员消毒等，在户型设计方面提出反思：

（1）玄关。以前仅仅被解释为礼仪空间的玄关设计，在疫情当中起到了内外过渡消毒、洗手、物品存放处理的作用。

（2）客厅。在一个月的时间当中，客厅不仅仅是观看电视的场所，而且是家庭成员游戏、工作的场地，其复合功能特别强；未来，客厅打破面朝电视的单一模式，功能将变得更丰富：多变客厅 + 儿童游乐室、客厅 + 健身房、客厅 + 茶室、客厅 + 卧室、客厅 + 家庭 SOHO。足够有趣的场景让宅在家变得不再煎熬，横厅、房厅、L 形 1.5 厅是大趋势。强调客厅的原因是卧室功能不够。

（3）餐厅。初中以前的学生们需要在家长监督之下学习，基本上在餐桌上完成。餐厅作为家庭活动的补充功能，需要补充厨房的部分制作加工功能、补充学习功能、补充交流功能。

（4）厨房。储藏超过一周的食物空间不够，添置消毒柜、洗碗机的空间不够。宅居一个月，全民开始更多的烹饪尝试，南方人学做蛋糕、油条、饺子，北方人做火锅、回锅肉。

（5）卫生间。曾有报道关于 SARS 期间香港淘大花园卫生间下水管道气体污染的问题，全民对于存水弯、二次密封等建筑知识进行了科普。洗手台需要更多。

（6）主卧室。需要书桌、化妆桌，需要摆放新生儿婴儿床。

（7）次卧室。希望卫浴私密。

（8）阳台。需要宠物空间、养花种菜空间。

（9）收纳。希望容纳更多家电、更多衣物、更多卫生层次。

以上的空间思考，并非建筑设计的新课题，而是一次全民对于住宅功能的大普及、大讨论。

4.2.5.3 微观层面

构件层面演变的时代性强，但建筑部件对于户型和生活的影响往往缓慢而不易觉察。无烟灶台从 1990 年左右出现到流行再到消失，只有几年时间，集中烟道被解决后，窗口部位会优先留给水槽；部件变化存在不规律性，取舍并非绝对，莫衷一是，往往还有反复，比如 B 做法打败 A 做法，A 做法改进之后又打败 B 做法。户型设计绝不仅仅指房间划分，而是同时涉及开门、开窗、空调内外机位置、洗手盆、下水管线（包括地漏）等设计细节，影响全貌，因此构件流行必然影响户型设计。

1. 烟（风）道替代排风扇改变了厨房布局

烟道的发展历史影响了厨房的户型布局。20 世纪 70 年代，私人厨房还不曾流行，城市居民搭建灶台，使用煤球或者蜂窝煤进行有限的烹饪活动。等到专门的厨房出现的时候，为了排放油烟，灶台开始设置在临窗部位。20 世纪 90 年代，类似电风扇样式的排气扇开始被安装在窗口，排气扇的设计大小依据当时木质玻璃窗的分格尺寸，有效加强了排烟功能。

为了加强厨房的密闭性能，防止寒冷和蚊虫，20 世纪 90 年代住宅出现了预留通风孔洞，有一批住宅使用金属成品烟道从厨房排烟（图 4-47~图 4-49）。20 世纪 90 年代后期，全国范围流行厨房改造，敲掉厨房原有的窗台，使用白铁皮（镀锌铁皮）以凸窗的形式将整个灶台凸出于厨房外墙，增加了使用面积，加大了排烟功能，灶台两个火头对应 2 个排气扇，排气扇外部还加设防雨罩

图 4-47 烟道（1）

资料来源：https：//dir.indiamart.com/impcat/roof-ventilators.html.

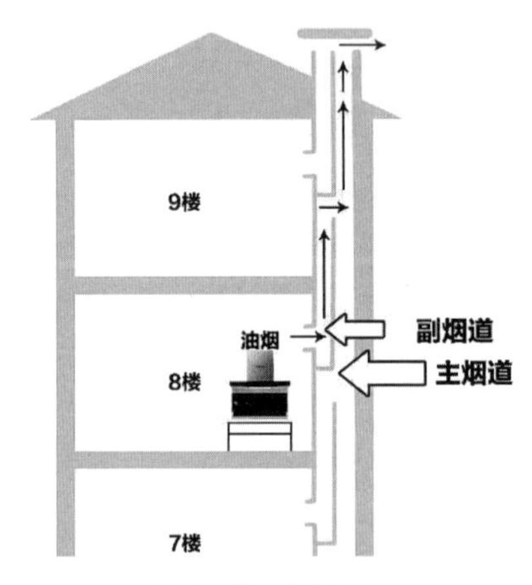

图 4-48 烟道（2）

资料来源：http：//shop.hyundaicd.com/content-detail-act-19-cid-292.

图 4-49 烟道（3）

资料来源：https：//www.etlong.com/qyfb/news-zcxxjtjc123-211119154810202.html.

和开闭百叶。这项改造活动源于民间创造，但由于它破坏建筑外立面、影响局部结构安全，理应是不被官方允许的。成品烟道的发明需要克服楼层之间的回烟串味问题，屋顶烟囱需要高于女儿墙以获得负压，屋顶排放口需要防雨、防蛇虫鼠蚁爬入。2000 年初，烟道技术逐渐成熟，大功率抽烟机也同时成熟，成了目前市场标准。如今的厨房户型普遍将洗涤槽放置于窗边，灶台放置于侧墙，便于安装灶台、抽油烟机、排烟软管，外立面干干净净，不会滴油污。

2. 门窗料

玻璃门改变了户型布局：玻璃门使门具有了交通和采光的双重作用，使房间不容易形成暗房间，对追求采光通风的中国住宅来说，间接地解放了房间尺寸和布局。

（1）亮子消失。20 世纪 80 年代，房间门大多采用木质门，门框上顶圈梁底，由于过高，门上开玻璃窗进行采光并称为“亮子”，虽然这种做法可以节省门过梁，但由于亮子透光且隔声不强，故导致私密性较差。90 年代，为了让房间更加私密，亮子被取消。2008 年的上海金地未来城旧事重提，做了无过梁门洞，美其名曰“姚明可以住的房子”，样板房把超过门框至梁底的部分装饰为木质的雕花门楣而不是从前的“亮子”，一时颇受欢迎。“亮子”问题的本质是门轴五金件的问题，传统木门厚重，过于高大，使门轴受力不均，极易损坏，吱吱嘎嘎发出刺耳噪音。随着材料和技术的进步，不仅五金件设计更加巧妙，而且门扇采取夹心做法，避免了厚重且能隔声。

（2）门连窗消失。当时的门连窗，门负责进出，窗负责采光，通风功能门窗皆可以满足。当门本身采用玻璃材料，可以随时透光时，门连窗就显得没有必要了。门连窗是木门时代的特色。20 世纪 80 年代流行采用木质窗和单层玻璃。当时钢窗是奢侈品，一般仅使用于工业建筑和重要建筑。1990 年后，铝型材兴起，玻璃工艺改进，出现了双层中空玻璃加断桥铝合金的门窗（图 4-50），改变了门走人和窗采光的关系，非防盗功能的门也可以采用透明玻璃起到采光的作用，并大量用于阳台门，“门连窗”的做法逐渐消失，这对住宅户型设计影响很大。由于铝合金型材的中空玻璃价格不菲，并存在金属热桥，于是塑钢窗作为其替代产品很快出现，并于 2005 年开始占据主流。之后，铝型材、钢型材产业进入低价时代，塑钢窗因其刚度不够、五金件配合度不高等缺点，住宅门窗再一次进入以金属中空玻璃窗为主的时代。窗的开启方式

图 4-50　铝合金中空玻璃

资料来源：http：//www.hefine.com.cn/page_pro_content.html?pid=395.

随材质而改变，从木窗时代的平开窗，到塑钢窗时代的推拉窗，再到金属窗时代的外平开窗，上下悬和内开等方式由于五金件的价格略贵，不占主流。“系统窗”是未来 10 年门窗的方向。系统门窗需要考虑水密性、气密性、抗风压、机械力学强度、隔热、隔音、防盗、遮阳、耐候性、操作手感等一系列重要的功能，还要考虑设备、型材、配件、玻璃、粘胶、密封件各环节性能的综合结果，缺一不可，最终才能形成高性能的系统门窗，是一个性能系统完美的有机组合。欧洲早在 20 世纪 80 年代就研发出了具备高性能的系统门窗，其节能性能、安全性能和舒适度等远远超过了普通门窗。2003 年的欧洲门窗标准要求 K 值不大于 1.4，高性能的系统门窗从此更加普及，目前市场应用量已达到了门窗总量的 70%。而我国门窗平均 K 值约为 3.5（保温），北京市门窗标准目前为我国的最高标准，K 值 1.8。

（3）凸窗（bay-window）。凸窗为凸出建筑外墙面的窗户。凸窗作为窗，在设计和使用时有别于地板（楼板）的延伸，凸窗的窗台是墙面的一部分且距地面有一定的高度。凸窗的窗台防护高度要求与普通窗台一样，应按相关规定进行设计。开发商流行楼板伸出，但是窗梁压低到 2.2m 以下，不计算容积率和产权，住户使用起来与室内差别不大。

（4）飘窗和转角飘窗。飘窗和凸窗有区别，“飘”指窗下无墙，“凸”指窗下有墙，整个窗（包括窗下墙、窗梁）作为一个整体凸出墙面。尺寸介于封闭阳台与平窗之间。转角窗的结构刚度薄弱，但是为了追求更大视角，还是会有“真转角”（取消角柱）、“假转角”（土建结构没转角，窗型的样式有转角）、“加柱大转角”几种转角窗的形式出现。虽然凸窗和飘窗都是结构异形窗，费材料且受力性能不好，但由于我国商品房特殊的面积计算政策，导致凸窗和飘窗的出现，房地产商和买家双方似乎都没花太多成本，却可以获得更好的视野和享受。凸窗和飘窗是我国商品房的典型产物，其在国外很少见。国外住宅的 bay，一般指挑出墙面的绿化种植池，由于一房一价，多一分外挑的结构成本，必然会反映到房屋价格上，故很少出现凸窗和飘窗。

（5）空调机位影响户型。空调指空气温度调节，一般空调机虽然具备冷暖两用，但是和采暖并称的时候，我们一般单指其制冷功能。采暖历史悠久，燃煤、燃柴通过地垄墙传热，北方大炕时代，取热点与供热点的位置关系影响了住宅户型的布置。住宅内制冷进步的时代性节奏很强。1980 年出现电风扇后，吊风扇成为每个房间的标配；1988 年出现窗机空调，1995 年格力电器开始销售分体式空调；2005 年以前，中央空调还仅仅是公共建筑的配置，远大一直以来占据着燃气式空调的主力市场，后来远大和美的推出了“户式中央空调”的概念，但由于大金是多联机的霸主，故率先抢占户式中央空调的市场。如今，越来越多的住宅使用中央空调，在政策方面，《长沙市技术管理规定》要求，设备阳台的面积不能超过卧室个数的十分之一，例如 3 个卧室允许做 0.3m^2 的设备阳台。

空调机位（图 4-51）需要照顾到每个功能间，因此空调机外机板往往与每个房间的外窗结合起来设计。如果在户型设计上不对外机板做特殊安排，则用铁支架加膨胀螺栓外挂，冷凝水管和冷媒管就会显得比较乱，很不美观。空调机位一般有水平式、上下式、隐藏式几种设计方式。为了让立面看起来整洁美观，外机和外管通常置入空调机位和百

图 4-51　空调机位

资料来源：http：//news.sina.com.cn/o/2013-11-01/023928587659.shtml.

叶遮挡内。由于社会发展和技术进步，如今大部分高端住宅产品会采用中央空调，部分低端住宅采用分体式空调，其建安成本和运行成本都较低。

3. 昙花一现的垃圾道

集合住宅的垃圾处理是普遍存在的问题，当下一些小区会在每层楼上放置垃圾桶，由保洁员逐层打扫收集，但会出现居民与被回收的垃圾共乘客梯下楼的现象，带来客梯内的卫生问题和人不舒适的感受。20 世纪 90 年代，我国一些小区借鉴国外住宅垃圾道的做法，便于居民垃圾投放和小区垃圾回收。

1992 年 4 月，司徒如玉（珠海市东亚地产公司）在《建筑学报》上发表了《珠海拱北新市住宅区规划设计》，阐述了住宅垃圾道的两种位置：一是放在两户之间，即厨房外的工作阳台；二是放在楼梯间的公共部位。但是垃圾道在现实的后续使用中，由于物业管理跟不上，垃圾道反而变为藏污纳垢的地方，给小区的卫生带来问题，后来便逐渐废止。2015 年起江浙沪等地陆续发起了垃圾分类运动，并且《江苏省住宅设计标准》明令住宅禁止设计垃圾道（图 4-52）。随着垃圾分类的呼声越来越高，有设计师试图设计部分楼层上的“卫生角”，专门设置保洁人员拖布池、洗手盆的部位，但由于会出现楼道卫生死角且住宅公摊和成本的增加，导致未能实施。

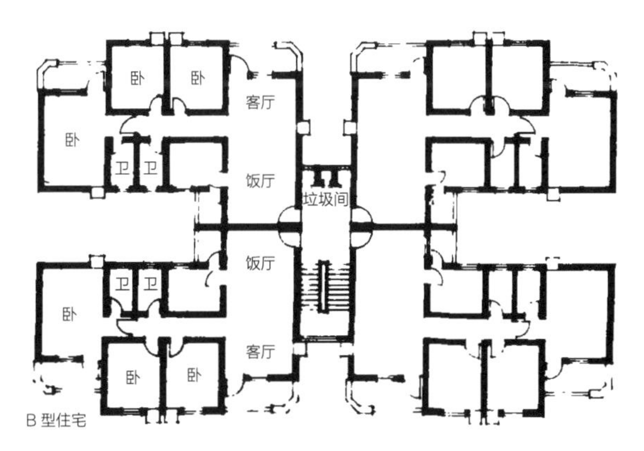

图 4-52　垃圾间平面

资料来源：司徒如玉 . 珠海拱北新市住宅区规划设计 [J]. 建筑学报，1992（04）：17-19.

4. 阳台

中国式面积计算的焦点：阳台具有古老的历史，李煜的《浪淘沙令》中说：“独自莫凭栏，无限江山，别时容易见时难。”这个“栏”就是阳台，古今中外都有此空间，是从室内向室外空间延伸的“灰空间”。1955 年《建筑学报》指出，302 住宅标准设计中的阳台设计未采取长向板，而是长向摆大梁和空心板，因阳台牛腿用一般大梁挑出，所以阳台长度必须等于房间开间。20世纪80年代以前，阳台主要用于晾晒，而现在阳台的功能已经非常丰富，兼具休闲、运动、学习和娱乐（打麻将）等。

（1）当年的阳台。一步阳台（图4-53）。为了节约，阳台做成900~1200mm的窄阳台。后来借鉴欧洲的经验，阳台延伸到室外，可以用来养花和欣赏风景。这是新时代的“一步阳台”。阳台是住宅中的多功能空间，可用于晾晒、养宠物、喝茶，方阳台还曾流行打麻将等。1958年《建筑学报》上曾刊登论文，某项目做了阳台搁板放花盆，并以此部分改善城市形象。如今，阳台在出售时只算一半面积，故很多户型都以改善阳台的设计作为亮点和卖点，导致阳台的设计常常是住宅的重点。

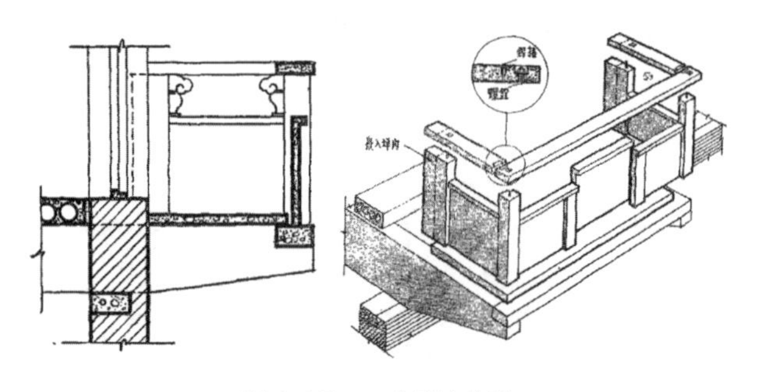

图4-53　一步阳台构造

（1955年302住宅标准设计中的阳台）

资料来源：刘福顺．住宅设计中的预制阳台[J].建筑学报，1956（03）：92-102.

（2）双阳台。目前主流户型常常是“双阳台”设计，阳台分为工作阳台和客厅景观阳台；有些户型做连通阳台，形成超长阳台。

（3）方阳台。被禁的多功能阳台。一些开发商利用阳台只算一半面积这条规定，通过加大阳台而提高赠送率，甚至某些户型将阳台做成了房间尺寸，以待装修成房间，因此某些地区出台地方性政策加以限制，规定阳台进深不能超过1.8m或2.1m，超过的部分计算全面积。这种限制作为规范市场管理是很有必要的，避免各种打擦边球的阳台设计产生。

（4）设备阳台。阳台功能的进一步分离。分体式空调需要外机放置的位置，设备阳台则用于放置主机，同时主机还可以结合热水系统供热。

5. 住宅设备对户型的影响

（1）卫生间沉箱。目前我国主流的管道方式是上下户串联，日韩两国也是通过管道井方式上下串联，香港采取同层排水的方式。沉箱有利于集成预埋本层的管线，冲（坐）便器时代尤其需要，坐便器时代管线落到下层顶棚，当卫生间顶棚漏水时，需要使用沉箱完全分开，来调查清楚究竟是楼上堵塞还是楼下腐蚀。沉箱一般需要下沉300mm，管线安装完毕之后，以炉渣填充压实。

（2）暗装管道。与中国式整齐审美有关，而习惯工业化审美的德国人将精心排布的铜管暴露在外，这也是一种美观。在我国，铸铁管时代由于铁管埋墙容易锈蚀且不易发现漏点，故当时采用的是明装。后来，当使用pvc塑料管线的时候开始埋墙暗装，需要开槽埋地，水走天、电走地，且管线寿命相对提高，可达20年不用维修。暗装使得目光所及，能够达到整齐干净的效果。对待设备部件的正确态度应该为“明暗结合”布置、保护和维修并重，并重视管线质量。20世纪，我国社会长期物质匮乏，用低廉的材料完成基本功能，随着我国住宅数量逐步达到小康标准后，我们应该重视建筑中易损易修的配件质量。

（3）同层排水。与外墙审美有关，无沉箱的卫生间中，洗手盆和坐厕等排水使用了穿墙式室外连接管道系统，所有洁具排水均使用后出式，管道连接在室外内天井处，根本没有做沉箱的必要，保证了卫生间净高。卫生间地面基本上只做刚柔性两道防水，可铺贴地砖，相对现阶段的统一做法，无疑在进度和成本方面都能得到一个质的飞跃。但从外立面上来说，则有些不容乐观，小区物业管理可能会沾染上“蜘蛛网”。短短两年，住宅智能化的概念从最初的三表远传发展到现在的宽带网，中国新建住宅小区的智能化硬件设施水平在很短的时间内出现了巨大的进步，数字化社区同时要求更高的管理和服务水平，以智能化技术为特征的数字化社区在中国将迅速普及。

（4）从主张节约到老旧小区加装电梯。电梯发明至今已有 100 年，但是由于我国经济水平的限制，为了节约社会资源，我国早期多层住宅几乎不设电梯，由于电梯成本下降以及社会人口老龄化严重的因素，近几年逐渐出现多层电梯洋房。

（5）回避电梯。《住宅规范》中限制了从单元入口到住户入户门高差 16m 以上的住宅需要安装电梯。20 世纪 80 年代的单元住宅中，出现过为了不装电梯而采取走天桥的方式从二楼进入单元的现象，从而回避安装电梯。当时整个社会的普遍意识是为了节省建设成本，能不装则不装。电梯对户型设计有一定影响，《住宅设计规范》中规定电梯与卧室不宜共墙，否则应采取一定减震和降噪措施。

（6）节省电梯。20 世纪八九十年代，我国建筑学术界有很多对于高层住宅和电梯的讨论。1981 年，汪定曾、钱学中在《建筑学报》上发表的《关于在上海建造高层住宅的一些看法》中说到：“至目前为止，上海已建成了 23 幢 8~16 层的住宅，共 18 万 m^2，分布于 10 个基地。此外，尚有 16 个基地、36 幢、29 万 m^2 的高层住宅已经或即将动工建造。”1991 年 12 月，北京市建筑设计院刘益蓉在《建筑学报》上发表的《探讨 9 层住宅设计》一文中提出：“在九层住宅中，电梯可以只停靠在首层和七层，这样能保持 4~9 层的居民爬楼高度不超过 3 层。”国外 10~20 层的高层住宅电梯安装费约占建筑总造价的 5%~10%，根据上海已建成的高层住宅造价分析，电梯费用大致也在 5%~10%。目前，由于确保电梯使用安全和质量，一般一幢住宅内均以安装两台电梯为宜。集合住宅中的一个独立单元需要考虑相隔几层设置一个连通层，以备一台电梯出故障时，检修可使用另一单元的电梯。在我国电梯生产数量尚少的情况下，高层住宅设计一定要充分考虑电梯利用率的经济因素，减少电梯费用占总造价的比例。目前高层住宅均采用定型的 1 吨大客梯，容量 12~14 人。

（7）老旧小区加装电梯。2019 年上海、宁波、日照、长沙等城市出台了《老小区加装电梯实施办法》，多数地方还给予补助一半以上的费用，住户只需分担一半费用。这在之前 30 年是不可想象的（图 4-54）。

4.3 个性化的需求

4.3.1 弹性户型

弹性空间的内容包括多用空间、无用空间和疏离空间。弹性化设计理念过去 40 年一直处于非主流地位，弹性户型的形式包括 3.5m 层高户型、剪力墙外置的灵活隔墙产品、全生命周期产品、可分可合两代居、梳离空间、附属产权空间等产品。

图 4-54　湖南省长沙市省委蓉园小区加装电梯

资料来源：http：//www.shenghuadt.com/product/show_278.html.

4.3.1.1 SAR 支撑体理论

1961 年，约翰·哈布瑞根（J. N. Habraken）教授出版了一本书，名为《骨架——大量性住宅的选择》（*Support—An Alternative To mass Housing*），他提出了一个住宅建设的新概念——"骨架支撑体"理论。没过多久，荷兰几位建筑师筹集资金，开办了一个建筑师研究会（STICHTING ARCHITECTEN RESEARCH），全名简称 SAR，开始专门从事"支撑体"设想的研究。1965 年哈布瑞根教授在荷兰建筑师协会上首次提出将住宅设计和建造分为两部分，即支撑体（Support）和可分体（Detachable Unite）的设想，并称之为 SAR 理论，这一理论至今已由住宅的理论发展为群体规则的理论和方法。SAR 理论包括：一是它的支撑体和可分体的概念，二是实现这一概念的设计方法。每一项住宅建设都存在着公共和私人这两个领域。SAR 提出的支撑体和可分体的住宅建设概念明确区分了这两个领域不同的范畴，并确定前者由统一的社区规划来决定，后者由居住者自己来决定。

新中国成立 30 多年来，我国形成了一套大规模的城镇住宅建设模式：国家包投资、专家包设计、建筑公司包建造，单位包分配包维修的"一揽子包"的建设模式。其主要特征是一包办、二排除、三平均，即城镇住宅建设公家包办，排除居住者在住宅建设中的作用，实行大锅饭和低租金供应制。实践证明，它不是解决我国城镇住宅的有效途径。

但是，这些开发公司实际上仍然是产品生产和分配的机关，执行的仍然是以"包"为主要特征的单一、封闭、静态型的住宅建设模式，采用的仍是"福利品"观念的住宅设计理论和方法，居住者并不能参与住宅建设的过程。在住房经营的过程中，多为企事业单位购买，再进行分配。因此，这种住宅建设模式不仅没有改进，相反，由于实行开发公司统建，过多追求经济效益，又将一些非住宅成本强行纳入商品住宅成本之中，致使商品住宅的价格严重失控。这样不仅影响社会效益和环境效益，而且导致住宅商品化的政策难以推行。

支撑体理论是把住宅乃至街区和城市分成骨架（Support）和填充（Infill）两部分。这不同级别的两部分可以分别由国家、集体（单位）和个人三方面分别投资和决策，共同合作建设城镇住宅和住宅区。

何谓支撑体住宅？如果将住宅比作一个核桃，分为"壳"与"仁"两部分。住宅的"壳"就是骨架，我们称为"支撑体"；住宅的"仁"就是在住宅骨架空间内用以分隔内部空间的物质构件，我们称为“可分体”或“填充体”。在住宅的建造过程中，这两部分的建造分为三个过程：一是设计、建造支撑体——“壳”；二是设计、生产可分体——“仁”；三是住户在选定的支撑体中按照自己的意愿布置、安装可分体，最后完成适用完善的住宅。按照这种模式建设的住宅即为支撑体住宅。它是一种开放性的、可多渠道投资、多方面参与的住宅建设新模式。1983-1985 年在无锡进行了支撑体住宅实验工程的建设，并于 1985 年建成，建成后引起了国内外各界的广泛兴趣。

华威 23 号楼作为灵活大开间多层住宅第一试点，坐落在北京市朝阳区三环东路与北工大南路相交处，由北京市建筑工程设计公司设计，一建公司施工。在样板间装修工程中，北京市建筑设计研究院、北京市建筑轻钢结构厂和北京木材厂均参加了工作。该工程于 1989 年 11 月完成设计，1991 年 9 月竣工。建筑面积 5781m^2（含阳台），层高 2.7m，6 层，每层 17 户，共 102 户，平均每户建筑面积为 56.68m^2。一室一厅的小套有 36 户，占 35.3%；二或三室户的中套有 66 户，占 64.7%。主朝向开间为 5.4m，楼梯间 2.4m，进深 10.8m。标准平面中每户有 50.52m^2 基本空间，除去厨厕固定面积，尚有 42m^2 可灵活作厅室用。

4.3.1.2 建设过程的弹性

1983-1986 年，无锡市“惠峰新村”（图 4-55）支撑体实验是对工业化和多样化可能性的探讨，它提高了住宅的适应性和灵活性（空间、功能规划上灵活），由居民自己参与设计，通过新建设程序，先确定住户再进行设计、建设，从而改变了建成后再分配的建者和住者完全脱节的建设方

图 4-55　惠峰新村支撑体住宅

资料来源：http：//blog.sina.com.cn/s/blog_60a4820c0101enyj.html.

式，专家和住户密切合作，共同设计。同时，支撑体可采用不同结构（砖混、钢筋混凝土、横墙承重等等），施工上可以选择工业化施工或者人工施工，建造灵活。建筑公司承包支撑体建设，专门化的工厂商品化生产可分体，社会劳动服务组织安装施工。它适用于不同层数和不同平面类型。将建房、住房和管房统一管理，提高了建房质量，利于维护管理，延长房屋寿命。“惠峰新村”支撑体实验重新考虑了专家在住宅建设中的作用，尊重居住者，拥有协助服务精神和更高的职业道德，专注于在现有物质技术条件下，设计出经济而具有极大灵活性的支撑体。通过多渠道投资，它将国家、集体和个人联合起来，国家用同样的投资可以盖更多的住宅。该实验不仅促进了住房建设组织的发展，开拓了新的建筑行业和劳动市场，而且提供了更多的就业机会。

4.3.1.3 灵活空间与疏离空间

1. 灵活空间

功能弹性。没有明确的功能命名，可用作儿童活动、体育健身、茶室榻榻米、读书房等，从而有效地拓展了空间的灵活用途（图 4-56）。

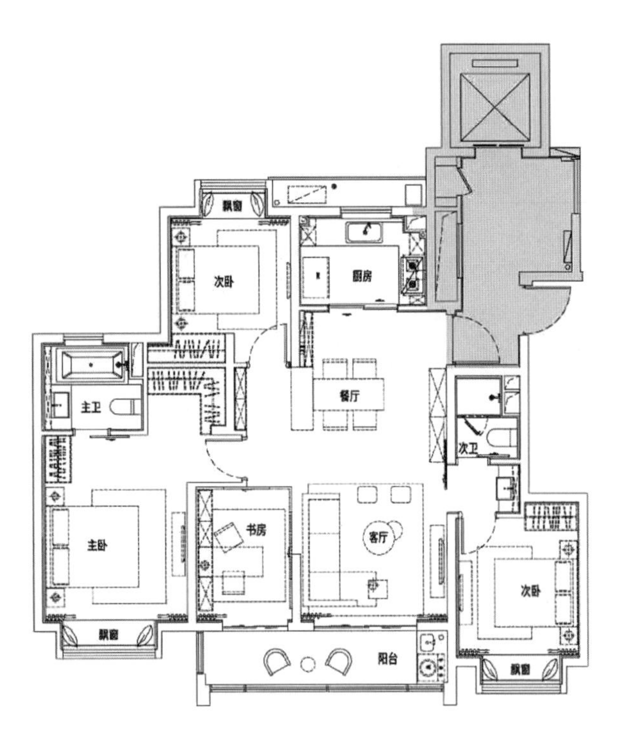

图 4-56　灵活空间：万科天空之城建面 135m² 户型的 X 空间

资料来源：https：//mp.weixin.qq.com/s/8BQzEphVrUeMWph2nn2ppQ.

2. 疏离空间

距离弹性。限于经济条件，一般家庭的居住空间都尽可能物尽其用、经济合理，并不常有“疏离空间”的概念。电影《闻香识女人》中，阿尔帕西诺住的花园小木屋则是一种与家人疏离的空间。类似的疏离空间不仅是老人独居的需要，也是部分家庭存在家庭生活交叉干扰问题的需求。许多住宅户型中，靠近入户门且远离主干家庭成员的房间可以规划为老人房、客房、工作室、接待室、书房和麻将室等功能，且应就近配置卫生间，以更好地达到疏离的目的。清华大学周燕珉教授曾主张疏离空间设置独立卫生间，可以在子女长大离家之后，作为出租屋使用。

（1）成都万科“五感幸福宅”。管理弹性。“东北男卧”为疏离的男主人书房，可作为接待客户的工作室使用。玄关加一道内门，成为彻底分离的独立工作室；如果考虑未来作为出租房，还需加设卫生间、厨房空间和晾晒空间。

（2）户型“大小配”。产权弹性。03+04 户型建筑面积为 130m²，适合“三代居”，但对于目前的购房政策来说，不适合多产权交易。

（3）花园洋房首层情景房。公共交通弹性。2005-2014 年，万科花园洋房首层推出独有情景房，倍添院居情趣。该房间 3.4m²，单独伸入庭院促成围合院落空间，此房间除了做卧室还可做其他情景房，如书房、麻将房、茶室等。疏离空间是需求升级的表现。在传统的卧室群之外，远离其他家庭成员，避免互相干扰，提供一处具有个性需求的私密空间，有利于家庭成员的独处和单独接待。

4.3.1.4 产权、平面、三维的弹性

1. 产权的弹性

两代居和可分可合户型。2005 年“国六条”发布，规定“9070 政策”，新开发的楼盘必须有 70% 的户型在 90m² 以下。为了规避这一政策，涌现了大量可分可合的户型，目的是提高大户型比例，满足购房者要求。如万科户型为 90+70 的可分可合户型，应用于南京龙城、金沙、无锡 7 号等项目。分离情况下为两套小户型，分别拥有各自的客餐厅、卧室、厨卫；合并情况下则只留一套公共空间和家政空间，即一个入户门、一个客餐厅和一个厨房，这种情况下，可以变为 160m² 的 4 房 2 厅 3 卫大套型。

2008 年的限购限贷政策出台之后，这种“权

宜之计”就行不通了。由于不能两次贷款，只能采用一套全额付款一套按揭贷款的形式，并且第二套贷款的首付和利息被提高。于是，更多的人选择购买大户型，享受购房优惠政策。由于当时国家不再紧抓“9070 政策”，并不限制大户型的开发，因此买卖双方都开始逐渐倾向大户型住宅。

从全生命周期的住房来看，当一个家庭经营 20 年以上，小孩纷纷长大独立，离开家庭之后，出现了很多独居老人（空巢老人）的时候，空置的房间其实可以用于出租和变卖，这样才能集约整个社会的住房。这时候面临的问题便是我国大多住宅“套型不能分”，没办法进行“双钥匙”管理，内部也不能完全分离为两套系统。当租赁时代和养老时代到来，这种小合为大的思路，恐怕会变成大分为小的思路。

2. 平面的弹性

任意分隔的多功能空间。1978 年，河北建筑工程学院骆长里于《建筑学报》发表《灵活间壁住宅的探讨》，主张使用 45mm 的轻质隔断制作间壁，在厨卫不动的情况下，同一户型可以隔出多种效果（图 4-57）。每套基本型和端头型的基本尺寸宽为 5100mm，深为 720mm，经过间壁处理，可以适应少口户和多口户。根据既定的单位模块，可以产生 3 种组合方式。

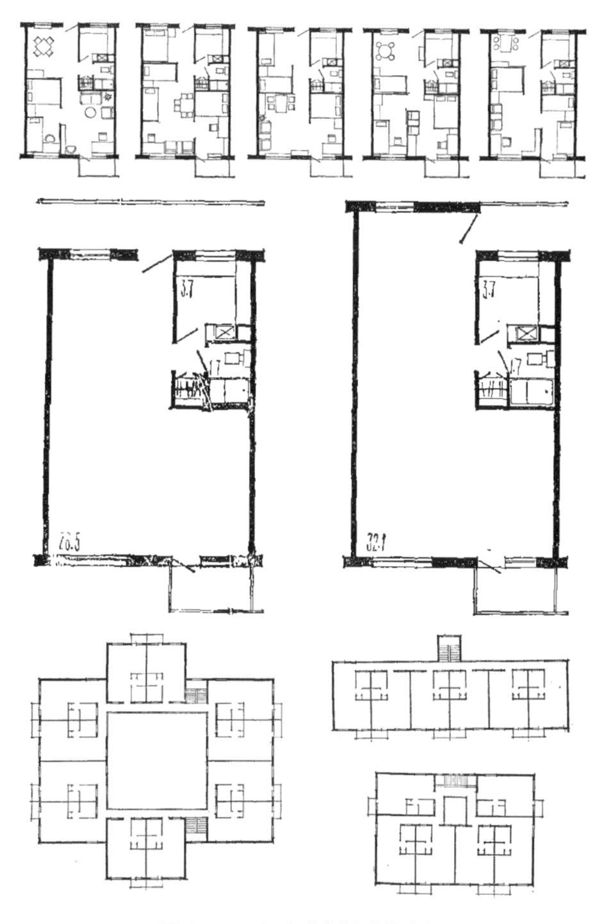

图 4-57　任意分割的功能空间

资料来源：骆长里．灵活间壁住宅的探讨 [J]. 建筑学报，1979（03）：58-60.

3. 三维的弹性

（1）跃半层户型。1979 年，周慧林、吕绍泉发表于《建筑学报》的《跃半层住宅设计方案的探讨——兼谈节约用地》一文提到跃半层住宅试作方案的单元开间为 4.2m，进深 10.1m。用外廊联系每户的入口，而楼梯间单独设置。前室（正房）层高为 3m，辅助房间，如厨房、小卧室等层高为 2.25m。因此在标高 ±0.0-9m 之间的前室为三层，后室为四层。总的层数前室为五层，后室为七层。也就是说，在同样的面积及一定的高度内多建了 12% 的建筑面积，平均层高约 2.6m（图 4-58）。

（2）3.5m 层高从新中国成立前石库门而来。《住宅设计规范》中规定住宅层高的下限为 2.4m，多地《规划技术管理条例》中规定住宅层高的上限为 3.6m，超过就要除以 3m 标准计算面积，计入容积率。1993 年第 9 期《建筑学报》发表钦关淦（华东建筑设计院）《浅析住宅设计中的空间利用》，

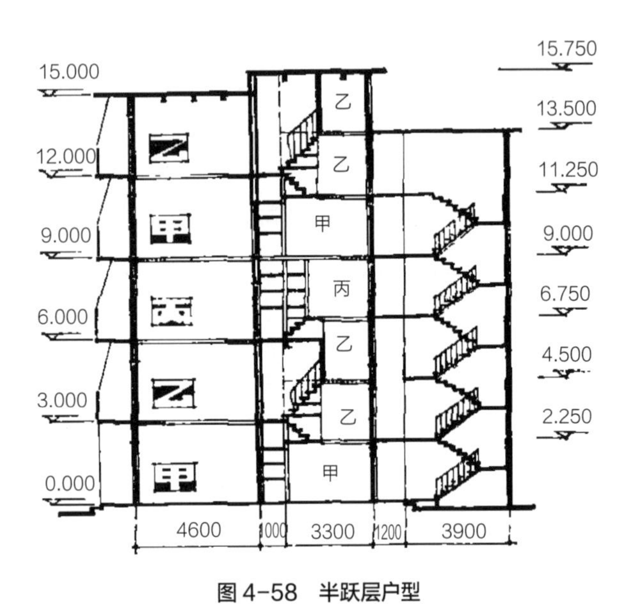

图 4-58　半跃层户型

资料来源：周慧林，吕绍泉．跃半层住宅设计方案的探讨——兼谈节约用地 [J]. 建筑学报，1980（01）：35-37.

该文写道：在抗日战争和国内战争期间，经济凋疲，城市人口不断增长，不少居民往往在 3m 多高的房间中加建一阁楼，根据条件，阁楼有高有低，可作贮藏用，也可睡人。大部分阁楼只占下面房间的约一半面积，使下面房间仍有部分面积占有较高空间。目前，复式住宅中的做法与之颇相似。阁楼的上下交通一般都用活动的木梯。这种阁楼大都是在使用过程中加建的，结构简陋，使用条件也差。“复式住宅”的名称是香港李鸿仁先生带到大陆来的。它的主要特点是将层高提高到 3.4m，上部设一夹层，夹层楼面兼作卧室的床面，上面净空仅够人坐在床上，为了满足在床前有一个供人可站立的空间位，须将夹层楼面凹下一块。起居室的部分高度为 3.4m。厨房卫生间的层高压缩到 2.2m，净高约 2.04m，上面设一净高仅 1m 多一点的阁楼。起居和睡眠分开，起居室有较为充足的空间，卧室则除了睡眠外，已无法做其他活动。根据人体工学分析，人的生活中很多动作是不需要直立人体尺寸的，比如坐、卧。3.5m 层高的住宅可以做两层住宅空间。利用三维空间的住宅户型精细设计，不仅可以获得空间的双层利用，还能让人避免压抑，也可作为储藏和收纳高效使用。

（3）4.2~4.5m 层高。写字楼、商铺的层高上限是 4.5m，由于“商改住”，很多 LOFT 公寓的层高为 4.5m，做成两层空间，单层层高为 2.25m，只要合理设置梁的位置以及房间布局，就可以获得大于人体身高的两层空间。

（4）客餐厅挑高。多地《规划技术管理条例》中规定不超过客餐厅 15% 的面积的挑高空间不计容。

（5）7.65m 层高三层户型。错层和跃层做法的初衷并不完全是为了使空间丰富，而是为提高户内空间的使用效率。目前 3m 左右层高的小户型住宅，对于其次要房间，特别是卫生间及厨房来说空间有所浪费，而对于起居室来说又显不足。位于北京朝阳区的“都市心海岸”，通过错层和跃层把不需要太高层高的房间压至 2.4m，而把起居室层高提高到 3.8m，每户拥有宽敞高大的起居室，使得在此活动成为一种乐趣。此外其他空间都相对较小，主卧室面积在 $20m^2$ 左右，净高为 2.4m，足以让人避免产生空间压迫的感受。

4. 多义空间 / 复合功能

2010 年，石家庄铁道大学建筑与艺术学院刘昆在《建筑学报》上发表的《场景的空间——以家装设计为例》一文中提到：“多义空间没有功能的明确界定，只有着一种预测和设想，而空间性质则具有‘多价性’的意义，并且形成暧昧的空间关系。这种鼓励随机性的行为空间实则是一种‘奉献'，为不时地适应场合的需求而提供时效的空间利用。”比如，中国传统民居的院子既是室外的空间，又可以把它视为没有顶的大厅，家庭中的很多大事都可以在此操办。又比如，住宅中的卫生间不是简单的功能空间，它还包含文化方面的内容，是释放压力、放松身心的个人空间，在去除一天疲劳的同时，边沐浴边看电视、听音乐是一件非常惬意的事情。“由此，一种单向性的功能转为了多向，继而空间具有一种超越物质的精神意象，空间的多义性便形成了与人的思维一样活跃和随机，空间的状态更向非物质方向发展。”

4.3.2 超小住宅与新社区

4.3.2.1 超小住宅的基本方式

减省：以社区共享空间和集体服务设施来弥补套内空间的不足，以外补内，比如社区商业餐饮发达可以弥补个人餐饮空间的不足。

复合：以多功能复合弹性空间形式，做到“麻雀虽小五脏俱全”，同一个房间可具备多种功能，使得整体户型功能齐全。

设计：很多超小户型采取了 LOFT 等手法，巧妙地利用了三维层高空间进行设计，争取空间效率。

极小户型的居住方式是有组织的群居方式，贴近人类族群化居住特征。在中西方历史中各时代都有案例，20 世纪五六十年代的住宅单位大院符合超小户型的定义和特征，但其缘由是物质匮乏迫于无奈的一种被动选择，而现代的超小户型则是主动选择，原因是多种多样的。群居的原有血缘、单位、宗教和阶层等社会学的因素，群居的形态或者组织方法一般以集体的共享公共资源为主，缩小个人空间。

4.3.2.2 超小住宅、公寓、酒店、写字楼

由于《住宅设计规范》的条文中没有对“公寓”一词进行定义，但是在规范执行中经常有关于如何区别“住宅”和“公寓”的疑问，在此作以下说明：公寓一般指为特定人群提供独立或半独立居住使用的建筑，通常以栋为单位配套相应的公共服务设施。公寓经常以其居住者的性质冠名，如学生公寓、运动员公寓、专家公寓、外交人员公寓、青年公寓和老年公寓等。公寓中居住者的人员结构相对住宅中的家庭结构而言更简单，而且在使用周期中较少发生变化。

住宅的设施配套标准是以家庭为单位配套的，而公寓一般以栋为单位甚至可以以楼群为单位配套。例如，不必每套公寓都设厨房、卫生间和客厅等空间，可以采用共用空调、热水供应等计量系统。但是不同公寓之间的某些标准差别很大，如老年公寓在电梯配置、无障碍设计、医疗和看护系统等方面的要求，要比运动员公寓高得多。目前，我国尚未编制通用的公寓设计标准。

可商可住、总价低是超小套型备受青睐的原因。由于超小套型的公共设施周全，接近酒店式服务要求，因此超小套型受到了某些族群的青睐，如：酒店式服务的买家，公司买家作为办公用，或者直接作为商务酒店使用，总的来说都是一种功能上的弹性利用。

在服务上，酒店式服务内容细、服务质量高。在酒店式服务质量管理标准中，共有上百项的服务内容，小到服务生的衣着，细到大堂的温度，都有明确的要求和标准。大堂的温度将全年保持在 23~25℃，湿度亦因气候的变化而调整。这种舒服的生活享受一方面要归功于硬件设施的高档，另

一方面就要归功于酒店的服务意识。对于普通小区来说，物业管理公司不会提供过多服务，但对于高档物业就不同了，根据五星级的物业要求，管家服务中心每天 24 小时有服务人员值班，随时为客人安排管家服务，如整理房间、洗衣、24 小时送餐等。普通物业公司很难做到 24 小时服务。在产权方面，住宅产权 70 年，水电费用执行住宅标准，可通燃气。产品标准上，超小住宅需要符合《住宅设计规范》，日照、卫生间和厨房设置都有规定的标准。

新社区的办公生活资源共享。充分利用小空间，选择组合折叠家具、阳台设置电脑区与文件区、吧柜式厨房、隐藏式或个性化办公桌设计都应考虑。充分考虑公用空间和公用设施，如外部资源的共用以降低每个 Studio 投资成本，共享一流资源，包括共用律师、共用会计师、共用秘书、专业全程代办公司注册等。此外，商务设施的共用以增加商业竞争优势，减少 Studio 的成本浪费，如大楼专用服务器、专线连接投影设备视讯会议厅、小型会客室、秘书服务、资讯电脑平台连接服务器提供股市、汇市重点讯息等。大堂服务中心的收发信件、代缴费用、租务代理、公用传真复印，生活服务中心的洗衣收发、钟点清洁服务等也不应忽视。

4.3.2.3 极小户型中国典型——家族社区：长屋、围屋、圆楼

20 世纪七八十年代以及之前的职工住宅一般为 35~42m^2，现代房地产开发的公寓式住宅多为 35~50m^2，二者均为超小户型。按照居住模式，职工住宅以共享的方式，配备公共生活设施，以减省套内功能和面积。更早先的传统家族性聚居住宅，共用家族祠堂、堂屋、穿堂廊、会客厅、私塾，厨房、猪圈、水井、洗衣房和晾晒区等采取的也是这种共享模式。只不过共享集体的组成原因发生了社会性变化，由血缘、宗亲、家族变为工作单位、城镇街道和小区居委会。

圆楼龙见楼位于平和县九峰镇的黄田村，始建于清康熙年间，其外直径 82m，环周扣个开间，外墙厚 1.7m，只设一个大门。圆楼为单元式布局，每个开间为一个独立的居住单元，单元之间完全隔断，互不相通。各家均从设在内院一侧的门口入户，标准单元呈窄长的扇形平面，门口处面宽只有 2m，靠外墙处宽约 5m，单元进深 21.6m。每个单元的平面布局相同，进门口后依次为前院、前厅、小天井、后厅和卧房，卧房共三层，有独用的楼梯上下。单元内空间有闭有敞，或暗或亮，有层次又有变化。圆楼中央直径 35m 的内院是公共活动的空间，院中有一口三眼水井。祖堂设在正对大门的 3 个开间中。环周有 8 个合二而一的单元，即前院、前厅合并共用，厅后部开始才完全隔开成两个单元，这适应了不同的居住要求。

从居住模式上说，龙见楼模式与当今的小户型模式二者都是非全功能住宅，某些功能空间是倚靠外界的公共配套来满足的。客家人为历史上动乱南迁的中原地区人，有强烈的族群意识，在族群迁移的过程中与当地原住民的对立隔离的生存环境下形成了土楼聚族而居、对立隔离的内聚形式，因此防卫是圆楼的主要成因。另外，天圆地方的风水意识是圆楼的选择性成因。

土楼中的私密性层次与空间序列，按照由外到内的空间顺序依次为公共空间（大门、内广场、内院、祠堂、敞厅、水井）、半私密空间（单元式户门、前庭、小天井、前厅、厨房）和私密空间

（卧室），这种从公共性向私密性过渡又层次分明的空间序列，体现了强烈的“礼仪、等级”思想。

4.3.3 超大套型集合住宅——富裕阶层的城市选择

4.3.3.1 大平层——中国富裕阶层的选择

集合住宅相对于独立住宅来说缺少个性化，但是中国城市教育、医疗、商业资源集中优势造成了大平层往往是中国富裕阶层的选择。集合住宅中的超豪华案例有很多，由于土地稀缺性、环境便利性，加上设计产品的匠心独具，集合住宅可以达到一定程度的豪宅效果。在物业运营方面，由于共享成本低，还能局部超越别墅类型的生活品质。如从纽约市曼哈顿的“中央公园西 15 号”，到造价 20 亿美元的世界最贵私人豪宅“安蒂拉”，从世界最贵的东京“The House”，到英国女王的邻居伦敦“海德公园 1 号”，再到香港的第一豪宅天玺、上海的中国第一天价豪宅汤品一臣、深圳的中海香蜜湖 1 号、东海国际。根据福布斯资料显示，大平层在当今时代越来越受高端置业者的青睐；同时，在福布斯近年来评选出的“世界十大最奢侈豪宅”中，大平层产品更是一度占据七席，平层大宅已成为全球顶级居住风潮。

4.3.3.2 马斯洛需求层级理论与户型演变

根据马斯洛需求金字塔理论分析，当低级需求被满足以后，人们开始追求高级需求。首先，人们需要满足基本物质需求即生理需求（physiological need），40 年前我国社会物质极度匮乏，人们需要解决的是住宅数量问题。人们需要稳定、安全、受到保护、有秩序、能免除恐惧和焦虑等，从而能满足安全需求（safety need）。在这期间，人们不断分离空间并取得秩序。当低层需求被满足的时候，人们就开始追求感情归属、尊重和自我价值的需求。当一个人要求与其他人建立感情的联系时，就需要对应相应的住宅户型空间需求，即第三级归属需求（belongingness and love need）。

亲密家人居住在一起，朋友聚会的需求大大提高，家庭内部起居室和亲子互动空间充足。礼仪空间使主人和客人双方都感觉尊重和被尊重，即为第四级尊重需求（esteem need）。当人们追求实现自己的能力或者潜能，并使之完善时，即满足第五级自我实现的需求（self -actualization need），住宅户型中会产生大量的个性化空间，满足自我爱好，如宠物空间、种植空间、钢琴房、室内运动空间等。因此，越是满足高等级需求的住宅空间就越是豪华。这些需求点分散在生活中的点点滴滴。豪宅的户型往往软件和硬件配置超标，拥有强烈的个性化和风格化，并具有邻居、社交和圈层特性。

4.3.3.3 深圳湾一号

中原集团主席施永青参观深圳湾 1 号时说：“差异性才是决定未来定价的重要依据。尤其是在豪宅市场，赢者独取的逻辑则更为深刻，设计上的差异，应该在价格上直接体现为成倍的反映。”深圳湾 1 号聚集的资源几乎都是国际化的，光产品设计，就同时邀请了 Yabu Pushelberg、Kelly Hoppen、梁志天、AB Concept、LW、HID、HBA、CCD、李玮珉、梁景华等十位世界顶级室内设计师和设计机构，以及美国 KPF 事务所进行建筑设计。深圳湾 1 号推出 T7 莱佛士酒店公寓，T7 就是深圳湾 1 号最高的那栋，高度 350m，低楼层为写字楼，中间为酒店，高层为公寓，这也是深圳湾 1 号的最后一栋可售公寓。

三套样板房，面积分别是 $320m^2$ 三房、$410m^2$ 三房和 $460m^2$ 四房。它的确是目前深圳顶豪的终极代表，社区共享豪华配置：坐拥人才公园、深圳湾一线景观；汇聚全球顶级资源打磨，细节的精益求精随处可见；私享"世界最高音乐厅"云颂音乐厅、直升机停机坪、LongBar 等顶级奢华配套。

4.3.3.4 万科翡翠系：近年豪宅属系

南京万科翡翠滨江 $380m^2$ 户型：从公布的户型图来看，亮点颇多，恪守瞰江原则，打造了 32° 楼体瞰江角度、270° 观景面等，将一线江景的核心资源价值融入了户型设计中。

参考文献

[1] 熊燕 . 中国城市集合住宅类型学研究（1949~2008）[D]. 武汉：华中科技大学，2010.

[2] 周燕珉，李佳婧 .1949 年以来的中国集合住宅设计变迁 [J]. 时代建筑，2020（06）：53-57.

[3] 覃力 . 深圳住宅 40 年 [J]. 世界建筑导报，2020（05）：50-53.

[4] 王振亮 . 街坊制：中国特色的城市二元治理结构模式浅析 [J]. 上海城市管理，2021（05）：2-10.

[5] 申作伟，朱宁宁，申建，等 . 当代城市住宅户型的发展演变 [J]. 当代建筑，2020（05）：21-25.

[6] 朱彦伟 . 岭南地区单元式住宅中小套型优化设计研究 [D]. 广州：华南理工大学，2018（06）.

[7] 辛欣 . 集合住宅范式解析 [D]. 西安：西安建筑科技大学，2010.

[8] 成佩 . 集合住宅范式解析——多层集合住宅 [D]. 西安：西安建筑科技大学，2010.

[9] 王蒙徽 . 住房和城乡建设事业发展成就显著 [J]. 工程造价管理，2021（01）：6-8.

[10] 胡惠琴，胡志鹏 . 基于生活支援体系的既有住区适老化改造研究 [J]. 建筑学报，2013（51）：34-39.

[11] 马韵玉，张诣 ."应变型住宅"初探 [J]. 建筑学报，1991（11）：2-5.

[12] 杨军 . 新建商品住宅装修问题及对策研究——析《商品住宅装修一次到位实施细则》[J]. 建筑学报，2002（08）：12-13.

[13] 朱昌廉 . 我国城市住宅面临的形势评析 [J]. 建筑学报，1992（05）：20-23.

[14] 岳文灿 . 超小套型住宅研究 [D]. 长沙：湖南大学，2004.

[15] 丁雅楠 . 集合住宅厨房管线设备空间的整合设计研究 [J]. 建筑学报，2011（08）：72-75.

[16] 丁会 . 中国居住建筑的演变——以进食空间为例 [J]. 太原城市职业技术学院学报，2012（04）：163-164.

[17] 杨军 . 从大和实验住宅到国家康居示范工程——浅论成套技术体系与住宅研究新概念 [J]. 建筑学报，2001（07）：11-14.

[18] 汪定曾 . 关于在上海建造高层住宅的一些看法 [J]. 建筑学报，1980（04）：4-10.

[19] 齐康 . 城市环境规划设计与方法 [M]. 北京：中国建筑工业出版社，1997.

[20] 鲍家声 . 城镇住宅建设新模式 [J]. 世界建筑，1987（03）：9-10.

[21] 周慧林 . 跃半层住宅设计方案的探讨——兼谈节约用地 [J]. 建筑学报，1980（01）：35-37.

[22] 钦关淦 . 浅析住宅设计中的空间利用 [J]. 建筑学报，1993（09）：38-41.

[23] 余立 . 特定的设计问题与特定的解决办法 [J]. 建筑学报，2002（08）：20-21.

[24] 刘昆 . 场景的空间——以家装设计为例 [J]. 建筑学报，2010（S2）：107-110.

5

当代集合住宅的风格演变

5.1 整体概述

为适应社会主义现代化的发展和满足人们随之不断变化的住房需求，自新中国成立以来，我国不断探索新的住房政策，逐步将住房推向商品化、社会化（图 5-1）。1950-1970 年代，新中国成立的前 30 年，社会主义计划经济体制下公有住宅发展是城市住宅的主体。由于中国当时有着与苏联相同的意识形态，在最初阶段主要受其影响，并步其后尘发起了“大跃进”和“文化大革命”运动。新中国成立以来，我国实施“统一管理，统一分配，以租养房”的公有住房实物分配制度，贫穷以及极其简陋的居住条件在这一阶段成为标准，而不是一种特例。这一时期，住房标准化开始实行，在大城市的中心地带，多层住宅几乎成为唯一的建造形式；与此同时，住房的标准和建造质量，除了极少数情况外，都不允许超出人们所能承受的最低的通用标准。

1980-1990 年代，改革开放后的 20 年，中国经济增长迅速，以市场化为取向的住房政策改革逐步深化，带来了中国城市住宅的大发展。加之一些外部事件，如 1997 年发生的东南亚经济金融危机，促使国家采取一种鼓励个人购房的政策，并采用大量财政与管理的机制来保障社会公平与住房质量的提高。随着社会经济格局的变化、居民的阶层化和需求的多元化，住宅也改变以往千篇一律的面貌，向多元化方向发展，以适应市场需求。房地产业在国内各大城市全面展开，楼盘开发的规模、档次大幅度提高，出现了一批大型房地产开发公司。

1998 年，国务院发出通知，要求停止住房实物分配，逐步实行住房分配货币化，标志着中国彻底告别福利分房时代，房地产开发进入全面快速发展阶段。取消福利分房后，商品房逐渐增多，开发商为节省用地成本，塔楼建筑兴起，改变了板楼一统天下的局面，这一时期的特点是面积放开了，出现了 150~180m^2 的住宅，建筑形式也多样化。这个时期出台了装修标准，个性化、多样化的趋势明显。2000 年以后，住宅产品已经比较丰富，竞争也比较激烈，很多开发商都在寻找差异化竞争。随着住宅建筑的发展，国内房地产市场逐渐开始本土化设计，注重楼盘设计理念和社区文化建设，积

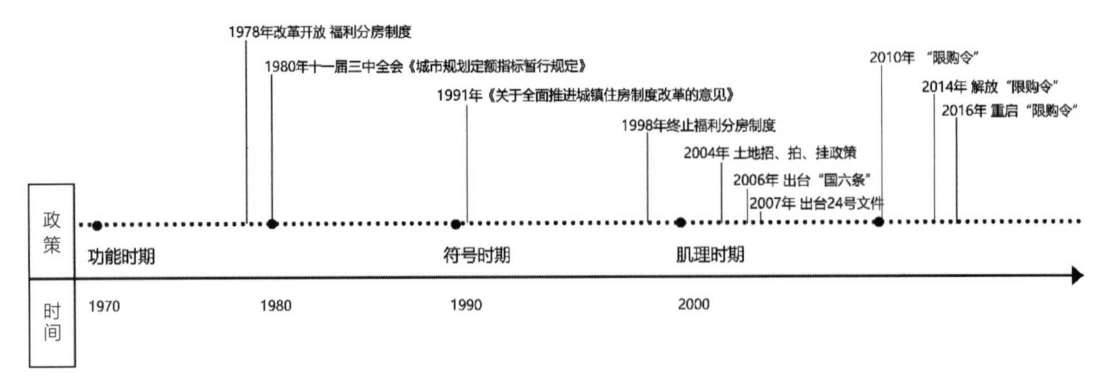

图 5-1　我国住宅政策发展图谱

资料来源：本研究整理．

极探索理论、形式、技术上的创新。这时期房地产开发的特点可以用“百花齐放、推陈出新”来形容。伴随着国家住房政策的变迁和房地产市场的逐渐完善（表 5-1），我国城市的集合住宅也发展出了许多不同的风格。

在 20 世纪 90 年代，我国逐渐开放住宅市场，改变了以往福利分房的政策。由于当时西方集合住宅已经发展出比较完善的体系，所以国内集合住宅在户型和造型设计上，经常学习和参照西方的住宅模式。这一时期我国城镇集合住宅中较为主流的风格是欧陆风，但是也出现了如菊儿胡同这样对于住宅改造与发展的本土化思考。

2000-2010 年，各类不同的集合住宅风格开始涌现，这与当时房地产市场的繁荣是密不可分的。地产市场正处于蓬勃发展期，各个地产商在住宅风格上也积极地进行着探索，不再局限于过去的欧陆风。就住宅风格而言，这一时期出现了许多具有开创性的楼盘，如上海的兰乔圣菲项目，是对于住宅地方化进行早期探索的典型代表；清华坊是标志着新中式风格出现的重要项目。欧陆风仍在国内占据着市场，但是也有了逐渐细化的倾向，开始有英式、美式、西班牙等风格的区分。

2010 年之后，城市集合住宅的风格主要是在过去的基础上有了进一步的发展。住宅的风格成为楼盘的一大卖点，各类风格更加细致、注重特色和品质（图 5-2）。

新中国成立以来的住宅政策及形式 **表 5-1**

时间	社会背景、国家住宅政策	当时社会背景下出现的住宅楼栋形式、相应的户型
19 世纪 50 年代 -19 世纪 70 年代	基本生存目标	2~3 层砖混结构 人均居住 $4m^2$ 共用厨卫、餐寝混合
1978-1998 年	1978 改革开放（2000 年一户一套房） 福利分房制度：按居住对象级别（工龄、年龄）家庭人口分配面积	户型按一定标准设计，户型种类很少，质量不好 面积控制在 50~80m^2 独用厨卫、餐寝分离
1998 年 - 现在	改善百姓居住条件，解决住房供需矛盾，将房地产作为支柱产业带动国民经济的发展 1998 年 终止福利分房（一人一间房）	市场机制作用，住宅户型、质量大为改观餐、居、寝室、（学）分离
	2004 年，土地招、拍、挂政策	土地价格上涨 - 房屋价格上涨市场供应结构转向以大户型、豪宅为主
	（抑制房价上涨） 2006 年出台“国六条”要求 90m^2 以内小户型占比 70%	一梯多户的塔式高层住宅
	（抑制房价上涨） 2007 年出台“24 号文件” 保障房（50~60m^2）	居住需求保证，面积减小 多层、小高层向高层转型 一梯多户
	为了抑制房价 2010 年限购令 2014 年解放限购令 2016 年重启限购令	住宅精细化、人性化设计

资料来源：本研究整理 .

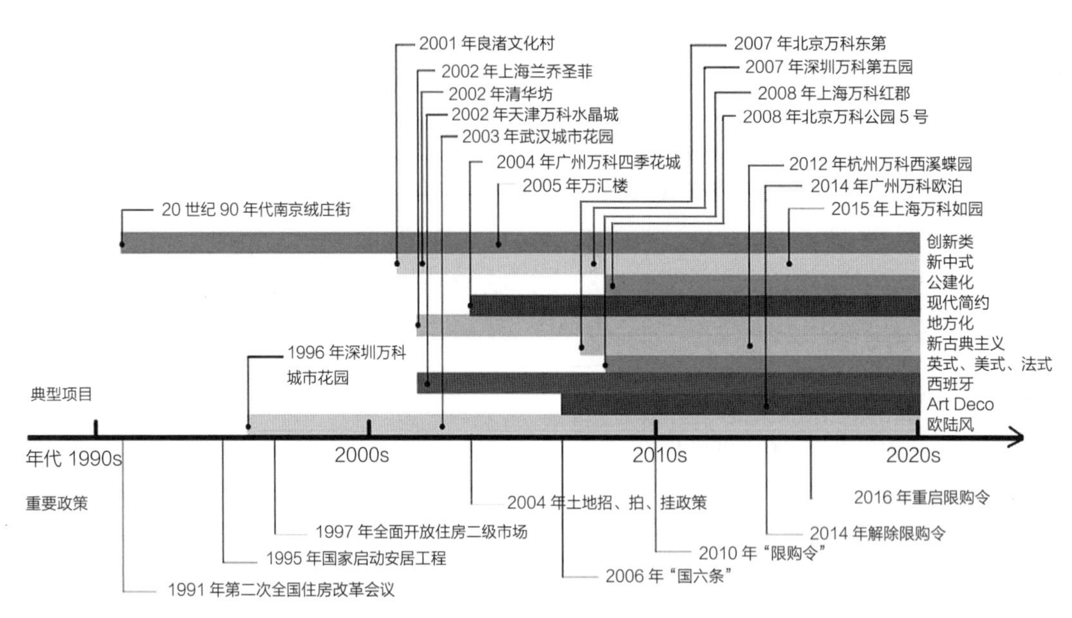

图 5–2 我国住宅风格年代表

资料来源：本研究整理.

5.2 符号时期的异域审美

5.2.1 异域风格发展概述

我国城市住宅经由过去 40 年（1980–2020 年）的市场化改革，逐渐由“集体住宅”发展为“集合住宅”，由福利品演变为商品。目前主流产品在供求两方面都趋于成熟，近年来在政府推动下，出现了大量工厂化生产的住宅，住宅产品标准化已经达到了一定的水准。随着改革开放带来的经济发展，人民生活水平日益提高，人们的居住观念在更新，商品住宅开始出现，住宅的模式和风格也由温饱型向小康型过渡。计划经济向市场经济转型，住宅开发、流通和消费走向市场化。

20 世纪 90 年代大体上可以被看作是国内沿海城市和北京等一线城市住宅立面风格的符号化时期。这一时期大众和政府对住宅的诉求是：“住宅设计要多样化，各有特色，丰富多彩，增加可选择性，避免千篇一律。”同时由于和国际的互通与接轨，各种建筑思潮与风格纷纷涌入中国。此时，建筑师带着模仿的痕迹开始了个性化的创作，而民众对没有人情味的国际式盒子也已深感厌倦。同时，商品住宅的兴起，产生了楼盘的概念，每一楼盘又亟需标新立异、与众不同的可识别性。许多符号性视觉元素被应用到立面上，或作为母题在整个小区里反复出现，符号种类繁多：有的在屋顶竖起个尖架，有的在女儿墙加个坡檐，有的在建筑凹口处加个弧形格架，有的在屋顶机房开个圆窗等（图 5–3）。

20 世纪 90 年代后期，高级公寓与商住楼兴起，各地欧陆风格陆续出现，装饰立柱、线脚、古典门头、各式坡顶在住宅立面上都有出现，三段式立面构图也被重新采用（图 5–4）。这种立面风格已具备些许肌理特征，成为符号时期向肌理时期的

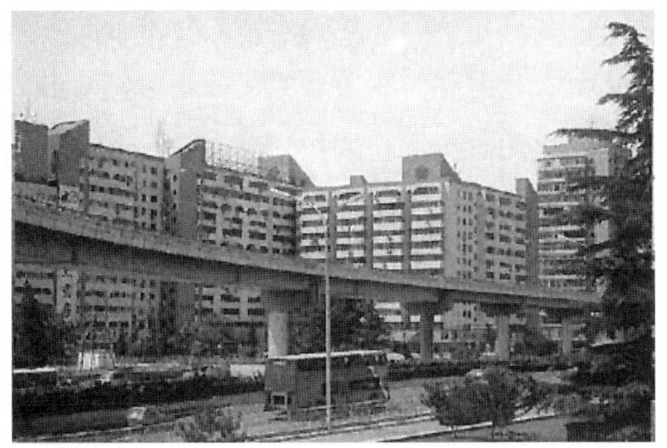

图 5-3　符号时期立面风格

资料来源：刘文鼎 . 浅述北京城市住宅立面风格之演变 [J]. 建筑师，2005（01）：24-31.

过渡。万科的四季花城系列和武汉万科的城市花园等相当成熟地表现了后欧陆时期的风格特征。与此同时也有模仿新加坡、中国香港等当时房地产市场较为成熟的地区住宅模式的住宅出现。除了这种风

图 5-4　符号时期立面风格

资料来源：ttps：//zhuzhou.newhouse.com.

格之外，还有西班牙式、英式、美式、法式以及新古典等住宅风格形式也纷纷加入住宅设计的立面上来，万科作为房地产行业的引领者自然也是最先对这些风格进行实践和引入的。整个符号时期充斥着混搭欧陆风的特征，这其中包括相对精准的欧陆风、法式美式等设计风格，如万科主导的住宅项目；还有一些混搭拼贴到一起的、照猫画虎的欧陆风；另外还有较多的当地特色通过母题或者符号介入立面风格的设计中来。总之，符号化时期充满着异域审美的特征，是住宅立面风格设计的一个重要的转折期（图 5-5）。

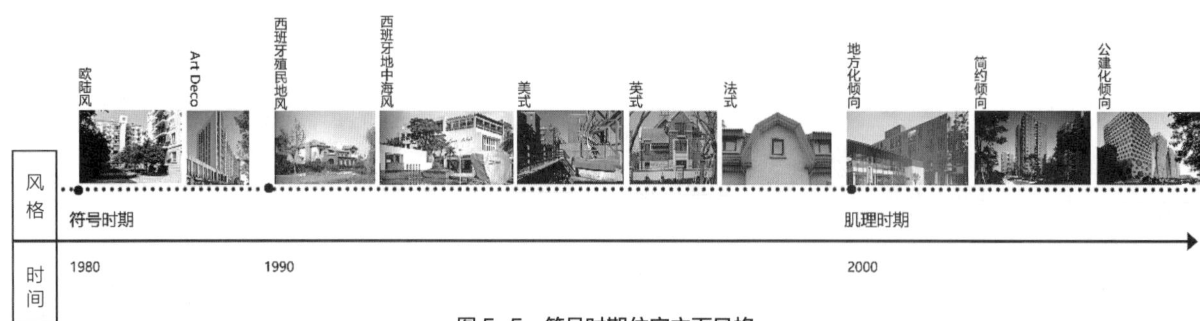

图 5-5 符号时期住宅立面风格

资料来源：本研究整理.

5.2.2 混搭欧陆风

5.2.2.1 源于西洋古典的“欧陆风”建筑

“欧陆风”建筑艺术所追随仿效的楷模是被称作“西洋古典建筑”的建筑体系。这个体系源自古代希腊和罗马。它在欧洲文艺复兴时期得到发扬光大，在近代又继续发展、繁衍和传播，成为一种世界性的建筑艺术体系。19 世纪欧美发达国家的建筑师不断地把“西洋古典建筑”这种建筑艺术形式应用于各类新型房屋之上，推出许多建筑，积累了新的建筑手法和经验，扩展了“西洋古典建筑”形式的应用范围。

20 世纪 80 年代，西方保守的历史主义成为建筑风格的主流，并在全球范围内广为流传。在我国首先传入香港，然后逐步流传到东部及沿海发达城市，西方的历史主义与当地的建筑风格相融合，演变成“欧陆风”建筑。这股强劲势头席卷了整个中国大地，当时房地产市场对“欧陆风”情有独钟。

20 世纪 90 年代开始，中国房地产大开发过程中，出现了一股“欧陆风”。在中国，这一词汇的出现源于开发商对于所开发项目的广告设计和包装。国内所谓的欧陆风，是一种形容建筑样式和庭院等外部空间环境采用西洋古典手法的、具有一定模糊性的商业提法。

5.2.2.2 “欧陆风”古典装饰元素的运用

“欧陆风”的一个最明显特点是采用装饰手法来达到视觉上的丰富和心理需求的满足。建筑设计样式讲究古典对称，比例均衡；普遍装饰成分很多，装饰元素借用西方古典的建筑元素，比如山花、柱式、檐部、线脚等（图 5-6）。“欧陆风”的另一个特点是重视建筑环境和文化氛围的营造，这也是欧陆风的核心思想。“欧陆风”装饰性强，十分细致，在设计上更注重细节、虚实和建筑的关

图 5-6 古典装饰构图

资料来源：碧云花园项目资料.

系。外部环境设计中，以园林作为构思源泉，在建筑的入口、广场、内庭设置喷泉、雕塑、花坛，很有创新之处，还引用庭院和花园等休闲空间，大大丰富了人们的精神感受。

5.2.2.3 “欧陆风”从兴盛至衰减

1. 欧陆风的流行

“欧陆风”在国内的流行并非偶然，是隐藏在背后多种因素综合作用的结果。

（1）政策背景。最初中国香港受英美影响而引入这个词来评价建筑，随着中国的开放，使得欧陆风在内地也广泛流传开来，成为地产商、政府机关最常用的一种促销用语。进入 20 世纪 90 年代，我国提出了发展有中国特色的市场经济的理论与目标，立刻激发了经济发展的活力，1992、1993 年房地产成为重要的投资热点。

1998 年，中央政府终止了福利住房分配，城镇个人购买商品住房的比例迅速上升，商品住宅从少数高消费群体的奢侈消费转向普通人的大众消费。 随着改革开放，住宅建筑商品化使得开发商建造的地产项目以迎合、取悦居住者的审美需求为目的成为可能，所以在居住建筑规划设计中大量采用欧陆风，营造出一种西洋味道的风情。

（2）市场需求。20 世纪 80 年代中期以前的建筑几乎是千篇一律的“方盒子”，随着改革开放带来的经济发展，人们生活水平提高的同时，居住需求从温饱型向小康型过渡，人们渴望住宅设计中出现新的风格形式，摆脱单调乏味的环境，对西方“崇尚”的心态使“欧陆风”住宅一定程度上满足了人们对于居住环境更高层次的需要，欧陆风应运而生。

（3）地产行业的发展。计划经济向市场经济转型，使住宅建设投资渠道增加，住宅开发、流通和消费走向市场化，商品住宅兴起。住宅商品化使居住建筑带有物质功利色彩，在开发商追求利益的驱使下，为迎合大众的审美需求，从而促使了“欧陆风”在大陆市场遍地开花。

2. 欧陆风的衰退

第一，虽然当时“欧陆风”的建筑深受普通百姓的青睐，但专家学者和建筑师却在极力抵制和反对。首先，国内的欧陆风建筑往往比例失调，胡乱堆砌。我国与欧美等西方国家一度中断学术交往近 30 年，对于西方古典建筑的了解在当时并不深入，这就造成已经建好的欧陆风建筑似是而非。

第二，商业性的复制、拼凑一度造成了千篇一律、个性丧失的西洋古典符号泛滥的城市风貌。一旦有成功案例，开发商就会迅速复制，套用图纸，甚至还有精明的预制件厂家炮制地道或不地道的柱头等构件兜售，这些都加剧了建筑个性的丧失。

第三，脱离了中国文化传统。欧陆风鼎盛时期，即便是北京城也遍布“欧陆风”居住区，珠江帝景甚至打造了 2km 长的“原汁原味欧洲风情商业街”。这一时期的建筑风格某种程度上也反映了当时国人在文化、心理上的不自信。

而后随着国内建筑行业的发展、建筑风格逐渐细化、专家学者和开发商对建筑风格的严谨追求、大众对传统文化的自信，地产商对住宅风格的采用更严谨，不再以含糊的“欧陆风”定义住宅风格。

5.2.2.4 从“拿来主义”到“独立探索”

1. 早期拿来主义

早期“欧陆风”体现在建筑外形上，会出现具有强烈装饰效果的山花、尖顶、柱式、宝瓶或通花栏杆、石膏线脚饰窗等；色彩体现则多为沉稳的暗粉色墙面结合灰色线脚；此外，建筑一般也继承古典三段式的表象特征，结合裙楼、标准层、顶层，以及女儿墙进行不同的装饰处理。

代表：深圳万科·城市花园。在万科以往的住宅设计中，“欧陆风”占比较大，万科的“欧陆式”风气之先为深圳万科城市花园。深圳万科城市花园位于深圳福田区景田生活区内，是深圳万科地产在其开发历史上具有里程碑意义的住宅项目，开发时间为 1996-1998 年。小区以多层住宅为主，兼有小高层，组团内设有住客会所、室外游泳池、健身环跑径、儿童游戏场等，皆与主题住宅的“欧陆风”相协调（图 5-7）。

图 5-7　深圳万科·城市花园

资料来源：《万科的作品 1988-2004》.

2. 后期万科探索

“欧陆风”随着时间的推移在住宅设计上表现出来的特征也有所差异，虽然基本采用三段式的布局手法，装饰元素差别不大，但总体来讲是趋于完善和原生态的一种演进。如空调室外机位开始成为新增的立面构成元素，外凸飘窗在立面表现上装饰效果更为娴熟。

代表：武汉万科·城市花园。武汉万科·城市花园属万科“欧陆式”风格较成熟的项目，地处大武昌光谷科技新城核心区域，规划占地面积约600亩。项目首期建设开始于 2003 年，是万科进入武昌后建设的首个规模社区；2005-2008 年，陆续推出 2、3、4 期。社区内以多层、小高层开发为主，辅以少量高层和情景洋房产品，整体规划则囊括商业中心、儿童公园、小学、幼儿园、休闲会所等诸多社区配套。其中 1 层为底部，顶部突出屋面的楼梯间及其装饰作为建筑立面的收头，其余部分为建筑的主体。材料选择上，建筑首层即底部使用了褐色仿砖涂料，与褐色釉面砖贴面的围墙相协调；中间主体部分以及顶部突出屋面的楼梯间以浅灰色、黄色涂料为主；底部与中间主体部分以灰色线脚做过渡，充分考虑到了立面视觉效果（图 5-8）。

代表：深圳万科·四季花城。深圳万科·四季花城属于万科“欧陆式”风格较后期的项目，位于龙岗区坂田镇，是深圳万科地产的第一个大型社区，也是万科“四季花城”的第一个项目。规划总建筑面积达 53 万 m^2，开发周期为 1999-2003 年，分七期开发，以多层住宅为主，兼有小高层、TOWNHOUSE、情景花园洋房和山地宽景洋房。其中洋房的概念是首次在四季花城提出，之后成为全国地产界追随的一种产品类型（图 5-9）。

图 5-8　武汉万科·城市花园

资料来源:《万科的作品 1988-2004》.

图 5-9　深圳万科·四季花城

资料来源：作者自摄.

深圳万科·四季花城是一个大型、低密度的休闲住宅区。每一期的产品都不同：一期的低密度围合组团别墅；二期的带电梯小高层；三期至六期的 Townhouse 情景花园洋房；七期的 Townhousebobos 空间。各时期不断创新、完善功能。六期的情景花园洋房仍以建筑体量的变化见长，外立面以淡雅的浅暖色为主，轻巧的细部构造，蜿蜒的宅前小径形成了一种安逸、静谧的氛围。七期的坡地情景花园洋房通过丰富的建筑体量的变化、空间上的进退及外立面材料的色彩及质感的对比构成了生动的建筑形象。

“欧陆风”的流行有其时代必然性，但又存在一定局限性。综合古今中外建筑创作的成功经验，创作过程中学习、吸收、引进、仿效外国的成就是必然的，稚拙、失误和走弯路也是不可避免的。从这个角度看“欧陆风”的出现是发展中必然会经历的一个过程。通过对欧洲古典建筑艺术成就的借鉴与吸收有助于建筑形象的发展，尤其是住宅的设计中适当地加入一些装饰处理，有助于消除石材的生硬、呆板的感觉。同时，很多地区都有相当成功的“欧陆风”建筑形式出现，并深受使用者喜爱。

在众多“欧陆风”建筑中，也有很多缺乏思考、推敲的作品，导致很多学者认为“欧陆风”是商业性的复制、拼凑，单调的泛欧古典符号的千篇一律，使大众在视觉上产生压抑、疲劳和厌倦。“欧陆风格”在开始的时候非常受欢迎，但是在进行表现的时候手法上略显粗糙，是对西方国家主要的建筑进行的模仿。市场的需求使得这种风格逐渐出现多元化的趋势，具体细化到某国家某地区的风格，如英式风格、意大利式风格、西班牙式风格、美式风格等，开始避开了粗略的风格轮廓。

5.2.3 西班牙风格

5.2.3.1 西班牙风格发展沿革

西班牙位于欧洲西南部，与葡萄牙同处于伊比利亚半岛，地形多山，东有地中海，北临大西洋的比斯开湾。西班牙气候可以大致分为地中海气候、海洋性气候以及半干旱气候。其中地中海气候为主要气候类型，其特点为夏天炎热干燥，冬季温和多雨。作为欧洲气候最炎热的国家之一，这里阳光充足、鲜花灿烂，因此产生了独特的建筑特点——地中海西班牙风格建筑。

16 世纪，哥伦布发现新大陆之后，这种风格随早期的西班牙殖民者登录中、南美洲。1850 年，美国自墨西哥手中割走加利福尼亚，西班牙风格遂传入美国南部滨海地区，并在加利福尼亚和佛罗里达取得了相当成熟的发展。进入美国后的西班牙风格根据本地情况进行了调整——西班牙殖民地风格（图 5-10）。

图 5-10　西班牙立面风格

资料来源：《万科的主张 1988-2004》。

5.2.3.2 明快质朴的建筑形象

西班牙传统住宅具有鲜明的建筑特点：首先，规划设计上善于利用水系、绿化等作为分隔空间的媒介，使住宅内外自然区分；临地中海附近更是水岸气息浓郁，由社区空间到生活空间散布于每个角落；建筑以层级方式排布，高低错落，符合人对空间的尺度感。如联排住宅不具有较强的可识别性，而注重街区整体效果，单体内用形态不一的院落分隔出与众不同的生活空间。其次，色调浅。西班牙风格的最大特点是阳光与活力，住宅多采用乳黄、乳白等色彩，使外立面色彩明快，体现了质朴的内涵和奋发向上的精神面貌，沉稳中不乏激情。第三，庭院。院内引入阳光，加上鲜花的陪衬，室内和室外的呼应，使景观通过柱廊与道路及植物、小品的结合营造出四季有景的生活氛围。第四，屋顶缓坡，不抹灰而直接铺置的红筒瓦构成优美曲线。第五，外立面突出。整体的层次感打破单一和呆板，富有随意性、节奏感。常用鱼鳞纹或水泥拉毛墙面，给人斑驳、手工质感，视觉上有亲和感，材料具有生态性。第六，注重细部。如拱形门（窗）、窗间柱及铁质栏杆等。

西班牙风格几经改良，形成了“沉稳中不乏激情，质朴中不乏细腻”的崭新风格，西班牙风情代表了一种阳光、向上、亲近自然的生活方式。其最大特点是在西班牙欧式建筑中融入了阳光和活力，采取更为质朴温暖的色彩，使建筑外立面色彩明快，体现了质朴的内涵与和奋发向上的精神面貌。诸如建筑立面以淡黄色和红瓦屋顶相结合为主的暖色调，既醒目又不过分张扬。在四季分明、昼夜温差比较大的情况下，把前后园的景观考虑周全，通过庭院与道路及植物、小品的结合营造出四季有景的生活氛围。浅墙、红瓦，还有屋面瓦的起伏，可以营造出非常优美的变化曲线。用红筒瓦、弧型墙及铁艺窗等可营造出柔和、内敛、尊贵的生活氛围，而外立面设计则着重突出整体的层次感和空间表情。

通过空间层次的转变，打破传统立面的单一和呆板。虽然西班牙在不同时期有不同的建筑风格，并且由于各地地形和气候之间的巨大差异，不同地区的建筑风格也有不同的特点，但就国内市场及万科的多层集合住宅来提取西班牙集合住宅风格的话，具有以下特点（表 5-2）。

西班牙住宅风格细部 **表 5-2**

西班牙风格			
墙面	大面积使用光滑石膏墙面或抹灰墙面。外墙涂抹石灰。少量建筑用石头砌墙		上海万科・兰乔圣菲
开窗	木窗扇或高大的双悬窗。有罗马式或半圆形的开窗。矩形窗上有简单的折线形窗楣		武汉万科・西半岛

续表

西班牙风格				
屋顶	形状	低双坡屋顶为主，以及平屋顶，少数四坡屋顶		上海万科·兰乔圣菲
	交接	正交与平行自由组合		上海万科·兰乔圣菲
	材质	红色黏土瓦、罗马式板瓦或石板		上海万科·兰乔圣菲
入口		入口为罗马式或半圆形的拱门。前面一般有小门廊。带玻璃窗的木门或木板门		武汉万科·西半岛
阳台		铁艺装饰或木构小阳台		武汉万科·西半岛
细部装饰	栏杆、门窗图案	门窗为正交几何线条图案，栏杆曲线		武汉万科·西半岛
	檐口	简单退台的檐口，金属檐沟与线脚结合，乡土风格有瓦当		上海万科·兰乔圣菲

续表

西班牙风格			
外部景观	植物、喷泉、溪水、水池等以及红陶土或清水混凝土装饰小品		上海万科·兰乔圣菲

资料来源：本研究整理.

5.2.3.3 因地制宜的“西班牙风格”住宅

（1）西班牙殖民地风格——上海万科·兰乔圣菲大面积使用光滑的粉刷墙面、文化石外墙；红色低坡或平屋顶，圆弧檐口；低调朴素的黏土瓦；红陶土或清水混凝土装饰小品，有小门廊或小阳台，罗马式或者半圆形的拱门和开窗，木窗扇或者高大的双悬窗；铁艺装饰。这些都是具有强烈西班牙风格的特征要素。建筑材料的采用一般会给人斑驳、手工、比较旧的感觉，但有非常亲和的视觉感和生态性。

上海万科·兰乔圣菲位于闵行区华漕镇金丰国际社区，北临北青公路，东临上海美国学校，东南方则是美国网球俱乐部和公寓，在这里所有的相邻建筑都具有明显的美国加州风格。而作为它们之中的核心居住城区，万科·兰乔圣菲更是以营造具有浓郁西班牙传教士加州气氛的高级住宅社区为自己的设计定位。兰乔圣菲是上海万科进军房地产高端市场的代表作品，开发时间为 2002 年，项目占地 330000m^2。

上海万科·兰乔圣菲原型来源于美国的兰乔圣菲，总体定位为加州早期的西班牙传教士风格。质朴的黏土筒瓦、彩色水泥抹灰墙面、人造文化艺术石、锻铁栏杆装饰、古朴的木质门、木花架和深褐色的窗饰，并运用大量的手工工艺形成了融合自然的淳朴西班牙建筑风格。景观上采用混合种植的树木和密植的低矮灌木、花草，尽可能地与原生态相匹配，公共景观分布于道路公共节点处，使建筑与景观相呼应。从地形处理到铁艺、门窗及外墙施工工艺，每一个细节都精雕细琢，使之具有手工打造质感的建筑典型特征（图 5-11）。

图 5-11　上海万科·兰乔圣菲

资料来源：《万科建筑无限生活》.

（2）地中海西班牙风格——武汉万科·西半岛。社区内“水岸气息”贯穿项目始终。典型特点：线条简洁圆润，摒弃刻意繁琐的装饰和雕琢，整体给人自然舒适之感；色彩搭配以蓝与白、金黄与蓝紫、土黄与红褐为主；长廊、半圆形拱门、经过镂空处理的墙面，是地中海西班牙建筑设计中基本的三个元素。

武汉万科·西半岛自2005年进驻金银湖畔，位于金银湖环湖路18号，占地300余亩。项目有岛居退台美墅、情景花园洋房、橙花水岸电梯洋房、半岛香堤电梯洋房、别墅TOWNHOUSE等系列产品，并与西班牙建筑风格实现完美结合，定位为地中海西班牙风情小镇。项目以地中海附近国家建筑为蓝本，广泛运用了地中海国家西班牙元素，如白色立面、陶瓦拼花栏杆、实木立柱花架、四色瓦屋面遮阳篷、铁艺栏杆等，这些细节使整栋建筑更精致。简单的建筑材料、高低错落的建筑搭配、外突的阳台与颜色鲜艳的花池一同形成了独特的光影效果。带有灰色镂空装饰的院墙以及别致的铸铁院门，界定了一个具有半私密性的空间——入户花园。片墙、花池、构架和阳台独特的凹槽，保证了露台的私密性。在阳光照耀下，形成强烈的光影效果，使厚重质感的白墙形成富有韵律的节奏感。“手工”感与“不可复制性”是它的最大特点，每间房子都透出思考的痕迹（图5-12）。

（3）从四季花城到深圳万科城。前文概述了深圳四季花城的住宅风格，即糅合了很多西方古典建筑元素的欧陆风。而万科城在建筑风格选用上的考究明显较四季花城更进一步，建筑风格也更加明确（图5-13）。2004年的深圳万科城，是随后

图5-12 武汉万科·西半岛

资料来源：《栖居·万科的房子》.

图5-13 深圳万科

资料来源：《万科的作品2005-2006》.

几年遍及中国大地的一系列万科城的起点。深圳万科城由美国 sandybabckck 建筑设计公司与 BGA 景观设计事务所联手打造。占地面积约 46 万 m^2，地处坂雪岗高新技术开发区。从住区规模来看，万科城属于深圳市中低容积率的大盘（图 5-14）。

图 5-14 深圳万科

资料来源：作者自摄．

住宅风格上，与四季花城相比，万科城的风格更加鲜明，是改良的西班牙风格，四季花城则是很多元素的糅合，甚至包括中国的传统风格。住宅规划依地势高低设计成为低密度的别墅大城，同时为深圳首创的亲地别墅社区。社区绝大多数建筑以多层为主，少量高层点缀其中。深圳万科城最大限度尊重原始地形，总体地貌由低山丘陵台地及冲积沟谷组成，在尊重原有地形地貌的基础上，整体规划以一条贯穿小区的公共景观带展开，沿线分布活跃的公共空间。

建筑上层次丰富的色彩、复杂多变的开窗、高低错落的天际线显示出优美的社区风貌。层叠的红瓦顶和不断重复的阳台体现了西班牙风格特有的韵律。从湖面向北望去，一望无际的红色陶瓦屋面层层叠叠，拱窗、柱廊、烟囱历历在目，仿佛是一幅地中海小镇的风情画卷。景观廊架的后面，是一条铺满绿荫的景观步道，笔直地向远处延伸，小路的尽头是另一个组团级的中心广场。特有的高耸屋面和采光塔赋予这个建筑鲜明的个性，彰显出古典西班牙风格。

沿着联院 TOWNHOUSE 之间的小路拾阶而上，对景是一座典型的西班牙式拱廊和喷泉，在这里闲坐或漫步，没有嘈杂和喧哗，只有清风从湖面吹来，格外凉爽。立面以石墙为主，窗洞较小，居室更多的是面向中庭开大窗。而立面上的拱券、弧窗、廊架、铁花形成丰富的体块变化——细节中无不充满西班牙的异国风情，一派地中海的写意生活场景生动地展现开来。高耸的门楼、入口的矮墙、铺地的花色面砖，每个细部都体现着浓郁的西班牙风情。

5.2.3.4 风格处理的演进

不深入研究一种建筑风格的内涵和它的地域性文化，简单地拼凑，试图一蹴而就，所谓的风格就会变成没有内涵的表象。

在万科两个项目中，可以明显看到万科在风格使用上的进步，如 2002 年上海万科·兰乔圣菲的设计不单单沿袭了西班牙传教士的风格，更结合了上海独特的居住文化和气候条件，符合国内消费者的审美情趣，反映了居住者的生活情调和人文氛围；2005 年武汉万科·西半岛更多的是在整体地中海西班牙住区风格定位下，结合现代建筑特点，有取舍地对装饰元素进行使用，营造了一种自然的、健康的、悠闲的、富有艺术感的住区生活。

5.2.4 美式风格、英式风格、法式风格

5.2.4.1 美式风格概述及发展

1.“美式风格”及“北美风格”

（1）“美式风格”。从严格意义上来讲，并没有真正学术上的美式风格定义。我们现在所说的美式风格，大多数是产生于房地产开发商的宣传册，是房地产开发商用于营销的一种商业手段。本文所论述的是在国内市场定义的基础上具有代表性的美式风格。

美国本身的文化是殖民地文化，随着本国独立形成了自身独特的一种文化，同时也是受到各个殖民地的影响，如英国及其他部分欧洲殖民地国家或非洲国家也对美国产生了很大的影响。同时世界上很多国家移民美国，带去了很多自身的文化，这些文化最终对美国产生了很大的影响，逐渐发展成为一种独特的文化特色。美国文化继承了欧洲文化，又形成了自身独特的魅力。美国的建筑行业在这种独特的殖民环境和移民文化的影响下，一方面吸收世界各地文化景观，形成独特的殖民风格，另一方面也发展自己独特的本土建筑文化，尤其是在建筑方面的成就达到了一定高度。美国传统住宅有四种主要建筑风格：乔治亚风格、辛格风格、小型传统风格、草原风格。

（2）“北美风格”。所谓的北美风格是多种风格的融合，它的出现并不是类似欧洲等的建筑逐渐发展而来的，而是在一定的时期将各个风格进行不同程度的混合，进行了相互之间的融合而产生，同时本身也存在着自我的特点。在北美建筑中，既有恢宏大气的整体社区氛围，又有注重极强私密性的个体居住单位。而街区概念的形成，不仅满足了居住的需要，更满足了心灵归属和邻里回归的需要。就国内的发展来看，北美风格的运用主要体现在别墅的发展上，因为北美风格本身就是比较简单的，同时又能够彰显大气的一面，它本身还吸收了各种美国建筑风格的主要特点，针对人性化的设计将本身简洁大方的特点充分地展现了出来。北美风格主要有以下几个特点：窗较大、屋顶通常作为阁楼使用、色彩明亮丰富、线条流畅简洁。

2. 美式风格造型特点

屋顶以四坡顶为主，草原风格屋面较为平缓，小型木制住宅多采用双面坡屋面，屋顶交接多正交或平行自由组合，由房间使用功能形成的屋面错落有致，屋面瓦以红色、灰蓝色为主要颜色。檐口多层退台水平延展檐口，檐口的样式主要受到建筑材质影响。外墙主要材质为抹灰 + 木框架墙、红砖墙、局部毛石墙、近檐口处墙面材料与主墙面不同。窗户多采用横向连续大玻璃窗，平开开启，艺术玻璃或带有装饰细条，窗上水平挑檐。上一层外

图 5-15 美式风格造型特点

资料来源：本研究整理.

墙后退形成的下层屋面式露台，从楼层处直接挑出型露台，在挑出平台式露台基础上加以装饰柱、拱门、花架而形成柱廊型露台（图 5-15）。

3. 万科及其他实践

（1）北京万科·西山庭院。北京万科·西山庭院位于北京市海淀区圆明园西路与五环路交叉口往北约 300m，占地面积 98814m^2，开发时间为 2002-2004 年，是北京万科地产向北京高档住宅领域进军的项目。西山庭院倡导了人文大宅和院落友居生活，小区的建筑以院落为中心，根据不同的类型和功能划分成几个群体，社区共有 26 栋 4~5 层建筑，组成 13 个庭院围合，是西区少见的低密度社区，体现了四合院的居住精神，建筑单体注重细部设计和材料的搭配，以木材、玻璃、钢构等细部构造活跃立面效果，强调对环境文化的接纳。西山庭院（图 5-16）的整个建筑包括阳台、外墙面都强调水平向延伸；屋顶平缓宽大并向四周作水平延伸，楼板也舒缓地水平挑出，眼下墙凹入，并在檐下布置窗和装饰以加深阴影，墙面材料为抹灰 + 公转贴面 + 木框架，近檐口处墙面材料为木材贴面，且装饰条水平排列，连续的水平开窗具有水平伸展性。

图 5-16 北京万科·西山庭院

资料来源：《栖居·万科的房子》.

（2）上海博星·观庭。观庭 129 幢纯独栋别墅，均为赖特北美草原风格，以连排别墅为主，兼有双拼与独栋，位于青浦徐泾，是距市中心最近的高档成熟别墅板块（图 5-17）。平缓坡屋顶、青灰石纹屋瓦、深出挑屋檐、水平饰线条、成列玻璃窗、开放式底层、红砖及浅黄涂料墙面、深木色窗框、凹凸丰富的立面层次，无论是外立面的风格，还是在原材料的选择上，观庭都恰如其分地体现出赖特“有机建筑”的精神内质，这让它在上海的别

图 5-17　上海博星·观庭

资料来源：http：//www.myliving.cn/house/villa/villadetail_656_8_wgt_1.htm.

墅项目中显示出与众不同的气质。超高挑空，敞开视阈，是赖特空间理念的一贯作风。大尺度露台、精致私花园与下沉式庭院，构成多重立体花园组合，把赖特的景观思想表达无疑。

将带有明显风格化和地域性的建筑根植于我国实际区域环境后的协调问题是异域风格住宅设计的重点，在将国外建筑形式“原版移植”的同时植入现代生活理念，形成的建筑空间既符合现代生活需求，同时富有异域色彩。北京万科·西山庭院在植入国外建筑形式的同时，引入北美风格建筑邻里街区的概念，结合我国传统园林概念，形成了富有中国特色的住区。

气候的变化以及地理环境的影响使得借鉴建筑风格的时候不可能原封不动地直接照搬。美式风格中草原风格的大屋顶向四周延展的做法应用到北方建筑当中，会在冬季产生阳光遮挡，影响室内采光时间，在设计当中，设计师根据实际情况加以调整，调整屋檐出挑角度的同时在檐下加一小段墙，使得窗与屋檐有一定的距离，同样会减小遮挡面积，使阳光更充分地照进室内。

5.2.4.2 英式风格概述及发展

1.“英式风格”及“都铎复兴风格”

（1）“英式风格”。英国建筑风格历史悠久，从公元 1 世纪的罗马建筑时代历经早期中世纪建筑时代、都铎时代、文艺复兴时期、巴洛克时代、帕拉迪奥主题时代、新古典主义时代和自然主义时代、维多利亚时代，到 20 世纪的现当代，其近代主要住宅风格大体有 4 种：乔治亚风格、都铎复兴风格、雅各宾复兴风格、安妮女王风格（图 5-18）。

（2）“都铎复兴风格”。在我国房地产业，所谓的“英式都铎风格”住宅大多以移植英国“都铎复兴”风格为主，即英国本土 19 世纪中后期对都铎风格的复兴，以简单质朴的中世纪乡间住宅为原型，流行于各英属殖民地，如新西兰、新加坡等地，并根据当地气候特征而有所变化（图 5-19）。

图 5-18　伦敦新都铎风格

资料来源：http：//en.wikipedia.org.

图 5-19　贝肯图书馆和博物馆

资料来源：http：//en.wikipedia.org.

2. 风格特点

在建筑学中，将英式建筑归属于西方建筑，受希腊建筑、古罗马、哥特、巴洛克、洛可可等不同时期的建筑潮流影响，大多是对外来建筑风格进行一些本土化的修改，并形成自己独特的建筑风格。英式建筑的主要特点是繁琐的造型，英国人追求的是艺术感强烈的建筑物，建筑风格有很浓的教堂气息，给人一种庄重、神秘、严肃的感觉。

英式都铎复兴风格住宅在细部特征上常表现为：大坡度屋顶、老虎窗，有时使用茅草作为屋面材料；木桁架立面，填充墙刷成白色或人字形方式填充的砖；高大的直棱窗户；高大的烟囱；二层悬挑，在一层形成有柱子的门廊。

英式住宅特点：建筑屋顶以双坡屋顶为主，少数四坡顶；屋顶组合形式多采用正交组合，屋面交接组合较多，屋顶上常开平顶简单老虎窗或山墙、砖色差异做装饰，转角和门窗局部石材或抹灰，装饰多采用砖雕方形装饰构建，铁艺壁灯、门牌等；窗户采用木窗格，瘦长矩形，窗上或有山墙形状窗楣 + 窗套，或用砖砌花样的窗套、楣；阳台形式以带铁艺护栏的浅阳台为主，凸窗也十分常见，有悬挑的凸窗和落地的凸窗。檐口带有简单古典线脚或带有锯齿装饰。墙面以红墙为主，也有抹灰 + 木桁架墙，主立面多山墙面，通过材质的变化、肌理的不同成为设计的亮点，丰富立面效果。

3. 万科实践及其他实践

（1）上海万科·红郡。上海万科·红郡位于上海市闵行区华漕镇，一期以联排别墅为主，局部规划为叠拼式低层住宅。住宅组团依托道路在保证较好朝向的前提下形成丰富的空间形态，北侧布置低层叠拼住宅，中间以连体别墅为主，适当穿插低层叠拼住宅，塑造高低错落的组团形式，并形成匀质的围合空间。上海万科·红郡在引用西方邻里交往空间概念的同时，保证了住宅的私密性。建筑风格以英国 Tudor 为原型进行改良，保留了坡屋顶、门拱、烟囱、老虎窗、高大的窗户等元素，同时做了简化处理，使用了现代材料。这样既保留了 Tudor 风格的传统运维，又不失现代感（图 5-20）。

（2）上海绿地·逸湾。项目为上海青浦区首座英伦建筑风格社区，由绿地集团打造，建筑面积约 11 万 m^2，建有 8 幢水岸高层公寓和 96 栋双拼别墅，位处华新镇未来核心区域。社区呈内岛状的布局，运用高低起伏坡地造景艺术，5 大景观组团绿化。建筑群围绕着坡地景观层层铺开，充满了韵律，节奏及视觉层次感丰富，与整体环境相得益彰。社区绿化率高达 40%（图 5-21）。建筑用材底部为天然石材，上部红褐色高级面砖，别墅部分斜坡式屋顶冠以特色英式烟囱，以格栅小窗点缀墙体，英式建筑所特有的庄重、古朴的建筑风格显著。

对比上海万科·红郡和上海绿地·逸湾，两个项目所使用的建筑材料有部分差异，但整体色彩和

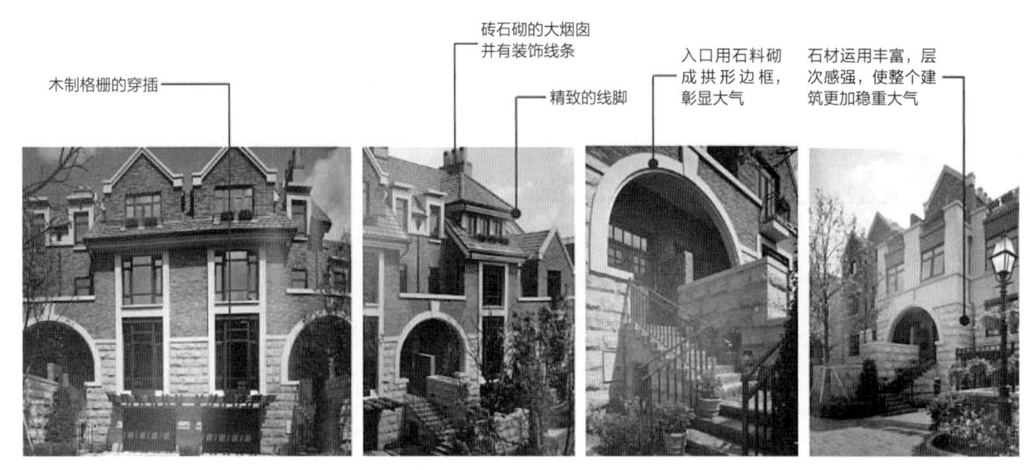

图 5-20 上海万科·红郡

资料来源：《万科的作品 2005-2006》.

图 5-21 上海绿地·逸湾

资料来源：https：//sh.haofang.net/ershoufang/1586388803_9_1.html.

建筑形态都是明显的英式住宅风格，并且项目规划都以低多层为主体。

5.2.4.3 法式风格概述及发展

1. "法式风格"

法式风格的建筑既有以清新、亮丽为基调而形成的轻盈、活泼的建筑形态，又有造型宏伟、气势磅礴的建筑形态。法式风格主要包括洛可可风格、巴洛克风格等。法式建筑的共同点是注重建筑的细节，如精致的廊柱、线脚雕花等，且具有宽敞舒适的建筑空间，并讲究将建筑融入自然之中，追求心灵的自然回归感。建筑造型上多采用对称形式，屋顶上一般设有老虎窗，建筑外立面的色彩典雅清新等，这些都是法式风格中最明显的特征。

2. 风格特点

屋顶多为梯形的折线形。与三角形山墙不同，这种折线形屋顶几乎没有坡度，直到最顶端才忽然变平；交接组合以正交及其他角度自由组合；覆以矩形平瓦为主。立面规律地开窗，窗户通高。门窗四周都装饰有门窗套；装饰丰富，但线条清晰简单；老虎窗多为罗马式老虎窗，有山墙形窗楣。细部檐口采用古典线脚的檐口或带有齿状装饰，金属檐沟与线脚结合；门窗为正交几何线条图案，栏杆为曲线铁艺（图 5-22）。

3. 低容积率为主的法式住宅实践

（1）深圳佳兆业·香瑞园。项目基地位于深圳华侨城片区，北环干道以北，紧邻塘朗山郊野公园，并与公园山体相邻。项目定位为城市低密度高尚住宅物业，项目依山而建，总占地面积约 6 万 m^2，总建筑面积约 10 万 m^2，平均容积率约为 1.8，整个项目由 3 栋联排别墅及 8 栋 12 层小高

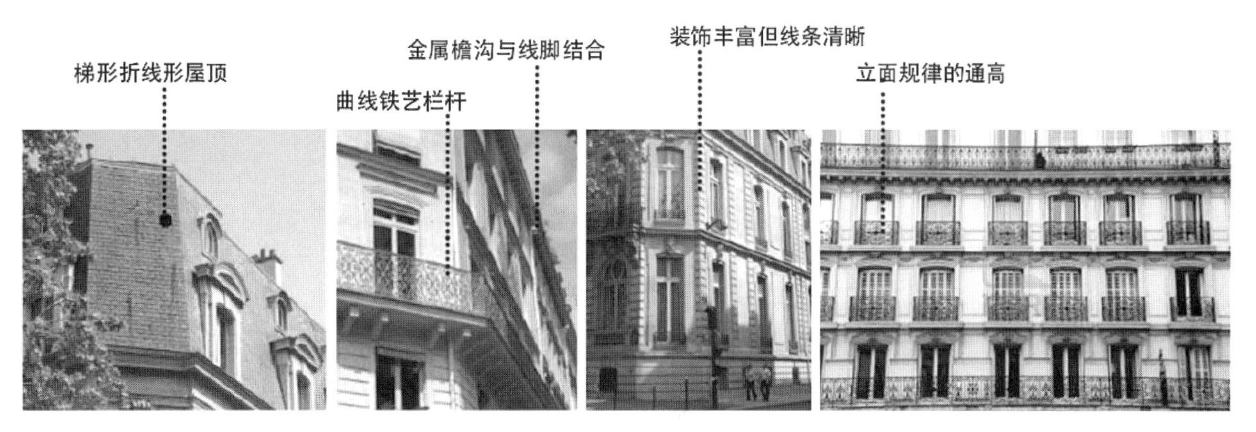

图 5-22 法式风格建筑特点

资料来源：吴锡嘉 . 集合住宅的风格研究及构造实现 [D]. 北京：清华大学，2011.

层组成，配有服务中心、幼托及商业。规划总户数约 900 户（图 5-23）。在建筑设计上，采用了法式建筑风格，立面风格独特，顶部为坡屋顶。依地势和建筑层数的不同，建筑高低错落，丰富了小区轮廓线。建筑墙面主体色彩为米黄色涂料，在底下三层接近人体尺度的部分，采用浅灰色沙岩，以提升住宅外观的标准品质。在材料选择上，大量运用石材，通过柱饰、栏杆、线脚的细节设计体现法式风格。色彩搭配上以浅暖色调为主，配以蓝色屋面、白色花架。别墅区拥有开阔的公共景观区域，景观设计延续了建筑设计的法式风格，融入了自然生态设计的整体概念，充分体现了人与自然和谐、共处的健康生活方式。

（2）上海万科·锦源。这是万科在上海大虹桥板块的一个重要项目，位于 A9 赵巷出口附近，小区由 5~8 层的电梯房组成，容积率仅 1.16。项目整体建筑风格为新法式风格，设计参照著名的法国巴黎卢浮宫，采用了恢宏大气的对称布局。基座、墙身及屋顶经典三段式布局；整体设计中以明快的现代式的线条感来处理基座拱券、墙身壁柱、屋顶

图 5-23 深圳佳兆业·香瑞园

资料来源：吴锡嘉 . 集合住宅的风格研究及构造实现 [D]. 北京：清华大学，2011.

雕刻檐口以及老虎窗等具有代表性的部位。细节处理运用了法式廊柱雕花线条，制作工艺精细考究，呈现出浪漫典雅的风格，又不失现代社会的时代感（图 5-24）。

（3）上海嘉金·金地世家。项目位于上海市嘉定区嘉定新城核心区域，邻近轨道交通 11 号线嘉定新城站。社区由 6 栋高层和 27 栋叠加别墅组成，高层公寓户型面积为 90~106m^2，全部为三房户型；叠加别墅户型面积为 136m^2，为上下两叠。项目建筑风格延续法式风格，在传统法式风格基础上进行创新简化，将美学品位与居住需求相平衡。

图 5-24 上海万科·锦源

资料来源：http：//pic1.ajkimg.com/display/anjuke/9a53ce34c0a152fc5e410b95d9ec40fa/820x615.jpg.

图 5-25 上海嘉金·金地世家

资料来源：吴锡嘉．集合住宅的风格研究及构造实现 [D]. 北京：清华大学，2011.

严格把控比例，减少法式建筑形体的厚重感，摒弃繁琐复杂的装饰细节，保留法式风格的造型对称。工艺上严格品质把控，以精工的选材凸显质感，形成大气、丰富而独特的现代海派法式风格。建筑立面采用三段式分段原则，增强建筑的比例关系、挺拔感与辨识度；再加上严格比例的中轴对称，结合景观园林，强化中轴线，强调入口，营造出庄重的仪式感与尊贵的序列感。

对照以上法式风格住宅区不难发现，不论是大型房产公司对法式风格细节的严格把控，还是一般房产公司将法式风格进行现代简化，一般以连排别墅或多层洋房为项目主体部分，部分辅以少量高层住宅，即低容积率的住区（图 5-25）。

国内的美式、英式、法式异域风格住宅大多是外国建筑师设计，特点是将国外建筑形式"原版移植"过来，同时植入现代生活理念，因此建筑空间既符合现代生活需求，同时富有异域色彩。但同时这些国家或地区内部亦有不同风格划分，而当今国内关于这些异域风格的名词漫天飞舞，各地产商更是根据自己的喜好和认知下定义，不断创造新的广告口号，没有统一标准。同时，很多项目是风格混合，看不出与名称相符的风格特点。这种混乱的现状也会造成普通人对住宅文化和建筑市场的误解。

5.2.5 新古典主义——大都会系列

5.2.5.1 新古典主义

1. 古典主义溯源

新古典主义兴起于 18 世纪中期，19 世纪上半期发展至顶峰，它强调要求复兴古代趣味，特别是古希腊、罗马时代那种庄严、肃穆、优美和典雅的艺术形式；同时，极力反对贵族社会倡导的巴洛克和洛可可艺术风格。新古典主义以古代美为典范，从现实生活中吸取营养；它尊重自然追求真实，对古代景物偏爱，表现出对古代文明的向往和怀旧感。19 世纪中后期，新古典主义又利用古典主义的一些具有现实意义的元素作为基本武器，成为不墨守成规的新式的“古典主义”风格。

新古典主义的设计风格把古典主义风格进行了改良优化，表现出时尚、现代、典雅的特点。国内当前的新古典主义建筑超越了“欧陆风”的生硬，设计更趋精细，品位更加典雅细腻。新古典主义建筑风格可以让人强烈地感受到浓厚的文化底蕴以及历史痕迹，不仅保留了色彩材质的风格，同时抛弃了复杂的装饰结构肌理，简化了设计的线条。

2.“新古典主义”——肃穆大气之美

新古典主义既传承了古典主义的肃穆、大气和精细之美，又摒弃了其过于繁复和浮华的表象，大量吸收新的美感形式，从而与人们的审美标准相呼应，成为一种生活品质的象征，又能够表现当代社会人们生活方式和生活节奏的变化，从而满足了当代成功人士对于自身生活的深层次需求。新古典主义建筑丰富的立面设计，使建筑表面可以增加很多外飘窗、角窗、落地窗和各种不同形式的阳台，从而满足更多建筑内部与外界交流的形式，可以有更好的采光和通风，也可以看到更多的风景，创造出更好的生态环境，这是讲求简约的建筑风格无法满足的。

新古典主义的另一个重要特色，就是其并无一定之规，而是讲求单一建筑的圆满自足，以自己的方式来表达自己的美感，并集各种建筑之美于一体。这一点非常重要，特别是对于正处于高速发展中的城市，这无疑是统一城市风貌的一个重要办法，同样也是新古典主义建筑能够为不同文化背景的人士接受的理由，也是其不会为时间所淘汰的理由。

3.易于推广的“新古典主义”

易于解读和推广。新古典主义风格与多层及高层住宅可以很好的结合，同时又代表优雅、高贵的品质属性，而这正是房地产商最希望客户接受的“价值感”。于是“新古典”成为供需双方共同属意的风格取向，自然就成了主流，适合我国当下的营造水平。新古典风格在建造上对人力要求相对较高，而现阶段国内的劳动力价格依旧相对低廉，新古典主义风格适合中国相对较低的造价和更快的速度要求。

设计易于把握。对于地产类项目，设计周期通常都被压缩得很短，而且工作量很大，确定一个明确的风格有利于保证设计工作的如期完成，当有了明确的参照模板时，对表面的划分和线条层次的推敲相对更容易。

4.简单向精细化的发展

（1）北京万科·东第。项目坐落于朝阳区高端住宅核心，建成于2007年，是朝阳公园板块新生的高档国际化时尚公寓，也是万科与朝开强强联手，在北京首次进驻朝阳公园板块的品牌项目。北京万科·东第整体建筑采用了简洁、明朗的新古典主义建筑风格，既传承了古典主义的庄重大气，又摒弃了繁复与浮华，融炼成与现代人的审美标准相契合的建筑风格；各种建筑语汇与细节的巧妙运用，更展现了本案位于中央地段的权贵感与典雅气质（图5-26）。

建筑立面没有复杂的装饰结构肌理，简化了设计的线条。它一方面保留了材质、色彩的大致风格，同时又摒弃了过于复杂的肌理和装饰，并与现代的材质相结合，呈现出古典而简约的新风貌，是一种多元的思考方式。外观上，建筑材料采用米黄色花岗岩石材干挂，端正厚重，讲求节奏和秩序，有着优雅而尊贵的气度；立面厚土简洁庄重，几何

图 5-26 北京万科·东第

资料来源:《栖居·万科的房子》.

性很强，轴线明确。构成了住宅区和谐、内敛、细腻、尊贵的美感，尽显典雅稳重的文化品位。

北京万科·东第将怀古的浪漫情怀与现代人对生活的需求相结合，住宅建筑整体没有复杂的装饰线条，属于万科较早的新古典主义风格住宅的尝试。

（2）杭州万科·西溪蝶园（二期）。该项目建成于 2012 年，地处杭州城西西溪板块居住中心，位于西湖西溪国家湿地国家公园北侧，占地面积 105212m^2（图 5-27）。万科西溪蝶园（二期）为第二代新古典主义住宅建筑，在规划上是一个古典主义布局，在立面上是一个创新的新古典主义，即将古典的符号抽象并结合现代主义的手法，形成了独特的表皮系统，并且把光影当成构图来进行立面和细部的设计。

建筑采用新古典主义风格与现代建筑设计手法相结合，立面上整体强调竖向线条，强调建筑由下至上的层层收分，并在基座、收分处及屋顶均采用横向线条的手法，以加强建筑的横向感觉。建筑外立面采用大幅面玻璃与稳重色调，使建筑尊崇而不失现代感。同时，通过窗的不同比例、外墙的凹凸变化和楼高跌落来强调建筑外墙的变化；又通过对称的立面和立面开窗、阳台所形成的洞口比例达到沉稳大气、经典挺拔的造型特点。

图 5-27 杭州万科·西溪蝶园

资料来源：https：//hangzhou.anjuke.com/community/view/170497.

对比两个时期的万科实践，早期的北京万科·东第立面造型更加简洁，立面几乎没有采用线脚及其他装饰；而稍晚的第二代新古典主义住宅杭州万科·西溪蝶园（二期）设计中对建筑的整体方面依旧有严谨的把握，同时又在细节的雕琢上下功夫，廊柱、窗饰和石材线条比例精细考究，线脚装饰精雕细琢，既美观又保证建筑使用功能，设计更加精细化。

新古典主义的美学价值在于它的个性化、形式感和人性化。现代主义建筑把建筑产品化，而新古典主义则把建筑艺术化。前者把建筑变为一种冰冷的非审美化物，后者却把建筑变回一种人性化的审美空间。在建筑学层面，新古典主义是从古典主义中提炼出的经典元素，包括线脚、檐口、山花、圆柱等，都严格符合人性的尺度；在社会人文层面，高端住宅的消费阶层，从年龄、阅历、财富积累上都经历了褪尽浮华的过程，新古典主义经典、优雅、庄重、人性、理性的部分为他们所接受，因此这一风格有可能成为当今中国高端住宅市场最强势的声音。

5.2.5.2 Art Deco 风格概述及发展

1. Art Deco 风格与新古典主义

Art Deco 形成于新古典主义到现代主义的过渡阶段，1925 年在巴黎举办的国际装饰艺术与现代工业博览会是 Art Deco 风格诞生的里程碑，Art Deco 的名称也由此而来。Art Deco 在布局上注重古典的秩序感，严格遵循对称与比例，倾向于浑厚大气的体量，经典的横、纵三段式构图，使 Art Deco 的风格特点得到淋漓尽致的表达；Art Deco 风格保留了许多传统要素，又不完全照搬经典，它强调摩登、革新以及机器生产的结合，综合了新古典主义和现代主义风格的优点。Art Deco 给人强烈视觉冲击力的摩登时尚感的同时，也充分表达了古典高贵、华丽的人文和内涵，将古典主义的比例、对称之美与现代简洁大气完美地融合在一起，建筑物挺拔高耸、稳重向上的形象，给人以拔地而起、巍然屹立的非凡气势。典型案例是美国纽约曼哈顿的克莱斯勒大楼（Chrysler Building）与帝国大厦（Empire State Building）（图 5-28）。

图 5-28　美国纽约曼哈顿的克莱斯勒大楼（左图）与帝国大厦（右图）

资料来源：https：//m.quanjing.com/imgbuy/QJ6686571693.html；https：//www.klook.com/zh-HK/activity/2956-empire-state-building-new-york/.

2. Art Deco 风格建筑形象特点

（1）大气、挺拔、庄重的形象。Art Deco 风格通过纵向的线条，强调建筑挺拔、高耸、直插云霄的动势，传递着如同参天大树般的向上的精神与力量，建筑立面上大量应用几何造型，这些几何造型有扇形、拱形、半圆形等，同时在整体关系上讲求对称构图，竖向体量层层推进，增加了透视感，满足了现代建筑向高空延伸的要求。

（2）明亮与强烈对比的色彩。不同于古典主义建筑善于采用石材原色，Art Deco 风格建筑多采用明亮的色彩，并通过材质颜色的对比来强调体量关系的变化，从而增强建筑的体量感。为使高层住宅整体造型展示出高贵典雅的气质，加之其装饰性强的特征，在色调的选择上外墙石材一般倾向于暖色调，窗槛墙、空调百叶、屋顶多采用深色的金属材料。在大面积浅色外墙的衬托下，深色的部位加强了纵深感，凸显了建筑立面的竖向构图特征，也加强了建筑的可识别性和生动的个性。同时搭配门窗、铁艺栏杆、玻璃等构件的不同材质、色彩及光影变化，使得 Art Deco 风格住宅拥有完整的形体和强烈的雕塑感。

3. Art Deco 风格在住宅设计中的应用

万科设计的 Art Deco 风格的住宅在建筑平面和建筑立面上分别有不同的应用，表现在建筑规划和建筑平面上是：在规划中继承了传统美学的对称构图，强调入口轴线对称的宫廷式布局，彰显大气恢宏的气魄，提升仪式感；流线上形成入口、中心庭院、入户大堂的序列空间，具有经典美学的节奏和韵律。建筑单体采用板式结构，产品户型方正，南北通透，便于造型形成庄重、挺拔的气势。在建筑立面上，则表现为强调竖向垂直线条，在立面上形成一种垂直向上延伸的动势，突出建筑高大挺拔的立面形象，并且在立面上强调三段式构图，按照一定的比例将立面分为基座、标准段、顶部三部分，这种三段式构图具有明显的对称性、秩序性和向心性。此外，通过对建筑顶部进行收分的造型手法来提升建筑耸立向上的形象，强调建筑的体积感，增强透视，同时突出建筑对称的布局。

Art Deco 风格在万科的高层住宅中的发展从最开始只对部分 Art Deco 风格设计元素的运用逐渐过渡到对近代 Art Deco 风格建筑模式化的模仿，紧接着又对 Art Deco 风格深入挖掘以及再创造，最后走向了简化和精细化。早期的现代 Art Deco 风格住宅设计中，大多只是对部分设计手法的使用，并没有将这些设计手法与 Art Deco 风格联系起来，是一种无风格意识的使用。这一时期的元素使用，主要表现为装饰化的线条、装饰性的顶部造型、顶部退台收分和横三纵五、中轴对称的经典构图（图 5-29）。

图 5-29　Art Deco 风格在住宅设计中的应用

图片来源：万科城市花园系列资料．

4. 万科实践

随着经济的发展以及人们审美水平的提高，国内逐渐出现了以 Art Deco 风格作为卖点的住宅建筑，这些建筑除了平面布置和体量的改变，从立面构图、装饰元素、顶部造型、材料色彩等方面对 Art Deco 风格做了设计，甚至在此基础上对 Art Deco 风格进行更深层次的探索研究，挖掘出了更多原有样式，也创造出了一部分新样式，整体发展方向大体有两种：简化和精细化。

（1）Art Deco 风格住宅简化趋向——广州

万科·欧泊：项目属于 Art Deco 风格成熟后简化发展的典型案例，位于广州市番禺区南村兴南大道 368 号，占地面积为 765333m^2，开盘时间为 2014 年。由美国著名建筑事务所 LYD 设计，将 Art Deco 视觉元素与建筑相融合。建筑立面设计上依旧强调表现竖向垂直线条，突出建筑挺拔的立面形象；强调三段式构图，按照一定的比例将立面分为基座、标准段、顶部三部分，且立面构图具有明显的对称性、秩序性和向心性，强调建筑的雕塑感，但相较早期 Art Deco 风格的住宅，在建筑主体的设计上，色彩选择以饱和度较低的暖色调为主，颜色种类和纯装饰性的构建也有所减少；装饰上注重体块的变化，大量使用有进退层次感的矩形元素和有凹凸处理的线条装饰立面；顶部突出屋面的电梯机房、楼梯及其装饰作为建筑立面的收头，其余部分为建筑主图，但顶部阶梯状收分减弱，增加纵向收分幅度的同时，减小了水平方向的收分幅度（表 5-3）。

（2）Art Deco 风格住宅精细化趋向——深圳万科·天誉：项目属于 Art Deco 风格发展的另一个方向——精细化。项目位于龙岗区龙城街道，总建面约 140 万 m^2，集住宅、公寓、写字楼、购物中心和 9 年制公立学校于一体。立面表现上保留三段式构图，且大体上保持了中轴对称，同时使

广州万科·欧泊细部 **表 5-3**

广州万科·欧泊（Art Deco 风格住宅简化趋向）		
整体形态		立面上强调竖向垂直线条，突出建筑挺拔的立面形象；强调三段式构图，按照一定的比例将立面分为基座、标准段、顶部三部分，且立面构图具有明显的对称性、秩序性和向心性
顶部处理		顶部突出屋面的电梯机房、楼梯及其装饰作为建筑立面的收头，顶部阶梯状收分纵向幅度较强，水平方向较弱
细部装饰		装饰上注重体块的变化，大量使用有进退层次感的矩形元素和有凹凸处理的线条装饰

续表

广州万科·欧泊（Art Deco 风格住宅简化趋向）		
材料与色彩		立面以饱和度较低的暖色调石材贴面为主，颜色种类和纯装饰性构建较早期 Art Deco 风格住宅有所简化
景观环境		向上延伸的线条及几何图形的叠加同样出现在景观环境塑造之中

资料来源：本研究整理．

用装饰柱和色彩进行立面划分，深色的底部显得十分沉稳；精细化体现为：柱式形式极具 Art Deco 风格特征，顶部装饰柱出头，线脚柱式和细部浮雕装饰更为精细复杂，线脚与装饰柱层次更多，立面上增加了浮雕装饰；顶部纯竖向线条伸出屋面，使建筑上升动势鲜明，也是典型的 Art Deco 风格住宅顶部处理手法，收分也做了更加精细化的处理，装饰细节更丰富（表 5-4）。

深圳万科·天誉细部 **表 5-4**

深圳万科·天誉（Art Deco 风格住宅精细化趋向）		
整体形态		单栋建筑依三段式中轴对称构图十分明显，同时使用装饰柱和色彩将立面进行划分，深色的底部显得十分沉稳，中部以矩形装饰柱竖向分隔
顶部处理		顶部纯竖向线条伸出屋面，使建筑上升动势鲜明，也是典型的 Art Deco 风格住宅顶部处理手法

续表

深圳万科·天誉（Art Deco 风格住宅精细化趋向）		
细部装饰		立面采用大量装饰柱、竖向线条、铁艺浮雕作为装饰元素
材料与色彩		外墙立面采用暖黄色石材贴面，辅以深棕色铁图案，使建筑立面免于单调
景观环境		亭子、景墙同样大量采用竖向线条作为主要装饰元素，景观构筑物多以石材贴面为主

资料来源：本研究整理 .

究其变异的动因主要是因为随着 Art Deco 风格高层住宅的模式化、批量化建设，人们逐渐开始审美疲劳；并且随着社会的发展，人们已经不再盲目从众，精神需求和审美出现了变化。随着技术材料的进步，住宅在建筑材料上有了更多更优的选择，生产力的进步也使得材料不再昂贵，可以大量运用，于是就产生了更多的样式供大家选择。再把这些新材料与 Art Deco 融合，就有了新的改变和新的时代印记。同时，一些开发商为了在房价较低区域建造 Art Deco 风格住宅，希望立面效果与低廉的成本兼得，将 Art Deco 风格进行了简化，删减了部分装饰，在材料等方面也做了降级处理。而另一部分开发商则对其进行了偏向古典的精细化处理，也使其产生了新的发展方向。最后，走向简化和精细化主要是由于成本的控制和偏向古典的精细化处理。

5.2.5.3 万科大都会

1. 大都会风格缘起

20 世纪 30 年代，一片由 19 栋商业大楼组成的建筑群——洛克菲勒中心，在纽约中心拔地而起，以巨大体量的古典“装饰艺术”和现代主义相结合的风格，标志着大都会建筑风格的兴起。大都会，是都会文明的象征，古典与现代的完美交融；新古典主义的装饰风格、极致的工艺、单色系的立

图 5-30 洛克菲勒中心

图片来源：https：//baike.baidu.com/item/ 洛克菲勒中心 /689763?fr=aladdin.

面石材、均衡的比例、对仗的景观，显于时代，都是大都会建筑的精髓之处（图 5-30）。

万科大都会系列在万科产品中属于中高档，是万科重要系列产品之一。和万科的其他产品一样，大都会系列同样邀请了国内外著名建筑师操刀，其中最具代表性的万科大都会 79 号便是由著名新古典主义建筑大师罗伯特·斯特恩和日清建筑设计有限公司共同镌刻。

万科与罗伯特·斯特恩的渊源，10 多年前就已开始。2009 年，万科与斯特恩携手打造万科·湖心岛，占据厦门唯一淡水资源，成为厦门十大豪宅之首，由此，大都会进入国内。此后十余年间，万科与斯特恩几度合作，上海翡翠滨江跻身陆家嘴滨江第一阵营，300m 直面黄浦江，吸引城市上层竞逐。

2. 大都会系列——“人”为概念核心

对于斯特恩本人来说，并不愿意把自己在中国的设计定义为新古典主义：“我不喜欢用新古典主义这个词汇，因为这个词是在技术上指 19 世纪早期的西方建筑学，约翰·索恩爵士那个时代。古典，是；新古典，不是。关于西方古典传统，最重要的是，它是一个设计体系。当我开始思考建筑怎么把它们组合在一起时，就想到要设定某种比例，而且这个比例经常由人的比例决定，人有多高，当人举起手或展开手臂又会怎样，这是语法。”他说，“帕拉迪奥在意大利北部，采用红瓦屋顶，这是当地土壤的颜色。为什么用土壤的颜色？因为它们就是用土壤做的。拉毛抹灰的墙面用他在那里找到的天然的颜色。当帕拉迪奥的影响传到英国时，情况完全不同。建筑师开始用石头——某种在英国能找到的石头。在这些不同的作品背后，有古典主义技法的统领和古典主义态度，就是以人为中心，这是最重要的。人是概念的核心。”由斯特恩操刀设计的万科大都会系列并不仅仅是简单的新古典主义建筑风格在住宅项目上的拼贴，而是将西方古典建筑观念融入，即以“人”为中心，而不是为了采用巨构形式威慑人们。

3. 万科大都会系列——杭州大都会 79 号

杭州大都会 79 号，是斯特恩在全球的第 79 号作品，在钱塘江畔，以国际的视角为杭州镌刻的地标典范，昭示杭州城市黄金时代的荣耀与辉煌，艺术、宏大、感性、直击人心（图 5-31）。

秩序：建筑师在设计之初就将秩序写入了项目蓝图。四座塔楼高度适宜，分布于方形中央广场的四角，既不遮挡花园的阳光，又能将美好的风景收入窗底；四个塔尖遥相呼应，像四座灯塔，与多

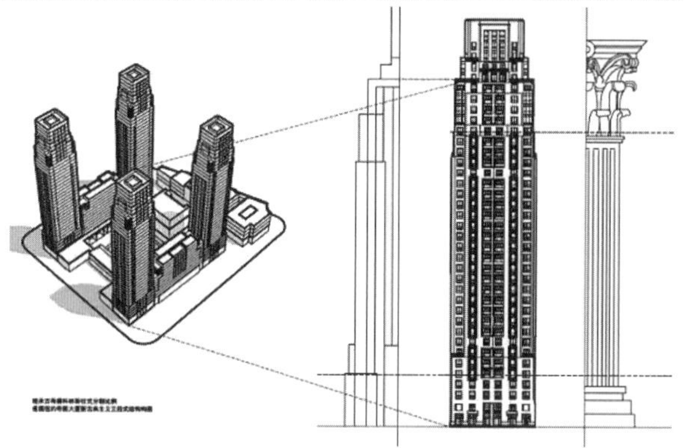

图 5-31　杭州大都会 79 号

图片来源：https：//www.sohu.com/a/249865236_674972.

层建筑形体共同形成一道护卫花园的兼顾屏障。既能在地面坚定凸显对称的建筑形体，又能在空中清晰定义几何的广场空间。

哲思：在本项目中，建筑师充分思考了人与物的内在关联，在秩序的物质间创造出了许多颇有意味的小空间，如入口大堂被透光的半球形玻璃顶覆盖，建立了人与天的联系；庭院的硬质地面被古典的几何草坪切开，建立起人与地的交流。这些小空间的处理令人的精神跳脱出此时此地，进入一个更为静谧深幽的外部维度，展开不期而遇的瞬时意识和灵感哲思。

比例：建筑师是用形体和空间抒情达意的人，每一寸形体都是建筑师对自我以及地域和时代的表达。建筑形体的起点是古典主义的“横五纵三”范式：纵向结构是帝国大厦般的三段式，每段再嵌入一个微部的三段式；横向轴线上五段的分类形式，让建筑形态更为庄重威严。每一栋塔楼的长宽依据多立克柱式的 1:5 比例，同时采用科林斯柱式的三段式分割，如此严丝合缝的比例控制，令塔楼的形体修长而几近完美。

均衡：建筑立面典雅丰富，从入口拱券到塔楼收分、从窗扇轮廓到玻璃分割，一种人性本能的韵律从整体渗透至细节。铺地条石勾线、飘窗金属筋骨、工字拼石材柱身、雨棚玻璃框架、阳台金属栏板、窗洞水平分隔，层次丰富的物料以线的形式在进退有致的表面纵横交织，一切都被建筑师控制得恰到好处。建筑师将塔楼的制高点定义在 120m——众多希腊神庙的规模上限——从而令建筑既超卓于周边，又稳健而不张扬，令居住者既在城市之上，又在城市之中，以一种若即若离的微妙姿态欣赏独一无二的城市风景。

5.3 现代主义风格

现代主义风格的作品大都以体现时代特征为主，强调外观的简洁、明快。功能主义是现代建筑的主要特征，没有过分的装饰，讲究造型比例适度、空间结构明确美观。这种风格一般符合现代生活的快节奏、简约实用而又富有朝气的生活气息。

现代主义建筑强调建筑要随时代而发展，现代建筑应同工业化社会相适应；强调建筑师要研究和解决建筑的实用功能和经济问题；主张积极采用新材料、新结构，在建筑设计中发挥新材料、新结构的特性；主张坚决摆脱过时的建筑样式的束缚，放手创造新的建筑风格；主张发展新的建筑美学，创造建筑新风格（图 5-32）。

现代以人为本的住宅建筑设计理念越来越受到设计者重视。随着生活水平的提高，人对住宅的要求趋于多样化，不仅是物质层面的要求，更重要的是对环境、艺术、休闲、社交等方面的精神需求。

图 5-32　现代主义风格住宅（深圳诺德国际社区）

图片来源：陈勇．城市青年居所功能主义社区 [J]. 时代楼盘，2009（75）：108-115.

现代主义建筑风格建筑立面造型各异，变化多端，是时代发展和变迁的体现。现代主义建筑提倡新的建筑美学原则，包括表现手法和建造手段的统一、建筑形体和内部功能的配合、建筑形象的逻辑性、灵活均衡的非对称构图、简洁的处理手法和纯净的体型、在建筑艺术中吸取视觉艺术的新成果。建筑外立面讲究线条简洁、轻巧、色彩明快、清爽，体现项目年轻、活力及个性化的特征。建筑以简洁的造型和线条塑造鲜明的社区表情。通过高耸的建筑外立面和带有强烈金属质感的建筑材料堆积出居住者的悬浮感，以国际流行的色调和非对称性的手法，彰显都市感和现代感。竖线条的色彩分割和纯粹抽象的集合风格，凝练硬朗，营造挺拔的社区形象。波浪形态的建筑布局高低跌宕，简单轻松，舒适自然。强调时代感是它最大的特点。

现代风格住宅运用在各类建筑中，别墅、洋房、多层、高层等均可使用此风格；项目的定位在低、中、高档楼盘皆有；根据项目档次定位的不同而展现不同的产品形式；越来越趋向个性化（图 5-33）。

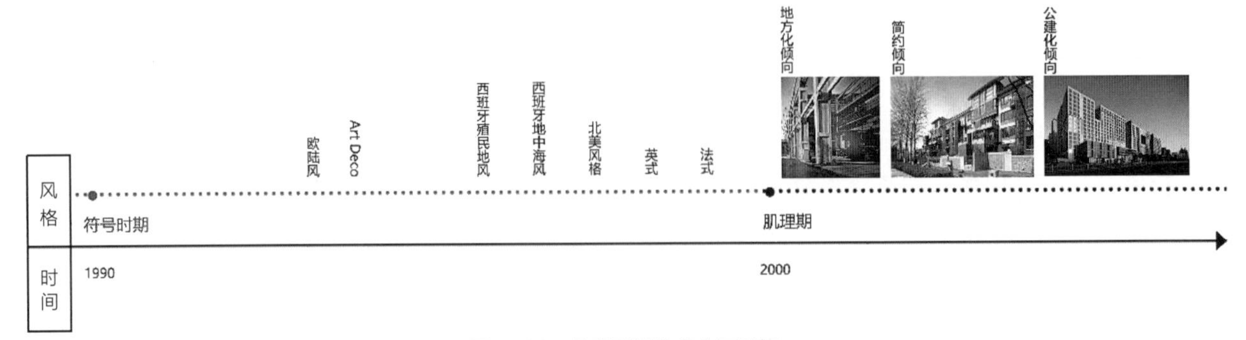

图 5-33　肌理时期住宅立面风格

图片来源：本研究整理．

5.3.1 国际化与地方化

5.3.1.1 现代建筑的地方化概述

西方现代建筑把自己的审美观建立在理性主义基础之上，追求概念清晰、功能合理、经济适用、合乎逻辑，作为工业文明的产物，它顺应了当时的时代潮流。

在走向趋同的过程中，文化趋同所形成的文化单一问题，引起了人们的极大关注。随着人们个性意识的增强和审美取向的变化，人们逐渐开始追求心目中的地方建筑所营造出的地方情怀，越来越重视保留更多“都市记忆”，注重新的住宅建筑与特定土地紧密关联的记忆滋养。地方文化形成的地域环境、自然条件、季节气候、历史遗风、生活方式、民俗礼仪、本土文化、风土人情等因素决定了地方性的独特风貌。如何借鉴和发展地域性、民族性的文化传统，建立多元的文化格局，已成为各个领域需要认真面对的问题，建筑设计当然也不例外。

现代建筑在横向上割断历史，而地方建筑在发展中所强调的纵向传承、历史延续、民间符号等无疑是现代建筑获得地方性的最好土壤。现代建筑给我们带来了前所未有的丰富物质和现代生活，结合地方建筑文化所创造的环境，无疑是最好的通向彼岸的桥梁。现代建筑地方化是建筑发展的必由之路，重视地区条件的特殊性，并以此作为形成建筑个性和存在的基础。只有在与全球文化的交流中寻找并发扬建筑的地区性，才能自觉地意识到“地区性”存在的意义。更重要的是对地方传统建筑的科学的整理与发扬，对设计原理深层次的追求，在城市与建筑领域推行可持续发展战略中有深刻的内涵。

5.3.1.2 传统、符号至综合的地方化住宅发展

现代建筑地方化大致经历了以下三个阶段：

一是以传统建筑为主的现代建筑地方化。依据传统的建筑为主融合现代建筑的元素，从而达到现代建筑地方化的目的。手法上以传统建筑为原型对其局部结构进行一些改造，符合现代社会人们生活居住的功能需求。

二是以符号为主的现代建筑地方化。手法上寻求地方传统建筑中的符号元素，将该符号用于现代建筑中的部分结构当中，实现建筑的某一功能；或将地方传统建筑重新组装，形成符号。

三是以综合性因素为主的现代建筑地方化。综合考虑现代建筑是否符合地方特色，包括气候、文化以及当地建筑技术的特殊性等因素。设计角度更为成熟。

5.3.1.3 万科及其他实践

自 2003 年以来，在建筑文化的探索上，万科开始确立自己的建筑观，在尊重自然、尊重文脉的原则上，主动创造住宅产品新形式。这一时期的作品增加了更多的建筑张力、更加强烈的文化取向、更进取的风格表现；同时，住宅多样性已经随地域扩张进一步强化。

（1）天津万科·水晶城。天津万科·水晶城位于天津市区南部，梅江南生态居住区之卫津河东岸，原天津玻璃厂厂址，总用地面积 50.72 万 m^2。水晶城共分为 5 期开发，产品以情景洋房为主，辅以联排别墅、多层及小高层公寓。项目规划方面尊重历史文脉，重构一个被人们钟爱的具有浓郁地方特色和文化栖息的邻里空间，成为水晶城规划设计的核心思想。

建筑风格借鉴天津“五大道”街区的风格和神韵，建筑立面色调素雅、稳重、层次丰富，组团空间塑造合理宜人，提倡邻里概念，强调了室内外空间的流通，创造了一个悠闲、宁静的居住氛围。单体的立面设计没有丝毫的装饰，只对建筑形体进行逻辑归纳整理，特别注意立面材料质感和色彩的选择，通过建筑材料本身的表现力来赋予建筑一个健康的面孔、一个富有灵气的表情。情景住宅在形体上强化其层层后退的形体关系，选用仿过火砖的窑变面砖、仿亲水泥的灰色涂料、水泥瓦等材料来传递出天津著名街道“五大道”的建筑气质。另外将住宅建筑中特有的空调百叶作为住宅的立面元素，也收到了较好的效果。联排别墅从双拼到六拼，多样的户型平面设计，尤其是端户型变化，使立面上呈现出多样有机的形体变化。窑变面砖在立面上的适当运用，使建筑形体上的逻辑更加清晰，建筑整体立面更加富有灵气。售楼中心形体纯净，运用玻璃、槽钢、清水混凝土柱以及结构大悬挑表现的力度，诠释纯粹建筑的美感。钟塔设计更为纯粹，形体略加收分，材料选用质朴的清水混凝土和砖。另外，设计中尤其关注塔的尺度与位置的推敲，以便准确表达出其对空间的界定功能（表5-5）。

天津万科·水晶城细部 **表5-5**

天津万科·水晶城（地方化）		
整体形态 		情景住宅在形体上强化其层层后退的形体关系
整体形态		联排别墅形体随多样的平面户型有机变化
		售楼中心形体纯净，以结构大悬挑表现的力度，诠释纯粹建筑的美感

续表

天津万科·水晶城（地方化）		
立面造型		立面风格借鉴天津“五大道”街区的风格和神韵，建筑立面色调素雅、稳重、层次丰富
细部处理		细部处理，只对建筑形体进行逻辑归纳整理，特别注意立面材料质感和色彩的选择，注重体现建筑材料本身的表现力
材料与色彩	 	选用仿过火砖的窑变面砖、仿亲水泥的灰色涂料、水泥瓦等材料来传递出天津著名街道“五大道”的建筑气质
		窑变面砖在连排别墅立面上的适当运用，使建筑形体上的逻辑更加清晰，建筑整体立面更加富有灵气
		售楼中心运用玻璃、槽钢、清水混凝土柱为主要建筑材料

续表

天津万科·水晶城（地方化）		
 景观环境		一条具有工业性记忆的铁轨呈一字型展开，平面格状的基本构图元素形成了步行景观空间理性的基调

资料来源：本研究整理.

（2）嘉兴江南·润园。嘉兴江南·润园位于嘉兴市秀洲区新塍镇，占地面积 192830m^2，建筑面积 105930m^2。项目在尊重地域历史文化的基础上依托古镇独有的人文景观资源，以水为脉，内外兼修，完美传达出“中式意境，现代手法”的设计理念。建筑单体以江南庭院大宅为特色，吸收传统建筑精髓和意境，以现代的细腻线条和简约立面进行表达。每栋别墅都拥有私密的庭院院落空间。通过建筑和庭院的有机组合，营造出“庭院深深深几许”的空间意境。

嘉兴江南·润园建筑的立面以简洁明快的建筑线条加以江南水乡元素，建筑的外形简洁而内部空间丰富，室内外相互渗透，空间的衔接和过渡自然。大面积留白的运用和细部构造的精心处理，使建筑显得舒适、淡雅、精细。特质花岗岩屋檐、带有现代线条与传统花窗结合的围栏、木格栅外立面功能性装饰、直角耸立的女儿墙、白色为主的墙面、灰色压顶等，传统住宅的经典符号在用现代建筑语言进行重构以后，鲜明地体现了现代中式宅院的风格。在使用现代语言进行设计的过程中，传统的、完整的建筑制式被打破和重构，空间、材质和色彩更加协调（图 5-34）。

图 5-34　嘉兴江南·润园

图片来源：http：//xiaoqu.jx.fccs.com/2169_photo_detail_3837963_no_1.html.

现代建筑与地方化设计大部分对其内涵的理解和体现存在不足，现代建筑地方话过于表象化，少了几分新意和深刻的内涵，缺乏更广阔和深刻的思考和创新，这也是地产项目普遍存在的问题。采用现代建筑带来的新技术的同时，对于地方技术的合理应用，对多种技术的综合利用、继承、改进和创新仍需继续探索。

继承传统建筑文化一定要继承传统建筑文化的内涵智慧精神，而不是简单地模仿表面形式，可以富丽华气，但不失本真；要大气，而不虚荣摆阔；可以讲求个性，可以打破个体的对称，但一定要与周围的山水树木环境形成整体的协调、对称、平衡。

5.3.2 现代简约审美

5.3.2.1 现代简约风格概述

现代简约风格的建筑立面，是当前住宅项目中应用频率较高。采用范围较广的一种形式。它以简洁的构图、实用的外观、大胆的色彩、先进的建筑材料以及开放、明快、奔放的都市气息受到人们的欢迎。简约主义在建筑装饰上提倡简约，简约风格的特色是将设计的元素、色彩、照明、原材料简化到最少的程度，但对色彩、材料的质感要求很高。因此，简约的空间设计通常非常含蓄，往往能达到以少胜多、以简胜繁的效果。以简洁的表现形式来满足人们对空间环境那种感性的、本能的和理性的需求，这是当今国际社会流行的设计风格——简洁明快的简约主义。

5.3.2.2 现代简约风格流行背景

1. 现代简约风格溯源

简约主义源自20世纪初期的西方现代主义。西方现代主义建筑摆脱了传统古典建筑形式，大量使用工业化新材料、新工艺，并大胆创造新的美学观念，具有鲜明的理性主义特征，而简约主义就是现代主义中的一种风格。这种风格更多地体现在设计元素、色彩、材料的精简上。现代主义建筑大师密斯·凡·德·罗的一句名言“少就是多”，很好地诠释了简约主义的核心思想。简约主义追求运用精准的比例、强烈对比的色彩、富有质感的材料、含蓄的空间来表达这种秩序与变化的哲学审美观。现代风格外形简洁迎合了现在年轻人的喜爱，安静、祥和，看上去明朗、宽敞、舒适。

2. 现代简约风格流行原因

（1）社会背景。自工业化时代，生产效率被提到第一位，模数化、大量化、机械化代替了以往的手工劳动，量产的新建筑材料比以往的手工材料成本更低、质量更好，被大规模运用在建筑当中是必然的。这种工业文化深刻影响着现代审美观。

（2）市场需求。现代生活的紧张效率，使人们更加向往一种简单轻松而又有品质的生活方式，简约风格简化了不必要的繁杂装饰元素，从而达到简洁、美观的效果。这种风格设计很适合现今快节奏的社会需求，这也是简约主义被社会大众接受的一个重要原因。

5.3.2.3 万科及其他实践

1. 万科实践

（1）早期——广州万科·四季花城。广州万科·四季花城于2004年9月开盘，项目地处佛山市南海区黄岐镇，紧邻广州市金沙洲居住新城生活片区，是广州与佛山的中间地带。项目占地面积约50万m^2。项目本着“找到最适宜人居住的地方，创造最高品质的居住环境”的宗旨，在New Town概念的整体定位下，结合原有自然地形特点塑造简约的建筑风格；同时，景观的整体风格与建筑物的立面、造型、色彩恰如其分地相互呼应，细部元素与建筑细节相互融合。

四季花城的建筑物以“极简主义”为设计理念，建筑造型以直线线条构成的简单几何立面为主，色彩也采用单一的灰白色或砖红色，辅以红黄蓝三原色进行点缀性装饰，整体上十分简洁。

设计师对简单的几何立面进行了特殊的修饰，增加了线条的层次感和丰富感，同时满足了视觉的复杂性要求，建筑组群和相关联的空间之间具有高度的和谐与平衡。在景观设计方面，考虑到与建筑风格吻合，也大致采用直线构型风格，如观水廊架、跌级花池、跌水水景、几何湿地、特色挡土墙等，都具有与建筑相近的简单色彩，通过高差的处理让景观具有简洁而又错落有致的风格特征。景观小品及室外家具的配备，也以造型简洁为主，加上小面积的绿化和卵石、砾石的衬托，使景观既和谐又富于变化（表 5-6）。

（2）后期——杭州万科·大溪谷。杭州万科·

广州万科·四季花城 **表 5-6**

广州·万科四季花城（现代简约风格）		
 整体形态		造型充分利用建筑的体型特点，利用顶部形成高低错落的空间形态
 立面造型		面块力求简洁，不采用过多装饰，以直线线条构成的简单几何立面为主，通过形体对比突出变化
材料与色彩		建筑色彩采用单一的灰白色或砖红色，辅以红黄蓝三原色进行点缀性装饰，整体上十分简洁

续表

广州·万科四季花城（现代简约风格）		
景观环境		景观设计具有与建筑相近的简单色彩，通过高差的处理让景观具有简洁而又错落有致的风格特征

资料来源：本研究整理 .

大溪谷位于良渚文化村南区，毗邻蓝月湖，2020年4月开盘。项目结合区域的科创发展趋势，打造开放、放松、创意的美好住区；以渗透式的海绵住区、多元开放式的组团设计、社群共享文化、精工职能空间、时尚简约风格实现具有现代内涵、适应未来的生活（图5-35）。

建筑呼应纵贯南北的水轴，谱成错落有致的韵律，水轴两侧的街道尺度扩大，使D/H值在1~2，产生街道亲近感，形成两侧林荫大道。住区的临街

图5-35　杭州万科·大溪谷

图片来源：http：//m.kinpan.com/case/detail/201911191.

公共界面以海绵孔洞的形式向外界打开，与外面的街道、城市景观产生了对话，住区内外的视线相互交流，互为风景。面向山体的建筑也运用扭转、错开、退台的设计手法，争取到最大限度的景观资源。

整体上，项目采用简练、通透的建筑立面风格，简洁的规则体量，结合竖向的线条刻画，让建筑更挺拔、优雅。立面大面积的运用冷色系，搭配轻盈、剔透的玻璃材质，彰显现代科技感。项目多样化的产品设计应对不同的设计逻辑，并在成本可控的前提下不断创新和研发，如三面玻璃幕墙建筑、平面屋檐、转角阳台、Z型全景观屋顶露台花园，形成了更加丰富统一的现代简约风格住宅。

2. 其他立面现代化的探索——广州力迅上筑

广州力迅上筑位于广州市新城市轴线上的珠江新城L9地块，北临20m宽海明路，东临40m宽马场路，西面及南面均临30m宽规划路，占地面积27452m^2，建筑面积110366m^2。项目户型以大中户型为主，约400套，社区配套有小学、幼儿园及园林会所等。小区建筑采用现代简约主义风格，采用大面积落地玻璃窗，通过架空层、凸窗、屋顶造型及横向饰线，使建筑造型新颖独特，立体

图 5-36　广州力迅上筑

图片来源:《万科的主张 1988-2004》.

感强，形成整体高尚大气的建筑氛围（图 5-36）。

项目的建筑风格着重体现现代感，并力图做出新颖的设计：阳台细部精细而有序、简约而富有特色的建筑立面、立面采用大面积玻璃窗、建筑立面细部层次丰富。

现代社会的高速发展，对人们的生活方式、思想观念产生的极大的影响，也必然影响到人们的审美方式。简约主义这种设计风格带着浓厚的时代特征，它的内涵（包括对空间的利用、细部的精炼以及设计手段的抽象表达等方面）都表明这种内在的思维蕴含着一种时代精神、一种理性的追求。简约主义风格以简单、质朴、理性、回归本原的设计理念与之契合，自然成为最时尚的设计风格，许多优秀的设计师纷纷开始对简约主义风格进行研究，其设计作品广泛应用在建筑设计、家具设计、广告设计等方面，在未来的时间里这种风格将更多地影响现代人的生活方式，引领我们的设计与生活，对社会发展进步起到积极的推动作用。

从两个时期的万科实践项目可以明显看出，单纯的装饰性元素开始减少，建筑装饰更多地与使用功能相契合；建筑色彩的运用更加简洁成熟；构造细部和施工水平更加现代化，以满足现代人的生活方式和审美需求。同时，随着房地产市场的发展，建筑风格更加成熟的同时，以风格为楼盘卖点的现象逐渐弱化，取而代之的是更加强调创造生活方式、绿色建筑、住区文化等方面。这也是行业更成熟的表现。

5.3.3 住宅立面公建化

5.3.3.1 住宅立面公建化概念

住宅立面公建化目前尚无准确定义。浙江环境艺术研究所景观设计师林墨洋指出：公建化在当下是指住宅的外立面向公建（公共建筑，如剧院等）靠近，采用了大量的玻璃幕墙形式。《浅析住宅立面公建化的利弊》一文中，将住宅立面公建化定义为：在不改变住宅原有功能的前提下，对处在城市特定区域的住宅外立面，利用公共建筑外立面的做法进行设计与建造。

拥有公建化外立面的住宅建筑，其性格被模糊，从外观上很难辨认出这是一栋居住建筑。如现代的 SOHO、LOFT 等住宅类型经常运用这一风格的立面形式。

“公建化”的外立面具有冷峻、独特的公建化气质，吸引着大批追求时尚、彰显个性的人。这种独特的气质与摩天现代、高楼林立的城市环境相得益彰，使居住建筑与公共建筑和谐统一，共生共融。

5.3.3.2 住宅立面公建化溯源

随着城市的发展，城市的功能不仅仅局限于居住在其中的人们的日常生活，城市的功能越来越综合，越来越复杂。往来商旅，国际交往，城市的形象也越来越受到政府和人们的关注，街道的立面就成了城市的一张张名片，使城市的印象留在人们的脑海。临街住宅是城市名片的构成要素之一，为了使城市更具有魅力，更能体现城市的现代感和品质感，同时使住宅建筑本身的功能得到优化，住宅立面公建化应运而生，这是一种针对城市发展中面临的现实问题的积极思考和尝试。

进入 21 世纪之后，全球化趋势越来越显著，多元文化在对建筑文化产生深远影响的同时，对人们的思想也产生了积极的影响。人们对于住宅的理解已不仅仅局限于一个居住空间——为人们提供住宿和休憩的场所；随着生活理念和工作模式的改变，居住建筑已然成为一种情感和精神的寄托。其形态也体现了不同层次、不同文化、不同背景的人们的心灵追求。在此形势下，出现了 LOFT、MOHO 等新型的住宅形式。与之相适应的公建化风格的住宅也开始出现，住宅的形态创作步入一个全新的时期。具有公建化特征的居住建筑是我国经济高速发展，住房品质不断提高，人们对于精神追求不断攀升的产物。

住宅产品在继承上一代产品的优点之后，又具有更鲜明多样的设计风格。产品外观注重体形穿插和立面构图关系；摒弃过于繁杂的装饰构件，立面设计抽象简洁；立面材料除面砖、石材、涂料之外，有更多新型材料的选择。住宅立面公建化产生的原因如下：

（1）城市形象。居住建筑是城市中最普遍、最广泛的建筑类型，对城市特色的形成影响巨大。住宅外立面公建化的设计越来越重要，它不仅可以提升建筑物的美感，还可以提升整个城市的形象。“公建化”的立面处理方式，使住宅与城市环境共生共融。

（2）消费者的审美需求。随着人们生活水平的提高、物质生产的丰富、社会意识形态的提升等，人们对于居住建筑的质量要求也越来越高，而 21 世纪是个性消费的世纪，个性化作为当代文化的一种强势语境，已经渗透到社会的各个领域，同时也给建筑造型带来时髦的样式和激进的设计理念。如对表皮化设计、视觉文化的追求等，消费者的这种审美倾向，也促进了住宅建筑公建化的发展。

（3）技术进步。技术的进步、生活方式的改变同样带来了设计的突破——暗卫、开敞厨房、天井通风等带来体形系数的降低，使平面功能对建筑立面的限制有所降低。

5.3.3.3 住宅立面公建化建筑特点

第一，外观形态突破传统的建筑形态，形态从功能中解放出来，突出个性表达。

第二，整体造型设计不再是传统的“单元式”的划分，设计手法和处理方式逐步趋于整体化。

第三，建筑细部也从整体入手，细部的处理方式主要以满足整体需求为前提，更加倾向于设计理念的表达，并且逐步弱化窗、阳台、女儿墙的概念。

第四，强调视觉化的色彩组合，色彩的表达更精炼简约，而不仅仅拘泥于丰富。

第五，墙面材料的多样化，开始尝试将用于其他建筑类型的高档建筑材料运用于住宅上，模糊了居住建筑的可识别性，从视觉和心理上给人独特的感受。

5.3.3.4 万科及其他实践

1. 万科实践

北京万科·公园5号：北京万科·公园5号被朝阳公园、团结湖公园、红领巾公园三园环抱，北距朝阳公园仅500m，项目地块直接辐射到CBD、朝外和燕莎三大商圈。项目占地面积38000m^2，地上建筑规模约9.6万m^2，其中住宅面积约7.3万m^2，由8栋高层板楼组成。项目以雕塑创作为设计创意，以大望路的300m城市界面、狭窄的南向宽度、朝阳城市公园及城市资源居住生活方式的建筑规划实践形成创作的坐标原点和控制性维度。通过石材与U型玻璃的配比，以及幕墙系统的设计，结合表皮色彩的选择，以不同的设计手法，构建双层环保立面，呈现出精致的肌理变化，打造城市雕塑，在北京CBD东扩的进程中与周边环境展开了积极对话。项目立面设计中采用公建化处理中较常见的一种方式：外立面整体平整统一，轮廓清晰坚决，立面被横竖交织的方形网格紧密包裹，看似平静的外表突然挖去一块，在表面形成凹槽，产生了突变的立面效果，这种在整体中进行局部突变的立面处理手法，使建筑物造型具有强烈的雕塑感，突变的区域也能成为立面上的视觉焦点。三种灰度的石材交合形成主墙体面的材质和尺度，侧向的花岗石石材与主墙体石材的色彩形成鲜明对比，产生了变化丰富的立面效果，同时造型又具有公建化立面的整体性（图5-37）。

2. 其他探索

北京光华路SOHO：随着对建筑表皮的日益重视，在公建化处理的住宅立面中，表皮创造也成为一种重要的立面处理方式。光华路SOHO位于北京朝阳区CBD核心区内，北临光华路，东距东大桥路100m，紧邻第一使馆区，集商业、写字楼为一体，总建筑面积约为75438m^2。

北京光华路SOHO在立面上采用白色铝板结合外部难以数计的圆形窗洞和排列有序的折线空构架作为表皮。表皮的创造一方面给室内提供了独特

图5-37　北京万科·公园5号细部

图片来源：本研究整理.

图 5-38　北京光华路 SOHO

图片来源：http：//www.ikuku.cn/project/ 光华路 soho 马清运 -2.

的景观，另一方面使得建筑以一种优雅的姿态出现。重复的单元感和极强的圆形开窗不但使建筑在外观上具有“量体裁衣”的感受，又具有内部特征的个性，建筑形体充满张力，动感而不失稳健，强悍而不失柔美，张弛有序，动静有度（图 5-38）。

立面优化，提升城市品位。传统住宅建筑的立面对阳台、窗洞的处理比较简单，立面公建化使用时尚简洁的材质进行统一化建造，使立面更加精致细腻，简单大方，具有现代感。

经久耐用，提高建筑性能。传统住宅立面使用大量面砖镶嵌而成，渗水脱落是立面的通病，住宅立面公建化能有效弥补这些不足，运用混凝土基层、保温砂浆、干挂石材等材料，既能延长立面的使用年限，又能达到保温、防渗漏的目的。

节约能源。资源可持续利用，住宅立面公建化有效减小了建筑形体系数，减少了住宅自身受到外界温差的影响，达到了节约能源的目的。

当然，住宅立面公建化也有不利之处，即不利于城市文脉延续。住宅立面公建化使原本成熟的城市住宅换上了新衣，但原有的一些文化元素随之被抹掉，取而代之的是风格现代的公建外形，破坏了城市文脉的延续性。

5.4 东方意境下的新中式与禅风系列

5.4.1 新中式风格的出现

5.4.1.1 新中式风格的定义

新中式作为一种居住产品的设计风格，大致出现于 20 世纪 90 年代的中国房地产市场。它主要是指从中国传统建筑、文化中提炼出适合现代人审美和居住需求的元素，运用到居住产品的设计中的设计方法。它也因此和传统的中国建筑区分开来，被注入了新的活力，被称为“新中式”（图 5-39）。新中式吸取了中国文化中稳重内敛、端庄秀美、淡泊雅致等精神内涵，符合中国人的审美倾向。新中式风格常体现在一个建筑产品的室内设计、建筑外观、景观设计中，通过空间布局、景观要素、传统符号的再利用等方法来体现中国传统文

图 5-39　新中式项目实景照片

资料来源：作者自摄．

化的精神。

新中式不是对中国传统建筑的盲目模仿，也不是对传统元素不加思索地运用，在新中式的发展过程中，又分为两种风格：一是对传统元素做出适当的提炼，通过色彩、质感、形式等，唤起人们对中国传统文化艺术的记忆；二是剥离传统建筑中的符号元素，深入分析中国传统建筑的空间组成与模式，并用现代的方式重新解读和表现。这两种方法都试图从不同的角度表达中国文化的精神内涵。

5.4.1.2 新中式风格的出现及其原因

新中式风格的出现及发展，有多方面的原因。其中主要的因素有以下几个：颁布的政策、文化的发展、审美的变化、建筑学的发展等。

在 20 世纪 90 年代，我国颁布的一系列政策促进了地产业的繁荣。1991 年召开了第二次全国住房改革会议，通过的《国务院住房制度改革领导小组关于全面推进城镇住房制度改革的意见》中指出要“逐步实现住房商品化，发展房地产业”。1995 年，国家启动安居工程，为中低收入家庭提供住房；1997 年，全面开放住房二级市场，允许居民已购住房上市交易等政策都促进了房地产业的繁荣。

购房对象的变化，也是一个重要因素。在 2011 年前后，业主购房的主要目的是置业需求和改善需求，但到 2015 年左右，30~45 岁以改善需求为主要目的购房者数量下降，而 30 岁以下的购房者占比显著上升。这群年轻业主对住房的要求已经从基本的生活需求，转化为生活与审美相结合的更高层次的需求。为了顺应这一趋势，各大房地产商都推出了特色项目以吸引年轻业主，而新中式就是其中一个很好的切入点。同时，20 世纪 90 年代以后，我国经济得到了飞速的发展，人们的生活水平提高，对文化的需求也日益增长。这一时期，我们不仅在经济上取得了巨大的成就，我国的文化也蓬勃发展。随着中国文化的影响力显著扩大，中国音乐、电影、医药、功夫等获得了人们越来越多的关注，文化自信提升，人们开始思考如何表达中国的本土文化，重视中国传统的精神，人们开始重新尊重传统文化，而不是一味盲从西方文化。

由于受到当时的“文化热”和“新现代主义”运动的影响，这种文化觉醒也体现在了建筑设计

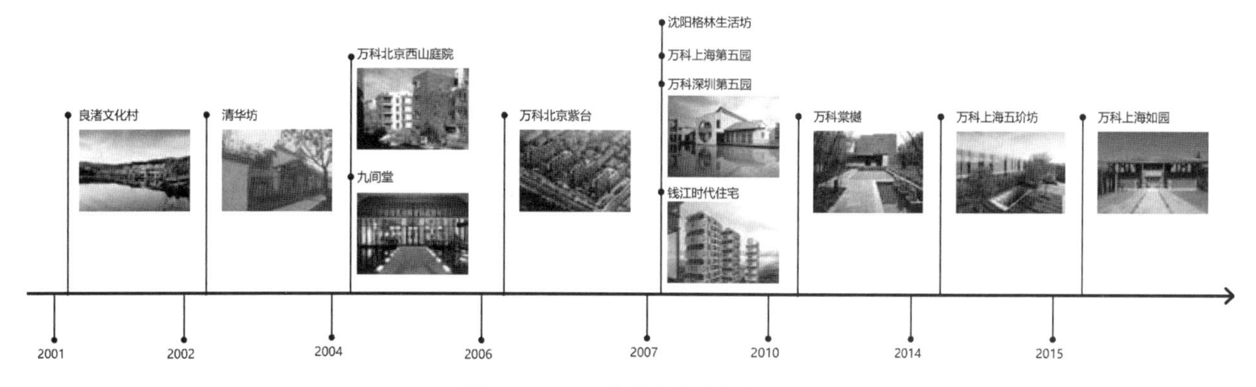

图 5-40 不同年代新中式代表项目

资料来源：本研究整理.

中。在对待居住环境的态度上，不再一味追求“欧陆风”，而是开始从中国传统文化与传统建筑中学习适合中国环境的建筑语汇。

在建筑学领域，后现代的余韵逐渐消散，人们开始反思拼贴符号的方法是否恰当，同时“批判性地域主义”的出现，也让建筑界的从业人员从新的角度来思考建筑与城市。盲目使用西方的柱式、模仿西方古典主义建筑的方式，渐渐不适用于中国今天的建筑和文化环境，如何找到新的突破口，这也是新时期建筑从业人员思考的一个问题。

华裔建筑师贝聿铭在苏州设计的苏州博物馆新馆于 2006 年建成，这一重要项目让国人重新意识到了中国传统建筑之美。并且苏州博物馆作为一个融合了中国传统建筑与现代主义的项目，让人发现了在建筑项目中使用中国传统建筑思想的巨大潜力。在众多因素的共同作用下，新中式作为一种居住产品的设计风格登上了历史舞台（图 5-40）。

5.4.1.3 清华坊的出现

较早引起广泛关注的新中式商品房项目是成都的楼盘“清华坊”。项目在 2002 年开盘，两个月售罄，展现了消费者对新中式的青睐和这种产品风格的巨大潜力（图 5-41）。清华坊反思了当时市场上常见的欧式别墅类产品，认为这样的生活模式并不符合中国人的生活习惯，于是从中国人熟悉的“老宅”出发，开发了清华坊这样一个产品。在对传统文化的表达中，清华坊并没有对中国传统元素进行完全的复古和模仿，而是提炼出了中国传统住宅中的内涵后，用转化的手法将这些内容表达在现代的居住建筑中。这种对传统文化的继承和对现代人生活需求的考虑，是促成清华坊成功的非常重要的原因。

图 5-41 清华坊照片

资料来源：朱文俊 . 透视“清华坊”（上）[J]. 百年建筑，2003（Z1）.

清华坊的成功，拓宽了房地产设计的思路，人们在“欧陆风”之外，又发现了一种适合中国本土的住宅风格，并看到了它巨大的潜力和生命力。于是“新中式”风格蓬勃发展起来，不仅促进了地产业的繁荣，也满足了人们日益提升的审美需求，更满足了中国居民个性化的生活需求。

5.4.2 初期的新中式

5.4.2.1 万科推出的新产品

2000-2010 年，万科陆续推出了许多精致的新中式产品，如万科深圳第五园、万科北京西山庭院等。这些产品在根植中国本土文化的同时，又考虑了不同地区项目的特点，形成了各具特色的新中式项目。

1. 深圳万科第五园

深圳万科第五园的构思来源于“村落”，整个居住区由两个群落构成，每个群落又包括三种产品。“村落”的构成，形成了宜人的尺度和富有人情味的邻里空间。在万科第五园中，营造了丰富的庭院类型，体现了中国传统院落内向的空间特征。小区的主要色调源自中国传统建筑中常见的白色、灰色，并辅以大量的绿植，体现了中国传统建筑与自然融合的理念（图 5-42）。小区还借鉴了中国古典园林的造园要素，在小区景观中营造了大面积水景。深圳万科第五园用现代的材料和空间营造手法，体现了中国传统空间之美，又适合现代化的生活节奏。

2. 上海万科第五园

上海万科第五园根植于上海的文化特色，将聚落的生成方式转换为适合现代城市生活的居住模式。因聚落而产生的多样性，使得上海第五园

图 5-42 深圳第五园

资料来源：作者自摄.

中的景色产生了极大的丰富性，同时又兼顾了实用性。在住宅的立面设计和材料使用上，上海万科第五园主要以深色调为主，采用了青砖饰面，深棕色木材及黑色钢板等材料，搭配绿色的凤尾竹等景观植物，建筑的配色和质感给人以沉稳、质朴的感觉。

3. 北京西山庭院

北京西山庭院的特色在于每两栋建筑物围合成的庭院成了西山庭院的基本组合单元。这些庭院又由中心公共空间串联起来。建筑物之间的庭院给业主提供了半私密的空间，体现了中国传统庭院空间的精神内核。同时，每个庭院有不同的主题，让每个庭院有各自不同的空间体验。

北京西山庭院的设计，大量运用了中国传统建筑的设计元素，除了庭院的组合，小区的景观路径也借用了园林中小径的组织方式，富有变化，步移景异。建筑的外立面使用青灰、砖红两种饰砖，铝合金和装饰钢构件的颜色以灰色为基调，在色彩和材料选择上体现了中国传统建筑的审美特点（图 5-43）。

图 5-43　北京西山庭院

资料来源：香港科讯国际出版有限公司 . 栖居·万科的房子 [M]. 武汉：华中科技大学出版社，2009.

4. 北京万科紫台

北京万科紫台项目在运用中国传统建筑思想方面，借鉴了紫禁城与中国长城的城垛，同时充分考虑了场地地形，将这些要素全部融合在万科紫台的项目中。为了避免住宅千篇一律的乏味，增加居住环境的认同感，万科紫台项目特别注意住宅户型的多样性。为了与北京的城市特点相吻合，北京万科紫台的景观设计参考了皇家园林，住宅围绕三个主题园林展开。在建筑的色彩选择上，以深棕色搭配米色为主，注重整体色彩和环境的和谐（图 5-44）。

5.4.2.2 同时期的其他实践

2000-2010 年，还出现了许多优秀的新中式楼盘，如上海的九间堂、沈阳格林生活坊等（图 5-45）。九间堂取材于江南民居，但是没有机械地运用传统符号，而是从中提取江南民居传统中的空间序列、光影表现和材料质感等，意在用新的材料和组织方式重现传统江南民居的意蕴。九间堂的两大特点是通过院落的方式来组织空间，以及对光线的灵活运用。

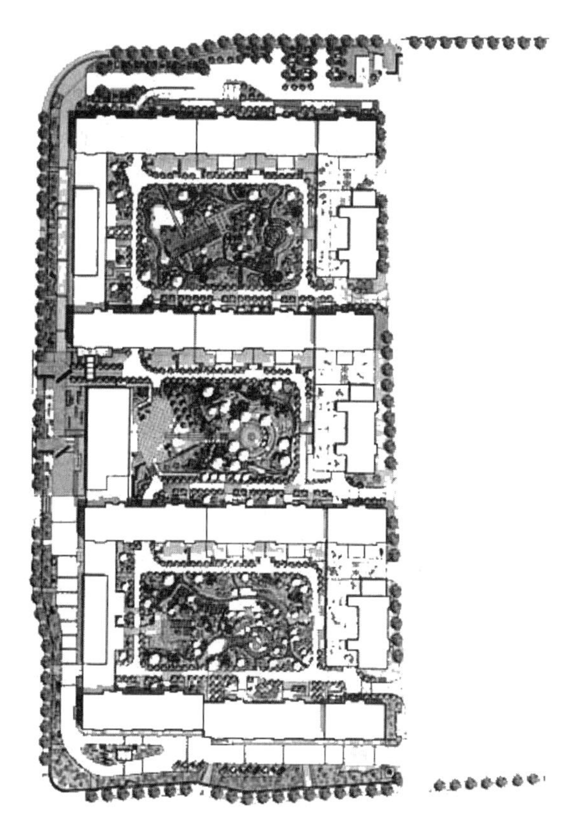

图 5-44　北京万科紫台

资料来源：香港科讯国际出版有限公司 . 栖居·万科的房子 [M]. 武汉：华中科技大学出版社，2009.

九间堂设置了中轴线，并依据中轴线布置主要院落，是对中国传统建筑院落布局的继承与运用，由此产生了秩序井然又变化丰富的空间体验。在对光线的运用上，九间堂通过院落将光线引入建筑空间，并通过白墙凸显光影的变化与对比。同时，建筑的挑檐使得进入室内的光线变得柔和，重现了传统江南民居柔和的光线体验，营造出了柔和的空间氛围。

5.4.3 新中式的发展

5.4.3.1 新的时代背景

2010-2020 年，新中式有了新的发展变化，

图 5-45 上海九间堂

资料来源：许李严建筑师事务有限公司.上海九间堂[J].城市环境设计，2016(02)：30-35.

这一改变离不开社会大环境的变化。随着 2008 年北京奥运会、2010 年广州亚运会、2012 年上海世博会等大型国际活动的成功举办，国人树立起更强大的文化自信，中国也向世界展现了新时代的新气象。在这一社会背景下，中国传统文化在各个领域迎来复兴，新中式风格的住宅也受到人们的青睐，同时业主也对新中式风格提出了更高的要求。

在政策上，2009-2014 年，这一时期为了应对经济过热，国家为了保障房地产行业的健康发展，推出了“国四条”：推进保障房建设、增加供给、加强监管、抑制投机。2014-2016 年，面对经济下行的压力，政府提出了“去库存”政策。2016-2019 年，面对房地产市场的迅速扩张，中央经济工作会议提出“坚持房子是用来住的、不是用来炒的定位”。这些政策都影响着房地产行业的变化。

在建筑大环境上，2014 年雷姆·库哈斯设计的中央电视台总部大楼引发了热议，扎哈·哈迪德在中国的 SOHO 系列作品陆续建成，这些外籍建筑师在中国的实践也引发了中国建筑从业者的思考。如何在具有国际视野的同时，也能关注中国本土的建筑、文化特点，从而因地制宜地设计出适合中国人文化、生活习惯的建筑，这样的尝试也体现在新中式楼盘项目的设计中。

5.4.3.2 万科这一时期推出的产品

这一时期万科推出的代表性新中式产品有深圳万科棠樾、上海万科五玠坊、北京万科如园。这三个案例从不同的侧重点表达了中式建筑的文化内涵。

1. 深圳万科棠樾

在万科第五园成功范例的基础上，深圳万科棠樾力图实现新的突破，不仅仅是完成新中式的风格，同时针对性地解决场地的实际问题，并体现出项目特色。在空间的组织上，运用了院落和围合的方式。在场地处理上，用人工水道巧妙解决了场地高差的问题。建筑造型错落有致，并用白色的墙面、原色木板和深咖啡色金属材质，打造出雍容稳重的建筑特色。在景观的处理上，也融入了中国传统园林的造景元素。

2. 上海万科五玠坊

“十二五”规划开启，上海承载了新的功能，体现出中国在新时代的特色。2010 年上海世博会，成为世界了解中国的一个窗口。五玠坊项目就在这样的背景下应运而生。五玠坊的阳台立面采用

图 5-46 上海万科五玠坊

资料来源：https：//www.douban.com/note/624715605/.

图 5-47 北京万科如园

资料来源：宋照，方汪晔，裘武威 . 北京万科如园会所 [J]. 建筑与文化，2016（06）：23-33.

可活动的百叶窗，既保证了空间的私密性，又能让业主感受到室内外的联系。立面还大量采用条状石材。在形体的设计上，强调建筑的水平线条，以及建筑体型的凹凸对比（图 5-46）。五玠坊作为万科的一个代表项目，不但体现出上海高品质的生活，同时也体现了上海深厚的文化底蕴。

3. 北京万科如园

万科如园依托北京西山、百望山等自然资源，同时结合周边便利的交通和丰富的教育资源，营造了宜人的居住环境，是万科成熟产品系列里中式风格的巅峰作品。北京万科如园依托北京传统的城市肌理，用广场、道路、院落等不同尺度唤起了人们对北京传统空间的记忆（图 5-47）。

5.4.4 新中式的三个发展方向

5.4.4.1 三个发展方向的特点

新中式在发展的过程中，又大致可以分为三种不同的发展方向，大致是中内西外、符号仿古以及现代改良三种类型。

中内西外的新中式风格，主要特点是在空间组织和设计上运用中国传统建筑的一些方法及构思，但是在立面造型上没有使用传统中式建筑的符号、材料、色彩等，而是采用现代主义的造型手法，在外观上没有呈现出明显的中国建筑的特征。代表作品有万科的北京西山庭院。

符号仿古风格，主要是指除了在居住区的规划方式和内部空间设计上传承中国传统建筑的内涵之外，在建筑的立面造型上，采用许多具有识别性的中式建筑符号，如马头墙、漏窗、乌头门等。同时在景观的营造上，也模仿中国传统园林，用叠石、理水等方式布景，同时放置一些具有中国古典特色的装饰物，如水井、石凳等。

现代改良风格，主要是指对中国传统建筑的内涵进行现代转化式的运用。如将中国传统的“院落”“轴线”等组织空间的元素，用现代的建筑手法体现出来。同时，改良风格的新中式在建筑立面及造型上，不采用符号的模仿和拼贴，而是提取中国传统建筑中的元素与特色，采用新的材料与手法，用抽象和变形的方式表达出来。

5.4.4.2 出现三种发展方向的原因

在新中式的发展过程中，之所以会出现这三种不同风格的分离，主要有以下几个原因。

一是地产开发商对建筑风格的越发重视。随着中国房地产行业的发展与逐渐成熟，我国商品房的设计风格逐渐从一开始大面积的“欧陆式”，逐渐向多元化和精细化发展。建筑风格成为建筑产品除了实用性之外的另一个巨大卖点。好的风格设计，能给客户留下深刻的印象，提升楼盘的品位与价值，同时打造良好的品牌形象。所以，地产商们越来越注重产品的风格设计。

二是随着房地产行业的发展，各种地产项目不断涌现，但是也出现了品质参差不齐、抄袭现象严重、造型和立面重复率高的问题。如何在这样的困境中突出重围，让自己的项目脱颖而出，也是地产商们不得不考虑的一个问题。

同时因为建筑立面造型的千篇一律，造成了千城一面的现象，不仅对城市的发展不利，同时也非常影响生活在这样的城市中的居民的生活体验。人们在下班后回到自己的小区，希望能体验到一种私人化、个人化的空间体验，逃离机械化的工作生活。这样的需求，也促使开发商们更加重视建筑造型的设计。

另外，居住区立面与建筑造型的相互模仿，不顾项目实际地域特点的生搬硬套，导致许多房地产项目不能贴合实际，无法与当地环境、地域特色、文化特点融合，这也引发了人们的反思和改变，即如何从浅显的造型模仿，发展出由内而外不仅具有中式特色，又切合具体项目特点的新中式风格。

5.4.4.3 中内西外

1. 特点及定义

中内西外的新中式住宅项目的主要特点是从中国传统建筑中学习空间组织方法，如用院落的方式组织建筑布局，但是在建筑外观、材料使用上，没有特别表现出中式的风格。在这类风格的住宅项目上，外观的设计、材料的使用并没有表现出明显的风格倾向，或者仍旧使用的是现代主义、欧陆风楼盘常用的材料和色彩搭配。所以仅从外观上来看，这类项目很难被判定为新中式，但是这类项目仍体现出了中国传统建筑文化的内涵。

2. 代表作品

中内西外式的新中式居住区代表项目有万科2004 的项目北京西山庭院（图 5-48）。北京西山庭院的一大特色是它的庭院布局。它抽取了中国传统建筑中非常重要的“院落”这一要素，用在现代的居住项目中。小区的建筑物两两围合出一个庭院，并以“风、水、叶、山、松竹梅”五个主题组织庭院，让各个庭院具有不同的性格色彩，从而避免了庭院的千篇一律。

北京西山庭院的另一特色是用中心公共空间

图 5-48　北京万科西山庭院

资料来源：《栖居·万科的房子》.

将各个分散的庭院串联起来，形成了开放空间和半私密空间的转换。同时中心公共空间构成了整个住宅项目的主要轴线，形成了良好的秩序感。在中国的传统建筑群组织当中，院落和轴线是两个非常重要的元素，北京西山庭院在现代的住宅项目中重新融合这两个手法，形成了富有秩序但又丰富多变的空间体验。

除了中心公共空间和周围庭院的组织之外，北京西山庭院项目还采用了街道的做法，贯穿南北向的空间。街道的设计，不仅形成了良好的空间尺度，加强了邻里之间的互动，还隐约中唤起了北京人对胡同的记忆。

在园林的设计上，北京西山庭院项目充分利用了周围的景观资源，景观的设计与周围的百望山、京密引水渠、佛香阁相呼应，延伸了小区内的视觉感受，形成了完整的景观体验氛围。

3. 出现原因

中内西外新中式风格出现的原因，大致有以下几个：

首先，在一种新风格出现的早期，人们很难脱离对原有风格的依赖。在 2000 年左右，新中式风格刚刚出现，人们只熟悉现代主义及“欧陆风”的居住区设计风格。业主们对新中式并不熟悉，接受度也不高，设计师们在进行新中式的设计时，往往采用一些折中的方案。所以尽管一些项目在设计构思上已经使用了中国传统建筑的构思，但是在外观上仍旧表现出当时大多数住宅项目常见的现代主义风格。

其次，在新中式早期，设计师们对如何在居住区的设计中运用新中式的方法和元素还处于摸索阶段。在建筑的布局、空间的设计、景观空间的设计、材料运用等方面，尚缺乏成熟的手段。同时建材供应商也没有成熟的中式风格的建材提供，施工工人对许多中式建筑的装修方法并不熟悉。在众多因素的共同影响下，中内西外的新中式项目由此产生。

5.4.4.4 符号仿古

1. 特点及定义

符号仿古的新中式居住项目的主要特点是在建筑造型上使用了鲜明的、具有很强识别性的中国传统建筑符号，如马头墙、乌头门、花窗等。这些符号化的建筑元素能唤起人们对中国传统建筑的记忆，同时这些典型的元素也增加了居住小区的可识别性。

但是符号仿古的新中式项目对中国传统建筑内涵的运用绝不仅仅局限于符号的拼贴，只是传统建筑符号作为一个很突出的元素呈现在了项目设计中，在项目的其他部分仍有对中国传统建筑思想和内涵的运用。

2. 代表作品

（1）清华坊。清华坊是早期具有代表性的符号仿古的新中式项目，于 2002 年建成。清华坊将项目的购买人群定位在有几世同堂的家族情结的业主身上，这是促成清华坊成功的一个重要因素。家族的观念深深根植在每一个中国人心中，而清华坊就给人们提供了一个寄托家族情结的机会。

在景观处理上，清华坊大量运用中国古典园林中常见的植物——竹子，营造出很浓厚的人文氛围。在建筑造型上，清华坊学习了很多安徽民居中的做法，比如封火山墙、乌头门等（图 5-49），并用现代的建筑材料和工艺手法表现出来。同时为了营造出传统街道的效果，清华坊在户型的排布上

图 5-49　新中式项目清华坊

资料来源：朱文俊．透视“清华坊”（下）[J]. 百年建筑，2003（03）：48-50.

做了许多变化，并且在建筑众多错综复杂的交接处，都一一做了细致的处理。

（2）万科北京紫台。于 2006 年建成的北京万科紫台，最突出的特点就是从长城的城垛和紫禁城中吸取了元素，把中国传统的建筑文化与现代建筑理念相结合。在建筑的屋顶部分，我们可以清晰地看见长城城垛的轮廓线，这样的做法打破了住宅部分天际线的单一，同时将中式的符号引入了建筑中。

（3）万科北京如园。北京万科如园建成于 2015 年，项目试图让业主感受到北京这座千年古城深厚的文脉，深入挖掘了北京这座城市的独特文化，抓住北京大气、从容、宽厚的城市氛围、平原的地形地貌，以及北京城特有的城市肌理，在项目设计中，运用轴线打造出住区的秩序感，并沿着轴线组织院落，同时加入了街巷的元素。在建筑细部的处理上，如园特别注意传统建筑材料的运用，比如用北京胡同常见的青砖，砌筑了不同纹理的墙面。在如园会所的设计中，也可以见到北方传统民居中常见的硬山屋顶。这些元素都给如园增添了浓郁的文化气息。

3. 发展和变化

从早期的清华坊，到北京万科紫台，再到后期的北京万科如园，可以看到符号仿古的新中式项目越来越成熟，在将符号与建筑内涵的结合上越来越自然，越来越因地制宜。

清华坊是位于成都的建筑项目，但使用的是徽派建筑的元素；在北京万科如园中，虽然使用的是紫禁城和长城中的符号元素，但是在与现代建筑的结合上稍显生硬。而在北京万科如园的设计中，设计师充分考虑了北京这座城市的文化底蕴、地理环境、建筑传统，使用的建筑元素、建筑材料也全都和北京息息相关，比如它使用了北京传统民居中常见的青砖、硬山屋顶，使得如园这个项目不仅仅在外观上和北京的建筑氛围相协调，在实用性和精神内涵方面也能唤起人们的共鸣。

5.4.4.5 现代改良

1. 特点及定义

现代改良的新中式风格主要指的是类似于贝聿铭设计的苏州博物馆新馆，不是直白地使用中国传统建筑的符号，而是将中国传统建筑的精神内涵提取出来，再用现代建筑手法、材料等方式重新进行诠释和创造的一种居住建筑的风格。

现代改良的新中式风格的居住项目最突出的特点就是在居住区中，虽然找不到典型的中式建筑的符号，却处处透露和散发出一种中式建筑之美。关键在于设计者们在项目设计中，利用的是空间、光影、材料、植物、路径组织等含蓄的方式来表达中国传统建筑中深沉、稳重、静谧、宜人的空间氛围。现代改良的新中式项目的一个综合特点，就是避免了对建筑符号肤浅的模仿。而且因为起点较高，现代改良的新中式项目质量都比较高，不管是从户型的品质、室内家居的设计，还是外部空间的营造、材料的使用、细节的设计，现代改良的新中式项目都代表了中式建筑发展的新方向。

2. 代表作品

（1）九间堂。早期改良新中式项目的典型代表有 2004 年建成的上海九间堂项目。

九间堂项目摒弃了模仿和拼贴符号的方式，而是采用抽象、含蓄的方式来继承中国传统建筑中的文化内涵。首先九间堂的名称，取自“三开三进，谓之九间”这句描述中国传统园林空间特色的句子。在九间堂的设计中，也特别注意空间序列的安排，穿插于项目中的前院、后院、小庭院，以及精心安排过的院墙、篱笆等，都与建筑物相互交织，形成了隔而不断的空间体验。

同时九间堂非常注重光影的营造，阳光洒在一面面白墙上，形成了独特的光影效果，同时辅助以竹类植物，让整个空间氛围显得清幽。走廊的设计，则创造出内外过渡的灰空间，让进入室内的光线也通过走廊的过渡而显得更加柔和（图 5-50）。

在材料的使用上，九间堂并不一味地使用仿古的材料，而是选择使用现代的材料，因为设计者认为中国的建筑一定是要向前发展的，同时现代材料优越的性能也给了设计师更大的创作空间，营造了更好的空间舒适度。项目中，大理石、铝材、木材的运用，经过人性化的设计和合理的位置安排，让现代的材料显得不那么冰冷，而是打造了中国传统建筑中亲切的氛围。

（2）万科深圳第五园。在 2007 年万科的新中式代表项目第五园（图 5-51）中，也蕴含了多种

图 5-50　上海九间堂

资料来源：许李严建筑师事务有限公司 . 上海九间堂 [J]. 城市环境设计，2016（02）：30-35.

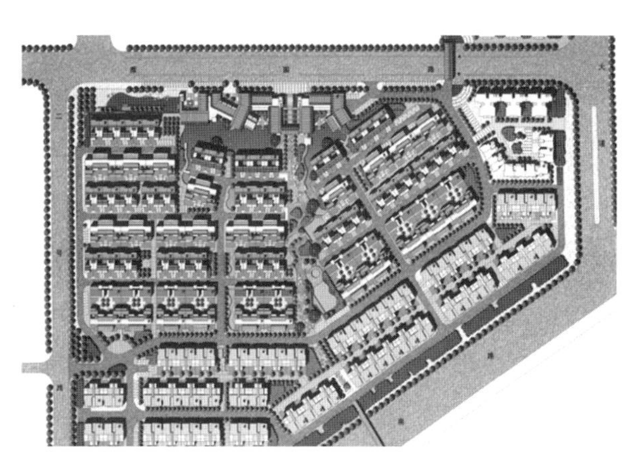

图 5-51　深圳第五园

资料来源：香港科讯国际出版有限公司 . 栖居万科的房子 [M]. 武汉：华中科技大学出版社，2007.7.

表达中式建筑内涵的方法。院落的元素就是其中之一。通过院落组织起各个户型，对于面积较大的户型，设置了前庭、内院、宅前绿地；对于面积较小的户型，则采用了庭院共享的方式，这样能使每户业主都可以享受庭院带来的自然体验。

同时，第五园在中式建筑符号的抽象与转化上做了很多设计。比如中式建筑中很重要的墙体，第五园就用了多种形态表达出来，再与不同的配景

搭配，比如竹子、漏窗、水景等，让白墙能表现光影的同时，又不显单调。白墙的压檐用的不是传统的青灰色筒瓦，而是使用现代的材料黑色金属钢板。

同样，第五园的建筑大量使用了坡屋顶，但是屋顶的材料使用的是金属材料，而不是传统的青瓦，这表明了现代材料传达传统建筑之美的巨大潜力。对材料和符号的不盲目仿古，也是第五园的设计品格得以提升的一个很重要的原因。

第五园还非常注重小气候的营造。这是将中国传统建筑的智慧运用到现代建筑中的一个很重要的体现。中国传统建筑的一大特色就是因地制宜，同时利用良好的小气候和微循环，营造良好的建筑环境。在第五园中，天井、水井、植物随处可见，这些小品的设置都可以调节建筑的小气候，营造更加宜人的居住体验。

（3）万科棠樾。建成于 2010 年的万科东莞棠樾，作为万科在第五园项目基础上的继往开来之作，对比第五园，又有了新的变化。在户型的处理上，棠樾更加精细化，在大面积的户型中，穿插了天井、自然植物、水景，更加注重室内外空间的交融和自然景色的引入。在与地形的结合上，因为场地本身的高差，棠樾做出了许多水景的变化，将景观与地形巧妙结合。另外在建筑的材料和构造细部上，棠樾也十分考究。

5.4.5 新中式未来发展趋势

随着房地产行业的成熟，新中式风格的发展也将更进一步。最近新中式的发展，呈现出以下特点：

1. 风格多元化

随着人们对新中式风格的探索以及对中国传统文化越来越深入的挖掘，设计师们在居住产品设计中有了更多利用和转化传统文化的途径。例如，可以从空间组织方式、建筑构成、材料色彩与质感、景观规划等方面来体现中国元素，大大拓宽了设计的路径。

2. 细节精致化

从初期对中式传统建筑的简单模仿，到探寻中国传统文化的内在精髓，并研究这些传统元素的现代转化，人们的审美越来越精致化，设计师对设计细节也有了更多的把控。这使得现今的新中式项目和早期的新中式项目相比，在材质、色彩、符号的使用和空间细部等部分有了更加值得赏玩和体味的空间。

3. 主题特色化

随着新中式风格的居住项目越来越多，开发商们也在思考自己的项目特色，力求在大量的项目中脱颖而出。独具特色的新中式项目，不但有利于开发商盈利，同时也给了消费者独特的居住体验，满足了现代人对独立性、独特性的审美需求。

4. 从符号拼贴到精神内涵的挖掘

早期的新中式风格居住区项目，还只是停留在对风格等方面的模仿和创新上，但是随着房地产行业的成熟、客户人群需求的细分，现在的房地产项目越来越注重考虑客户的实际需求。所以现在新中式风格的发展，除了满足人们的审美需求，还更加注重考虑现代人的实际生活需求，并将中国建筑的传统智慧运用其中，实现了美观性与实用性的良好结合。

5.4.6 禅风系列

5.4.6.1 禅风的定义及风格特点

集合住宅风格中的禅风主要指的是在建筑外

观和室内装修中，体现禅文化的特点，它与新中式风格一脉相承，但侧重于表现禅意的审美趣味。禅宗是佛教的一个流派，相传由菩提达摩自印度传入中国。禅宗对中华文化的影响不仅仅体现在宗教上，还影响了中国哲学、文学、审美等方面。同时随着佛教传入日本，禅宗对日本文化也产生了深远的影响。美学家李泽厚认为，禅宗的最高成就不是在宗教领域，其巅峰是在美学领域，禅宗衍生的美学思想被称为中国四大美学之一。现代集合住宅中的禅风，就是这种审美倾向的典型表现。

在禅风住宅的设计中，比较有特色的两点是住宅中对自然的引入以及对传统文化的传承。禅风住宅包含了自然和人文两方面的内涵。

师法自然以及建筑与自然融合是禅风住宅设计中较为突出的设计理念。在中国传统建筑的营造思想中，建筑与自然的和谐统一就是很重要的观念。这首先体现在建筑的选址与布局中。以湖南岳阳双溪书院为例，这个项目包括了书院、客房、别墅等部分。在建筑的整体布局中，设计师就力图让建筑融入自然，参考了中国画中的散点透视，让建筑自然地散布在山林间。建筑的分布根据地形走势来安排，顺势而为地嵌入山谷中。这种做法最大限度减少了对原有自然环境的破坏，并且给每个建筑物都找到了适合自己的位置，达到了整体的和谐。

现代集合住宅中的禅风住宅与日式风、和风住宅经常互相融合，因为在文化传承上它们有相通之处。日式风原本是室内装修中的一种风格，继承了日本传统建筑的特色，并与对日本文化影响极大的佛教文化相结合。而禅风住宅，也是受到佛教文化特别是禅宗文化的影响而产生的一种建筑风格。在生活模式与观念、审美观上，两者都有许多相近之处。不同的地方在于，禅风是更加根植于中国本土文化的一种风格，中国儒释道文化是相互渗透和融合的，所以在禅风住宅中，不仅体现了佛教文化的影响，也有很浓厚的中国其他传统文化的色彩。

现代禅风住宅的特点表现在以下几个方面：

1. 构图

禅风住宅的室内外设计，在构图上注重简约、对比和留白。这些构图原则可以在中国写意画、书法、诗词中找到范例。以日本传统住宅中的“棚”为例，这个构造是在完整的住宅平面上凹进一块，用以展示艺术品。而棚中的物品，往往非常简单，可能只有一个花瓶、一朵花。在禅风住宅的构图中，也常常以单一主题作为构图中心，如十二间宅的室内设计一角，就以圆门洞用框景的方式，将人的视线集中在桌子和其后的枯木上。同时通过白墙和深色的桌面、枯木的对比，突出了主题要素，而其他部分没有多余的装饰，做到了大面积留白。这种留白，不但能够突出主题，还给人以遐想的空间和虚空之感。

2. 材质

为了体现住宅的禅风意境，禅风住宅室外立面和室内装修的材质多使用少人工加工痕迹的自然材料，如木、竹、石、藤等。自然的材料体现了禅宗的自然观，不同天然材料的颜色、质感、温度，都给人以贴近自然之感。同时禅宗讲求朴素的审美，自然而不加雕琢的材料体现了一种质朴的生活态度。

3. 颜色

禅风住宅选用的色彩较为淡雅，色调以自然色系为主，颜色饱和度偏低。这种颜色选用除了与审美有关，也与建筑使用的材料有关。比如木材可以呈现不同色调，如原木色、深棕色，石材则显黑色、灰色、青灰色，棉麻等材质可以显黄色、米白色等。这些颜色色调柔和，相互搭配起来也容易和谐。

4. 光影

在日本的传统住宅中，常见住宅延伸出一定的灰空间，这类灰空间具有昏暗的光影，模糊了室内与室外的界限，同时这样的光影也营造出一种静谧的空间氛围。在禅风住宅的设计中，也常见这样的光影手法。禅风住宅中往往采用较为柔和的自然光，光线采用散射的方式，而少见西方审美中常用的戏剧性的光影表现。

5. 配饰

禅风住宅中还会使用一些特定的装饰物和符号，用以增添空间的情景感。常见的器具装饰有字画、茶具、香炉、蒲团、盆栽等。同时还会选用一些典型的符号，如云纹、莲花、海浪波纹等。

5.4.6.2 近三十年的发展趋势及其原因

禅风住宅的兴起，与新中式住宅的发展有密切的关系。随着新中式住宅的审美朝多元化发展，禅风审美作为其中比较有特色的一支，也渐渐获得了购房者的青睐。特别是 20 世纪 80 年代以来，随着当时的文化热潮，禅宗文化也被重新发掘出来，并从文艺领域逐渐扩展到其他领域。禅风住宅兴起的原因，大致可以从以下几个方面来分析：

首先是中华传统文化的复兴和以西方为中心的价值观在中国的衰落。从近代以来，西方文化以各种方式进入中国人的日常生活，但是西方文化和东方文化的冲突从来没有中断过。随着我国的发展和世界经济全球化，中华文化重新回到人们的视野，人们开始逐渐改变以西方价值标准为准的评判体系，重新了解中华文化完善的体系和独特的价值。并且资源的共享和媒体的便利，也为中华传统文化复兴提供了良好的条件。中华文化的影响力逐渐增强，这种文化传播体现在文学、影视、艺术等多个方面。禅风住宅的兴起，也是基于中华文化复兴这样的大背景。

其次是日本文化的影响。日本文化受到禅宗文化极大的影响，近年来随着各类日本品牌、日本文化的输入，中国人逐渐喜爱上了这类禅风的审美，其中典型的代表有无印良品、优衣库等商业品牌。随之进入人们视野的，还有大量日本设计师，他们倡导的产品和审美也逐渐被国人所接受。同时随着近年日本建筑师连续获得普利策奖，日本建筑师的国际影响力逐渐扩大，在中国也不乏他们的实践作品。他们设计的建筑中所体现出的禅宗审美，也逐渐影响到了中国的建筑设计。

最后一个重要原因是消费群体的变化。1970-1990 年代出生的人群是现在主流的消费群体，并且 80-90 年代的新兴消费人群将是未来消费市场的主导力量。新兴的消费群体受教育程度比以往较高，且随着生活水平的提升，这一代人在购买产品时，除了注重实用性，还非常注重产品的个性化及它带来的归属感和身份认同感。这就对产品的美学价值提出了更高的要求。禅风住宅根植于中华文化，体现了国人的身份认同感，同时它提倡的亲近自然、简朴的生活态度，给现代人在繁忙的日常生活中提供了一个休憩的出口。

5.4.6.3 典型实践

1. 中航樾园

建成于 2016 年的苏州中航樾园，售楼部和样板间的室内装修就采用了禅风风格。特别是它的售楼部设计，体现了整个项目的定位。苏州素来以其古典园林闻名，所以在售楼部的设计中，设计团队也从古典苏州园林中提取灵感，希望设计出一个师承于传统园林但又不做形态上的直白模仿的园林景观，衬托出整个售楼部。在不规则的地形中，设计团队采用了太湖石和曲水流觞两个意向。外部景观平面中有一条曲折的水带，用水流表现了时间的流逝，水带慢慢汇聚成一片平静的水面，水面中有经过抽象的叠石景观，象征着对传统园林中太湖石的转化。整个售楼部采用的色调以白色、灰色、青色为主，并结合水景、叠石、小品的布置，体现了传统园林的审美意趣。

在样板间的室内设计中，也遵循了禅风住宅常见的设计原则。比如在餐厅的设计中，以墙面上的山水画为主要视觉中心，周围没有多余的装饰物分散构图，墙面也采用浅色以突出画面，用留白的方式突显了整个空间的简约美。在色彩的搭配上，也以大面积浅色点缀以部分深棕色的木质材料为主。白色、灰色、棕色，是禅风住宅中常见的配色。

2. 十二间·宅

十二间·宅是北京居然之家顶层的样板间设计，主创设计是梁建国。在十二间·宅的设计中，设计师注重作品对城市需求与价值的独特挖掘角度，希望做到传统与当代、工业与自然的相互融合。在设计中，大量运用白色调，比如白色的墙面、家具、隔断等，起到了留白的效果，使背景要素消隐、空间显得更加纯净的同时，又突出了仅有的一些视觉中心，表现了东方文化中包容和虚空的概念。

十二间·宅还选用了许多具有创意的小品和家具陈设，如字画、茶具等。对材料的选用也十分考究，比如某些桌面使用的木材会对花纹有所挑选，还有一些石材和铜质陈设的形态和纹理也经过精心打磨和设计。

新中式作为居住项目中非常具有特色的一种建筑风格，它的发展与房地产的繁荣以及中华文化复兴紧密相关。1990-2020 年 30 年内，新中式从无到有、从粗糙发展到精细化，越来越成熟。在新中式内，又大致分为三种风格。这三种风格各自代表了新中式不同的发展方向，以及人们在中国传统建筑中所做的不同尝试。禅风住宅，是基于东方意境下进行的建筑思考，它是佛教文化、中国传统文化等在建筑中的集合体现，从建筑的整体布局到室内设计，都体现出一种东方的生活智慧。新中式和禅风建筑的发展，体现了东方和中国文化对建筑设计的反哺，也是中国现代集合住宅中非常具有文化和地域特色的实践尝试。

5.5 多元化风格创新

5.5.1 对传统民居的转译

5.5.1.1 传统民居的新发展

传统民居是我国人民智慧的结晶，在充分运用自然资源、营造宜人的人居环境上，传统民居有许多地方可以借鉴到现代居住建筑设计中。因此对传统民居进行研究，并将其内涵创造性地运用于现代建筑设计中，也是当今许多地产商关心的课题。

近年来，对传统民居的创新型利用方式逐渐增多，比如 BIM 技术在传统民居中的利用，将一些民居改造为民宿等新型的使用形式，以及对传统民居的被动式节能的研究和转化等。这些传统民居的新发展都表明了传统民居在充实现代居住建筑风格中的巨大潜力。

5.5.1.2 传统民居的特点

1. 传统民居对选址和地形的重视

我国疆域广阔，经纬度跨度很大，所以地形也多种多样。我国地势西高东低，大致呈阶梯状分布。我国有高原、山岭、平原、丘陵、盆地等多种地形，对不同地区不同地形的适应，也形成了多种多样的民居形式。我国先民在进行建筑设计和营建时候，非常注意建筑的选址，其中地理位置和地形就是非常重要的考虑因素。在《管子·乘马》中提到“凡立国都，非于大山之下，必于广川之上。高毋近旱而水用足，下毋近水而沟防省”，就体现了古代人选址的智慧。

例如，我们可以看到在南方贵州、湖南等地，吊脚楼作为一种很普遍的传统民居形式存在，就是对南方丘陵地形的一种适应。通过“天平地不平”的做法，首层架空，主要的生活平面架空于高低不平的地面之上。

2. 传统民居对气候的适应

我国幅员辽阔，东西跨度大，有些地域临海，而有些地域则位于内陆，同时我国疆域纬度跨度很大，可划分为寒温带、中温带、暖温带、亚热带、热带五个温度带，同时拥有一个特殊的青藏高原气候区。

因此为了适应多种多样的气候，民居也发展出了不同的形式。比如在气候较为寒冷的北方，建筑的墙体相比南方更加厚重，用砖、土等建筑材料更多，很大部分原因就是出于保温的考虑。而在闷热潮湿的南方，则更加注重建筑在夏季的遮阳和通风散热，于是竹木构的干阑式建筑更加常见。这种建筑采用南方常见的树木、竹子作为建筑材料，因为建材的轻便，所以墙体可以开很大的窗，非常有利于通风散热，屋顶也能做出深远的挑檐用来遮阳。

3. 传统民居对水源的趋向

人类的四大古文明，全都发源于靠近水源的地方。我们中国人常说黄河和长江是中华民族的两条母亲河，这正体现了古代人民在选择定居点的时候对水源的重视。我国的河流和湖泊众多，这是我国主要的淡水来源。整体来看，我国水资源分布的情况是南多北少，而且人均水资源紧张。

根据我国不同的水资源分布情况，民居对水资源的适应方式也不尽相同。比如在干旱缺水的豫西、晋中、陕北一代，窑洞就是非常常见的民居类型。因为这些地区干旱少雨、气候炎热、地坑窑、靠山窑、锢窑这种类型的民居不需要大量的木材，仅用当地可以容易得到的黄土即可建成。同时窑洞具有优良的冬暖夏凉的属性，还能很好地收纳和储存雨水。

4. 传统民居对其他资源的利用

除了之前提到过的地形地貌、选址、水源、气候等因素，对当地其他生存资源的利用也是中国传统民居中非常彰显人们生存智慧的部分。中国的动植物资源丰富，各地的动植物资源又各有不同。当地特有的资源也对当地的民居产生了显著的影响。以东北的井干式房屋为例，东北因为有广阔的森林，盛产木材，因而产生了将原木作为建筑墙体的房屋类型。同样类型的井干式房屋还可见于云南这样森林资源丰富的地区。

而在森林资源较为缺乏的高原地区，以西藏为例，碉楼则是常见的民居类型。碉楼多以石头垒成，因为当地石材资源丰富，常见的板岩和片麻岩易于挖掘和加工。碉楼以石墙作为外围护结构，内部则是密梁结构的内部空间。

内蒙古地区，既缺少石材又缺少木材，但是有丰富的牛羊资源，于是就产生了毡包这种适于游牧民族的建筑。毡包用木杆组合成为建筑的骨架，然后外面铺上羊皮或毛毡，用绳索扎紧。毡包搭建简便，材料取材于当地，并且拆卸后可以跟随游牧民族一起迁徙，是建筑适应当地生物资源的一个典型例子。

5.5.1.3 传统民居的转化实践

1. 万汇楼

位于广东佛山的万科万汇楼的设计始于 2005 年（图 5-52）。都市实践建筑事务所试图在土楼中探索未来可持续结合住宅的模式，这也是万科为城市中的中低收入者建造住宅的一次积极的实践。随着中国城市化进程的加快，许多来自农村的低收入打工者涌入城市，这个群体为中国的城市化做出了巨大贡献，但是同时他们也忍受着较低的生活标准，难以享受到完整的居住、医疗、受教育等福利，虽然身处城市，却在各处感受到了自己与所处城市的隔离。集合住宅或许能作为一种为这群人提供适宜居住条件的方式，打破这群城市贡献者与城市的隔离感，给他们一个家、一种归属感、一个安身之所。于是万科从中国传统民居中的“土楼”着手，希望探索出一种能将传统民居与当今城市需求结合的居住模式。土楼是一种常见于广东、福建地区的传统民居，选用“土楼”这种形式，一是因为土楼本身对当地气候和材料的适应性，同时也是希望能够通过土楼这种居住模式保留人们骨子里的乡土记忆。

图 5-52　佛山万汇楼

资料来源：于冰，优怿创作室．当代城市语境营造 [M]. 北京：中国建筑工业出版社，2011.

于是，万汇楼由此诞生。万汇楼共有六层，它包括约 300 个基本居住单元，最多可容纳 900 个家庭即 1800 人居住。其中每层的居住单元都围绕着一条公用的走廊组织，这种形式也是沿用了土楼的原型，既可以让每户都通过内部的庭院得到充足的光照，又能鼓励住户之间的相互交流。传统的土楼，往往是一个大家族一同生活在一起。同时因为土楼是客家人为了抵御外来侵略者的入侵而发展起来的一种居住模式，它除了具有很强的防御性之外，还要能够提供这个家族在抵御外来侵略期间的内部供给。所以传统的土楼除了居住功能外，还有许多仓储、牲畜养殖的空间，这些辅助功能往往安排在土楼的底层。在今天的社会中，万科的万汇楼已经不需要传统土楼的防御功能，但是万汇楼却保留了传统土楼中复杂的功能性，特别是为土楼居民提供公共服务的功能。所以在万汇楼的底层，设置有齐全的配套公共设施，如便利店、图书馆、篮球场、理发店、餐厅等。这些公共功能的设置，让土楼成为一个可以自我运转的小社会，24 小时为居民提供便利的服务。

在节能上，万汇楼也做了相应的设计，万汇楼底层局部架空，在其他楼层也有局部透空，加速了空气流通。通过外部空气与内庭的空气交换，使得万汇楼在夏季也能保持通风和凉爽。通风散热对地处广东佛山的万汇楼是十分重要的。同时在阳台、外立面、内走廊上，都做了许多遮阳格栅（图 5-53），这些遮阳格栅不但给建筑物提供了阴凉，还使得万汇楼具有了传统民居的厚重、古朴和细腻。

传统的土楼有多种平面形式，以圆形和方形较为常见。万汇楼沿用了圆形的土楼平面布局，这种平面形式具有良好的向心性，且因为圆形的无方向性，居住在万汇楼中的用户，都能自由地享用土楼的走廊、内庭院等公共空间。这鼓励了住户之间的交流，加强了他们之间的情感连接和互帮互助的感情，所以万汇楼通过空间的安排，也希望给予这些住户心灵上的慰藉——家不只是身体的住所，也是心灵的居所。

图 5-53　佛山万汇楼遮阳格栅

资料来源：于冰，优怿创作室．当代城市语境营造 [M]. 北京：中国建筑工业出版社，2011.

这样一个独具特色的项目，造价却很实惠。因为项目选址在城市高速发展过程中遗留下来的闲置土地，获得这些土地的成本极低。甚至由于这类土地的开发有贡献于城市管理，还可以得到褒奖，这就大大削减了项目的造价，而低廉造价的直接受惠者就是购买和使用万汇楼的中低收入人群。这让他们可以以自己承担得起的价格，在自己打拼的城市拥有自己温暖的家。

2. 传统土楼与万汇楼的比较分析

客家是汉族的一个民系，客家先民原是居住在黄河、淮河和长江流域的汉族人民。后因躲避天灾和战乱而迁入闽、粤、赣等地，土楼则是随着客家人的迁入而产生的一种民居形式。为了防止与当地人的冲突和械斗，土楼大多采取防御性较强的平面布局，且墙体高大坚固。

在客家土楼中，较为典型的代表有福建永定的圆楼承启楼、方楼遗经楼。承启楼的平面由四个同心圆组成，建筑高 4 层，首层为厨房，二层为仓储空间，三层和四层为居住空间。圆形土楼的中心有一个天井院子，作为祖堂。承启楼的外墙为厚约 1m 的夯土墙，下两层不开窗，以增强防御性。遗经楼始建于清道光年间，平面为两个方形并列。主楼的平面呈回字型，大门正对的正楼高 5 层，其左、右、前方的建筑高 4 层。主楼东北角较小的方形为学堂，围绕着中心的石坪布置。

在万汇楼的设计中，保留了传统圆形土楼的向心性，但与承启楼不同的是万汇楼的平面没有采用多个同心圆嵌套的方式，而是只设置了外围一圈住宅，中间方形平面的部分安排了公共服务空间，同时中间空出一个方形的庭院。同时万汇楼也采用了用露天走廊串联房间的方式。建筑朝向内部庭院的一侧，有开敞的走廊，既可以作为交通空间，又能作为交流空间，促进了住户间的沟通。与传统土楼不同的是，在朝向外部的一侧，万汇楼具有更多的开放性，设计了许多阳台和透空空间，加强了建筑的通透性，这对于微气候的营造、景观视线的组织以及建筑室内外的融合都起到了良好的作用。

3. 钱江时代高层住宅

由 2012 年普利兹克建筑奖得主王澍于 2007 年设计的钱江时代住宅（图 5-54），位于杭州市钱塘江畔，紧邻钱江三桥引桥，地处钱江新城核心区内，总建筑面积 15 万 m^2。王澍的作品注重建筑与所在地环境和文脉的结合，在钱江时代住宅的设计中，设计者希望在高层建筑中也能实现中国传统建筑的合院形式，让住户对自己的家形成一种认同感和归属感。钱江时代的建筑立面相当于将原本江南的城市结构转化为立面形式，王澍将约 100m 高的住宅进行分解，由每两层构成一个基本单元，希望让住户在高空也能感受到自己仿佛住在低层的住宅中，与土地、自然有亲密的联系。

在建筑色彩的运用上，钱江时代以青灰色、白色为主。白色代表了江南传统民居中常见的白粉墙，青灰色暗寓民居中常见的青瓦。同时还用铝合金型材代替传统木构件。王澍用新型的建筑材料，

图 5-54　钱江时代

资料来源：作者自摄.

传达着传统的质感和气质。钱江时代试图用中国传统建筑的思路去解决当下住宅中存在的种种问题，唤醒人们对土地的眷恋，对理性生活的向往。

4. 北京印象住区

北京印象住区项目位于北京西四环，由德国设计师奥拓·施泰德勒根据他对北京城的印象设计而成（图 5-55）。

北京是一个复杂而矛盾的城市，新与旧、城市与乡村、过去与现在都在北京这块土地上交汇。建筑师注意到北京旧城的格局和肌理，以及不断扩张的新的城市规划，在北京印象这个项目中，建筑师尝试将北京传统的地域文化、住宅文化与现代、未来的居住方式进行融合。北京印象采用了类似集

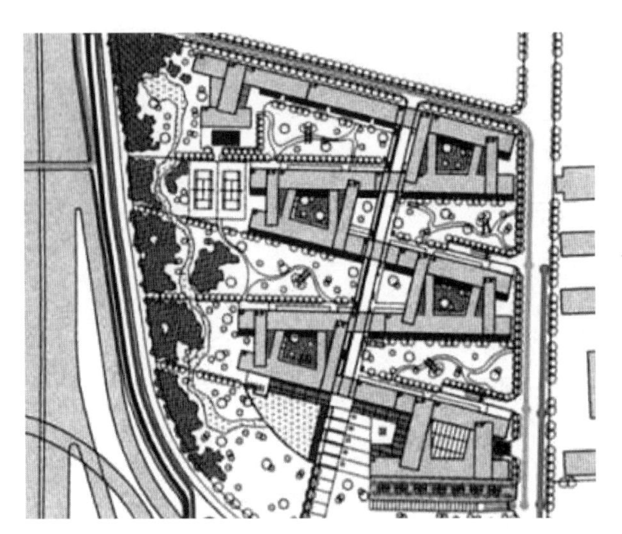

图 5-55 北京印象住宅区

资料来源:"北京印象"住宅小区 [J]. 世界建筑，2001(08): 52-55.

合住宅的模式，建筑高度以 4 层和 9 层为主，并以合院的方式组织起来。建筑的南北朝向一是满足了采光的需求，二是顺应北京的城市肌理。在整个居住区的布局中，以南北向的一条轴线为交通中枢，串联起五个合院。同时北京印象项目的院落尺度、建筑尺度、门窗尺度等都进行了统一的设计，并借鉴了北京胡同、四合院的概念组织这些元素。

5.5.1.4 应用前景

从文化上来看，中国传统建筑中不但体现了儒家的礼制思想，还包含着道家的天人合一等观念。这些中华文化的思想精髓通过建筑的方式得以表达出来。通过对传统建筑中文化与思想内涵的借鉴，可以大大充实现代住宅风格中的文化元素，使得风格不仅仅停留在审美层面，更能深入文化和思想层面。

同时，建筑物的风格与它的实用性是难以分割的。传统民居正是在适应各地不同的地理气候特点的环境下，形成了许多不同的风貌。传统民居在适应地形、材料使用、营造微气候、建筑节能与可持续发展等方面都有许多可以借鉴到现代居住建筑中的部分，这种传统民居与现代居住建筑的结合，能使现代居住建筑在增加美观性的同时，更具有实用性。

从景观与意境上来说，传统民居营造了一种恬静的生活氛围，一个与自然接近的机会。而在喧嚣的现代社会，这样的喘息也是许多人所希望的。通过对传统民居的转化，注重现代居住建筑意境的营造，在建筑风格和景观风格上加以细致的考虑，将给人们营造一个更宜居的生活环境。

5.5.2 工业用地改造及对场地的创意利用

在多种建筑风格中，工业用地改造及对场地的创意利用作为其中非常特别的一类，独树一帜（表 5-7）。因为它集中了设计人员、开发商等各个项目参与人员的智慧，并对项目面临的问题提出了特别的解决方式，往往表现出别出心裁、因地制宜的特点。

工业用地改造及对场地的创意利用代表案例 表 5-7

创新类居住项目风格分类	代表案例
工业用地改造与再利用	万科武汉润园
	万科武汉金域华府
	万科天津水晶城
	南京绒庄街厂房改造

资料来源：本研究整理 .

5.5.2.1 工业用地改造与再利用理论背景

1. 工业改造风格住宅出现的社会背景

随着经济全球化以及后工业时代的到来，发达国家与发展中国家普遍面临传统工业的衰退，产业模式的转型和空间的优化与转换。

20 世纪 90 年代，随着互联网的发展，信息交换变得更加迅速，全球的经济也深受互联网和全球化的影响，人们正在逐渐从工业化时代走向信息时代，许多发展中国家的发展重心正从第一、第二产业转向第二、第三产业。许多国家从工业社会走向后工业社会，城市化的进程加快，这也导致一些国家出现了“逆工业化”的进程。

在这样的过程中，随着产业的升级和更新换代以及工厂外迁，一些城市内的工业用地逐渐空心化，甚至被废弃，而如何处理这些工业用地和工业遗迹，对城市的发展和市民的居住体验至关重要。在对原工业用地的改造再利用中，有几种常见的开发再利用方式（图 5-56）。

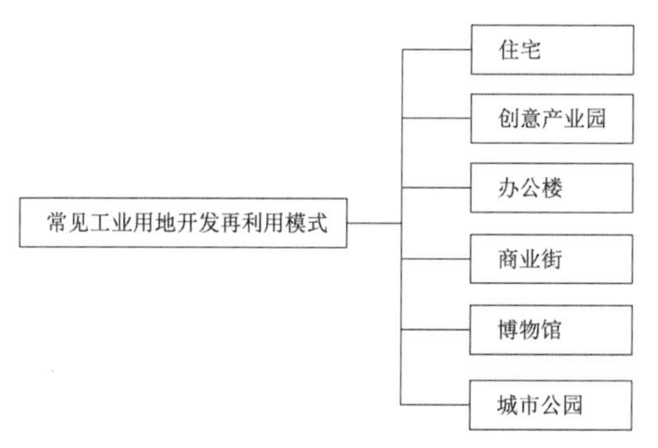

图 5-56　常见工业用地开发再利用方式示意图

资料来源：本研究整理．

在这其中，由于住宅项目对场地、建筑结构、使用人群等要求较高，将工业用地改造为住宅的项目数量较少。但是由于将工业用地改造为住宅项目，能很大程度上降低造价，同时随着人们对工业建筑改造项目的接受度慢慢提高，将工业建筑改造为居住项目能给居住区带来特殊的吸引力，并且带来一种新型的生活方式。在城市功能更迭、产业更新换代这样的背景下，人们逐渐开始重视老旧工业用地的再利用。同时人们环境意识和环境观念的转变，也使得人们开始关注老旧工业用地带来的一系列环境污染的问题。另外，随着文化和科学技术的进步，人们有更多、更成熟的理论和技术手段来重新改造和使用老旧工业用地和工业建筑。

2. 工业用地改造的历史沿革及我国的政策发展

早在 19 世纪末，英国作为工业革命中的领头国家，在面对产业转型和大量的工业遗址的情况下，提出了“工业考古学”。这一学科主要的研究内容就是记录、保护和再利用工业遗址。到 20 世纪 70 年代，从英国扩散到其他较早步入工业化的国家，人们逐渐形成了较为成熟的工业遗产保护理念。

为人熟知的工业遗址再利用的成功案例之一就是德国的鲁尔区。在 20 世纪 70 年代，鲁尔区面临严峻的逆工业化过程，针对这一问题，德国提出了对鲁尔区的综合整治计划，对鲁尔区内的各个工厂进行不同的改造与再利用，其中主要包括博物馆模式、公共游憩空间模式、与购物旅游相结合的开发模式、区域一体化模式。通过这些手段，重新挖掘鲁尔区的文化、历史价值，激发场地的活力。

到 20 世纪 90 年代，中国逐步加入工业建筑遗址保护和再利用的行列。其主要原因是，当时中国逐步进入以更新再开发为主的发展阶段，一些成立于新中国早期的工厂、企业逐渐衰退，这促使人们更加关心工业建筑的保护与再利用的问题。“退二进二”“退二优三”成为城市更新和旧城改造的重点议题。

以上海为例，上海 1991 年发布了《上海市优秀近代建筑保护管理办法》，将 1840-1949 年建造的重要建筑纳入保护范围。2005 年，上海原上钢十厂的红砖厂房经过改造和再利用，成了上海城市雕塑艺术中心。

北京在新中国成立之初，发展了许多大型工业，2004 年，市人大代表提出“保留一个老工业的建筑遗产，保留一个正在发展的艺术”的建议，意在保护酒仙桥国营电子工业厂区。2005 年，市人大常委审议《北京历史文化名城保护条例》，提出将一些建于 20 世纪 50 年代的工业建筑也作为历史遗迹纳入保护范围。

近年来，随着我国城市化进程加快，城市更新更加深入，对工业遗迹进行再利用的项目越来越多，人们对这类项目的接受程度也越来越高。对地产行业来说，这是非常重要的议题，同时也是很好的机会，万科在将老旧工业用地改造成住宅类项目上也进行了许多尝试。

3. 老旧工业用地改造的解决方法

面对大量的老旧、废旧工业用地，人们大致提出了三种解决方式：

（1）清除后成为城市绿地。废弃的厂房、工业设施，被一些人视为过时的工具，是旧时代的产物，它们已经无法适应新时代的需求。一些残旧破败的工业建筑，影响了城市的环境和风貌，同时带来了环境和土地污染等问题。在原有的工厂迁出之后，为了给土地修整期，将这部分用地变成城市绿地，逐步解决之前遗留的土壤、环境污染的问题。

（2）清除后建设其他产业。对原有的工业用地进行彻底的清理之后，将抹去这块土地曾经作为工业用地的痕迹，从而安置新的产业，如在这块土地上建设办公楼、商业街等。新的产业往往与之前的场地功能、风貌没有任何关联。

（3）综合性开发。综合性开发顾名思义就是运用多种手段综合改造老旧工业厂房，包括保留全部或部分的工业遗迹，重新挖掘工业废弃用地的历史、文化价值，将原有的场地改造成为文化、旅游、展览、公园等具有新型功能的场所，使老建筑重新焕发生命力，并融入城市更新和发展的进程中。

在这其中，将工业用地改造为住宅类项目，可以归为第三类改造。在这类改造中，住宅项目将延续场地的文脉，保留部分原有工厂的建筑结构、构筑物，同时对场地的建筑风格进行一定程度的延续。

5.5.2.2 工业用地改造项目

1. 万科武汉润园

万科武汉润园（图 5-57）是在原中国第一家通信仪表厂的基础上，对原有工厂风貌进行一定的保留，然后再进行开发的住宅项目。面对这样一块特殊的场地，万科首先是对场地做了以下处理：首先是尽最大可能保留了场地中原有的树木，这些树木与工厂一起成长起来，是工厂历史的见证，它们也参与了工厂风貌的构成。其次是保留了原仪表厂的一些工业遗迹，特别是非常具有象征性的水塔得到了完整的保留。最后万科还通过将原有的厂区入

图 5-57　万科武汉润园

资料来源：香港科讯国际出版有限公司 . 栖居·万科的房子 [M]. 武汉：华中科技大学出版社，2009.

口作为新的住宅小区的入口，保留了场地的空间与流线记忆。场地中原有的路径也最大程度得到了保留，原有道路的尺度感，是让人们对这个场地形成记忆的很重要的元素（表 5-8）。

武汉润园改造前后对比　　　　表 5-8

保留的部分	进行的改造
场地中原有的树木	将新建的住宅围绕树木展开和建设
原工业区的水塔	将原水塔改造成为新住宅区的精神空间
原厂区入口	改造为新建住宅区的入口
原厂区通知路径	尽可能保留原有的通行路径，保留人们的生活记忆，同时新建的住区道路与保留的路径相结合
原有厂房的红砖材质	新建的住宅使用相似色彩的红砖材料及饰面
原有厂区建筑高度较低	新建住宅以低层和多层为主，营造舒适、亲密的空间体验

资料来源：本研究整理．

在对场地进行了这些保留工作之后，新的建筑在此基础上发展起来。润园的设计，在材料、尺度、植物、庭院方面都非常考究。为了同工厂原有风貌相契合，新建的房屋采用了红砖材质和饰面，使得整个小区呈现一种古朴的色彩。同时一些建筑构件、景观构筑物都用了深色的材料，在一些景观中，还有用钢材搭建的景观装置，充分展现了这块场地的历史和特色。在建筑物的尺度上，润园以低层和多层建筑为主，避免了因建筑过高而产生的压抑感。同时在建筑物之间，设计有大大小小的庭院，并与通往住宅的小径相结合，营造了良好的邻里环境。特别要说的就是建筑物与植物的结合，场地中不但保留了许多原有的树木，在新栽种的植物方面，也精心挑选了适合当地气候的植物，整个小区的绿化良好，使建筑物与植物产生了一种共生的关系。武汉润园项目最大的特点，就是场地新旧的融合。其中的植物、建筑、材料、流线都非常巧妙地做到了延续场地原有的文脉，同时让原来的工厂用地变成居住区后重新焕发生命力。

2. 万科武汉金域华府

万科武汉金域华府项目位于湖北省武汉市武昌区才茂街武建集团建筑构件二厂原址，原厂初建于 20 世纪 50 年代。场地中保留了许多原工厂留下的遗迹，如两个高 18m 的水泥塔罐、以辐射状分布的堆料高斜墙、局部破损的料场矮墙、水泥搅拌站等。面对这样的场地情况，设计师的态度不是全然清除场地中过去的痕迹，而是试图连接场地中新与旧的部分。设计师采用了中国园林的手法来进行场地的再设计，希望通过抽象和提取中国古典园林中的空间类型，将其运用到项目设计中。

由于场地的形态特殊，东西长 100 余米，但是南北进深狭窄，设计师在面临这个挑战的时候，决定将东西向营造成很好的面向城市的界面。同时场地内还保留了延绵 101m 的原工厂骨架，设计师希望将空白的部分留给将来在这里生活的人，让他们去续写这片场地的未来。武汉金域华府项目选用的材料也延续了场地原有工业建筑的风格，多使用混凝土预制块、钢板、红砖、玻璃这样的材料。同时场地中还用灰色单向反射玻璃模仿了原有一处小厂房缺失的山墙，用玻璃的反射质感将周围的环境纳入其中，形成了过去与现在交织的奇特感受（表 5-9）。

3. 万科天津水晶城

万科天津水晶城位于原天津玻璃厂，属于配合天津市政府推动市区南部发展的一个重要组成部分，是一个将原来的工厂用地改为居住区的设计项

武汉万科金城华府改造前后对比　　表 5-9

保留的部分	进行的改造
水泥塔罐，料场矮墙，水泥搅拌站	改造为新住宅区中的景观
101m 长的原工厂厂房骨架	小区的景观中心
原有厂房的工业材料	新建住宅区及景观部分也用了工字钢、钢板、红砖、深灰色玻璃

资料来源：本研究整理．

目。通过对场地的考察和研究，万科决定充分利用场地中原有的近 400 棵大树、厂房、吊车、调运铁轨等元素，并将其融入新建建筑当中。对于场地的新建部分，水晶城采用了“邻里单位”，即每两栋住宅形成一个邻里单位。在入口处，用庭院和建筑的退台形成了亲切的邻里空间。同时通过邻里空间达到了人车分流，使得车流在邻里单位外解决，充分保证了邻里空间中行人、小孩的安全。水晶城的户型也做到了多样化，主要有多、低层高档住宅，联排别墅，多层、中高层公寓等。同时小区中配备了相应的服务设施，包括小学、幼儿园、商业及市政服务设施。在小区的风貌上，借鉴了天津五大道的风格，力求与城市的历史风貌相吻合。

另外水晶城中心会所是在原工厂吊装车间厂房的基础上进行改造的，设计中保留了原来厂房的结构构架和重要部件，在新建的部分，特别注意材料的使用，比如使用工字钢和玻璃这样的材料，与场地的特点和工业化的历史相呼应（图 5-58）。小区的三个入口全部通向场地中心的会所，并且路径与周围的环境绿化相结合，形成了良好的景观体验（表 5-10）。

图 5-58　万科天津水晶城

资料来源：香港科讯国际出版有限公司．栖居·万科的房子 [M]. 武汉：华中科技大学出版．

万科天津水晶城改造前后对比　　表 5-10

保留的部分	进行的改造
场地中原有的 400 多棵大树	基本全部保留
厂房、吊车、铁轨等工业遗迹	改造为小区的中心会所
原工厂卫生院	小区入口花园，且保留了原卫生院的树木；在原卫生院的位置重建了部分山墙
原厂区入口	住宅小区的东入口
原厂区主要道路旁的行道树	改造为小区步行广场内的绿化植物

资料来源：本研究整理．

4. 南京绒庄街厂房改造

20 世纪 90 年代，建筑师鲍家声对南京绒庄街 70 号原工艺铝制品厂进行了改造设计，将原有的多层框架结构厂房改造为职工住宅。这样改造能够充分利用原有厂房的结构，大大降低了项目成本。如果按当时的标准，新建住宅只能设置 28 套住房，但是通过改造和空间置换，原有建筑可以容纳 65 套住房，极大提高了利用效率。

通过比较和分析以上几个代表性的厂房改住区的案例，我们发现这些项目存在如表 5-11 所列的异同点。

厂房改造案例异同对比　　　表 5-11

<table>
<tr><td rowspan="2">同</td><td colspan="3">对待场地原有建筑物、构筑物的态度：这几个项目都选择了部分保留场地中原有的工业遗迹，尊重场地的历史</td></tr>
<tr><td colspan="3">材料的选用：都选择了使用符合原工厂风貌的材料，如红砖、钢板、玻璃等具有工业特质的材料</td></tr>
<tr><td rowspan="4">异</td><td></td><td>尺度感</td><td>建筑风格</td></tr>
<tr><td>武汉润园</td><td>尽量保留了原工厂中道路的尺度感，营造熟悉的感觉</td><td>与原工厂建筑相协调</td></tr>
<tr><td>武汉金域华府</td><td>将原厂区大小不一的建筑物、构筑物进行尺度上的统一</td><td>抽象地运用中国园林的元素</td></tr>
<tr><td>天津水晶城</td><td>户型尽量低矮，并用邻里单位营造亲切宜人的尺度</td><td>借鉴天津五大道的建筑风貌</td></tr>
</table>

资料来源：本研究整理．

5.5.2.3 工业用地改造住宅的前景与意义

1. 国内目前厂房改造住宅的具体情况

在我国，早期的工业用地往往位于城市内部，因此工厂的生产活动给城市带来了大量的污染，在工厂迁出或者停产之后，整治环境污染是非常重要的任务。同时，工业文明是人类文明发展中非常重要的一个环节，工业化给人们的生活带来了巨大的影响，工业遗产则客观地记录和反映了这一过程，所以工业遗产的保护与再利用也是我们需要关注的议题。随着工业遗产保护理论的发展与完善，人们对这些老旧厂房的态度也有很大的改变，从最初的反感、希望清除掉这些影响市容市貌的建筑，到现在慢慢地意识到这些工厂遗址的文化与实用价值，人们对工业遗产保护与再利用的力度也越来越大。并且许多工厂建筑原本的结构构架仍具有很大的再利用空间，这也给了人们发挥创造力的场所。

目前国内许多工业厂房的改造再利用，多是将原有厂房改造成为创意型开发的公共建筑，如广州番禺区的莲花山石景区就是我国早期的工业遗址公园案例。北京 798 艺术区，则是将原有国营电子工业的老厂改造为以艺术创作、展览为主题的艺术园区。艺术区内的原有厂房，因为结构和空间上的灵活性，大多被改造成为艺术工作室和展馆。

将工业厂房改造成为住宅的设计项目，与将其改造为公共文娱场所的项目相比，引起的关注度更小一些。部分原因是居住类项目往往没有公共建筑项目那样广泛的社会影响力和回报力度，以及公众对由工业厂房改造而成的住宅接受度偏低，因为许多置业的业主更愿意接受全新建造的住宅。

但是这种居住类项目也是将工业厂房进行改造的一种积极的尝试，能让业主在日常生活中感受到场地的文脉，与场地的过去联系起来，形成更好的归属感。同时对工业遗迹的保留，也给项目增添了别样的魅力，拥有与众不同的建筑风貌，使得项目的文化、精神内涵更加丰富。同时工业厂房改造项目，因为是在原有的场地基础上进行改造与建设，许多原有的厂房结构可以利用，作为景观陈设、公共活动区域，同时场地处理的工程量也更小，这些都可以降低项目的造价。将厂房改造为集合住宅等，也是将来厂房改造可行的方向。

2. 万科如何看待工业建筑的再利用

我们在当今生活的环境中，面临着越来越多

的“非典型”建筑遗迹，工业建筑就是其中的一种。我们所处的城市，不仅由“地标”式场景构成，大量“普遍性”场景也是城市历史的构成部分。面对这些人们从前不曾重视的建筑遗迹，万科并没有采取全然清除的态度，而是诚实地面对它们的存在，因为它们也是城市历史的一部分。工业革命给人类的生活带来了巨大的变化，人们得益于工业革命带来的便利，但是也被工业所带来的问题困扰，如环境的污染、生活节奏的加快、心灵归属感的减弱等等。直面这段历史，直面这些问题，是万科采取的态度。

万科认为城市是在过去的历史上不断透明叠加的过程，城市新建的过程不是对过去的全盘抹杀，也不是一种田园式倒退的怀旧，而是让过去、现在与未来在这一地点重叠，延续过去的历史，从而创造未来。在对工业遗迹的改造当中，万科立足于提取工业建筑中的“原型”，如牛腿柱、吊车梁等，在新建的建筑中，通过新建元素对这些工业原型的呼应，以及赋予这些“原型”新的功能，达到了激活“原型”的目的，让它们融入新的场地中，得到更新和重生。万科希望这些原型能够成为连接场地过去、现在和未来的桥梁，与场所发生关联，反映这块场地的地域性、文化性等。

将工业建筑改造为住宅类项目，属于工业建筑改造中比较冷门的一个改造方向，但是潜力巨大。因为这类改造项目能降低造价，同时也能延续场地文脉，还能给住宅区增加更多特色，引领独特的生活方式。万科正在工业建筑改造为住宅的方向上进行积极的探索。

5.5.2.4 对场地的创意利用

1. 基本定义

对场地的创意利用在风格的呈现上并没有固定的模式，这类项目也往往不是用同样的建筑材料、建筑语汇来进行设计，因为面对不同的场地，建筑策略往往是不同的。但是因为这些项目对场地问题的处理、对场地的运用往往别出心裁，有独到之处，能够因地制宜地解决场地问题，所以这些案例具有自己独特的风格。

2. 实践案例

（1）南京金色家园。南京金色家园项目位于南京市莫愁湖畔。项目地形较为特殊，南北狭长，沿着莫愁湖东侧展开。在进行这个项目设计时，设计者希望每户住户都能享受到莫愁湖的优美景观，于是设计了多种房型，并且不同房型的排布角度也有所变化，能在适应当地气候的同时，最大限度地拥有良好的景观朝向。在公共空间的设计上，金色家园非常注重沿湖景观带的设计，利用高差设计了多种层次的景观平台，有亲水观景区、湖边步道，同时在住宅中也设计了观景的花园平台。

在材料的使用上，金色家园选用的材料以浅色调为主，如白色的张拉膜、米白色的石材贴面等，因为浅色的材料能很好地反射阳光，营造一种明亮的建筑氛围，与湖景相得益彰。

（2）深圳十七英里。万科深圳十七英里位于深圳市龙岗区葵涌镇，基地沿着蜿蜒的海岸线展开（图 5-59），同时基地是一个面向大海逐渐降低的山坡地形。设计者将大海的景观和特殊的地形相结合，将建筑分散布局，并沿着坡地排布。这样做的好处是充分利用了山坡的地势，让每一户住户都可以不受阻挡地欣赏大海的景观，同时减少了土方

图 5-59　万科深圳十七英里

资料来源：万科建筑研究中心 . 万科的作品 2005-2006[M]. 北京：清华大学出版社，2007.

图 5-60　万科沈阳花园新城

资料来源：万科建筑研究中心 . 万科的作品 2005-2006[M]. 北京：清华大学出版社，2007.

量，还能使建筑和环境充分融合。

为了获得更好的观景感受，建筑上做了许多观景平台、阳台。同时还通过格栅、构架等方式，增加了建筑的通透感，争取更多的观景面，增加人与外界自然接触的机会。同时十七英里的住宅大量采用了屋顶花园的设计，下层住户的屋顶又成了上一层用户的景观平台，使得建筑物能与自然做到穿插和融合。在色彩的设计上，十七英里采用白色和深棕色两种色调搭配，白色能反衬大海的纯净，而深棕色使得整个建筑群显得更加稳重。十七英里很好地解决了地形的问题，并将地形的不利因素转化为项目的一大特色。

（3）沈阳花园新城。万科沈阳花园新城位于沈阳市东陵区（图 5-60）。万科新城的一大特色在于保留了场地中 300 余棵树木，结合原有的地形地貌进行设计。因此在建筑的排布中，因为这些大树的参与，建筑平面的布局变得更加灵活、富有变化，这使得小区的公共空间也有了大小、收放的对比。

同时在建筑材料的使用上，沈阳花园新城以暖色调的材料为主，如橙色、土黄色涂料，这与绿色的树木一起营造出了一种温馨的小区氛围。

随着房地产市场的快速发展，商品房消费市场的扩大，各类商品房产品层出不穷，品质也参差不齐。其中很容易出现不顾当地的气候、地形、经济条件，而对某一种风格进行盲目模仿的做法。而对场地的创意利用，既可以解决场地问题，又能给项目增加亮点。因为每个项目的场地条件都有所不同，建筑设计的方法也多种多样，没有一种可以通用的建筑解决手段，而应该根据项目特点因地制宜地进行设计。

这类风格的住宅项目，在时间和地点上的相互联系较弱，而是与项目所处场地具有较强的关联性。这类风格的住宅项目的出现，体现了人们从对外来风格的盲目模仿，逐步转换到对场地问题的具体分析、对文脉的思考与延续上，这正是房地产行业风格发展趋向理性的必然结果。

随着社会经济、文化的发展，商品住宅的风

格也日趋多元化。人们对建筑风格的认知与接受度正在随着时代慢慢变化。从早期的模仿西式建筑的欧陆风，到中国风项目的风靡，再到后来多种风格百花齐放，如何才能在纷杂的建筑风格中脱颖而出，也是万科及中国地产界正在思考的问题。

风格的雷同带来的是审美的疲劳和千城一面，如何打造独具特色的住宅项目，创新类的风格则为居住建筑风格的发展提供了一个新的思路。创新型风格的居住项目，因为每个案例的独特性，各个案例之间没有明显的延续性，从万科在各地的项目中我们可以看到创新型项目的分布也是各地均有。

但是，在同类型的案例之间又有一定的联系。在工业厂房的改造案例中，我们可以看到随着人们对工业遗迹的重视，以及工业保护理论的完善、城市风貌的整治、产业结构的升级等，工业建筑的改造类的案例越来越多，工业风格的住宅区更多地被大众所接受。在传统民居的转化上，设计师们从传统民居中挖掘出许多可以转化运用到现代居住项目上的元素，同时通过与新技术、新材料的结合，做出了不同种类的居住产品。传统民居与民宿、酒店、集合住宅的结合，也是一种具有创新性的转化。

在对场地进行创意利用的项目中，项目的建筑风格往往与建筑的设计策略密不可分。建筑的风格会根据场地条件、气候的不同而做出具体的改变。比如在深圳十七英里的项目中，因为建筑大面积朝海，于是运用浅色的建筑材料将建筑打造得更加明亮轻盈。而在沈阳花园新城中，则采用暖色调的建筑风格与场地中的原生树木相协调。所以建筑的具体风格是根据场地因地制宜决定的。未来住宅风格的发展，或将逐步摆脱定式化的模仿，更多地关注场地、项目自身的特色，进行精准的风格选择和设计。住宅的风格不是孤立存在的，而是与项目人群定位、项目特点、地理位置、文化特色相结合而产生的。一个适宜的建筑风格，能够更加突出项目的特色，营造更适宜的居住环境，满足住户个性化的审美需求。

参考文献

[1] 彼德·罗. 中国现代城市住宅的历史和演变——《中国现代城市住宅》[J]. 建筑学报，2006(04)：8-11.

[2] 毛慧婷. 广州中央商务区住宅规划及建筑设计研究[D]. 广州：华南理工大学，2015.

[3] 金磊. 新中国城市住宅70年(1949~2019)之北京[J]. 城市住宅，2018(12)：6-15.

[4] 夏依琳. 当代寒地居住建筑立面设计研究[D]. 哈尔滨：哈尔滨工业大学，2018.

[5] 胡凯佳. 武汉高层住宅立面中的Art Deco风格探研[D]. 郑州：中原工学院，2019.

[6] 吴焕加. 关于建筑中的“欧陆风”[J]. 建筑创作，2000(04)：58-62.

[7] 邵影军. 浅谈“欧陆风”建筑[J]. 四川建筑，2007(21)：70-71.

[8] 刘春卉. 欧陆风建筑流行的原因[J]. 山西建筑，2011(13)：15-17.

[9] 聂丹. 探讨居住区建筑环境中的“灰空间”[D]. 武汉：湖北工业大学，2010.

[10] 赵丹丹. 美式风格住宅立面设计研究[D]. 沈阳：沈阳建筑大学，2013.

[11] 吴锡嘉. 集合住宅的风格研究及构造实现[D]. 北京：清华大学，2011.

[12] 宋育华. 近代上海西班牙式住宅[J]. 华中建筑，2007(05)：155-159.

[13]《万科》周刊编辑部. 万科的观点——行业篇[M]. 广州：花城出版社，2005.

[14] 武斐 . 闲情美墅 流淌着西班牙风情 [J]. 建材与装修情报，2011(09)：38-41.
[15] 苏惠甫 . 英式建筑风格在住宅建筑中的实践——天津津滨体北颐贤里小区设计探讨 [J]. 建材与文化，2013(07)：82-83.
[16] 王健 . 浅析西方“新古典主义”对中国现代建筑的影响 [J]. 科技信息，2009(09)：736.
[17] 刘洋 . 浅谈办公建筑设计——大连服务外包基地 K 区、J 区规划及单体设计 [J]. 中小企业管理与科技，2011(12)：130.
[18] 张海云 . 某滨海住宅小区的建筑设计方案 [J]. 港工技术，2012(03)：48-49.
[19] 孙睿珩 .Art Deco 风格在住宅设计中的应用 [J]. 吉林建筑大学学报，2016(06)：65-68.
[20] 王舒展，苗淼 . 专访耶鲁建筑学院院长罗伯特·斯特恩 [J]. 建筑创作，2018(01)：8-25.
[21] 韩朝晖 .“现代建筑”的地方化和地方建筑的“现代化”——对当代中国建筑文化的思考 [J]. 工程建设与设计，2007(01)：19-22.
[22] 林跃宏 . 景洪市现代建筑地方化的探索与研究 [J]. 江西建材，2017(04)：26-27.
[23] 韩续曦 . 万科模式的居住小区设计研究 [D]. 哈尔滨：哈尔滨工业大学，2008.
[24] 朱光武，李志立 . 天津万科水晶城设计 [J]. 建筑学报，2004(04)：34-39.
[25] 蔡仕谦，陈智慧，蓝小明 . 传统地域建筑的活化利用——惠州传统骑楼的保护与更新 [J]. 惠州学院学报，2010(06)：68-72.
[26] 龙晓露，杨建觉，刘志立 . 浅析住宅立面公建化的利弊 [J]. 城市建筑，2014(04)：220.
[27] 李凯 . 住宅外立面公建化设计研究——以成都保利中心项目为例 [J]. 城市建筑，2013(06)：34-35.

6

住区的未来

6.1 整体概述

住宅，是一座城市的底图，在改革开放 40 多年中这幅底图发生了翻天覆地的变化，既折射出中国经济改革的进程和消费文化的渗透，也反映出社会力量的变迁和民生发展的问题，从另一面细致入微地体现了国家的形象。中国住宅的发展，从居住模式、住宅的建造方式、供应模式到分配模式，乃至人们精神层面对于居住问题的观念和理解都发生了巨大的变化，这不是瞬间进入一个新阶段，而是不断变动、不断探寻摸索并找到符合时代精神和时代需求住宅的过程。在这个过程中，特定的住宅势必与特定的时代相关联，也与每个人的成长经历以及具体阶段密切相关。然而，住区的未来会走向哪里，未来的住区又会与时代发生怎样的关联，本章基于住宅发展的现状和特征，对未来住区发展可行性路径做出展望。住区属于集合住宅的范畴，中国当代集合住宅在历经了 30 多年的发展之后，越发成熟。如今，集合住宅的发展在满足基本居住需求的基础上，更多地呈现出对个性需求与精神生活的追求。单纯以解决居住功能为目标的“结果型”居住模式已经不能满足所有人群对住宅的要求，集合住宅的类型亟待发生变化。

回顾我国住宅几十年来的发展，从早期对现代居住区规划理论，诸如“邻里单位理论”“扩大街坊与居住小区理论”的引入和实践，到住房制度改革推进住区规划，包括建设规模的扩大、居住区体系理论的发展、试点小区推动住区品质的提升、确立更高的住区标准等，再到市场化逐渐成熟使得住区规划更加多元化，主要体现在住区选址向城郊扩展、楼盘规模区域大盘化、更加重视居住环境质量、依靠科技和保护生态、人车分流和步行环境的考虑、开放社区的营造、多样的居住区类型（如高空住区、低密度社区、特殊需求的社区等）、注重住房保障与社会融合等，这些关键词是中国住区发展在各个历史阶段的缩影和集中体现。

改革开放以来，我国集合住宅的建设，包括住区的营造已经经历了供给主体从公共层面到民间层面的实质性转变，在市场经济体制的影响下，住区被大量开发，集合住宅被大量建造。如今的住区，在经历了一段高强度的储备之后，已经摆脱了只靠数量来赢得市场的局限性，住区的发展经历了深刻的社会变革，同时也蕴藏着足以创造出与以往固定形式完全不同的新型集住模式的可能性，其中包含了对于建设模式的革新、土地开发模式的更新以及管理运营模式的创新等。因此，如何营造符合未来人群的生活方式、思维模式、居住条件的创新型住区，着重考虑集合住宅未来发展的可行性，已经成为值得讨论和深思的话题。

当代集合住宅的发展和衍变已经呈现出多元化的态势，并朝着更加丰富的类型不断聚焦，其中包括：对新型住房模式的思考，例如清华大学建筑研究院提出的第四代住宅（图 6-1）；通过对建筑生产工业化与装配式住宅的思考和实践来达成住宅的可持续发展和建筑产业的转型（图 6-2）；基于现有住宅更新背景下的既有住宅修复与改造，同时采取更加新型的构造方式和技术手段，来提高和延续住宅的使用寿命；突破已有 N-LDK 居住空间，结合新型社会人群的使用需求和生活习惯，完成对户型设计的改善；针对老龄化日益加剧情况下的养老型集合住宅研究和设计建造；在可持续发展的理论

图 6-1　第四代住宅

资料来源：第四代住房 _ 百度百科（baidu.com）.

指导下，建设低碳环保和绿色节能的低能耗集合住宅；提倡居住者参与型集合住宅乃至居住社区的合作共建，探究住宅建设模式的更新与转变；将共享的生活方式和理念引入现有租赁居住体系当中，在现有物质资源条件下，通过改变空间模式影响居住者的领域感和交流方式的共享居住；以设计模式的探索为目的，结合已有建筑的单体改造并将其塑造成为迎合各类人群使用需求的去标准化住宅；关注住宅自发性建造并以模块化的方式引导乡镇住宅建设的自建住宅等。这些不同主题的聚焦，从不同的视角诠释着未来居住需求的转变和住区发展方向的探索。

本章将从参与型共建、社区代际互助、城市更新、健康住宅、万物互联、都市农业、保障性住房、完整社区等几个未来可能存续和发展的方向予以剖析和解读。

6.2 参与型共建的居住模式

6.2.1 源起："结果型"向"参与型"转变

18 世纪工业革命早期，参与型共建就已经在英

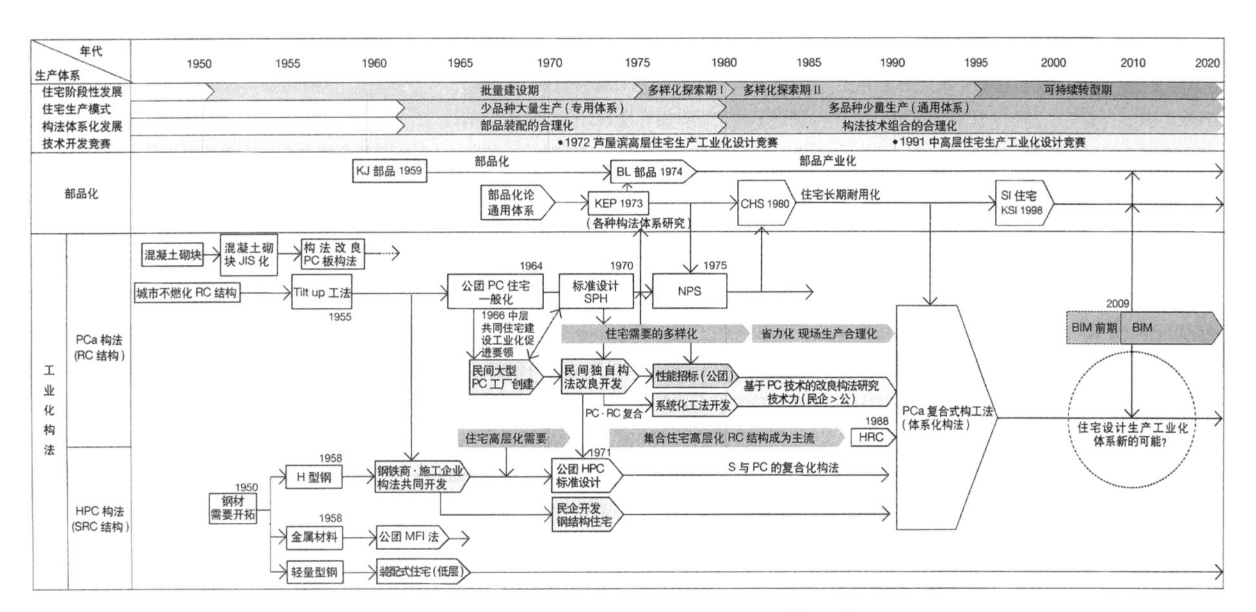

图 6-2　住宅装配式结构工业化体系发展（日本）

资料来源：孙志坚 . 集合住宅预制装配式建筑结构主体工业化技术研究 [J]. 建筑学报，2020（05）：18-23.

国萌芽。作为早期资本主义国家类型和国有企业的代替品，合作社一直是构成资本主义和国有生产体系以外的第三种建设方式。随着工业资本主义的不断发展壮大而引发的大批务工人员向城市聚集，从而导致的住房紧缺和居住环境恶劣等社会问题，在政府职能部门不能确保居住权的情况下，各中低人群的相互联合并利用其他社会力量来解决住房问题，由此诞生了最早的参与型建房组织。早期人们选择参与型共建的原因有很多，然而对于收入少且希望通过与其他人合作来解决体面住所的人也更加倾向于采取参与合作的方式，这也是参与型共建的初衷。

经过半个多世纪的探索实践之后，参与型共建发展成为一种先锋社区模式。这种模式最初的目标是针对“核心家庭”，可被视作一群人出于相同的诉求与共同的意愿合作盖房、共同居住，这种行为方式随后不断完善和发展，并迅速扩展到了美国、加拿大、澳大利亚、日本和印度等国家，各国在结合本国国情和住宅发展情况的基础上对参与型共建做出不同定义（表 6-1）。简言之，是对住房的选择从以往开发商或政府为主导的“结果型”居

国际上参与型共建的代表类型 **表 6-1**

<table>
<tr><th>国家</th><th>表现形式</th><th>最初目的</th><th>开发特点</th></tr>
<tr><td>荷 兰</td><td>Central Wonen</td><td>增强社区感和促进社会的交往</td><td rowspan="2">以社会住房的方式并交给非营利性机构开发建设，同时基于经济和法律等政策的差异</td></tr>
<tr><td>瑞典</td><td>Kollektivhuser</td><td>减轻妇女们的家务负担和改善双职工家庭的生活条件</td></tr>
<tr><td>美国</td><td rowspan="4">Co-housing</td><td rowspan="2">借鉴北欧模式的基础之上，融入了诸如开发商主导、伙伴关系、居民主导、新建和改建、采购等更加多元化的发展内涵，同时也更加注重环境保护对社区的影响</td><td>（1）工程模式
（2）地块模式
（3）混合模式
（4）扩张模式
（5）改建模式</td></tr>
<tr><td>澳大利亚</td><td>发展相对缓慢</td></tr>
<tr><td>英国</td><td>基本沿用北欧模式，多大 10~40 户之间，其类型多为包含单身、夫妻、有孩子等</td><td>（1）以居民为主体建立合作公司完成
（2）基于政府的积极配合和协助完成
（3）其他社会组织的积极参与与宣传
（4）对社会效益的关注</td></tr>
<tr><td>德国</td><td>消除内部阶层矛盾，实现社会融合逐步成为普遍共识</td><td>建筑包含了联立式、双拼式以及多层式等多种集合住宅类型，同时也包含了新建建筑和旧建筑的改造
（1）投资者型
（2）合作社型
（3）共同体型</td></tr>
<tr><td rowspan="2">日本</td><td>Share House</td><td>居住观念由家庭核心为主逐渐向更加多元化共同居住模式转移</td><td>共屋（Room share）共享住宅（Share house）民宿（Guest house）混居（Mingle）</td></tr>
<tr><td>Cooperative House</td><td>满足既享有点单式设计，又可减轻由于昂贵地价带来经济负担的共同居住需求</td><td>（1）居住者主导型
（2）企画者主导型</td></tr>
</table>

资料来源：李理，卢健松. 中国当代集合住宅参与型共建的多元探索与案例实践 [J]. 建筑学报，2021（S1）：175-182.

住模式向以居住者为主导的“参与型”居住模式倾斜转变。

在发展的过程中，共享的内涵与理念也因此更加多元，从早期的空间、公共设施和社区交往层面，扩展到包括文化、经济、信息和技术等内容，运营模式也由单一居民主导向多元相关利益体共同参与转型。其中，“合作居住（Co-housing）”“共享居住（Share House）”“社区营造（Community building）”“合作建房（Cooperative House）”等，都是参与型共建的表现形式。

6.2.2 表现形式及其特征

6.2.2.1 合作居住

丹麦的合作居住是参与型共建的先驱，最早是以社区的形式出现，被称为 Bofellesskaber，为“居住在一起”的意思。1964 年的哈雷斯科小镇（图 6-3）是早期的合作居住社区代表，其产生背景，在于当时人们正面临解决工作、子女以及家庭三者之间的平衡问题，由于夫妻双方都有工作的需求，且离婚率居高，以及人们对于单独居住所导致的孤独越发反感，因此当时的工薪阶层最先提出新型居住模式的选择。其社区开发的深层动机就是为当时的核心家庭（Nuclear Family）创造一个牢固的社交网络集合体。恰好这样一种社区模式具有很大程度上的固定性，并且具有安定、温暖、和谐、真诚等氛围，满足了成员个体对新尝试的需求与渴望。代表案例有思凯雷普内社区（图 6-4）、楚斯兰德社区（图 6-5）、哥本哈根廷加登社区（图 6-6）、杰斯托贝特社区（图 6-7）和艾格巴耶尔加德合作居住社区（图 6-8）。

大多数合作居住社区采用的是组团形式的布局模式，建筑之间的空间满足休憩、组织交通、玩耍、聚会等日常交际活动，经过几十年的发展，其布局根据公共自由空间的排布（图 6-9）主要分为四类：（1）广场型，围绕一个公共广场或院落为主要空间布局；（2）街道型，住栋沿着公共步行街道布局；（3）广场 + 街道型，将步行街道与院落或广场相结合布局；（4）街道覆盖型，通过玻璃或其他轻质材料将社区屋顶连成整体进行布局。合作居住社区布局根据公共设施用房的位置分布（图6-10）

图 6-3　哈雷斯科小镇社区设想

资料来源：李理．集·住——集合住宅与居住模式 [M]. 北京：中国建筑工业出版社，2020.

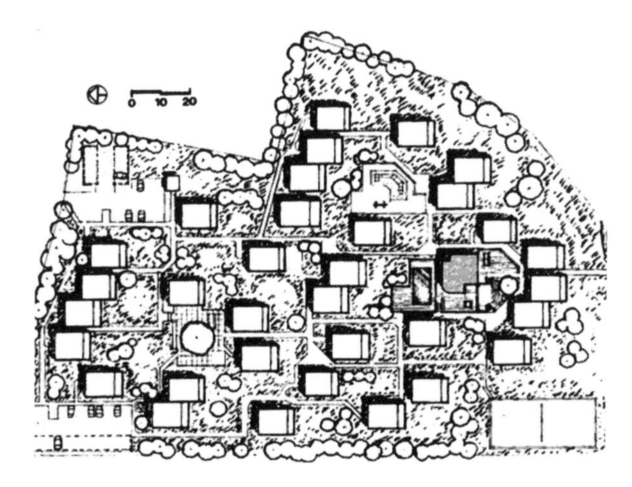

图 6-4　思凯雷普内社区平面

资料来源：李理．集·住——集合住宅与居住模式 [M]. 北京：中国建筑工业出版社，2020.

图 6-5　楚斯兰德社区平面

资料来源：李理．集·住——集合住宅与居住模式 [M]. 北京：中国建筑工业出版社，2020.

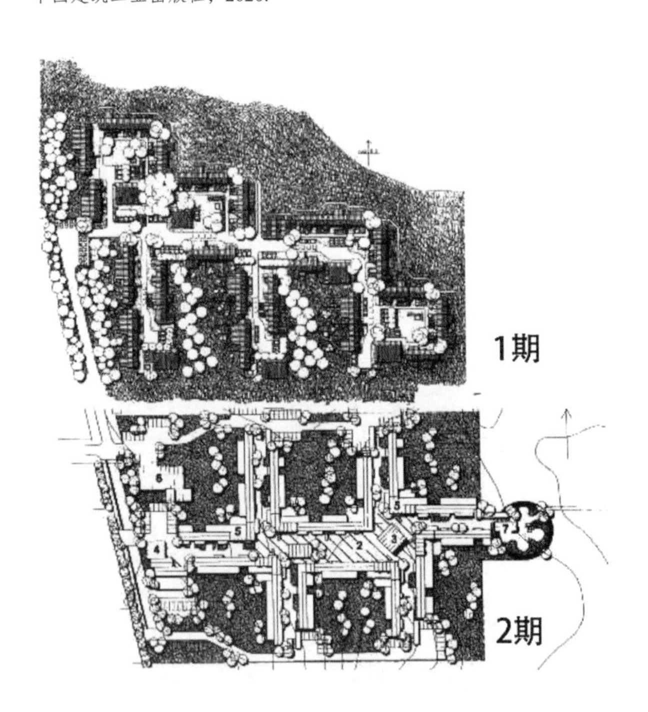

图 6-6　哥本哈根廷加登社区平面

资料来源：李理．集·住——集合住宅与居住模式 [M]. 北京：中国建筑工业出版社，2020.

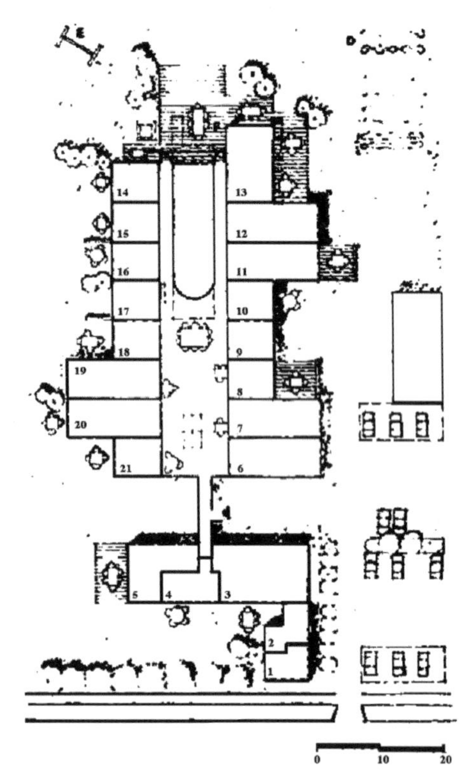

图 6-7　杰斯托贝特社区平面

资料来源：李理．集·住——集合住宅与居住模式 [M]. 北京：中国建筑工业出版社，2020.

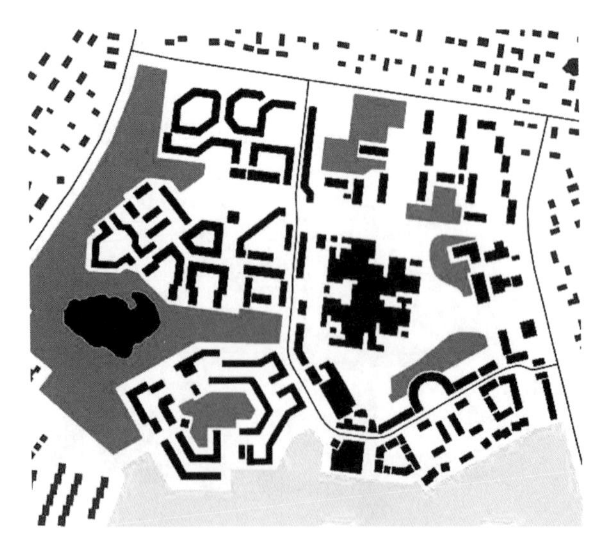

图 6-8　艾格巴耶尔加德社区平面

资料来源：李理．集·住——集合住宅与居住模式 [M]. 北京：中国建筑工业出版社，2020.

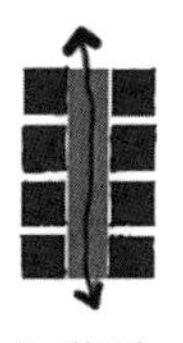

图 6-9　合作居住社区布局类型（公共空间排布）

资料来源：李理．集·住——集合住宅与居住模式 [M]. 北京：中国建筑工业出版社，2020.

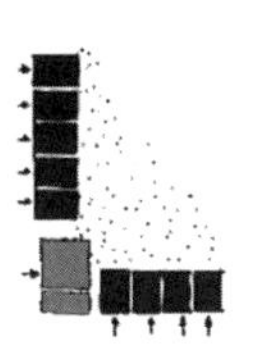

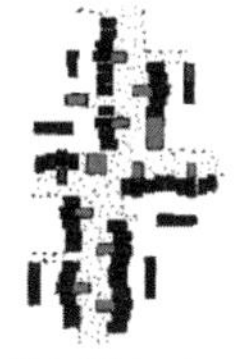

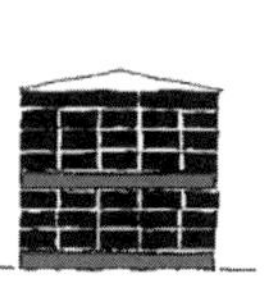

图 6-10　合作居住社区布局（公共设施用房位置）

资料来源：李理．集·住——集合住宅与居住模式 [M]. 北京：中国建筑工业出版社，2020.

主要分为四类：（1）综合中心型，公共设施用房作为社区内的中心，属于单核心布置；（2）分散式中心型，社区内包含多个公共设施用房；（3）按组排布型，根据多个社区组团布置多个公共设施用房；（4）按栋植入型，将公共设施用房和住栋用房合并并根据楼层划分。参与型共建具有共享和协作的特点，但并非完全是乌托邦的空想，而是一种务实的生活居住模式。纵观世界各国参与型共建的发展可见，其称呼、最初目的、开发特点以及规模大小都各不相同，表现形式也是多种多样。

6.2.2.2 合作建房

合作建房是参与型共建的一种形式，然而在不同意识形态和政治文化背景的国家有着不同程度的发展，究其原因在于人们基于“合作”一词对“人性”观点的认知和剖析有所不同。合作建房在国内起步比较晚且发展比较迟缓。合作建房是在强调合作居住的基础上，更强调建房本身的协作参与性。合作建房的广义含义是指一方提供土地使用权，而另一方负责房屋的开发建设，并在房屋建成后以约定的比例分配，属于房地产开发行为。

合作建房是集中在自然人之间有着十分强烈的互相信任情感以及住房需求的情况下，以共同生活和居住为目的，相互之间通过签订有效协议并自愿联合起来形成建房组织，组织成员对建设房屋有着共同的愿望，房屋所有权属于建设房屋所有人的新型居住模式和建房模式。在突破制约因素的前提下，合作建房将会成为未来住区发展的有效途径之一。在许多西方国家，合作建房是有效解决住房问题、体现集合住宅特征和展示建筑设计创作的有效手段。

以日本合作建房为例，其实施步骤和企划流程包括地块选定、居住者募集、合作团体形成以及后续的共同管理（图 6-11）。具有居住者共同参与、自由的点单式设计、良好的邻里关系以及价格实惠的特征，具有一定代表性。在国际化推广的影响下，通过早期案例千驮谷（图 6-12）和 OHP. No-1（图 6-13）的实践以及长达 50 多年的发展，基本形成了组织机构策划、居住者参与、点单式设计的成熟机制并得到普及和推广。在中国，合作建房有以下几种类型：（1）在土地使用权人提供土地和其他人提供资金的前提下共同开发，在没有形成房地产开发模式之前，可以按照提前约定的方式对房屋进行处理甚至买卖；（2）以土地使用权人的名义开发，房屋开发完成之后将房屋的使用权转让给其他人；（3）以开发商的名义开发，建成后开发商将所有权交给土地使用权人；（4）房屋开发双方以共同成立新公司的名义实施房地产开发，

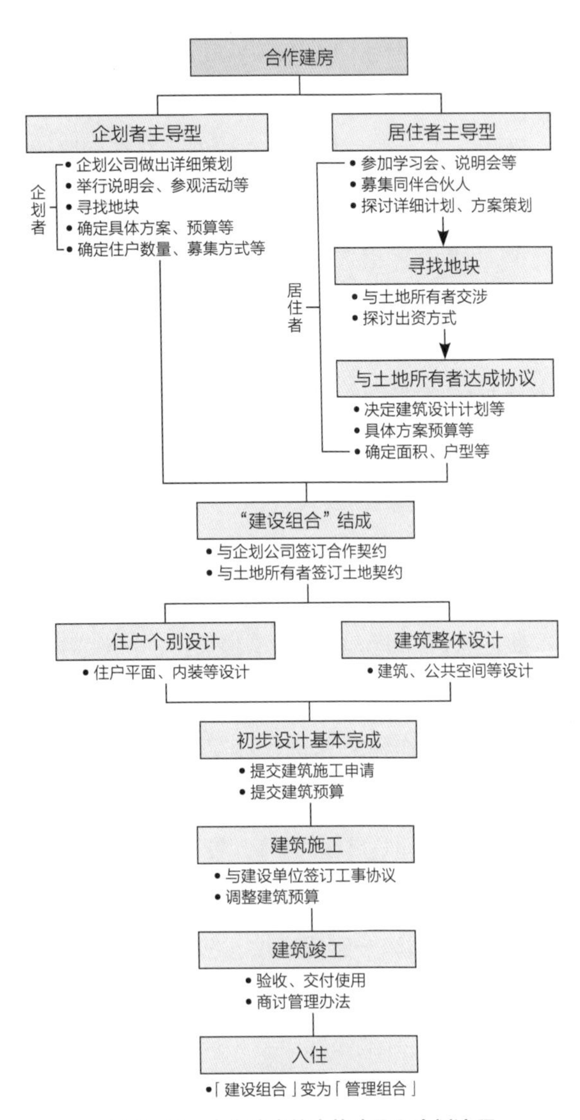

图 6-11　合作建房的实施步骤和企划流程

资料来源：李理 . 居民参与型合作建房的日本实践及其启示 [J]. 建筑学报，2020（S2）：143-151.

图 6-12　千驮谷

资料来源：李理 . 居民参与型合作建房的日本实践及其启示 [J]. 建筑学报，2020（S2）：143-151.

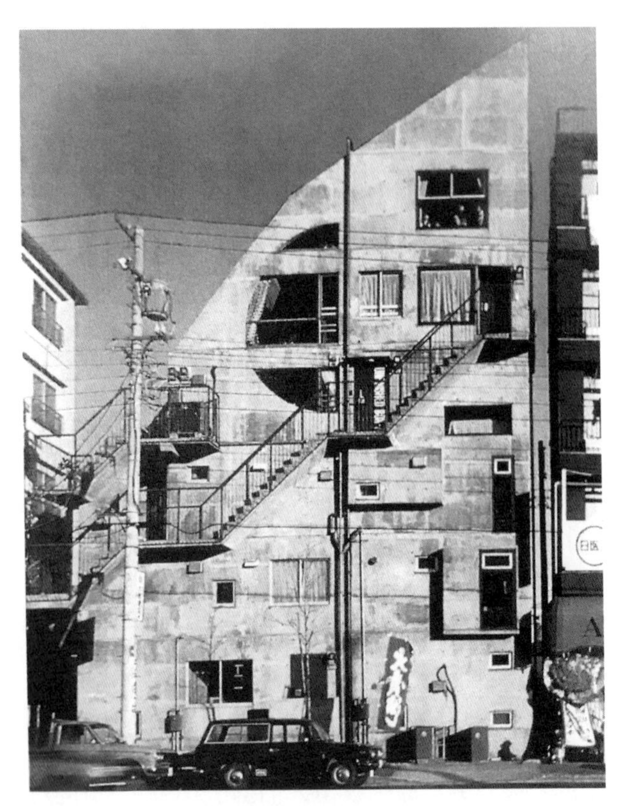

图 6-13　OHP.No-1

资料来源：李理 . 居民参与型合作建房的日本实践及其启示 [J]. 建筑学报，2020（S2）：143-151.

建成后按出资比例对收益进行有效分配。代表案例有理想佳苑（图 6-14）、关山偃月（图 6-15）、窝村（图 6-16）等。

6.2.2.3 共享居住

基于居住者们择邻而居的心态和熟人抱团居住、抱团养老、集体生活等社会需求，催生出一大批以共同居住为目的社区共同体，居住者们彼此照顾、互相帮助、相伴生活。日本学者小林秀樹对共享居住做出了以下定义：非血缘关系的多名居住者在一所住宅中共同居住，共同使用厨房等空间设施的住宅形式，在保证个人生活一定私密性的基础上，与其他居住者共同使用部分生活空间和设施，并具有一定的经济性和社交性质的居住方式。相比强调协作建造的合作建房，共享居住更加提倡对"共享"即分享这一层社会关系的强调，其中包括社区关系的建立、社区条件的改善和社区资源的共享等。

在我国的共享居住类型中，既有新建，也有改建，既有租赁产权，也有自主产权。主要建筑类型为对城市、乡村内已有资源的再开发或再利用，多以厂房改造（改建）、空置住宅的再利用、租赁式青年公寓的开发、乡村闲置住房的更新与活化为主，代表案例有生田社（图 6-17）、无界社区（图 6-18）等。

6.2.2.4 社区营造

相比小范围的合作建房和共享居住，从居住

图 6-14　理想佳苑

图 6-15　关山偃月

图 14、图 15 资料来源：李理，卢健松 . 中国当代集合住宅参与型共建的多元探索与案例实践 [J]. 建筑学报，2021（S1）：175-182.

图 6-16　窝村

资料来源：一条公众号 .

图 6-17　生田社

资料来源：一条公众号 .

图 6-18　无界社区

资料来源：一条公众号．

图 6-19　良渚文化村

资料来源：作者自摄．

者参与的角度考虑社区范围内的运营、管理和后续开发也是参与型共建的一种当代体现。在社区自治理念方面，不同于一般住区的物业管理，强调居民参与的社区共建更加注重对社区生活的营造，其中包含了村民亲子活动、村民公约制订、村民自发的交通互助等，此外也践行了各种不同的社区运营团队，如村急送、酒店运营团队、食街自营店铺团队、经营社区文化的团队以及垃圾分类宣导团队等。此外，在持续土地开发的基础上，推进产业培育和产城融合并培育未来发展新动能，诸如养老产业设施、文创产业设施、教育产业设施等，以“住宅开发 + 生活配套 + 产业培育”的发展模式打造都市边陲的理想居所，以此体现出居住者们参与型共建的社区自治理念。

代表案例良渚文化村（图 6-19）是基于新型城镇化建设的当代实践，是对中国语境下田园城市核心理念的诠释，也是一次乌托邦式住区生活模式的当代性表达。虽然不是严格意义上的模式转变，但相比以往住区的开发而言，该项目十分准确地迎合了新时期城乡一体化精神（另一种形式的城乡结合），是将其建立在重新审视和判断城与乡的现实基础上的一次理性组合，更是以社区参与型共建为目标的中国当代住宅建造尝试。随着中国经济整体进入“新常态”，房地产挥别了高额利润时代而进入“白银时代”，基于我国正处在新型城镇化的历史新阶段，未来住区的开发也逐渐由以往片面地注重单纯城市规模扩大、空间扩张，转变为以人为核心，实现城乡基础设施一体化和公共服务均等化的新型城镇化住区开发。万科基于全球化产业服务的升级，针对未来居住社区营造，提出转型为“城市配套服务商”，在完善产业链条的基础上，不仅满足居住者在居住、餐饮、文化、娱乐等方面的多样化生活需求，更是满足城市商业和公共事业发展需求的复合业务生态系统（图 6-20）。

6.2.3 未来发展趋势

以上案例类型表明，参与型共建在我国已经具备实施的可行性且类型多样化，同时也是对国际参与型共建形式的补充与丰富。参与型共建不仅仅是对新型居住模式的一种回应，更是对未来住区塑

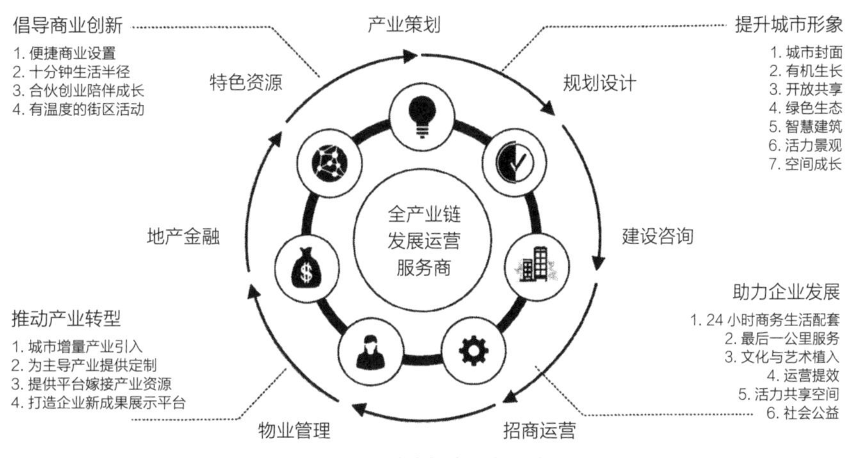

图 6-20　万科的复合业务生态体系

资料来源：万科提供.

造方式的尝试。不同于已经具有完善共建体制的欧美国家和日本，我国对于参与型共建的居住模式还处在尝试阶段。我国的参与型共建居住模式已经波及城市、近郊、乡镇乃至农村，这预示着中国地产在经历了大规模的城市增长之后，集合住宅的发展已经从原本大领域的批量化建造向小规模精细化建造，从选择型为主导的居住模式向以参与型为主导的居住模式，从住宅客观需求向住宅主观选择的全面转变，然而这种转变，既需要居住者们在居住理念上的共识，也需要在利益上的各自谦让，需要设计师在工作方式上的改革、角色上自我认知的颠覆、居住形态上的全新探索；此外，土地出让、政策引导、规划管理上的创新也是不可或缺的。

党的十八大以来，我国已经将发展社会组织纳入了社会治理创新的重要范畴，不再强调住房保障由政府全盘承担。在十九大报告中提出了 2035 年基本建成“现代社会治理格局”的目标和“加快建立多主体供给、多渠道保障、租购并举的住房制度”的要求。

此外，基于“城乡二元土地制度”，我国的参与型共建，不仅会带来开发方式（组织、运营、管理等）的改变，也会带来户型设计、建造方式、住宅尺度、建筑造型、户数规模、管理方式等领域的革新。这意味着，多形式的参与型共建是一种求变的居住模式，既是对住区建设模式的突破和颠覆，也是对住宅产品的创新和挑战。在产品推广和普及区域等方面，相比高密度、高强度的城市住区开发而言，迎合乡村振兴战略需求和实施农地入市试点的乡镇，具备落实参与型共建的潜在条件，乡镇范围内的参与型共建，既适用于在合法基地上建设的多层、多户、院落等多类型高密度集合住宅，也贴合互助共建和共同居住的社区化生活场景。未来，以参与型共建为指导的居住模式将会给国内住宅带来更广阔的发展空间和拓展可能性。

6.3 代际互助的规划理念

6.3.1 源起：“多世代”互助需求的回应

代际互助所指的是，不同年龄阶段的个人或者群体之间的人为的联系，并且强调了在情感和行为两方面，家庭成员之间或社会代际群体之间的连结与互动。在全球老龄化不断加剧的过程中，代际互助对于缓和老龄化以及缓解社会分化等方面，国际上普遍认可了其重要意义，并且在近 20 年间积极地发展理论与实践推广（表 6-2）。

欧盟为强调对人口老龄化与代际话题的关注，将 1993 年的欧洲年主题设定为“老年人与多代团结”。同样，世界卫生组织在不断推进“健康老龄化”的项目中也将“增进代际联系”作为推进工作的重点。除此之外，国际上也将“多代关系”作为特殊的理念框架之一，以此重申多代关系与人口结构转型之间的密切关系，国际社会也持续关注“加强代与代之间的团结的举措，铭记老年一代和年轻一代的需要”，并不断强调代际互助协作的社会意义和社会价值。同时，欧盟也在 2009 年明确规定将每年的 4 月 29 日设立为“代际互助日”，以此鼓励欧盟国家制定更加完善的代际互助策略，开展更深层次的多代互助活动，从而更好地适应和应对老龄化趋势。从国际社会对于代际互助的政策倡导与项目支持可以看出，将代际互助融入住区规划是大势所趋，也为从人本关怀的角度积极建设多世代友好型住区提供了新途径。

根据数据显示，我国从 1999 年开始逐渐步入老龄化社会以来，人口老龄化日趋严重，截至 2020 年全国老年人口比重已经达到 17.8%，对老年人的抚养比例达到约 28%。我国的老龄化问题主要体现在老龄化阶段不断缩短、老龄化与社会经济发展不同步以及社会养老等其他服务体系相对滞后等方面。在老年人群的空巢化与独居化现象不断加剧的当下社会，老年人居家照料的功能显得尤为薄弱。长久以来，国际上认同了代际互助对于社会发展的积极作用，同时也进行了一系列的研究与实践工作，这对未来社区规划和营造也是有例可参的，也能够为我国应对老龄化问题提供启示。

从代际互助的视角出发，塑造更为和睦的理想化社区将成为未来住区规划的核心环节，也能够

国外社区代际互助的典型实践 **表 6-2**

项目类型	项目发起方	参与者	项目特点	项目内容	发源国家	发起时间
合作居住 Co-housing	居民、政府、社会组织	社区居民	居住模式 社区规划 设施功能	居民共同参与社区建设全过程，以互助合作的形式分享社区资源	丹麦	1960 年代
多代屋 Multigenerational meeting house	联邦政府	社区居民	设施功能	为社区居民提供会面与交流场所	德国	2006 年
代际共享设施 Intergenerational shared sites	社会组织与专业机构	成年人（老年人）、儿童	设施功能	合并针对不同年龄使用者的服务设施，鼓励代际交流与互动	—	—
代际合居 Student-senior/ Intergenerational home-sharing	社会组织	老年人、青年	居住模式	青年人以“陪伴照料”的方式替代房租，与独居老年人同住	西班牙	—
代际实践 Intergenerational practice	社会组织与专业机构	社区居民（及合作方参与者）	活动组织	鼓励多代居民共同参与活动	美国	1960~1970 年代

资料来源：付本臣，孟雪，张宇．社区代际互助的国际实践及其启示 [J]. 建筑学报，2019（02）：50-56.

以代际互助为出发点，为我国未来社区规划与建设提供积极的思路。然而，作为一种弥合不同代居民分歧与嫌隙、增进邻里间的沟通与理解、实现彼此融合与互惠的有效机制，社区代际互助将为居民个体与社区集体带来诸多方面的改变（图 6-21）。

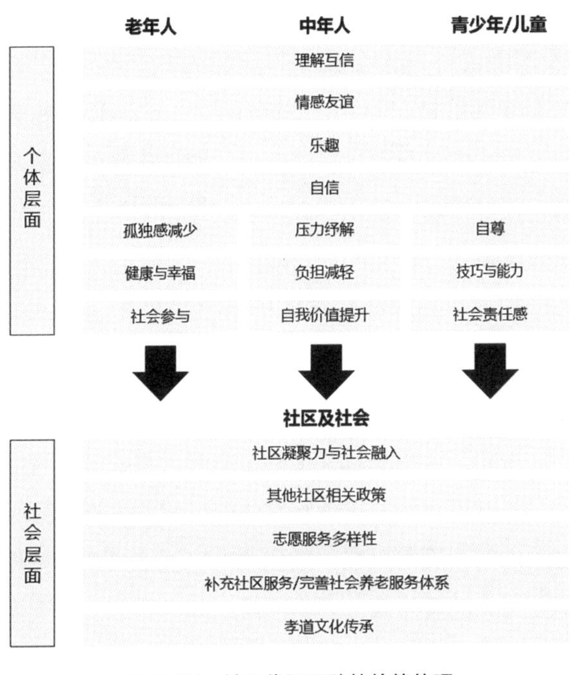

图 6-21　社区代际互助的价值体现

资料来源：付本臣，孟雪，张宇．社区代际互助的国际实践及其启示 [J]. 建筑学报，2019（02）：50-56.

6.3.2 呈现类型和方式

代际互助的实践主要包括：代际融合居住模式的创新、多世代之间交流的社区功能配置、社区环境的营造、社区内相关活动的组织与管理。伴随着社会结构的变化，诸如人口老龄化、出生率低、孤独感加剧、亚文化族群增加（例如 SOHO 一族、丁克一族、IF 一族、Studio 一族）等现象的出现，跨世代、跨年龄的社区代际互助俨然已经成为未来住区发展中的重要组成部分。代际互助在经历过一段时间的发展过后，主要体现在以下几个方面：

一是以“参与型共建”的方式，居住者们在设计、开发乃至管理阶段全程参与，反映出致力于促进社区治理和社区凝聚力的新型社区类型。这种新型社区能够有效融合个人生活与社区生活，积极鼓励社区内的互动与合作，并慢慢由私人发起转变为社会组织或者政府主导。居住家庭根据人数和需求的不同亦可选择不同规模的居住单元，其中包括由卧室、客厅、厨房、餐厅以及卫生间等组成的私人区域，同时也包括满足邻里日常交往所提供的聚会室、餐厅公用厨房、儿童游戏区域、青少年活动室、图书室、洗衣房，甚至客房等公共区域。

二是不同年代的居民通过创造公共活动空间以满足其会面和交往的机会。德国在 2006 年推出了“多代屋”项目并且由政府对此提供大量的资金支持，以鼓励其打破家庭界限，从而促进不同年龄阶层居民之间的熟悉和互助。多代屋的主要职能是为儿童的教育和保育、家庭方面问题、青少年的辅导以及老年人的社会参与等提供活动空间和支持服务，其中包含了提供给儿童游戏、学习和玩耍的儿童区，为成年人的会面提供交流、学习指导、娱乐休闲等空间场所的成人区和老年人活动区域。基于未来对代际互助住区的思考，多代屋的建立为社区提供更多开展各种活动的共享场所，同时也为邻里之间的相处模式提供了全新思路。

三是关注以健康为导向的服务供给通过针对不同年龄阶段人群，为其参与者提供服务或者各类活动设施，以此代际共享设施来鼓励代际交流与互动，服务对象主要为成年人（尤其是老年人）与儿童。在这种相互照料的互动过程中，老年人群的身心状况因此获得改善，儿童人群在与老年人的接触过程中也增加了与非家庭成员接触的机会，从而获得成长。住区充分考虑特殊人群的照料问题，以此激发住区的活力。

四是代际合居模式所提倡的是老年人为年轻人提供住宿来换取其生活帮助以及情感慰藉。代际合居模式更多的是强调年轻人群以陪伴照料来替代房租，并以此鼓励年轻人群与非亲缘老年人同住。以多世代人群的相互融合来解决社会问题，在缓解年轻人经济压力的同时，也可以缓解老年人的孤独感。

五是代际群体自发且共同参与的有目的性的代际实践。通过组织儿童照料、体育活动、社区服务学习以及社区决策等活动为不同年龄的人群提供交流与互助平台，为代际人群间融合创造机会。

6.3.3 未来发展趋势

在我国，伴随着家庭的核心化与小型化，少子化、空巢老人、无子嗣老人、留守儿童的日益增多，二胎三胎政策的实施，个体缺乏家庭内部的代际联系的问题已经成为社会的普遍问题。这些问题也使得我国社会代际关系发生了巨大的变化，对传统型代际连带的物质基础和社会心理基础产生了影响。换言之，传统家庭正在面临解体的可能性，而这种解体也将削弱不同年龄群体之间的感情联系，从而直接影响到社会对于代际关系的看法和理解，以及未来住区的规划逻辑和设计理念。

在我国老龄化日益严峻的形势下，代际互助已经成为住区规划和社区治理当中不可忽视的重要举措。如今，由于年龄限制使得老年人群逐渐被排除在主流活动之外，不同年龄人群之间的交流不断减少，出现了代际疏远和代际分化，甚至造成了彼此的负面印象和消极影响。基于我国城镇化迅速发展以及人口迁徙的现象普遍存在，城乡区域内人口结构分布也已经失衡，这些现状也促使代际关系在不断发生改变。而一直以来受儒家文化影响的中国，以遵循孝道为基础的家庭伦理观念深入人心。西方国家所采取的是“接力模式”，而我国多采取“反馈模式”，虽然家庭结构正在发生变动，但是基本上依然维持着这种“反馈模式”，这体现的是家庭内部的代际互动与相互支持，对于未来的住区规划，在如何解决抚幼养老和世代继替的问题上应该采取更多的、丰富的应对措施。

因此，社区代际互助传承了这种传统的孝道思想，将传承的范围由依赖血缘关系的家庭逐渐拓展到了非血缘关系的社区当中。这种社区范围内的代际互助并非传统意义上的家庭育儿养老，这种模式既可以传承和发扬传统文化所形成的孝道思想和生活习俗，又可以在一定程度上巩固依托家庭单位建立起来的居家育儿养老制度。新中国成立初期所流行的单位制社区，虽然遭到了学界的批判，但是从社区建设的角度来说，居住者依靠地缘和业缘结合在一起并且建立了密切的社会人际关系，对于社区也产生了强烈认同感和归属感，这也是现代住区规划和社区营造需要学习的，对塑造更加独特、更高品质的社区文化也有积极的作用。故而以“代际互助”作为未来住区规划的重要理念，建议从以下方面予以考虑：

一是控制社区规模，确保亲切宜人的邻里环境。整合社区规模，采取小尺度组团布置，达到为居住者创造适宜尺度和频繁接触机会的目的，促进代际互助关系的沟通和建立。

二是整合和完善社区服务设施功能，并注重

精细化设计。整合、合并包括社区活动和养老育儿在内的多种设施，对其设施和功能进行完善，建立具有复合功能的代际综合型空间和场所。以精细化设计的要求进行多代人群的行为与空间营造，在关注特殊人群的建筑设计的同时，兼顾其各种活动的体验感。

三是提高社区服务设施的可达性。调整服务设施的位置，以确保服务的公平性和使用的均衡性，例如将使用频率较高的服务设施放在社区中心。

四是鼓励社区居民参与住区营造。引入公众参与的可靠机制，鼓励居住者对社区问题提出宝贵建议，尊重居住者的意见，赋予其决策权。

五是帮助社区居民加入社区治理，提高居民的社区归属感和认同感。鼓励社区自治，号召居住者加入维护社区秩序的工作当中，并以代际互助为主要基础开展日常活动。

六是加大政策引导和社会多方协作。在政策引导下，鼓励地方当局、企业、非营利组织、社会团体等多方参与，协助社区代际互助的实施与发展。与此同时，配备专门机构对实施项目进行长期有效的监管与评估，对可预见的潜在问题做出及时调整，助力“代际互助”项目长远发展。

“代际互助”从人文关怀的角度赋予了未来住区更深的内涵和更广的价值，同时也为居住者的积极交流和互助融合创造了更丰富的条件，并以此为基础重塑了社区的生活。对于未来住区的营造，我们有理由相信，通过对以居住者为核心的邻里互动与互助交流等软件设施的建设，鼓励多代居民自发的行为援助以及精神关怀，可以为未来住区重构新的生机。

6.4 存量优化的城市更新

6.4.1 源起：对批量化建设的反思

“城市更新”的活动由来已久，其概念和内涵由于时期、国别以及发展背景的不同而有所差异，其实践方式和价值导向也有所区别（表 6-3）。在我国，如果说“代际互助”是对未来住区在社区层面对其软件机制的发展提出了更高的要求，那么“城市更新”则是对未来住区在城市层面，尤其是以高质量为目标的新型城镇化路径在城市规划层面和社区治理层面提出的新要求。

城市更新相关术语的演进 **表 6-3**

城市更新相关术语	时间阶段	语义侧重点	术语主体
城市重建	普遍存在于第二次世界大战后，某些国家开始于 19 世纪末	推土机式的大拆大建，带有一定的贬义色彩	政府机构为主导，到后期逐渐演化为多方合作
城市再开发	集中于 20 世纪 50 年代的美国	带有主体色彩的术语，一般指政府与私人机构联合	政府及私人开发商
城市振兴	20 世纪 70-80 年代	赋予新生，常常指一定的区域	城市开发集团，也有社会团体的介入
城市复兴	20 世纪 80-90 年代	重生，带有乌托邦色彩的城市理想	政府、私人开发商、社会团体、公众等
城市更新	20 世纪 90 年代以后	主要针对城市衰退现象而言的城市再生	政府、私人开发商、社会团体、学者、公众等多方的协作

资料来源：作者整理．

在当下城市飞速发展的进程中，对已有规划住区的推倒重建显然是不可能的，且大量建成老旧住区依附于好的地段并占据有利资源，城市人口结构的复杂性也为居住单元的多元化提供了更多的选择，大量老旧住区的创新和改良更需要依赖于城市。因此，实现有文化的、多样的、全面高品质的居住选择，从“存量优化”的城市更新视角去思考和解决未来城市居住问题，也就成为切实可行的发展方向。经过多年的理论研究和实践探索，我国城市更新的多元实践和制度建设逐渐进入全新的阶段。

6.4.2 采取的对策和举措

在“存量优化”的过程中，许多城市的功能被重新定位和优化，国内一些大型城市的存量资产改造升级需求越来越高，城市更新的主题发展也到了新的阶段。同时，被国内房地产行业给予重点关注的存量住宅的改造，势必成为城市更新的关键内容。如何对存量物业进行改造，以便最大限度获取内在价值和提高住宅的利用率，是未来城市更新的重要核心问题。

“城市更新”不仅是战略层面的重大问题，也涉及每一个市民和相关利益人的切身利益，不仅与土地存量规划及市场运作有关，更关乎棚户改造、城中村、旧居住区的改造等民生工程，同时也是一项十分复杂的社会系统工程。目前，我国的城市化进程和房地产开发建设已经由“增量规划”转变为“存量规划”与“增量规划”相互并存的时期，对于城市当中大量留存下来的老旧的、闲置的、荒废的建筑物，具有可观的和潜在的改造契机，可以采取针对性的住区更新。我国老旧住区存在拆迁难度大、遗留问题多、涉及关系复杂等特点，当中既有针对材料构造老化的情况，在保持空间格局和结构形式基础之上的“微改”，以尊重文脉的思路对原有建筑进行保留和修复，也有为了提高空间品质、提升空间利用率而对空间界面进行整合、细分和重构，以此丰富空间要素和完善住区的功能设施，打造可行、可观、可居、可游的邻里开放空间，还有以挖掘场所记忆为主导的空间活化，对老旧住区中建筑文化和生活方式予以保留和延续。在此过程中，不乏具有代表性的案例：

1. 旧房改造再利用

根据旧办公楼改建而成的首开寸草亚运村养老设施项目（图 6-22），秉承与城市住区融合化建设发展的基本理念，将住区开放空间部分通过道路和庭院设计引入周边居民，使得养老设施和外部

图 6-22 首开寸草亚运村养老设施

资料来源：刘东卫，秦姗，樊京伟，伍止超. 城市住区更新方式的复合型养老设施研究 [J]. 建筑学报，2017（10）：23-30.

保持紧密联系，注重养老设施内部的开放性功能区域和社区活动组织。设计保留了建筑原有的意向，使得城市住区发展的痕迹得以延续，同时基于建筑的改造和再利用赋予其新的功能属性和社会意义。

2. 旧城微更新

广州第一个历史文化街区恩宁路旧城改造项目（图 6-23），在降低容积率和有价值建筑物及空间形态的基础上采取“微改造”的方式进行更新。其做法包括：①以修缮提升为主的改造方式；②对既有建筑单体进行统一评分，根据评分结果给出“原样修复”“立面改造”“结构重做”“拆除重建”“完全新建”的处理建议；③强调社会力量的参与，实行多元主体改造，丰富地区业态与功能，例如万科研发的长租公寓、联合办公、儿童教育等业态，并结合片区情况及社区资源提出本土设计师品牌店、旧城工作小组、西关体验名宿、文化交流活动等功能提升思路。

3. 厂房改造

棠下村的旧厂房改造（图 6-24）是以厂房为基础存量优化代表项目，在原有棠下村 6 栋厂房的基础上将其改造成为集中式青年长租公寓，打破了城中村内建筑物拆除重建的惯常做法，采取“以旧为新”的策略，保留并增加了部分功能。在鼓励发展租赁市场的政策倡导下展开对城中村或老旧住房改造为长租公寓的创新实践探索。

4. 村民楼升级置换

深圳水围柠盟人才公寓（图 6-25），作为城中村“握手楼”的再利用和深圳首个城中村人才保障房，在升级了村民楼的内外部环境，保持城中村原有村楼肌理、建筑结构及特色、空间尺度的同

图 6-23　恩宁路旧城改造

资料来源：朱志远，宋刚.“微改造”落地之时——恩宁路永庆片区改造设计回顾 [J]. 建筑技艺，2017（11）：66-75.

图 6-24　棠下村厂房改造

资料来源：https：//www.gooood.cn/tangxia-vanke-port-apartment-guangzhou-china-by-tumushi-architects-pba-architects.htm.

图 6-25　水围柠盟人才公寓

资料来源：https：//www.gooood.cn/lm-youth-community-china-by-doffice.htm.

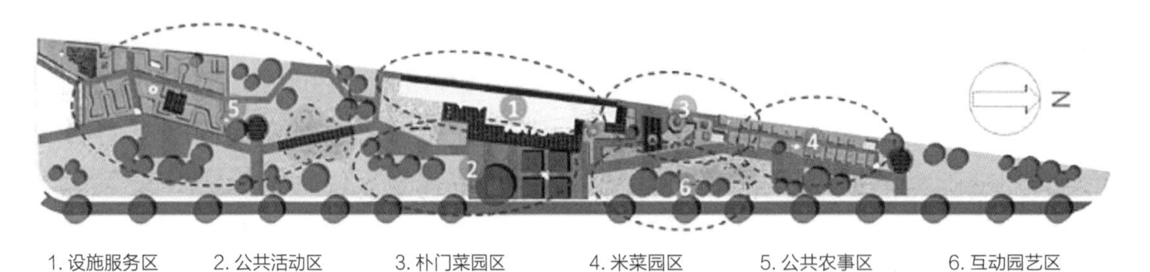

图 6-26 上海“创智农园”

资料来源：刘悦来，尹科娈，魏闽，范浩阳. 高密度中心城区社区花园实践探索——以上海创智农园和百草园为例 [J]. 风景园林，2017（9）：16-22.

时，还创新性地增设了电梯和空中走廊，以此塑造满足年轻人需要的社交办公场所和现代宜居生活住区。

5. 空间优化和居民参与

基于居住者对住区更新理念认识的转变，依托社区自治模式的公众参与也不断扩散和普及，策划出各种围绕住区更新的社区活动或社区事件，从细微处深刻影响着居民们的日常生活行为习惯。上海“创智农园”（图 6-26）就是其中的经典案例，对城市公共地块进行优化，将其空间设计出包含日常服务、社区互动和自然教育三大类功能，并以此为基础强调居民参与营造的同时促进周边区域的社会关系织补。

6. 工业遗址改造

融创·武汉 1890 项目（图 6-27）以工业遗产改造为基底，结合原有建筑遗址、文化记忆，对工业地域范围内进行改造和重生，将其打造为“城市价值共同体”，在完成自我繁荣的历史使命基础上，带动城市周边空间和功能的更新。相比住区更新，更趋近于工业遗产文化项目。

7. 街区再生

苏州的淮海街更新项目（图 6-28）以“让马路变成街道”为核心理念进行改造，塑造以日式风情为主的城市度假型街道地标。通过将原本未被合理利用的空地和绿地改造为樱花公园、口袋公园、中外文化交流馆、淮海街小剧场等休闲展览空间，

图 6-27 融创· 武汉 1890

资料来源：http：//www.360doc.com/content/21/0801/11/35771783_989060547.shtml.

图 6-28 苏州淮海街

资料来源：搜狐网 https：//www.sohu.com/a/421303071_674870.

融入包含灯箱、灯笼、路灯、导视、广告牌等在内的一系列日式街道细节元素，以强烈的场景力带来传播、打卡和话题，为当下以街区为对象的“存量优化”城市更新提供一个不错的参考答案。

6.4.3 未来发展趋势

住区的更新和改造隶属于城市更新的范畴，住区的演变和发展绝不仅仅只能依靠新建和扩张，相比无休止的批量化建设，推广小规模的、渐进式的旧住区更新更符合我国的实情，是我国未来住区发展的必然趋势。从最初的“大拆大建”到经济高速发展期的追求规模和数量，再到强调质与量并行的理性更新，中国的城市化进程已经进入“精细化运营”的时代。城市更新并不同于地产商惯常的高周转模式，而是一个小火慢炖的过程，不仅考验基本建设能力，其中的资金运作能力、专业统筹协调能力、规划定位能力以及建设运营服务能力也都至关重要。对既有存量型老旧住区的更新，既可以改善城市尺度的空间品质，又可以提高居住单元尺度的居民生活质量，同时有利于社会网络的保护。从“增量扩张”到“存量优化”的转变，基于存量优化的老城复兴、旧厂房改造、历史街区改造、老旧小区改造等多维度方向探讨城市更新可持续发展模式和商业闭环策略，既是未来住区发展的必经之路，也是城市科学发展的必然之选。

6.5 身心安全的健康住宅

6.5.1 源起：健康住区理念的普及和推广

随着《“健康中国 2030”规划纲要》的实施，健康人居环境的营造已经成为未来住宅在满足基本居住功能之余的共同需求。与此同时，伴随着 2020 年重大新型冠状病毒肺炎疫情的全球性蔓延，也引发了国内诸多研究学者对于疫情防控住宅建筑和住区防控的思考，他们提出了住宅建设自身发展的不平衡和住宅建筑所暴露出来的短板，普遍认为需要解决建筑硬件卫生防控性能不足、居住安全保障技术缺失、应急改造的可操作性不强等问题。同样，未来住区的发展急需统筹推进关于住宅建筑卫生防疫与居住安全健康保障的体系建设，制定顶层设计，完善技术标准，提高住宅设计与施工性能质量水平，推动住宅部品与建筑产业化，以及加强使用检修与智慧技术运维等措施，以此来充分提高住宅的综合性能和供给质量。

6.5.2 应对的措施和手法

在人们追求美好生活的时代背景下，作为人们生活起居和工作会友的主要场所，住宅的健康程度一直受到民众和行业的广泛关注，居住建筑的健康性必将成为未来住宅发展的重要考量因素，健康住宅也势必会在未来住宅市场中得到大力推广。通过物理环境和心理环境的营造实现人与建筑的和谐共生是住宅建设发展的终极目标。从居住与健康的科学研究到理论与实践相结合，从基于建筑本体环境开展研究到基于居住者体验与健康痛点开展研究，我国健康住宅的发展已经走过了 20 个年头（图 6-29）。从居住健康需求层次理论的角度出发，可将住宅的健康性能归为六大关键点：空间舒适、空气清新、水质卫生、环境安静、光照良好、健康促进（图 6-30）。

未来住宅的建设不仅要思考如何应对诸如新冠病毒等类似突发疫情防控问题，也要进一步反思面

图6-29 我国健康人居发展大事记

资料来源：胡文硕.理想的家——中国健康住宅研究与实践[J].城市住宅，2021，28(06)：80-85.

向未来城乡居住环境建设所肩负的使命。中国建筑标准设计研究院有限公司原总建筑师刘东卫认为：

"未来住宅建设应以生活宜居为本的健康安全居住环境发展为主导思想，以推动健康宜居生活、优化健康宜居服务、完善健康宜居保障、建设健康宜居环境、发展健康宜居产业为重点，把生活宜居为本的健康安全居住环境理念融入规划建设和管理过程，促进住宅建设与人民健康安全宜居生活协调发展。"

在新时代背景下，对健康住宅的定义已经在原本以节能、绿色、低碳、环保等为参考要素的基础之上，追加了更多新的衡量指标，主要包括以下方面：

6.5.2.1 住区规划层面

1.便利的生活圈

在一公里生活圈内拥有完善和多样化生活配套设施的社区，这也是基于疫情期间的防控和在封闭期间满足居民新鲜肉菜和日用品等采购需求，以提升日常生活品质和居民的居住体验，从健康小区的角度来看，这也会成为不同小区住宅品质的核心竞争力。而针对已建成小区来说，完善现有配套设施，进行小区公共区域升级改造和环境整治，加强

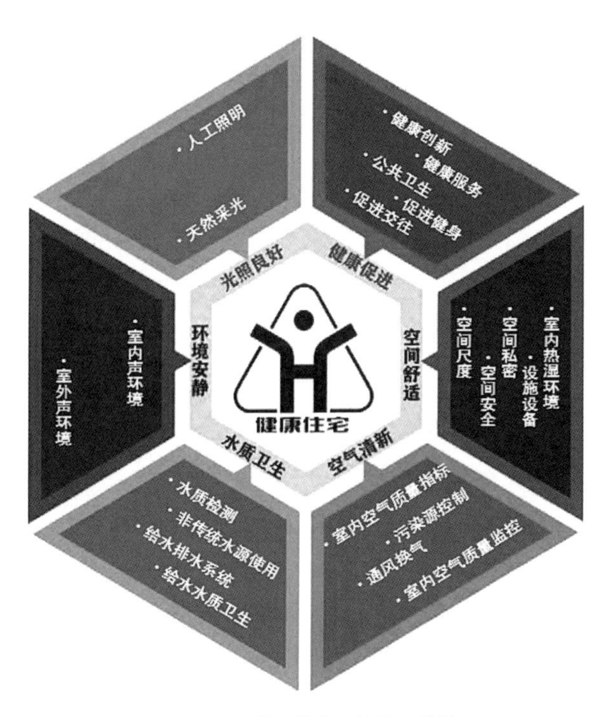

图 6-30　健康住宅评价体系结构

资料来源：胡文硕．理想的家——中国健康住宅研究与实践 [J]. 城市住宅，2021，28（06）：80-85.

老年及儿童活动等室内外公共区域的日照和通风；完善社区公共卫生防疫生活网络，提升社区医疗卫生服务配置，如增设小区"健康小屋"、无接触自助医疗设备等；灵活增设日常物资仓储、配送设施存放等预留发展空间，满足特殊时期紧急应变需求；根据居住分级配置要求，规划超市、菜市场、便利店、社区医疗和药店等居住生活配套设施，打造小区绿色生态景观、健康公共空间和运动配套，同时考虑后续小区物业相关的配套建设和品质要求，并在小区规划时，对小区通风、楼栋排布、楼间距、日照、小区出入口等方面综合考虑"抗病毒"的健康防疫需求。

2. 优化风环境

为防止病毒空气侵害，对未来新建住宅小区的风环境应进行适当的优化，需要根据当地气候环境、主导风向、周边条件等因素进行分析，同时采取有效措施形成微气候，规避"峡谷效应"和"建筑风闸效应"，消除旋涡及死角，促使污染物有效扩散，从而保证建筑通风顺畅及安全，让区内居民的生活更加安全与健康，居住风环境的优化逐渐成为未来住区规划设计的标准之一。

6.5.2.2 社区管理层面

1. 零接触

住宅小区的门岗，作为疫情的第一道防线，采取设置门禁系统人脸识别功能及手机蓝牙功能的方式，以零接触的方式让业主通过门岗时，依靠摄像头识别或蓝牙认证小区门自动开启，从而减少疫情传播的风险，同时也为日常业主快速无感出入提供了快捷和方便，切实解决提重物、抱小孩及老人通行等相关问题。在门禁系统中亦可增设红外摄像头体温测试模块，做到非接触式体温检测，并在关联物业管理 APP 系统中予以记录和提示，利用信息技术手段解决健康社区的入区检测和防控问题。此外，快递物流"无人化配送"、制造工厂"无人化生产"、办公空间的"云办公模式"、商店超市的"无人化售卖"等"零接触"模式也将深刻影响着未来住区的发展。例如，在社区入口处采用内外分流管理，避免快递派送员等非小区人员进入的风险，结合项目社区入户大堂设置快递物品的存储区，由物业统一放置在存储区供业主自取，增加专用推车，以方便大型物品取运等方式已陆续实施。此外，如小区入口空间有限，可结合小区围界等区域设置双面开门智能快递柜，快递员在墙外派快递，用户在墙内取快递，期间无接触，同时可减轻物业的负担。社区内部可结合组团或单元楼设置快递中转站（类似于丰巢），物业将小件物品放置快递中转站供业主自取。中转站设置快递包装回收箱，同时提供纸袋或一次性手套等。

2. 设施多功能

结合公共活动空间设置室外洗手台和消毒洗手液等服务设施和用品，在疫情等特殊情况下，帮助业主在室外进行清洁和消毒。疫情过后，业主室外锻炼和活动的需求必然会增加，公共活动空间可提供室外无线网络、储物柜、手机充电站、雨伞等便捷设施。

3. 社区隔离功能

社区公共设施如会所、老人活动中心、三点半课堂等采取部分隔离的技术措施，必要时可以作为疫病流行期临时隔离设施，作为应急医疗体系的补充，便于轻症、无症状感染者就近集中管理。社区公共设施的设计应流线简洁，最好设置在地面层，避免与正常流线交叉，并通风良好，可设置独立排污系统，便于物资供应和管理。社区公共设施兼具隔离功能的准则，可以由城市防灾规划统筹，制定统一标准，并纳入城市防疫网络规划。

4. 启用人防设施

人类疫情暴发不亚于一场战争，而有些人防设施本身就带有防生化武器的功能。当疫情严重时，可以考虑将人防滤毒室、洗消间、更衣室等功能转换为战时状态，让从疫区返回人员、一线防疫人员等特殊人员进入小区时使用。

5. 垃圾分类

生活垃圾的分类处理成为涉疫垃圾无害化处理的关键，尤其是当小区中存在隔离观察者甚至患者的情况下，生活垃圾的合理分类和安全处置显得至关重要。在明确垃圾分类的前提下，进一步细化垃圾分类要求，将社区隔离者可能产生的纸巾、生活废弃物归类为有害垃圾，并严格要求隔离者垃圾、药瓶、针管等医用废弃物投入有害物垃圾桶，对有害物垃圾桶应严格做好密封处理，同时提高垃圾清运处理效率，严禁出现满溢影响正常使用的情况，可选用带有感应投放口和灭菌功能的垃圾桶等等。

6. 社区智慧化

智慧社区设计的范围涵盖了主街道、楼宇、周界、门禁等公共安全；人员、车辆、垃圾桶、充电站等公共管理；访客、巡更、报警、轨迹等公共服务。对此所开发的智能管理体系中包含智能家居、智慧园区、智慧安防、智慧节能、智慧康养、智慧物管等。以统一标准、统一管理、统一服务的方式，结合物联网和云平台技术，通过平台调取远程监控方式，实现老幼远程看护，例如业主在家炒菜做饭，老人牵着小孩在园区活动，远程看护老人孩子是否在活动区内。通过平台远程监控方式和视频分析技术，物业管理人员可对社区公共区域内人员未戴口罩和聚集等情况进行监测，结合远程调度与线下协同进行提醒或劝散。若社区内发现确诊人员，可通过技术授权，运营平台可通过门禁与视频核对，查询其在潜伏期内的活动轨迹，快速筛查出接触区域和接触人员。社区的智慧化和科技化，可实现安防管理、车辆管理、消防监测、环境监测、物业管理、能耗监测，这将成为未来健康住宅发展不可回避的趋势。

6.5.2.3 建筑设计层面

1. 感应入户

入户门区域多为连接电梯间通道的封闭空间，疫情期间成为易感染高危区，做到避免不必要的接触可降低病毒感染风险。可以根据住宅的档次品质，入户门可分别设置语音、面部扫描、虹膜等识别设备，通过语音识别技术、人脸识别技术、虹膜识别系统装置，从一定距离即可获得用户信息加以识别处理，无需用户接触设备而实现门体自动解锁开启；随用户入户动作完成程度，实现门体自动关闭功能，避免不必要的接触，尤其对实际生活中出现的双手持物、怀抱儿童、老人搀扶等可进行具体操作，实现了用户进出的动作与门的联动，从而达到防控疫情措施中避免接触式感染的发生。

2. 玄关除菌

针对居民的疫情防控，在玄关中设置一种具备物联网功能的 UVC 紫外线发生装置，集成物体运动感应器和启动警示，结合互联网实现多场景实时控制，达到对玄关空间中各外置物体表面的有害病菌消杀，降低家庭成员病菌感染和传染性疾病的风险。疫情期间，从户外进入户内是从“污染区”进入“洁净区”的过程。住户在玄关处需要完成外衣更换、脱手套口罩、丢弃废弃物、基本消毒等行为，以防止室外环境对室内产生不良影响。玄关作为室内外环境的“过渡区”应相对独立，可考虑通过推拉门与室内空间进行隔断。在不增加面积的前提下，玄关处可设置多功能收纳柜，存放外衣、鞋、消毒清洁用品等，确保外界污染物不进入室内。玄关是日常生活的必经之路，为避免往返卫生间的清洁、消毒和丢弃行为产生二次污染，可考虑在玄关柜内增设消毒设备及玄关垃圾桶，以达到一次性口罩、快递包装等物品在玄关处丢弃并及时消毒，以及外衣、鞋等可以放入智能消毒柜中集中消毒的双重目的。

3. 隔离套间

据统计表明，我国前期的新冠病患当中，有高达 82% 为家庭传播，而居家隔离又是疫情高发期疑似或轻症患者重要的安置措施。当家中出现疑似感染者时，如何保证居家隔离的效果并确保其他家庭成员的安全是健康住宅的设计应重点考虑的。对于较大的户型，可考虑为其中一间带卫生间的套间增设技术措施，使其兼具隔离间的功能。隔离间采用密封性能更好的门窗，并装备独立的排风系统，保持该房间的负压，防止空气向其他房间无序排出，造成整套户型的空气污染。在疫情高发期，为抵抗力低的老人提供一间更安全、洁净的房间也很重要，该房间需要增设杀菌消毒的过滤段的单独新风，通过新风加压，保持该房间正压，减少有污染的空气进入该房间。

4. 安全排水

搭建 1:1 足尺的试验系统，采用标准试验方法和判定标准，以实测数据为基础，通过可量化的指标直接反映系统性能，提升排水系统的排水能力，以便降低系统性正压喷溅与负压抽吸效应，提高水封保持能力，保障室内卫生间卫生安全性能，以此解决疫情期间排水系统返臭气和室内环境隐性污染的普遍问题。

6.5.2.4 室内优化层面

1. 健康新风

从降低室内病毒污染物浓度的疫情防控角度考虑，开窗通风是最直接有效的室内换气方法。但考虑室外空气质量差、室内外温差大或室外风压小等不利因素，在开窗通风条件不佳时，户式新风系统是一种有效的补充手段。目前市场上主流产品大致分为单向流和带热回收的双向流机组以及窗式新风系统。由于多数双向流户式新风机组热回收段存在交叉感染风险，在排风侧或新风侧增设旁通段，通过不同运行模式的风阀联动切换实现旁通，从根本上做到新排风的物理隔绝。此措施易实现且成本可控，能够解决新排风交叉污染的风险，同时保持有效气流组织，通风效率不受影响。

2. 智慧居家

社区居民与物业沟通密切，而且在进出小区时需要登记信息、近期去过的地方等，针对此类问题的解决方法，通过 APP 二维码，让住户自行扫描填写和上报，实现云端管理；对于疫情期间有特殊需求的业主，例如有其他慢性病但疫情期间无法买到药，可通过这种方式收集业主需求，让物业与志愿者联系，不仅让业主获得物业贴心服务，更能保护业主隐私安全。

6.5.3 未来发展趋势

综合以上诸多健康住宅元素可见，针对未来健康住宅的营造，其涉及的领域和规模已逐渐扩大，关系到城市交互界面、社区交互界面以及建筑和室内生活界面三个不同的维度。对未来健康住宅的再设计，也将是一个全新品类（健康住宅）。未来的住区，物业服务、物业口碑、物业品牌会成为用户购房的关键关注点，反过来也是房企卖房子重点提及的“关键卖点”，当然也是未来住宅发展的“新亮点”。逆向思维看待此次疫情，正是对房地产健康住宅的一次“国民教育”，经此一疫，消费者对健康住宅的需求感同身受，那么接下来未来住宅健康产品研发和终端输出，或许只是时间问题。在经历前期健康住宅方面的研发和沉淀之后，加之 2020 年疫情的催化，国家层面和房企会加快健康住宅体系化和标准化的落地，健康住宅在未来几年也将会迎来爆发。

6.6 万物互联的邻里商业

6.6.1 源起：对社区价值的重塑和拓展

邻里商业的概念缘起于“社区经济”和“社区互助”，住区的发展依赖于个人、家庭、社群和整个区域范围内的生存能力和生存策略，更需要重新审视社区的自身功能和价值。社区是一个人群聚集的集合体。有人群，就有消费，就有市场。社区经济，以社区居民为主体并以此衍生出自发的居民市集和百业百态，而疫情后社区内部的服务需求也进一步突显。邻里商业产生的背景主要体现在以下两个方面：

一是作为社区经济的主角，社区中存在大量劳动力空闲人群，而由于疫情等突发状况导致社区出现了更多失业人群，从而有了更多劳动力。其中包括六大类：（1）育子育儿的全职妈妈（或爸爸）；（2）退休的活力老人；（3）以看护孙辈和家务为主的长者及亲友；（4）走出校门不久的待业青年；（5）失业、半失业成年群体；（6）业余时间较丰富或处于创业规划期的成年群体。

二是社区邻里中对于亲子育儿、家政劳务、餐饮外卖、健康服务、家庭功能性服务等劳动力供给型需求不断明确，同时对于这些刚性化的需求缺乏有效的管道和平台进行对接。

6.6.2 主要体现和提升路径

如今的社区邻里互助商业已经初具规模，也催生出了各种不同类型的消费群体，而邻里商业未来发展空间的大小可以从以下几个方面考虑：

一是努力争取街道和社区的支持，在小区内

不影响交通生活的开阔地，开辟潮汐早晚市场，以备案审核制方式支持小区业主创业。

二是通过小区宣传栏等宣传平台，定期、长期发布业主的创业项目信息以及联系方式。

三是如果社区和物业不愿意参与，可以由社区创业者构建联盟体，统一整理和发布服务信息，比如利用上下班高峰时间段在社区出入口宣介，建立服务微信群。

四是家庭创业有空间和消费群体的局限，但社区经济的价值不在于盈利多少，而在于以微小的成本和代价，进行市场定位、试错和优化，为后续创业打好基础。

社区有偿互助服务，实施的起点是社区微信群的信息共享空间，然后可以逐次实现全社区、周边社区、街区和更大范围的扩展。比较理想的路径是，基于单一社区的创业可以形成正式或非正式的联合体，以抵消资源和信息的局限，后续再实现不同社区间的联盟。通常来说，任何一个社区至少都可以发掘出数十个积极的创业者，有的拥有一技之长，有的可以提供富余劳动力。如果能和周边的社区实现互动和共享，那么就能够倍增社区经济和创业者的市场空间。在全世界范围内，家庭和家族都是最稳定的创业机构，将一件服务做到极致，都有机会立足于世。对于未来社区而言，这个“世”，首先指的就是社区。物以类聚，人以群分。寻求创业者，寻求同盟者，从家庭和社区起步，这也许是未来住宅发展中十分值得探索的方向。当下的邻里商业型社区服务的提升可以有三大路径：

一是大商业体系的介入，比如电商、生鲜类企业采取的人传人式微信直销模式。

二是社区基层组织和物业牵头的业主创业活动，具有资源足和力度大的特征。

三是业主自发组织的有偿互助活动，具有内生动力和可持续发展动力，也需要有创业精神的团队进行拓展和推进。

简而言之，自己动手，丰衣足食，社区业主参与创业，这也是社区经济的重心。当下的居住社区邻里商业所表现出来的有偿互助模式有几个优势：（1）邻里间相互信任，从而减少了信息成本；（2）相比外卖，社区内部的服务速度更快，效率更高；（3）用工灵活，居民们在工作之余可以兼职，相对用工灵活；（4）相比街头经济，社区互助没有房租和用工的成本；（5）居民来自各领域，且人才广聚，可以满足多样性需求；（6）社区中可以挖掘少量隐藏的行业精英。

通过此次疫情，邻里互助商业模式的潜在活力似乎被彻底激发出来。不少社区采取社区互助计划等方式，来激活社区居民对互助共享经济的认可和参与，其中包括厨艺餐饮（馄饨、馒头、烘焙等）、育儿教育（书法绘画、育儿咨询等）、家庭服务（摄影、布艺、保险等）。这些社区互助计划也给周边商铺带来了不少挑战，已经成为对已有商业模式的一次考验。

6.6.3 未来发展趋势

自古以来就有“远亲不如近邻”的说法，邻里互助是当下社区生活模式当中不可或缺的部分，而如今除了社区周边提供的日常生活所需商业服务以外，社区内部也开始有个别住户开办亲子教育、美容理发等服务，但基本上只是一个松散、沉默的聚居性群体。然而，在当下城市生活中，大中型社区的居民规模往往超过万人，在很大程度上，城市社区取代了过去基于地缘和亲缘的村落和集镇，然而这些社区却存在功能单一化和社交陌生化的问题。在此次新冠病毒攻击下，聚众性线下服务产业遭到重创，实体商场及街头商铺零售经济在经受了近年来电商网购冲击后，又迎来了疫情的重击，街头小经济体已经很难自保。在万物互联的时代背景下，邻里互助商业模式已悄然焕发出生命力。

6.7 技术演化的都市农业

6.7.1 源起：挖掘住区的自给自足性能

“都市农业”的概念，是20世纪五六十年代由美国的一些经济学家首先提出来的。都市农业是指地处都市及其延伸地带，紧密依托并服务于都市的农业。将住区建成环境与都市农业相整合，充分挖掘城市建成空间的生产潜力，维持有效增加产出性土地面积，是寻求资源供需平衡，保证城市可持续发展的最优方案。都市农业是大都市中、都市郊区和大都市经济圈以内，以适应现代化都市生存与发展需要而形成的现代农业，是以生态绿色农业、观光休闲农业、市场创汇农业、高科技现代农业为标志，以农业高科技武装的园艺化、设施化、工厂化生产为主要手段，以大都市市场需求为导向，融生产性、生活性和生态性于一体，高质高效和可持续发展相结合的现代农业。简单来讲，就是在城市里种地，比如在人口密集的城市，利用高层大厦楼顶和地下室发展农业种植。

6.7.2 主要作用及其体现

当下的“都市农业”结合未来对健康住宅和邻里互助的关注和重视，体现在将自给自足型居住模式引入住区当中，以都市农业的方式缓解住宅内食物消耗对外界的依赖问题，通过当下技术手段达到住宅内食物供给循环的可持续性。

从“高楼田地”到“地下农场”，未来住宅可以突破耕地及环境限制，无论是高层大厦楼顶，还是居住的地下室空间，密布生长中的蔬果，让居住者以为置身田间，将更多的居住空间转化为农业生产空间，吸引更多年轻人加入农业，同时对改善环境也将起到重要的作用。都市农业的定位是在特大国际化大都市的局部地区，其主要作用体现在两大方面，即“食”与“绿”。“食”就是为市民提供生活所需的各种新鲜的农副产品，发挥农业特有的经济功能；“绿”是指为市民营造生存所需的绿色生态环境，发挥其保持生态平衡、抗灾防灾等公益功能。当下技术演化下的“都市农业”具有特殊的作用，主要体现在：

1. 为居民供应新鲜的农副产品

降低农产品受污染的风险，在都市范围内利用各类现代化生产设施和先进技术，生产一般农区不易替代的不耐贮藏、运输的各种新鲜绿叶菜及部分水果，以满足市民的多层次需求。

2. 为市民提供优质生活环境，提高其生活质量

防止城市热岛效应加剧和气候恶化，在都市内留有一些农地空间，以发展林果业栽培为主的农业，助力城市增添绿色的同时，改善大城市的生态环境，从而提高都市人的生活质量。

3. 为居民提供休憩和娱乐的场所

帮助市民从紧张的工作中回归自然，都市农业的呈现方式主要表现在：提高土地的利用率、满足都市人体验农业的需要、体验和了解农业、理解和发展农业、促进市民与农民之间的交流、利用空余时间的适当劳作来增强体质、提供服务于儿童的学农基地、为市民提供防灾御害的生存空间。

6.7.3 未来发展趋势

伴随着此次新冠肺炎疫情，食物链的补给和自给自足成为未来居住建筑可持续性的衡量指标之一，也是对未来都市居住在应对突发灾害时的应急能力的一次考验。因此，如果适当地在都市内遗留部分农地，或者针对住户的农业生产自给自足，将给防灾御害带来很大的帮助。

现有的镶嵌在城市社区内的农地可以增加空间，起到缓冲作用，防止大规模灾害的发生和发展，通过隔离空间来减少损失。结合邻里互助商业的注入，居住用户通过各种 APP 共享农业产品，可以实现家庭种菜的各种需求，选菜、配菜、种菜、采摘等环节都可以在 APP 共享上完成。借助当下物联网时代的特征和未来更加发达和成熟的信息技术，让未来的居住空间在满足基本居住的同时，实现更加全面的、从生产到产出都做到自给自足。技术演化的都市农业，将成为未来居住社区发展当中不可或缺的一环。

6.8 多元复合的保障住房

6.8.1 源起：缩小住房条件差异化的必要

“房子是用来住的，不是用来炒的”，在党的十九大报告中，这一备受人们关注的表述被再一次强调和明确。如何通过多主体供给、多渠道保障、租购并举等制度设计实现“让全体人民住有所居”的目标，也成为未来住区发展的重要课题。在我国，住房问题依然是重大的社会问题，收入差距的加大，直接拉大了居民的住房条件差距。效益好的单位，通过工资收入的增加和提高公积金的比例使得员工住房超过平均居住面积，而效益差、相对贫困的家庭或无单位的人群，由于自身经济实力不够，使得住房条件改善迟缓。

对于未来住区而言，能否合理有效地解决住房问题直接决定了广大建设者和劳动者能否享受到国家经济发展的红利。因此，未来住区更需要构建科学的住房保障制度，规划良好的城市布点，建设高品质的保障住房，以此实现社会和谐和人民安居乐业。

6.8.2 主要形态及其特征

经过 20 多年的住房制度改革，中国初步建立了多层次的住房保障体系。从建设的历程来看，中国保障性住房应该划分为产权型保障房和租赁型保障房两种。产权型保障房包含经济房、限价房、共有产权房、会签安置房等类型，这些保障房基本都是建设成独立的保障房小区，或是在商品房小区中拿出一部分房源作为产权型保障房出售；租赁型保障房主要包含廉租房、公租房、企业员工宿舍等类型，这些保障房也基本是建设成独立公租房小区或宿舍，再根据申请者的条件分配房源收取租金。根据保障住房与城市之间的关联度可以将其分为三种不同的形态，每种形态包含两种不同的子形态。

1. 自我完善型

包含依托大城市发展子型和依托企业及园区子型。该类型的特征是和城市中心城区有一定的距离，通过一段时间的发展和完善，能够独立于城市主体城区，仅依靠自身的各类配套就能够基本满足居民全部的生活需求，实现安居乐业和小区的良性运转。

2. 城市叠加型

包含自身带动城市发展子型和依托中心城市叠合发展子型。该类型的特征是一般位于城市中心城区以外，在日常运转的过程中，除了自身具备各类生活和服务配套设施外，还需要部分依托于中心城区的配套服务，才能满足居民全部的生活需求，小区自身和城市之间从功能和空间上存在一定的叠合关系，二者关联度较高。

3. 斑块融入型

包含有机更新融入城市子型和城区地块新建融入子型。该类型的特征是本身就处于城市中心城区以内，如同斑块一样分布与生长，大多数生活需求不依靠自身配套，而是由周边城市配套提供，其行为方式和生活模式与城市生活高度融合，与中心城市间有着极密切的关联度。

中国未来住区的发展离不开保障性住房，当下我国对保障性住房的建设应采取以下几项策略：

一是从城市的角度考虑空间布局的组团平衡，以混合居住为手段，提高保障房与城市的融合，使非平衡改变为新的动态平衡，除考虑组团布局的平衡以外，还需要辅助居住与就业的空间适配。即住区的设计要考虑保障性住房与新城、新市镇的关系，以及与各种产业园区的关系，建立被保障人群可以接受的居住工作新生态。

二是建立合理完善的公共交通体系以降低职住分离的成本，提高居住生活的质量，确保各类型保障型住房都能最大限度获得公共交通的支持。

三是拓宽多元化房源下的空间选址，将城郊大规模建设与中心城区边缘集中建设及核心城区斑块融入相结合，拓宽保障房的来源渠道，将空置房、城中村、棚改房、危改房、旧改房等类型房源作为建立新的平衡的重要手段。

四是强化复合界面，软化硬质边界，建立保障性住房以良性有机体的形式融入城市空间，丰富生活层面，促进不同阶层人群的交流。中国目前大部分产权型保障房是以普通中小户型住宅形式出现的，即单元式住宅，也包含部分廊式住宅，租赁型保障房则以内廊或外廊式住宅为主。随着公租房范围的扩大和保障人群的增加，保障房作为住宅产品，其类型也被拓宽，逐渐吸收成套的单人型宿舍、企业员工集体宿舍、城市更新中厂房仓库改造、其他建筑改造、集装箱改造临时安置房等。

6.8.3 未来发展趋势

总的来说，作为现代国家福利系统和保障体系的重要组成部分，保障房虽然起步较晚，但面对如今重市场而轻保障的局面和应对城市化进程中急需解决均等住房需求的实际情况，已经对我国未来保障性住房的建设提出了数量和质量的双重要求。因此，提供科学规划和精心设计的保障性住房，无疑也是未来住区发展的重中之重，有助于提升城市软实力并保持城市的竞争力。

6.9 全面升级的完整社区

“完整社区”的概念最早是由我国两院院士吴良镛先生提出的。社区规划与建设的“完整”既包括对物质空间的创造性设计，以满足现实生活的需求，更包括从社区共同意识、邻里关系、公共利益和需求出发，对社区精神与凝聚力的塑造。伴随着社会的发展，人们生活水平的提高，越来越多的居民追求高品质的生活，希望在社区中获得更加便捷的教育、文化、健康服务，享有丰富多彩的社区公共生活等。因此，建设“完整社区”要求未来居住场所的营造从传统关注物质形态的规划，向以人为本、强调可持续发展的规划转变。

住房和城乡建设部对“完整社区”的标准进行了详细的界定，其中包括：（1）基本公共服务设施完善，即一个社区综合服务站、一个幼儿园、一个托儿所、一个老年服务站、一个社区卫生服务站；（2）便民商业服务设施健全，即一个综合超市、多个邮件和快件寄递服务设施，含其他便民商业网店（理发店、洗衣店、药店、维修店、家政服务等）；（3）水、电、路、气、热、信等设施，停车及充电设施，慢行系统，无障碍设施等市政配套基础设施完备；（4）环境卫生设施、公共活动场地、公共绿地等公共活动空间充足；（5）物业服务和物业管理服务平台全覆盖；（6）管理机制、综合管理服务和社区文化健全。该标准是以 0.5 万 ~1.2 万人口规模为标准制定的“完整社区”基本单元（表 6-4）。

完整社区指标体系 **表 6-4**

指标	建设内容	备注
基本公共服务设施	一个社区综合服务站	建筑面积以 800m^2 为宜，设置社区服务大厅、警务室、社区居委会办公室等
	一个幼儿园	不小于 6 班，建筑面积不小于 2200m^2，用地面积不小于 3500m^2
	一个托儿所	建筑面积不小于 200m^2
	一个老年服务站	与社区综合服务站统筹建设
	一个社区卫生服务站	建筑面积不小于 120m^2
便民商业服务设施	一个综合超市	建筑面积不小于 300m^2
	多个邮件和快件寄递服务设施	格口数量为社区日均投递量的 1-1.3 倍
	其他便民商业网店	建设理发店、洗衣店、药店、维修点、家政服务网点等便民商业网点
市政配套基础设施	水、电、路、气、热、信等设施	实现光纤入户和多网融合，推动 5G 网络进社区
	停车及充电设施	新建居住社区按照不低于 1 车位 / 户配建机动车停车位，100% 停车位建设充电设施或预留建设安装条件
	慢行系统	社区居民步行 10 分钟可以到达公交站点
	无障碍设施	住宅和公共建筑出入口设置轮椅坡道和扶手，公共活动场地、道路等户外环境建设复合无障碍设计要求
公共活动空间	环境卫生设施	新建居住社区宜建设一个用地面积不小于 120m^2 的生活垃圾收集站，建筑面积不小于 30m^2 的公共厕所
	公共活动场地	新建居住社区建设一片不小于 800m^2 的多功能运动场地
	公共绿地	新建居住社区建设一个不小于 4000m^2 的社区游园
物业管理	物业服务	鼓励引入专业化物业服务，暂不具备条件的，通过社区托管等方式提高物业管理覆盖率
	物业管理服务平台	建立物业管理服务平台，实现数字化、智能化、精细化管理和服务

续表

指标	建设内容	备注
社区管理机制	管理机制	建立“党委领导、政府组织、业主参与、企业服务”的居住社区管理机制
	综合管理服务	依法依规查处私搭乱建等违法违规行为，组织引导居民参与社区环境整治、生活垃圾分类等活动
	社区文化	举办文化活动，制定发布社区居民公约，营造富有特色的社区文化

资料来源：住房和城乡建设部.

“完整社区”作为宜居城市的基本空间单元和社会服务单元，这一概念的提出和一系列量化指标的确立，将有助于解决我国未来住区规划建设面临的诸多困境，同时也将为老旧小区改造、美丽乡村建设等工作提供有力的抓手，也将会全力推进我国人居环境的高质量发展。

6.10 “物业城市”的治理和管理理念

在存量优化的城市更新时代背景下，对既有老旧小区的高质量管理也已经成为不可回避的社会话题。对老旧小区的合理优化和长效治理是提升中国住区未来品质的重中之重。“物业城市”概念的提出，是秉着“新物业”进“老小区”的理念，以解决其建筑物立面破损、管道老化和年久失修、停车位不足、小区绿化和卫生环境改善不足等具体问题为目的的新型物业管理模式。与传统的物业管理不同，“物业城市”是通过社区、街区服务的重新解构，让城市空间市政业务进入小区，促成长效治理的物业管理模式。

武汉汉江区西马新村小区，建于20世纪90年代初，拥有33栋楼1121户，小区此前没有签约物业，也没有成立业委会，是典型的老旧小区。垃圾丢地上没人管，只能等外面的环卫进来打扫。2021年9月，江汉区唐家墩街道办事处与江汉城资签署《江汉区唐家墩街道党建引领老旧小区物业服务合作协议》，将辖区内约99个老旧小区整体打包委托后者提供专业物业服务。后者是2020年9月由江汉区人民政府与万物云空间科技服务股份有限公司（原“万科物业”）共同出资设立的一家合资公司，通过一体化整合、市场化运作、专业化管理、智慧化运营，在江汉区开展市政环卫、综合巡查、设施设备管养等一体化城市空间管理业务，探索具有江汉特色的新型城市治理模式。江汉城资于2021年5月进入西马新村开始前期介入工作，收集小区业主意见，并结合自身专业，从路面、照明、安防、消防、违建、绿化、停车等59项旧改内容方面，为小区提供了建设性的整改意见。对西马新村小区的改造包括以下几点：

一是平整水泥路面，增设木制树池椅包裹，将废置闲置区改造为休闲广场，建立文化长廊和儿童乐园，广场外增加环型塑胶跑道。

二是解决停车问题，小区拓宽了车行路，形成车行道路微循环；与居民协商拆除废弃花坛、围栏，划定地面停车位，共增加160多个停车位，并修缮了非机动车车棚，规划了非机动车的停放管理。

三是在后期管理方面，设立2个车行口，5个独立人行通道，装设了智慧停车和门禁系统，通过规划进出动线、人车分流、分类收费，西门进、中门出实现车辆快速通行、有效管理。同时，江汉城资通过将小区楼宇信息数据、人口数据、安保监控等上线公司智慧运营调度平台，实现远程运营和智慧化管理，管理车辆乱停放、行车入口堵塞等问题。

四是重新制定新的物业服务费收费标准：65（含）m^2及以下30元/月；65~85（含）$m^2$40元/月；85 m^2以上50元/月。商铺物业服务费：1元/m^2·月。以此计算，物业费最低为0.46元/m^2。此外，业主停车包月收费150元。

“物业城市”旨在将置业方作为一家城市空间整合服务商，打破传统小区的管理红线，将城市空间整合服务延伸至老旧小区单元门前，通过“政府出一点，老百姓给一点，经营补一点”的方式，政府、企业和居民共同努力建立自我“造血”机制，破解老旧小区管理资金不足的难题。

采用“2+4服务模型”，实现街区一体化治理。2是指2个中心，即智慧调度指挥中心＋街区服务中心；4是指四支队伍，即综合服务队、环境治理队、防控巡查队、养护维修队。所谓街区一体化治理，是指将整个街道和其内的老旧小区打通，比如市政环卫清扫、清洗、清运车辆可以直接开进老旧小区，开展环境卫生工作，街道的安防巡查人员也可以直接进小区，以智慧化、数字化、机械化的手段和4支队伍实现街区市政一体化和全域化管理，提升城市基层治理的效率。

在西马新村的案例中，除了2位物业管家和5位门岗之外，在保洁和防控巡查方面与唐家墩街道共享人员，开展市政一体化业务。物业不止服务于一个小区，而是将街道、城区乃至城市整体视为一个服务对象，在此基础上按需分配服务，以实现资源整合与人力共享，降低运营成本。

除了搭建共享维修队伍，提供有偿家政服务外，江汉城资还探索多种经营，盘活闲置零散资源，围绕市民需求提供服务，比如市政停车运营、广告位运营、充电桩运营、快递寄存等低价有偿增值服务，弥补物业费用的不足，同时改善提升老旧小区物业服务设施，实现真正节流的同时亦可开源。

“物业城市”的长效治理，是在党建引领下，发动党员、社会工作者、志愿者、小区居民多方力量，打通基层治理最末梢，以“街区＋社区”治理模式全生命周期守护老街，使其优雅变老。

6.11 总结

对于未来住区的发展，主要体现为几种类型：其一，社会发展型。强调人的主观性对住区的影响，如参与型共建、代际互助、邻里商业、保障住房、存量型住区更新等；其二，技术进步型。强调技术发展对住区的客观影响，如住宅精细化、智慧社区等；其三，后疫情时代型。强调人居环境的可持续发展，如健康住宅、都市农业、完整社区、物业城市等。

住区的未来或者说未来的住区，这都是对于今后住区发展动向和前进方向的一次探讨和反思，当中既包括民族特征、价值观念、生活方式、风俗习惯、宗教信仰、伦理道德、教育水平、语言文字等在内的社会要素，也包括能源、材料、工艺、信息等在内的技术要素，以及政策等方面的客观因素。不得不说，经历了30多年的发展，我国集合住宅的储备量已经达到了过剩的状态，对于如何应对接下来又一波新型住区的规划和建造，需要深思且慎重。无论是对建设模式的更新，还是对住区规划理念的改变，又或者说是积极践行集住社区的再设计，这些都能够为我国住区未来的走向提供参考与启迪。

住区未来的发展该何去何从并没有唯一的答案，但是对于这些方法在将来的建设当中应该以乐观积极的态度去采纳和借鉴。随着社会的进步和时代的发展，在私人定制、万物互联、邻里互助商业、技术演化、人工智能等具有时代特征的语境下，我国未来住区的发展还任重道远。然而，未来住区发展或许应该打破长久以来以工业革命为根基、以商品房开发为模板的居住格局，以更加朴素的居住状态回应人们对集住模式的需求，实现集住模式由技术层面向精神层面的转移。期待住区革命的曙光能够早日迎来。

参考文献

[1] 李理，卢健松．中国当代集合住宅参与型共建的多元探索与案例实践 [J]. 建筑学报，2021(S1)：175-182.

[2] 李理．居民参与型合作建房的日本实践及其启示 [J]. 建筑学报，2020(52)：143-151.

[3] 吉倩妘，杨阳，吴晓．国外联合居住社区的特征及其启示 [J]. 规划师，2019(08)：66-71.

[4] 李理．集·住——集合住宅与居住模式 [M]. 北京：中国建筑工业出版社，2020.

[5] 李理，卢健松．居住模式转变下的集合住宅发展特征研究——以中国“参与型共建”住宅为例 [J]. 新建筑，2021(06)：121-125.

[6] 付本臣，孟雪，张宇．社区代际互助的国际实践及其启示 [J]. 建筑学报，2019(02)：50-56.

[7] 本刊编辑部．“包容性发展与城市规划变革”学术笔谈会 [J]. 城市规划学刊，2016(01)：1-8.

[8] 姜菲菲．基于“微改、重组、活化”策略下的住区更新实践研究——以茅草街康正社区棚户区改造项目为例 [J]. 城市住宅，2020(06)：147-148.

[9] 刘东卫．走向新住宅：从“致病宅”到“理想家”——住宅建设的卫生防疫与健康安全保障问题、思考与建议 [J]. 住宅产业，2020(03)：8-12.

[10] 胡文硕．理想的家——中国健康住宅研究与实践 [J]. 城市住宅，2021(06)：80-85.

[11] 夏洪兴．健康住区规划设计防疫策略思考 [J]. 动感：生态城市与绿色建筑，2021(01)：52-59.

[12] 张靓，李嘉诚．智慧社区综合设计方案与研究 [J]. 现代工业经济和信息化，2021(06)：81-83，86.

[13] 夏洪兴．中冶置业住宅建筑科技体系防疫性能分析 [J]. 城市住宅，2020(03)：25-28.

[14] 田志．激活社区居民经济，发展邻里有偿互助 [J]. 环境与生活，2020(05)：80-81.

[15] 宋明星．基于城市关联性的保障性住房发展历程与设计策略研究 [D]. 长沙：湖南大学，2016.

[16] 黄霄．基于老旧社区公共空间活化的改造设计——以成都市新都区桂湖街道新桂东片区为例 [J]. 四川建筑，2021(02)：15-17.

[17] 魏维，马云飞，纪叶．补齐居住社区建设短板培育发展内生动力——国家标准《完整居住社区建设标准（试行）》解读 [J]. 工程建设标准化，2020(10)：53-58.

[18] 成熔兴，李晓费．江汉区探索老旧小区物业管理“市政一体化”[N]. 湖北日报，2021-12-24.